자가용/사업용/운송용 조종사를 위한

항공교통안전공단 시행
항공종사자 자격증명 학과시험 문제집

VOL. 4

# 항공교통·통신· 정보업무 필기

편집부 엮음

항공출판사

# Preface

　1903년 12월 17일 미국의 라이트형제가 인류 최초로 동력비행을 실시한 이후 비행기의 성능은 급속도로 발전하였습니다. 특히 최초의 제트여객기인 B707 항공기가 1954년 2월 승객 100명을 태우고 비행에 성공하여 대형기의 실용화 시대의 막을 열어 주었습니다. 이어 점보제트기의 보급률 증가와 고속화로 대량수송이 가능하게 되었으며, 비행기의 설계, 제작기술 및 생산력의 향상 등 항공기술의 모든 분야에 걸쳐 급격한 발전을 이룩하였습니다.

　우리나라는 1969년 3월 대한항공공사를 민영화하여 오늘날의 대한항공을 설립하였으며, 이후 본격적인 민항공시대로 돌입하여 국제경쟁력을 갖춘 항공운송산업이 발전하는 계기가 되었습니다. 국내 항공운송시장은 2009년 항공운송사업 면허체계 개정으로 국내/국제 항공운송사업과 더불어 소형항공운송사업을 규정함으로써 다양한 항공운송시장의 설립 토대를 마련하였으며, 우리나라의 경제발전과 더불어 세계적인 항공사로 성장하였습니다.

　항공기 제작산업을 살펴보면 1991년 창공-91이 국내기술로 개발한 첫 공식 승인 비행기입니다. 한국 최초의 고유 모델 항공기인 'KT-1'은 터보프롭엔진을 장착한 공군 초등 기본훈련기로 1988년에 개발이 결정되어 1996년에 시험비행을 성공한 후 1999년부터 양산되었으며, 이후 대량 생산되어 외국에도 수출되었습니다. 2002년에는 한국항공우주산업(KAI)이 개발한 초음속 고등 훈련기인 'T-50'의 시험비행에 성공했습니다. 미국의 록히드 마틴과 같은 외국 기술의 도움을 상당히 받긴 했지만, 우리나라는 아음속(亞音速) 비행기와는 차원이 다른 고도의 기술집약체인 초음속 고유 모델 항공기의 세계 12번째 생산국이 된 것입니다. 이후 노후화된 UH-1, 500MD를 대체하기 위해 2006년 6월에 한국형 중형 기동 헬리콥터인 KUH(수리온) 개발에 착수하였고, 2010년에 초도비행에 성공하여 2012년 12월부터 실전 배치되었습니다.

　또한 2021년 4월에는 최초의 국산 전투기인 'KF-21 보라매' 시제기 1호가 출고되었으며, 2022년 7월 초도비행에 성공하였습니다. KF-21 사업은 대한민국의 자체 전투기 개발능력 확보 및 노후 전투기 대체를 위해 추진 중인 공군의 4.5세대 미디엄급 전투기 개발사업입니다. 오는 2026년 6월까지 지상·비행시험을 거쳐 KF-21 개발을 완료하면 우리나라는 세계 8번째 초음속 전투기 독자 개발 국가가 될 전망입니다.

이러한 국내 항공관련 산업 전반에 걸친 확대와 폭넓은 발전에 따라 항공종사자의 역할과 수요도 갈수록 커지고 있습니다.

차후 항공업계에 진출하기 위해 항공종사자 자격증명시험(조종사)을 준비하고 있는 예비 조종사들이나 현재 항공업계에 재직중인 현직 조종사들이 운송용/사업용/자가용 조종사 학과시험 과목인 항공교통·통신·정보업무를 공부하는 데 있어서 본서가 도움이 되기를 바라며, 본서의 특징을 들면 다음과 같습니다.

1. 전체 내용을 제1편-항공교통, 제2편-항공통신·정보업무로 구분하여 장절을 구성하고, 항공종사자 자격증명시험 항공교통·통신·정보업무 학과시험의 과목별 세목에 해당하는 내용을 수록하였습니다.

2. 장마다 학과시험에 주로 출제되는 주요 내용을 요약하여 수록하였습니다. 또한 각 장의 말미에 지난해 기출문제를 분석한 총 570여 문항의 출제예상문제를 수록하여 자격증명시험의 출제경향을 파악하고, 이에 대비할 수 있도록 구성하였습니다. 출제예상문제의 추천하는 학습방법은 다음과 같습니다.
   - 적당한 크기의 시트지를 준비하여 문제 아래에 있는 해설 및 정답을 가립니다.
   - 정답을 보지 않고 문제를 풉니다. 먼저 답지를 보고 정답만 알아서는 안됩니다.
   - 틀린 문제에는 체크를 하고, 해설을 확인하여 관련 내용을 숙지합니다.
   - 예상문제를 전부 풀었다면 틀렸던 문제는 다시 풀어봅니다. 틀렸던 문제를 다시 틀리지 않도록 주의를 기울이는 것이 무엇보다 중요합니다.

3. 출제빈도가 높은 문제 위주로 15회 분량(375문제)의 모의고사를 출제하여 본인의 실력 정도를 테스트해 볼 수 있도록 하였습니다. 또한 문제마다 해설을 수록하여 정답/오답의 관련 내용을 파악하여 이해도를 높일 수 있도록 하였습니다.

끝으로 본서를 발간할 수 있도록 예상문제 및 모의고사의 출제, 편집, 교정/교열과 검수, 그리고 출판에 이르기까지 모든 부분에 걸쳐 도움을 주신 분들에게 깊은 감사의 말씀을 드립니다.

편집부

# Table of Contents

## I. 항공교통(Air Traffic)

### 제1장. 항행안전시설(Navigation Aids)
- 제1절. 항행안전무선시설(Radio Navigation Aids) ·················6
- 제2절. 항공등화시설(Lighting Aids) ·································9
- 제3절. 비행장 표지시설(Airport Marking Aids) ···············11
- 출제예상문제 ··························································15

### 제2장. 항공교통업무(Air Traffic Services)
- 제1절. 일반사항 ·······················································30
- 제2절. 항공교통관제업무 ···········································42
- 제3절. 공항 운영(Airport Operations) ·······················46
- 제4절. 항공교통관제 허가와 항공기 분리 ·······················50
- 제5절. 감시시스템(Surveillance Systems) ·················53
- 출제예상문제 ··························································55

### 제3장. 항공교통관제절차
- 제1절. 비행전(Preflight) ··········································95
- 제2절. 출발절차(Departure Procedures) ···················98
- 제3절. 항공로 절차(En Route Procedure) ················101
- 제4절. 도착절차(Arrival Procedures) ······················104
- 제5절. 조종사/관제사의 역할과 책임 ·························110
- 제6절. 국가안보 및 요격절차 ···································112
- 출제예상문제 ························································115

### 제4장. 비상절차(Emergency Procedures)
- 제1절. 조종사에게 제공되는 비상지원업무 ·················145
- 제2절. 조난 및 긴급절차(Distress and Urgency Procedures) ···············147
- 출제예상문제 ························································151

## II 항공통신·정보업무

### 제1장. 항공통신업무(Aeronautical Telecommunication Services)
　제1절. 일반운용절차 ················································································162
　제2절. 교신절차 및 문자/숫자 송신 ··················································165
　제3절. 항공통신업무(ATS) ···································································169
　출제예상문제 ······························································································172

### 제2장. 항공정보업무(Aeronautical Information Services)
　제1절. 항공정보업무(AIS) ·····································································182
　제2절. 항공지도(Aeronautical Charts) ················································190
　출제예상문제 ······························································································193

## III 모의고사

　항공종사자 자격증명시험(항공교통·통신·정보업무) 제1회 모의고사 ·······························205
　항공종사자 자격증명시험(항공교통·통신·정보업무) 제2회 모의고사 ·······························211
　항공종사자 자격증명시험(항공교통·통신·정보업무) 제3회 모의고사 ·······························217
　항공종사자 자격증명시험(항공교통·통신·정보업무) 제4회 모의고사 ·······························223
　항공종사자 자격증명시험(항공교통·통신·정보업무) 제5회 모의고사 ·······························228
　항공종사자 자격증명시험(항공교통·통신·정보업무) 제6회 모의고사 ·······························234
　항공종사자 자격증명시험(항공교통·통신·정보업무) 제7회 모의고사 ·······························239
　항공종사자 자격증명시험(항공교통·통신·정보업무) 제8회 모의고사 ·······························245
　항공종사자 자격증명시험(항공교통·통신·정보업무) 제9회 모의고사 ·······························251
　항공종사자 자격증명시험(항공교통·통신·정보업무) 제10회 모의고사 ·····························257
　항공종사자 자격증명시험(항공교통·통신·정보업무) 제11회 모의고사 ·····························263
　항공종사자 자격증명시험(항공교통·통신·정보업무) 제12회 모의고사 ·····························268
　항공종사자 자격증명시험(항공교통·통신·정보업무) 제13회 모의고사 ·····························274
　항공종사자 자격증명시험(항공교통·통신·정보업무) 제14회 모의고사 ·····························280
　항공종사자 자격증명시험(항공교통·통신·정보업무) 제15회 모의고사 ·····························286

항공교통·통신·정보업무

PART 1

# 항공교통 (Air Traffic)

- 항행안전시설
- 항공교통업무
- 항공교통관제절차
- 비상절차

# 항행안전시설(Navigation Aids)

## 제1절 항행안전무선시설(Radio Navigation Aids)

### 1. 항행안전무선시설의 종류

가. 무지향표지시설(Nondirectional Radio Beacon; NDB)

NDB는 항공기의 조종사가 방위(bearing) 및 기지국(station)의 방향을 판단할 수 있도록 하는 무지향성신호를 발사한다. 이들 시설은 일반적으로 190~535 kHz의 주파수대에서 운용된다.

나. 전방향표지시설(VHF Omni-directional Range; VOR)

VOR은 자북을 기준으로 한 방위각 정보를 제공하는 시설로 108.0~117.95 MHz 주파수대에서 운용된다. 전방향표지시설은 가시선(line-of-sight)의 제한을 받으며, 통달범위는 수신장비의 고도에 비례하여 변한다.

다. 전술항행표지시설(Tactical Air Navigation; TACAN)

TACAN은 자북을 기준으로 한 방위각 정보와 지상의 기준점으로부터 항공기까지의 경사거리 정보를 항공기에 제공하는 기능을 갖는다.

라. 전방향표지시설/전술항행표지시설(VHF Omni-directional Range/Tactical Air Navigation; VORTAC)

VORTAC은 VOR과 TACAN의 두 부분으로 구성된 시설로 한 위치에서 VOR 방위, TACAN 방위 및 TACAN 거리(DME) 세 가지의 각기 다른 정보를 제공한다.

마. 거리측정시설(Distance Measuring Equipment; DME)

DME는 지상의 기준점으로부터 항공기까지의 거리정보를 해리(NM; nautical mile) 단위로 제공하는 시설로서 운용주파수 범위는 960~1,215 MHz 이다. DME 장비로부터 수신되는 거리정보는 경사거리(slant range distance)이며 실제 수평거리는 아니다. 가시고도(line-of-sight altitude) 199 NM까지의 거리에서 1/2 mile 또는 거리의 3% 가운데 더 큰 수치 이내의 정확성을 가진 신뢰할 수 있는 신호를 수신할 수 있다.

바. 계기착륙시설(Instrument Landing System; ILS)

ILS는 항공기가 활주로에 착륙하는 데 필요한 방위각, 활공각 및 거리 정보를 제공하며 조종사가 정밀계기접근절차를 수행할 때 사용되는 시설이다. ILS는 활주로 중심의 연장선에서 수평(좌/우) 방위각 안내를 제공하는 로컬라이저(localizer), 활주로 접지점까지의 수직 활공각 정보를 제공하는 글라이드 슬로프(glide slope), 접근 경로를 따라 활주로까지의 거리 정보를 제공하는 마커비컨(marker beacon) 등으로 구성된다.

(1) 로컬라이저(localizer)

(가) 로컬라이저 송신기(localizer transmitter)는 108.10~111.95 MHz 주파수로 운용된다. 로컬라이저 신호는 조종사에게 활주로중심선으로 진로유도(course guidance)를 제공하며 활주로시단에서 700 ft(좌측 최대 비행범위에서 우측 최대 비행범위까지)의 진로 폭이 되도록 조절된다.

(나) 식별신호는 국제모스부호(international morse code)로 되어 있으며, 로컬라이저 주파수로 송신되는 문자 I (• •) 다음에 3자리의 식별문자(identifier)로 구성된다. (예, I-DIA)

(다) 로컬라이저는 다음과 같은 통달범위(coverage) 구역에 적절한 진로이탈(off-course) 지시를 제공한다.
① 안테나로부터 반경 18 NM 이내에서 진로(course)의 양쪽 측면 10° 까지
② 반경 10 NM 이내에서 진로(course)의 양쪽 측면 10°부터 35° 까지

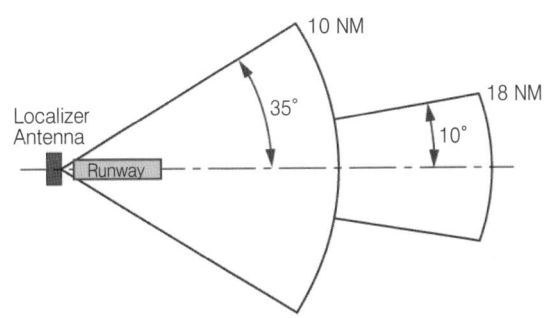

그림 1-1. 로컬라이저 통달범위(Limits of localizer coverage)

(2) 글라이드 슬로프(glide slope)
글라이드 슬로프 송신기(glide slope transmitter)는 로컬라이저의 전방진로 방향으로 신호를 송출한다. 이 신호는 인가된 ILS 접근절차에 명시되어 있는 인가된 최저결심고도(DH)까지 강하할 수 있도록 강하정보를 제공한다.

(3) 마커비콘(marker beacon)
항공기가 마커 상공을 통과할 때 이를 지시하는 등화의 색상은 다음과 같다.

표 1-1. 마커 통과 지시(Marker passage indication)

| 마커(Marker) | 부호(Code) | 등화(Light) |
|---|---|---|
| 외측마커(OM) | ― ― ― | 청색(Blue) |
| 중간마커(MM) | ● ― ● ― | 황색(Amber) |
| 내측마커(IM) | ● ● ● ● | 백색(White) |

(가) 보통 외측마커(OM)는 로컬라이저 진로 상의 적절한 고도에 있는 항공기가 ILS glide path로 진입할 위치를 나타낸다.
(나) 중간마커(MM)는 착륙활주로 시단(threshold)으로부터 약 3,500 ft의 위치를 나타낸다.
(다) 내측마커(IM)는 항공기가 MM과 착륙활주로 시단 사이 glide path 상의 설정된 결심고도(DH)에 있을 때의 지점을 나타낸다.

(4) 컴퍼스 로케이터(compass locator)
(가) 컴퍼스 로케이터 송신기(transmitter)는 일반적으로 중간마커(MM)와 내측마커(OM)가 설치된 장소에 위치한다. 송신기는 최소 15 mile의 통달범위를 가지며 190~535 kHz에서 운용된다.
(나) 컴퍼스 로케이터는 2자리 문자의 식별부호 group을 송신한다. 외측 로케이터(LOM; outer marker compass locator)는 로케이터 식별부호 group의 첫 2자리 문자를 송신하고, 중간 로케이터(LMM; middle marker compass locator)는 로케이터 식별부호 group의 마지막 2자리 문자를 송신한다.

사. 위성위치식별시스템(Global Positioning System; GPS)
위성위치식별시스템(GPS)은 세계 어디에서나 정확한 위치를 판단하기 위하여 사용되는 우주기반

의 무선항법시스템이다. 24개의 위성군은 전 세계의 사용자가 항상 최소한 5개의 위성을 볼 수 있도록 설계되어 있다. 수신기가 정확한 3차원의 위치를 얻기 위해서는 최소한 4개의 위성이 필요하다. 수신기는 mask angle(수신기가 위성을 이용할 수 있는 수평선으로부터의 가장 낮은 각도) 이상인 위성으로부터의 자료를 이용한다.

## 2. 항행안전무선시설 서비스 범위(NAVAID Service volume)

### 가. VOR/DME/TACAN 표준 서비스 범위(SSV)

VOR/DME/TACAN기지국(station)의 SSV는 기지국 유형(station type) 명칭 앞에 등급 지시자(class designator)를 덧붙여 나타낸다. (예, TVOR, LDME, HVORTAC)

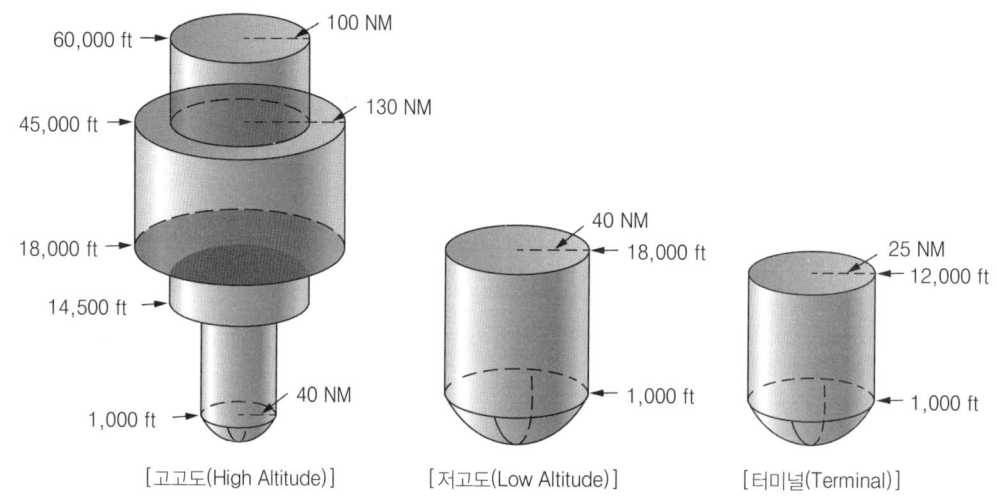

그림 1-2. 표준 서비스 범위(Standard altitude service volume)

표 1-2. VOR/DME/TACAN 표준 서비스 범위(Standard service volume)

| SSV 등급지시자<br>(Class Designator) | 고도 및 거리 범위(Altitude and Range Boundary) |
|---|---|
| T(터미널) | 1,000 ft AGL 초과, 12,000 ft AGL 이하의 고도에서 25 NM까지의 반경거리 |
| L(저고도) | 1,000 ft AGL 초과, 18,000 ft AGL 이하의 고도에서 40 NM까지의 반경거리 |
| H(고고도) | 1,000 ft AGL 초과, 14,500 ft AGL 이하의 고도에서 40 NM까지의 반경거리<br>14,500 ft AGL 초과, 60,000 ft 이하의 고도에서 100 NM까지의 반경거리<br>18,000 ft AGL 초과, 45,000 ft AGL 이하의 고도에서 130 NM까지의 반경거리 |

### 나. NDB 표준 서비스 범위

무지향표지시설(NDB) 서비스의 통달범위는 표 1-3과 같다. 각 등급별 거리(반경)는 모든 고도에서 동일하다.

표 1-3. NDB 서비스 범위(NDB service volume)

| 등급(Class) | 거리(반경) |
|---|---|
| Compass Locator | 15 NM |
| MH | 25 NM |
| H | 50 NM |
| HH | 75 NM |

## 제2절. 항공등화시설(Lighting Aids)

### 1. 비행장등대(Aerodrome beacon)

야간에 사용하려는 비행장에는 그 비행장의 특징이나 시각보조시설 또는 비시각보조시설이 비행장의 위치를 명확하게 구분할 수 있는지 여부를 고려하여, 운용상 필요한 경우 비행장등대 또는 비행장식별등대를 설치하여야 한다.

"비행장등대(Aerodrome beacon)"란 항행 중인 항공기에 비행장의 위치를 알려주기 위하여 비행장 또는 그 주변에 설치하는 등화를 말한다. 항공기가 주로 시계비행을 할 경우 또는 시정이 자주 좋지 않거나, 주변 등화나 지형 때문에 공중에서 비행장을 찾기 어려운 야간에 사용하는 비행장에는 비행장등대를 설치하여야 한다.

"비행장식별등대(Aerodrome identification beacon)"란 항행 중인 항공기에 공항·비행장의 위치를 알려주기 위해 모스부호(morse code)에 따라 명멸하는 등화를 말한다.

가. 설치 위치
  (1) 배경 조명이 어두운 지역의 비행장 내 또는 비행장 인근에 설치한다.
  (2) 불빛이 장애물에 의해 가려지지 않아야 하며, 조종사 및 관제사의 눈부심을 발생시키지 않아야 한다.

나. 특성
  (1) 불빛 색상
    (가) 육상 비행장: 백색과 녹색
    (나) 수상 비행장: 백색과 황색
    (다) 헬기장(heliport): 녹색, 황색과 백색
    (라) 군 비행장등대는 백색과 녹색이 교대로 섬광 되지만, 녹색섬광 사이에 백색이 두 번 섬광 된다는 점이 민간 비행장등대와 다르다.
  (2) 1분간 섬광횟수는 20회 내지 30회로 한다.
  (3) 주간이라도 보고된 운고(ceiling) 또는 시정치가 시계비행 최저치 미만일 때, 즉 지상시정이 3 mile 미만이거나 운고(ceiling)가 1,000 ft 미만인 경우에는 비행장등대를 점등하여야 한다. 조종사는 기상상태가 VFR 인지 IFR 인지를 비행장등대의 점등 여부를 보고 판단해서는 안 된다.

### 2. 시각활공각지시등(Visual glideslope indicator)

가. 시각진입각지시등(Visual Approach Slope Indicator; VASI)
  VASI는 활주로에 접근하는 동안 시각적인 강하유도정보를 제공하기 위하여 배열된 등화시스템이다. VASI의 시각적인 활공로(glide path)는 활주로중심선의 연장선 ±10° 이내에서 활주로시단으로부터 4 NM까지 안전한 장애물 회피를 제공한다.

나. 정밀진입각지시등(Precision Approach Path Indicator; PAPI)
  정밀진입각지시등(PAPI)은 VASI와 유사한 등화장치를 사용하지만 4개(간이형의 경우 2개)의 등화장치가 1열로 설치되며, 진입각에 따른 등화의 색상은 다음과 같다.
  (1) 정상 진입각(on glide path)에 있을 때: 활주로에 가까운 2개의 등 적색, 먼 2개 백색
  (2) 정상 진입각보다 약간 높을 때(slightly high): 활주로에 가까운 1개의 등 적색, 나머지 3개 백색

(3) 정상 진입각보다 높을 때(high) : 모든 등 백색
(4) 정상 진입각보다 약간 낮을 때(slightly low) : 활주로에 가까운 3개 등은 적색, 나머지 1개 백색
(5) 정상 진입각보다 낮을 때(low) : 모든 등 적색

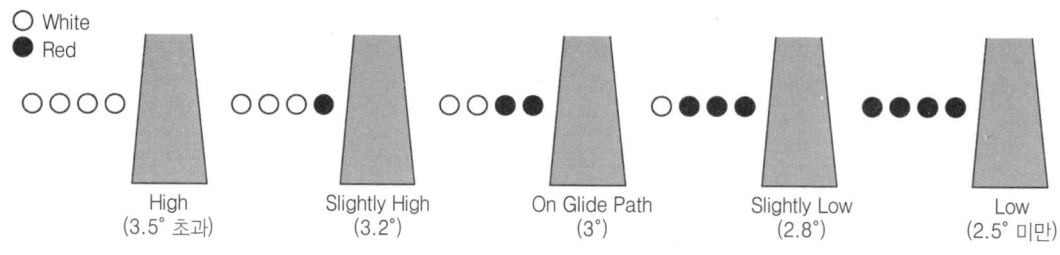

그림 1-3. 정밀진입각지시등(PAPI)

## 3. 활주로 등화(Runway lights)

### 가. 활주로등(Runway edge lights)
활주로등은 어두울 때나 시정이 제한된 상태에서 활주로의 가장자리를 나타내기 위해 사용된다.

### 나. 활주로시단등(Runway threshold lights)
활주로시단등은 이륙 또는 착륙하려는 항공기에 활주로의 시단(threshold)을 알려주기 위하여 활주로의 양 시단에 설치하는 등화이다. 출발 항공기에게 활주로종단을 나타내기 위하여 활주로 쪽으로 적색 불빛을 비추고, 착륙항공기에게는 시단(threshold)을 나타내기 위하여 활주로종단 바깥쪽으로 녹색 불빛을 비춘다.

### 다. 활주로중심선등(Runway centerline light)
활주로중심선등은 악시정 상태에서 착륙을 돕기 위해 일부 정밀접근활주로에 설치된다. 이 등은 활주로중심선을 따라 50 ft 간격으로 설치된다. 착륙활주로 시단(landing threshold)에서 보았을 때 활주로 마지막 3,000 ft까지의 활주로중심선등은 백색이다. 다음 2,000 ft 구간에서 백색등은 적색등과 교대로 설치되고, 활주로의 마지막 1,000 ft 구간의 경우 모든 중심선등은 적색이다.

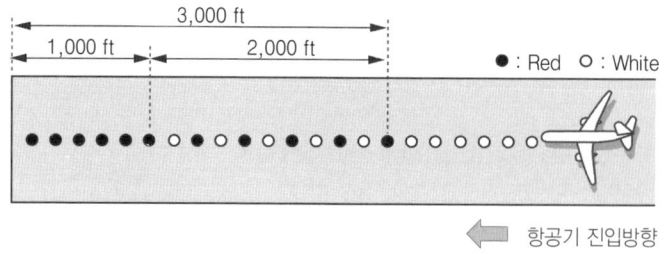

그림 1-4. 활주로중심선등(Runway centerline light)

### 라. 접지구역등(Touchdown zone lights; TDZL)
접지구역등은 악시정 상태에서 착륙할 때 접지구역을 알려주기 위하여 일부 정밀접근활주로에 설치된다. 이 등은 활주로중심선에 대해 대칭으로 배열되는 2열의 가로등화(transverse light) bar로 이루어진다. 이 시스템은 착륙활주로 시단으로부터 100 ft 떨어진 곳에서 시작하여 착륙활주로 시단으로부터 3,000 ft 또는 활주로 중간지점 중 짧은 곳까지 이어지는 백색 고정등으로 이루어진다.

마. 착륙 및 잠시대기등(Land and hold short light)

착륙 및 잠시대기등은 착륙 및 잠시대기 운영(LAHSO)이 인가된 활주로 상의 지정된 잠시대기지점을 나타내기 위하여 사용된다. 착륙 및 잠시대기등은 잠시대기지점에 활주로를 가로질러 설치되는 일렬의 점멸식 백색등으로 이루어진다.

### 4. 유도로 등화(Taxiway lights)

가. 유도로등(Taxiway edge light)

유도로등은 어두울 때나 시정이 제한된 상태에서 유도로의 가장자리(edge)를 나타내기 위해 사용된다. 이 시설은 청색 불빛을 비춘다.

나. 유도로중심선등(Taxiway centerline light)

유도로중심선등은 지상주행 중의 항공기에 유도로의 중심 및 활주로 또는 계류장의 출입경로를 알려주기 위하여 설치된다. 유도로중심선등은 고정등이며 녹색 불빛을 비춘다.

다. 활주로경계등(Runway guard lights)

활주로에 진입하기 전에 멈추어야 할 위치를 알려주기 위하여 유도로/활주로 교차지점에 설치된다. 활주로경계등은 저시정 상태 하에서 유도로/활주로교차지점의 선명도를 높이기 위해 주로 사용되지만 어떠한 기상상태에서도 사용할 수 있다.

라. 정지선등(Stop bar light)

유도로 상에 정지 위치를 표시하기 위하여 유도로의 교차부분 또는 활주로 진입 전의 정지 위치에 설치하는 등화로 적색 불빛을 비춘다.

## 제3절. 비행장 표지시설(Airport Marking Aids)

비행장 표지시설 중 활주로표지는 백색이다. 백색 열십자기호에 적색 "H"를 사용하는 병원 헬기장(heliport)을 제외한 헬기장의 착륙구역을 나타내는 표지 또한 백색이다. 유도로, 항공기가 사용하지 않는 지역(폐쇄지역 및 위험지역) 및 정지위치의 표지는 황색이다.

### 1. 활주로표지(Runway marking)

가. 활주로 명칭표지(Runway designation marking)

활주로 명칭표지는 두 자리 숫자로 되어 있으며, 활주로 번호와 문자는 진입방향에 의해 정해진다. 활주로 번호는 자북에서부터 시계방향으로 측정한 활주로중심선의 자기방위(magnetic bearing)를 10으로 나눈 값에서 가장 가까운 정수이다. 예를 들어 자방위(magnetic azimuth)가 183°인 곳의 활주로 명칭(runway designation)은 18이 되고, 자방위가 87°이면 활주로의 명칭은 9가 될 것이다. 185와 같이 숫자 5로 끝나는 자방위에 대한 활주로의 명칭은 18 또는 19 중에 하나가 될 수 있다. 문자는 평행 활주로의 좌측(Left; L), 우측(Right; R) 또는 중앙(Center; C)을 구분한다.

나. 활주로중심선표지(Runway centerline Marking)

활주로중심선은 활주로의 중앙을 나타내며, 이착륙 중에 정렬유도(alignment guidance)를 제공한다. 활주로중심선은 일정한 길이의 줄무늬(stripe)와 간격(gap)으로 된 선으로 이루어 진다.

다. 활주로옆선표지(Runway side stripe marking)

활주로옆선표지는 활주로의 가장자리(edge)를 나타낸다. 이 표지는 활주로와 주변 지형 또는 갓길(shoulder)을 시각적으로 구별할 수 있도록 한다. 옆선표지는 1개의 백색 줄무늬(stripe)로 구성되며, 활주로의 양 측면에 위치한다.

라. 활주로갓길표지(Runway shoulder marking)

활주로갓길표지는 활주로옆선(side stripe)을 보충하여 항공기가 사용하지 않는 활주로가장자리에 인접한 포장구역을 식별하기 위하여 사용된다. 활주로갓길표지는 황색이다.

마. 활주로시단표지(Runway threshold marking)

활주로시단표지는 활주로중심선에 대해 대칭으로 배열된 같은 크기의 세로 줄무늬로 구성되며, 줄무늬의 수는 활주로의 폭에 따라 구분된다. 활주로시단표지는 착륙에 사용할 수 있는 활주로의 시작지점을 나타낸다.

공사, 정비 및 그 밖의 사유로 임시적 또는 영구적으로 활주로시단을 이설하는 경우 이설시단표지를 하여야 한다. 이설시단(displaced threshold)은 지정된 시작지점 이외에 활주로 상의 다른 지점으로 이설된 시단이다. 이설된 활주로 뒤의 부분은 이륙 시에는 양방향에서, 착륙 시에는 반대방향에서만 사용할 수 있다. 즉 착륙에는 사용할 수 없지만 지상활주(taxing), 이륙 또는 착륙활주에는 이용할 수도 있다. 이설시단에는 폭 3 m (10 ft)의 백색 시단선이 활주로를 가로질러 설치된다.

이설시단 앞부분이 정지로로 사용할 수는 있지만 착륙, 이륙과 지상활주와 같은 정상적인 이동은 할 수 없는 경우에는 갈매기형(chevron) 표지를 하여야 한다. 갈매기형 표지는 황색이다.

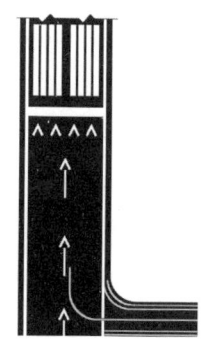

그림 1-5. 이설시단표지
(Displaced threshold)

바. 경계선(Demarcation bar)

경계선은 이설된 활주로를 활주로 앞쪽에 있는 제트분사대(blast pad), 정지로(stopway) 또는 유도로와 구분하기 위하여 설치한다. 경계선의 폭은 1 m(3 ft)이며, 활주로 상에 위치하고 있지 않기 때문에 황색이다.

사. 활주로정지위치표지(Runway holding position markings)

활주로에서 이 표지는 항공기가 활주로로 접근할 때 정지 대기해야 하는 지점을 나타낸다. 활주로정지위치표지는 6 in 또는 12 in 간격의 두 줄의 실선과 두 줄의 점선으로 된 네 줄의 황색선으로 이루어지며, 유도로 또는 활주로를 가로질러 설치된다. 실선은 항상 항공기가 정지해야 하는 쪽에 위치한다. ATC가 "Hold short of runway XX"를 지시하면, 조종사는 항공기의 어느 부분도 활주로정지위치표지를 넘지 않도록 정지하여야 한다. 활주로를 이탈하는 항공기는 항공기의 모든 부분이 해당 정지위치표지를 통과하기 전까지는 활주로를 벗어난 것이 아니다.

2. 유도로표지(Taxiway marking)

가. 유도로중심선(Taxiway centerline)

유도로중심선표지는 지정된 경로를 따라 지상 이동할 때 시각적인 신호가 되어 준다. 유도로중심선표지는 한 줄의 황색 실선이다.

나. 유도로가장자리표지(Taxiway edge marking)

유도로가장자리표지는 유도로의 가장자리(edge)를 나타내기 위하여 사용된다. 이 표지는 기본적으로 유도로 가장자리가 포장면의 가장자리와 일치하지 않을 때 사용된다.

### 3. 기타 표지(Other marking)

가. VOR 체크포인트 표지(VOR Aerodrome checkpoint marking)

VOR 체크포인트 표지는 조종사가 VOR 신호에 맞추어 항공기의 계기를 점검할 수 있도록 필요한 경우에 설치한다. 이 표지는 원으로 이루어지고 특별한 방향으로 주기하는 것이 항공기를 위해 바람직할 때는 원의 중심을 지나 원하는 방향으로 화살표를 삽입한다.

VOR 체크포인트가 필요하여 설치할 때는 VOR 체크포인트 표지 및 표지판으로 설치하여야 한다. VOR 체크포인트 표지판(sign)에는 문자 "VOR"과 관련 VOR 무선 주파수 등이 표시되며, 문자와 숫자의 색은 황색 바탕에 흑색이다.

나. 폐쇄 활주로와 유도로(Permanently closed runways and taxiway) 표지

폐쇄표지는 모든 항공기가 영구적 또는 임시적으로 사용하지 못하는 활주로, 유도로 또는 그 일부에 설치한다. 영구적으로 폐쇄되는 활주로와 유도로의 항공등화는 소등하고, 모든 활주로와 유도로 표지는 지워야 한다.

조종사에게 활주로/유도로가 폐쇄되었다는 시각적인 지시를 제공하기 위하여 활주로/유도로 각 끝부분에 십자형기호가 표시된다. 활주로 폐쇄표지는 백색이고, 유도로 폐쇄표지의 색상은 황색이다.

### 4. 비행장 표지판(Airport signs)

가. 명령지시표지판(Mandatory instruction sign)

이 표지판은 적색 바탕에 백색 문자로 되어 있으며, 항공기 또는 차량이 관제탑의 허가 없이 진행해서는 안 되는 활주로, 보호구역(critical area) 및 항공기의 진입이 금지된 구역을 표시하기 위해 설치된다. 전형적인 명령지시표지판으로는 활주로 대기지점표지판, 활주로 접근구역 정지위치표지판, ILS 보호구역 정지위치표지판 및 진입금지표지판 등을 들 수 있다.

그림 1-6. 명령지시표지판(ILS 보호구역 정지위치표지판, 진입금지표지판)

나. 위치표지판(Location signs)

위치표지판은 항공기가 위치한 유도로나 활주로를 식별하기 위하여 사용된다. 그 밖의 위치표지판은 조종사가 지역을 벗어날 시기를 결정하는 데에 도움을 주기 위한 시각적인 신호(visual cue)를 제공한다. 이 표지판은 흑색 바탕에 황색 문자로 되어 있으며, 단독으로 설치되는 경우 표지판에 황색 테두리가 있다.

그림 1-7. 위치표지판(유도로 위치표지판, 활주로 위치표지판)

## 다. 방향표지판(Direction sign)

방향표지판은 황색 바탕에 흑색 문자로 되어있다. 문자는 조종사가 회전해야 하거나 잠시 대기하여야 할 교차지점을 벗어나는 교차유도로의 명칭(designation)을 나타낸다. 각 명칭에는 회전방향을 나타내는 화살표가 함께 표시된다.

그림 1-8. 활주로출구의 방향표지판

## 라. 목적지표지판(Destination sign)

목적지표지판도 황색 바탕에 공항에서의 목적지를 나타내는 흑색 문자로 되어있다. 이 표지판은 항상 목적지까지 지상활주경로의 방향을 나타내는 화살표와 함께 표시된다. 목적지표지판의 화살표가 회전을 지시할 경우, 이 표지판은 교차지점 이전에 설치된다.

일반적으로 이러한 유형의 표지판에 나타내는 목적지에는 활주로, 계류장(apron), 터미널, 군용구역, 민항구역, 화물취급구역, 국제선구역 및 지상운항지원실 등을 포함한다. 이러한 목적지를 나타내는 일부 표지판의 문자에는 약어가 사용되기도 한다.

그림 1-9. 군용구역의 목적지표지판

## 마. 정보표지판(Information signs)

정보표지판은 황색 바탕에 흑색 문자로 되어있다. 이 표지판은 관제탑에서 보이지 않는 지역, 적용할 수 있는 무선주파수와 소음감소절차 등과 같은 정보를 조종사에게 제공하기 위하여 사용한다.

## 바. 활주로잔여거리표지판(Runway distance remaining sign)

활주로잔여거리표지판은 흑색 바탕에 백색 숫자로 되어 있으며, 활주로의 한쪽 또는 양쪽 편을 따라 설치된다. 표지판의 숫자는 착륙활주로의 잔여거리(1,000 ft 단위로)를 나타낸다. 마지막 표지판, 즉 숫자 "1"의 표지판은 활주로종단으로부터 최소한 950 ft 지점에 위치한다.

그림 1-10. 3,000 ft의 활주로 잔여거리를 나타내는 활주로잔여거리표지판

# 출제예상문제

## Ⅰ. 항행안전무선시설

【문제】1. 무지향표지시설(NDB)의 운용 주파수대는?
① 108~117 kHz　　　　　　② 108~250 kHz
③ 190~459 kHz　　　　　　④ 190~535 kHz

【문제】2. 다음 중 가장 낮은 주파수대를 사용하는 항법시설은?
① NDB　　② TACAN　　③ DME　　④ VOR

〈해설〉 무지향표지시설(NDB)은 일반적으로 190~535 kHz의 주파수대에서 운용된다.

【문제】3. 거리측정장비(DME)의 최대 수신거리와 허용 오차범위는?
① 수신거리: 무한대, 오차: 1/2마일 또는 3% 중 큰 것 이내
② 수신거리: 100 NM, 오차: 1/2마일 또는 5% 중 큰 것 이내
③ 수신거리: 199 NM, 오차: 1/2마일 또는 3% 중 큰 것 이내
④ 수신거리: 299 NM, 오차: 1/2마일 또는 5% 중 큰 것 이내

【문제】4. 일반적으로 DME 계기가 지시하는 거리는?
① 경사거리를 NM으로 지시한다.　　② 경사거리를 SM으로 지시한다.
③ 수평거리를 NM으로 지시한다.　　④ 수평거리를 SM으로 지시한다.

【문제】5. DME의 주파수 범위는?
① 190~535 MHz　　　　　② 210~345 MHz
③ 960~1,215 MHz　　　　④ 980~1,575 MHz

【문제】6. DME에 대한 설명 중 틀린 것은?
① 운용주파수 범위는 108.0~117.95 MHz 이다.
② 오류는 1/2마일 또는 3% 가운데 더 큰 것보다 작다.
③ 가시고도 199 NM까지의 거리에서 신뢰할 수 있는 신호를 수신할 수 있다.
④ 항공기에 제공되는 거리정보는 경사거리(slant range) 이다.

【문제】7. 다음 중 운용 주파수가 가장 높은 것은?
① NDB　　② VOR　　③ DME　　④ LOC

〈해설〉 거리측정시설(Distance Measuring Equipment; DME)
　1. DME는 지상의 기준점으로부터 항공기까지의 거리정보를 해리(NM; nautical mile) 단위로 제공하는 시설로서 운용주파수 범위는 960~1,215 MHz 이다.

정답  1. ④　2. ①　3. ③　4. ①　5. ③　6. ①　7. ③

2. DME 장비로부터 수신되는 거리정보는 경사거리(slant range distance)이며 실제 수평거리는 아니다.
3. 가시고도(line-of-sight altitude) 199 NM까지의 거리에서 1/2 mile 또는 거리의 3% 가운데 더 큰 수치 이내의 정확성을 가진 신뢰할 수 있는 신호를 수신할 수 있다.

【문제】8. Runway threshold에서 localizer beam의 폭은?
① 500 ft    ② 700 ft    ③ 1,000 ft    ④ 1,200 ft

【문제】9. ILS Localizer 안테나로부터 반경 10마일 이내에서 localizer 신호의 유효각도는?
① 12°    ② 25°    ③ 35°    ④ 40°

【문제】10. ILS 로컬라이저 신호의 normal coverage로 맞는 것은?
① 안테나로부터 반경 10 NM 내에서는 중심선으로부터 양쪽으로 30도까지 이다.
② 안테나로부터 반경 10 NM 내에서는 중심선으로부터 양쪽으로 35도까지 이다.
③ 안테나로부터 반경 18 NM 내에서는 중심선으로부터 양쪽으로 15도까지 이다.
④ 안테나로부터 반경 18 NM 내에서는 중심선으로부터 양쪽으로 20도까지 이다.

【문제】11. ILS localizer에 대한 설명 중 틀린 것은?
① 운용 주파수 범위는 108.1~111.95 MHz 이다.
② Localizer 신호는 활주로 끝에서 700 m의 진로 폭이 되도록 조절된다.
③ Reverse sensing 기능이 없는 항공기는 back course 상에서 on-course로 비행할 때에는 course 수정을 반대로 하여야 한다.
④ 식별신호는 로컬라이저 주파수로 송신되는 문자 I 다음에 3자리의 식별문자로 구성된다.

〈해설〉 로컬라이저(Localizer)
1. 로컬라이저 송신기(localizer transmitter)는 108.10~111.95 MHz 주파수 범위 내에서 40개의 ILS 채널 중 하나로 운용된다.
2. 로컬라이저 신호는 우측 그림과 같이 활주로시단에서 700 ft의 진로 폭이 되도록 조절된다.
3. 식별신호는 국제모스부호(International Morse Code)로 되어 있으며, 로컬라이저 주파수로 송신되는 문자 I ( • • ) 다음에 3자리의 식별문자로 구성된다.
4. 로컬라이저는 다음과 같은 통달범위 구역에 적절한 진로이탈(off-course) 지시를 제공한다.
  가. 안테나로부터 반경 18 NM 이내에서 진로(course)의 양쪽 측면 10° 까지
  나. 반경 10 NM 이내에서 진로(course)의 양쪽 측면 10°부터 35° 까지
5. 항공기의 ILS 장비가 역방향감지(reverse sensing) 능력이 없다면 후방진로(back course) 상에서 inbound 비행을 할 때, 진로이탈(off-course) 상태에서 정진로(on-course)로 수정 조작 시에는 needle이 벗어난 반대방향으로 항공기를 조종해야 한다.

【문제】12. ILS Outer Marker의 식별 색깔은?
① Blue    ② Red    ③ Amber    ④ White

정답  8. ②  9. ③  10. ②  11. ②  12. ①

【문제】 13. ILS Middle Marker(MM)의 light 색깔은?
① 백색　　　　　② 청색　　　　　③ 황색　　　　　④ 녹색

【문제】 14. 마커비컨의 기능에 대한 설명 중 틀린 것은?
① 외부마커(OM)는 ILS glide path로 진입할 위치를 나타낸다.
② 중간마커(MM)는 landing threshold로부터 약 3,500 ft의 위치를 나타낸다.
③ 내부마커(IM)는 MM과 landing threshold 사이의 설정된 결심고도에 있을 때의 위치를 나타낸다.
④ 후방진로 마커(back course marker)는 ILS 후방진로 initial approach fix를 나타낸다.

〈해설〉 마커비콘(Marker Beacon)
1. 항공기가 마커 상공을 통과할 때 이를 지시하는 등화의 색상은 다음과 같다.

| 마커(Marker) | 등화(Light) |
|---|---|
| Outer marker(OM) | 청색(Blue) |
| Middle marker(MM) | 황색(Amber) |
| Inner marker(IM) | 백색(White) |

2. 보통 외측마커(OM)는 로컬라이저 진로 상의 적절한 고도에 있는 항공기가 ILS glide path로 진입할 위치를 나타낸다.
3. 중간마커(MM)는 착륙활주로 시단(landing threshold)으로부터 약 3,500 ft의 위치를 나타낸다.
4. 내측마커(IM)는 항공기가 MM과 착륙활주로 시단 사이 glide path 상의 설정된 결심고도(DH)에 있을 때의 지점을 나타낸다.
5. 일반적으로 후방진로 마커(back course marker)는 접근강하가 시작되는 ILS 후방진로 최종접근 픽스(final approach fix)를 나타낸다.

【문제】 15. Compass locator 신호의 최소 통달범위는?
① 10 NM(18.5 km)　　　　② 15 NM(28.0 km)
③ 18 NM(33.35 km)　　　　④ 20 NM(37.0 km)

【문제】 16. ILS 구성요소 중 두 개의 문자로 식별되고, 거리정보를 제공하는 요소는?
① Compass locator　　　　② Glide slop
③ Middle marker　　　　　④ Outer marker

【문제】 17. ILS의 localizer signal 중 첫 2자리 문자의 signal을 송신하고, marker beacon을 대신할 수 있는 것은?
① Middle Marker　　　　　② Outer Marker
③ Middle Compass Locator　④ Outer Compass Locator

【문제】 18. ILS 구성품으로 3자리의 로컬라이저 식별부호 중 뒤의 두 자리 문자를 송신하는 것은?
① Middle Marker　　　　　② Outer Marker
③ Middle Compass Locator　④ Outer Compass Locator

정답　13. ③　14. ④　15. ②　16. ①　17. ④　18. ③

【문제】 19. 문자 "I" 다음의 식별부호 중 마지막 두 개의 문자를 통해 구별할 수 있는 시설은?

① DME　　② OM　　③ MM　　④ IM

〈해설〉 컴퍼스 로케이터(Compass Locator)
1. 컴퍼스 로케이터 송신기(compass locator transmitter)는 최소 15 mile의 통달범위를 가진다.
2. 컴퍼스 로케이터는 2자리 문자의 식별부호 group을 송신한다. 외측 로케이터(LOM; outer marker compass locator)는 로케이터 식별부호 group의 첫 2자리 문자를 송신하고, 중간 로케이터(LMM; middle marker compass locator)는 로케이터 식별부호 group의 마지막 2자리 문자를 송신한다.

〔예시〕

| 공항 | 항행안전무선시설 | 식별부호 |
|---|---|---|
| Raleigh-Durham | ILS Localizer | I-RDU |
| | LOM(outer marker compass locator) | RD |
| | LMM(middle marker compass locator) | DU |

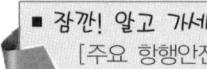
■ 잠깐! 알고 가세요.
[주요 항행안전시설 주파수대(Frequency band)]

| 시설 | 주파수대(Frequency band) | 비고 |
|---|---|---|
| 무지향표지시설(NDB) | 190~535 kHz<br>190~1,750 kHz (ICAO Annex 10) | |
| 전방향표지시설(VOR) | 108.0~117.95 MHz<br>108.00~117.975 MHz (ICAO Annex 10) | |
| 거리측정시설(DME)<br>전술항행표지시설(TACAN) | 960~1,215 MHz | UHF 주파수 범위 |
| ILS Localizer | 108.10~111.95 MHz | |
| ILS Glideslope | 329.15~335.00 MHz | |

【문제】 20. GPS를 이용한 항법을 할 때 3차원 정보(위도, 경도 및 고도)와 시간을 얻기 위해 필요한 최소 위성 수는?

① 3개　　② 4개　　③ 5개　　④ 6개

【문제】 21. 민간용 GPS의 일반적인 수평 정확도는?

① 10 m　　② 50 m　　③ 100 m　　④ 120 m

【문제】 22. 위성항법 시스템(GPS)에 대한 설명으로 틀린 것은?

① 기상의 영향을 받지 않는다.
② Precise positioning service(PPS)의 오차는 100 m 이다.
③ 전리층에 의한 지연 또는 위성의 원자시계와 GPS 기준시간과의 불일치로 오차가 발생한다.
④ 위치정보를 얻기 위해서는 3개의 위성, 3차원 정보와 시간을 얻기 위해서는 4개의 위성을 필요로 한다.

【문제】 23. GPS(global positioning system)의 위성 부분은 몇 개의 가용 위성으로 구성되는가?

① 18개　　② 22개　　③ 24개　　④ 26개

정답　19. ③　20. ②　21. ③　22. ②　23. ③

〈해설〉 위성위치식별시스템(Global Positioning System; GPS)
1. 위성위치식별시스템(GPS)은 기상의 영향을 받지 않고 비교적 정확한 정보를 제공하는 반면, 전리층에 의한 지연이나 위성과 수신기에 있는 원자시계의 불일치 등으로 인해 오차를 발생시킬 수 있다.
2. GPS 서비스는 민간용의 SPS(standard positioning system) 및 군사용의 PPS(precise positioning system)로 구분되어 있으며, 일반적으로 SPS의 정확도는 수평으로 약 100 m 이다. PPS는 군사용으로 SPS 보다 매우 정밀하나, 제한된 사용자 이외에는 사용이 허가되지 않고 있으며 정확도는 약 21 m 이다.
3. GPS 수신기는 3차원 위치(위도, 경도 및 고도)와 시간을 얻기 위해 적어도 4개의 위성을 필요로 한다. GPS 위성은 총 24개로 구성되어 지구상의 어떤 곳에서도 5개 이상의 위성이 관측될 수 있다.

【문제】24. Terminal VOR은 12,000 ft AGL 이하의 고도에서 공항 주변 반경 몇 마일까지 유효한가?
① 25 NM　　② 35 NM　　③ 40 NM　　④ 50 NM

【문제】25. T-VOR의 운용범위는?
① 반경 25 NM, 높이 1,000 ft~18,000 ft
② 반경 30 NM, 높이 1,000 ft~18,000 ft
③ 반경 25 NM, 높이 1,000 ft~12,000 ft
④ 반경 30 NM, 높이 1,000 ft~12,000 ft

【문제】26. L 등급 VOR의 service volume은?
① 1,000 ft~12,000 ft　　② 1,000 ft~14,500 ft
③ 1,000 ft~16,000 ft　　④ 1,000 ft~18,000 ft

【문제】27. VOR L 등급의 service volume 반경은?
① 20 NM　　② 25 NM　　③ 40 NM　　④ 100 NM

【문제】28. VOR (H) 등급의 14,500 ft 초과 60,000 ft 이하의 고도에서 유효범위는?
① 반경 60 NM　　② 반경 80 NM　　③ 반경 100 NM　　④ 반경 130 NM

【문제】29. VOR "H" 등급의 service volume이 잘못된 것은?
① 1,000~12,000 ft AGL, 25 NM　　② 1,000~14,500 ft AGL, 40 NM
③ 14,500~60,000 ft AGL, 100 NM　　④ 18,000~45,000 ft AGL, 130 NM

【문제】30. HVOR 통달범위 최고고도는?
① 40,000 ft　　② 50,000 ft　　③ 60,000 ft　　④ 70,000 ft

【문제】31. 각 등급별 NDB service volume의 반경으로 맞지 않는 것은?
① Compass Locator: 20 NM　　② MH: 25 NM
③ H: 50 NM　　④ HH: 75 NM

정답　24. ①　25. ③　26. ④　27. ③　28. ③　29. ①　30. ③　31. ①

【문제】32. HH 등급 NDB의 통달거리는 반경 얼마인가?
① 25 NM  ② 50 NM  ③ 75 NM  ④ 100 NM

〈해설〉 항행안전시설 서비스 범위(NAVAID Service Volume)
1. VOR/DME/TACAN의 표준 서비스 범위(Standard Service Volume)

| 등급(Class) | 고도 및 거리 범위 | 거리(반경) 범위 |
|---|---|---|
| T(터미널) | 1,000 ft AGL 초과 12,000 ft AGL 이하 | 25 NM |
| L(저고도) | 1,000 ft AGL 초과 18,000 ft AGL 이하 | 40 NM |
| H(고고도) | 1,000 ft AGL 초과 14,500 ft AGL 이하 | 40 NM |
|  | 14,500 ft AGL 초과 60,000 ft 이하 | 100 NM |
|  | 18,000 ft AGL 초과 45,000 ft 이하 | 130 NM |

2. NDB의 서비스 범위(NDB Service Volume)

| 등급(Class) | 거리(반경) 범위 |
|---|---|
| Compass Locator | 15 NM |
| MH | 25 NM |
| H | 50 NM |
| HH | 75 NM |

## Ⅱ. 항공등화시설(Lighting Aids)

【문제】1. 항행 중인 항공기에 비행장의 위치를 알려주기 위하여 모스 부호로서 명멸하는 등화는?
① 비행장등대  ② 비행장식별등대
③ 위험항공등대  ④ 신호항공등대

【문제】2. 민간 육상비행장을 의미하는 비행장등대의 색은?
① White and Green  ② White and Yellow
③ White and Red  ④ Green and Red

【문제】3. 군 공항의 비행장등대를 식별하는 불빛 색상은?
① 녹색 섬광 사이에 두 번의 백색 섬광
② 백색 섬광 사이에 두 번의 녹색 섬광
③ 황색 섬광 사이에 두 번의 백색 섬광
④ 백색 섬광 사이에 두 번의 황색 섬광

【문제】4. 비행장등대의 색으로 틀린 것은?
① 육상비행장: 백색 1개, 녹색 1개  ② 수상비행장: 백색 1개, 황색 1개
③ 군비행장: 백색 2개, 녹색 1개  ④ 헬기비행장: 백색 1, 녹색 1, 적색 1

【문제】5. 민간 비행장등대의 색깔로 맞는 것은?
① 녹색 - 육상비행장  ② 황색 - 수상비행장
③ 백색, 녹색 - 육상비행장  ④ 황색 - 육상비행장

정답  32. ③ / 1. ②  2. ①  3. ①  4. ④  5. ③

【문제】6. 주간에 비행장등대(airport beacon)가 작동하고 있을 때 예상되는 기상은?
① 지상시정 3마일 미만, 운고(ceiling) 1,000피트 미만
② 지상시정 5마일 미만, 운고(ceiling) 1,000피트 미만
③ 지상시정 3마일 미만, 운고(ceiling) 1,500피트 미만
④ 지상시정 5마일 미만, 운고(ceiling) 1,500피트 미만

【문제】7. 비행장등대(aerodrome beacon)에 대한 설명 중 틀린 것은?
① 지상시정이 3마일 미만이거나 운고(ceiling)가 1,000피트 미만일 때 점등된다.
② 비행장등대의 운영 여부로 IFR 기상상태인지 VFR 기상상태인지를 구별할 수 있다.
③ B등급, C등급, D등급 및 E등급 공역에서 주간에 지상시정 및 운고를 나타내기 위하여 활용된다.
④ 비행장에 비행장등대가 점등된 경우 IFR로 접근을 해야 한다.

〈해설〉 비행장등대(Aerodrome Beacon)
"비행장식별등대(Aerodrome Identification Beacon)"란 항행 중인 항공기에 공항·비행장의 위치를 알려주기 위해 모스 부호(morse code)에 따라 명멸하는 등화를 말한다.
1. 비행장등대의 불빛 색상은 다음과 같다.
 가. 육상 비행장 : 백색과 녹색
 나. 수상 비행장 : 백색과 황색
 다. 헬기장(heliport) : 녹색, 황색과 백색
 라. 군 비행장등대는 백색과 녹색이 교대로 섬광 되지만, 녹색섬광 사이에 백색이 두 번 섬광 된다는 점이 민간 비행장등대와 다르다.
2. 1분간 섬광횟수는 20회 내지 30회로 한다.
3. B등급, C등급, D등급 및 E등급 공항교통구역(surface area)에서 주간에 비행장등대를 운영하는 것은 대개의 경우 지상시정이 3 mile 미만이거나 운고(ceiling)가 1,000 ft 미만이라는 것을 나타낸다. 조종사는 기상상태가 IFR 인지 VFR 인지의 여부를 비행장등대의 점등 여부를 보고 판단해서는 안 된다.

【문제】8. VASI의 장애물 안전고도 보장 범위는?
① 활주로 연장선으로부터 좌우 10°, 활주로 끝으로부터 4 NM
② 활주로 연장선으로부터 좌우 10°, 활주로 끝으로부터 7 NM
③ 활주로 연장선으로부터 좌우 5°, 활주로 끝으로부터 4 NM
④ 활주로 연장선으로부터 좌우 5°, 활주로 끝으로부터 7 NM

〈해설〉 시각진입각지시등(VASI)의 시각적인 활공로(glide path)는 활주로중심선의 연장선 ±10° 이내에서 활주로시단으로부터 4 NM까지 안전한 장애물 회피를 제공한다.

【문제】9. PAPI 등화장치의 색상이 1개는 white, 3개는 red일 때 glide path는?
① 약간 낮음(slightly low)　　② 낮음(low)
③ 약간 높음(slightly high)　　④ 높음(high)

정답　6. ①　7. ②　8. ①　9. ①

【문제】 10. 정상보다 약간 높은 진입각인 경우, PAPI 등화의 지시는?
① 4개 White  ② 4개 Red
③ 3개 White, 1개 Red  ④ 1개 White, 3개 Red

【문제】 11. On glide path인 경우, PAPI 표시는?
① 2개 White, 2개 Red  ② 3개 White, 1개 Red
③ 4개 White  ④ 4개 Red

〈해설〉 진입각에 따른 정밀진입각지시등(PAPI)의 색상은 다음과 같다.

| 진입각 | High (3.5° 초과) | Slightly high (3.2°) | On glide path (3°) | Slightly low (2.8°) | Low (2.5° 미만) |
|---|---|---|---|---|---|
| 색 상 | ○○○○ | ○○○● | ○○●● | ○●●● | ●●●● |

○ White, ● Red

【문제】 12. 야간 또는 저시정 시 활주로의 윤곽을 식별할 수 있도록 설치하는 등화는?
① Runway Centerline Light  ② Runway End Light
③ Runway Edge Light  ④ Approach Light

【문제】 13. 항공기가 활주로에 접근 시 접근하는 방향에서 볼 수 있는 활주로시단등(runway threshold light)의 색깔은?
① 백색  ② 청색  ③ 적색  ④ 녹색

〈해설〉 활주로 등화(Runway Lights)
1. 활주로등(runway edge light)은 어두울 때나 시정이 제한된 상태에서 활주로의 가장자리를 나타내기 위해 사용된다.
2. 활주로시단등(runway threshold light)은 착륙항공기에게 시단(threshold)을 나타내기 위하여 활주로 바깥쪽으로 녹색 불빛을 비춘다.

【문제】 14. Runway centerline light의 활주로 마지막 1,000 ft 구간의 색깔은?
① Red  ② White  ③ Green  ④ Red, White

【문제】 15. Runway centerline light가 적색과 백색이 교대로 보인다면, 이것은 무엇을 의미하는가?
① 활주로가 3,000 ft 남았다.  ② 활주로가 2,000 ft 남았다.
③ 활주로가 1,000 ft 남았다.  ④ 활주로의 절반이 남았다.

〈해설〉 착륙활주로 시단(landing threshold)에서 보았을 때 활주로 마지막 3,000 ft까지의 활주로중심선등(runway centerline light)은 백색이다. 다음 3,000 ft에서 1,000 ft 사이는 백색등과 적색등이 교대로 설치되고, 활주로의 마지막 1,000 ft 구간의 경우 모든 중심선등은 적색이다.

【문제】 16. 접지구역등(TDZL)에 관한 설명 중 틀린 것은?
① 정밀접근활주로 category Ⅱ 또는 Ⅲ의 접지구역에 설치하여야 한다.
② 활주로 길이가 1,800 m 이하인 곳에서는 활주로 중간지점에 설치한다.

---

정답  10. ③  11. ①  12. ③  13. ④  14. ①  15. ①

③ 등간 간격은 30 m 혹은 60 m로 한다.
④ 불빛은 가변 백색의 고정된 단방향등으로 한다.

〈해설〉 접지구역등(Touchdown Zone Lights; TDZL)
1. 적용 : 접지구역등은 category Ⅱ 또는 Ⅲ 정밀접근활주로의 접지구역에 설치하여야 한다.
2. 위치
   가. 활주로시단에서 활주로 방향으로 900 m 거리까지 설치한다.
   나. 활주로 길이가 1,800 m 이하인 곳에서는 활주로 중간지점까지 설치한다.
   다. 등간 간격은 30 m 혹은 60 m로 한다.
3. 특성 : 불빛은 가변백색의 고정된 단방향등(unidirectional lights)으로 한다.

【문제】 17. 활주로 상의 잠시대기 지점을 나타내기 위하여 사용되는 LAHSO light의 색깔은?
① White   ② Yellow   ③ Red   ④ Green

〈해설〉 착륙 및 잠시대기등(Land and Hold Short Light)은 착륙 및 잠시대기 운영(LAHSO)이 인가된 활주로 상의 지정된 잠시대기지점을 나타내기 위하여 사용된다. 착륙 및 잠시대기등은 잠시대기지점에 활주로를 가로질러 설치되는 일렬의 점멸식 백색등으로 이루어진다.

【문제】 18. 활주로와 유도로의 경계를 나타내주는 등은?
① 활주로유도등   ② 유도로안내등
③ 정지선등   ④ 활주로경계등

【문제】 19. 유도로등(taxiway edge light)의 색은?
① 청색   ② 적색   ③ 황색   ④ 녹색

【문제】 20. 유도로 centerline light의 불빛 색은?
① Blue   ② Yellow   ③ Green   ④ White

〈해설〉 유도로등화(Taxiway Lights)
1. 유도로등(taxiway edge light) : 어두울 때나 시정이 제한된 상태에서 유도로의 가장자리(edge)를 나타내기 위해 사용된다. 이 시설은 청색 불빛을 비춘다.
2. 유도로중심선등(taxiway centerline light) : 저시정 상태에서 지상교통을 돕기 위해 사용된다. 유도로중심선등은 고정등이며 녹색 불빛을 비춘다.
3. 활주로경계등(runway guard light) : 활주로에 진입하기 전에 멈추어야 할 위치를 알려주기 위하여 유도로/활주로 교차지점에 설치된다.

【문제】 21. 계기비행 활주로 및 유도로의 등화 색상으로 틀린 것은?
① 활주로등(Runway edge light) : 백색
② 활주로중심선등(Runway centerline light) : 백색, 적색
③ 유도로등(Taxiway edge light) : 청색
④ 정지선등(Stop bar light) : 적색

정답  16. ②  17. ①  18. ④  19. ①  20. ③  21. ①

## ■ 잠깐! 알고 가세요.
[주요 활주로/유도로등화 색상]

| 구 분 | 종 류 | 색 상 |
|---|---|---|
| 활주로등화 | 활주로등(Runway edge light) | 황색, 백색 |
| | 활주로중심선등(Runway centerline light) | 백색, 적색 |
| | 접지구역등(Touchdown zone light; TDZL) | 백색 |
| | 착륙 및 잠시대기등(Land and hold short light) | 백색 |
| 유도로등화 | 유도로등(Taxiway edge light) | 청색 |
| | 유도로중심선등(Taxiway center-line light) | 녹색 |
| | 활주로경계등(Runway guard light) | 황색 |
| | 정지선등(Stop bar light) | 적색 |

## Ⅲ. 비행장 표지시설

【문제】1. 활주로 표지(runway marking)의 색은?
　① White　　② Black　　③ Yellow　　④ Red

【문제】2. 유도로 표지(taxiway markings)의 색은?
　① White　　② Grey　　③ Yellow　　④ Red

〈해설〉활주로 표지(runway marking)는 백색이고, 유도로 표지(taxiway marking)는 황색이다.

【문제】3. Heading 053°인 활주로의 활주로 번호는?
　① 05　　② 06　　③ 50　　④ 53

【문제】4. 활주로의 양 끝에 숫자 "09"와 "27"이 표시되어 있는 경우, 이 활주로 번호의 의미는?
　① 009°와 027°의 진방위(true bearing)
　② 090°와 270°의 진방위(true bearing)
　③ 090°와 027°의 자방위(magnetic bearing)
　④ 090°와 270°의 자방위(magnetic bearing)

【문제】5. 활주로 명칭표지에 대한 설명 중 틀린 것은?
　① 활주로 명칭표지의 색상은 백색이다.
　② 활주로 명칭표지는 활주로 양 시단지역에 표시한다.
　③ 활주로가 040°이면 활주로 번호는 4로 표시한다.
　④ 진입방향에서 볼 때 자방위를 10으로 나눈 값에서 가장 가까운 정수가 활주로 지정번호가 된다.

〈해설〉활주로 표지(runway marking)는 두 자리 숫자로 되어 있으며, 이 활주로 번호는 진입방향에 의해 정해진다. 활주로 번호는 자북에서부터 시계방향으로 측정한 활주로중심선 자방위(magnetic azimuth)의 10분의 1에 가장 가까운 정수이다. 예를 들어 자방위가 183°인 곳의 활주로 명칭은 18이 되고, 자방위 87°와 같이 1자리 정수로 표기되는 경우에는 "0"을 숫자 앞에 붙여 활주로 명칭은 09가 된다.

정답　1. ①　2. ③　3. ①　4. ④　5. ③

【문제】 6. 활주로 시단표지(threshold marking)는?
① 활주로중심선에 대칭하여 굵은 세로줄
② 활주로중심선에 수직으로 가로줄
③ 활주로중심선에 대칭하여 빗금
④ 활주로중심선에 대칭하여 격자무늬

〈해설〉 활주로시단표지(runway threshold marking)는 활주로중심선에 대해 대칭으로 배열된 같은 크기의 세로 줄무늬로 구성되며, 줄무늬의 수는 활주로의 폭에 따라 구분된다.

【문제】 7. 항공기가 활주로경계선(demarcation bar)과 활주로 개시지점/종료지점(displaced threshold) 사이에서 할 수 없는 것은?
① 이륙　　② 활주　　③ 착륙활주　　④ 착륙

【문제】 8. 이설시단(displaced threshold)에 대한 설명 중 맞는 것은?
① 이륙에 이용할 수 있다.
② 착륙에 이용할 수 있다.
③ 이륙 및 착륙에 이용할 수 있다.
④ 착륙 및 지상활주에 이용할 수 있다.

【문제】 9. 이설시단(displaced threshold)에 대한 설명 중 틀린 것은?
① 시단표지(threshold marking)에 추가하여 세로방향의 백색 줄무늬(stripe)로 표시된다.
② 이착륙이 가능하다.
③ 이륙, 지상활주 또는 착륙활주에 이용할 수 있다.
④ 착륙은 반대방향으로만 할 수 있다.

〈해설〉 활주로시단표지(Runway Threshold Marking)
1. 이설시단(displaced threshold)은 활주로의 지정된 시작지점 이외에 다른 활주로 상의 지점에 위치한 시단이다. 활주로의 이러한 부분은 착륙에는 사용할 수 없지만 지상활주(taxing), 이륙 또는 착륙활주(landing rollout)에는 이용할 수도 있다.
2. 이설시단에는 폭 10 ft의 백색 시단선(threshold bar)이 활주로를 가로질러 설치된다.

【문제】 10. 활주로 끝단 부분에 노란색의 갈매기 문양이 그려진 지역이 있다. 이 지역의 용도는 무엇인가?
① 착륙은 불가능하지만 이륙을 위해 지상활주를 할 수 있는 지역이다.
② 대형기는 사용할 수 없지만 소형기는 이착륙이 가능한 지역이다.
③ 비상 시를 제외하고 어떠한 경우라도 항공기는 이곳을 사용할 수 없다.
④ 활주로에서 방향전환을 하고 이륙을 위해 대기하는 곳이다.

〈해설〉 갈매기형(chevron) 표지는 착륙, 이륙과 지상활주에 사용할 수 없는 활주로와 일직선인 포장구역을 나타내기 위하여 사용된다. 비상 시를 제외하고 어떠한 경우라도 항공기는 이곳을 사용할 수 없으며, 갈매기형 표지는 황색이다.

【문제】 11. Taxiway centerline의 모양과 색깔은?
① 1줄의 백색 실선
② 1줄의 황색 실선
③ 2줄의 백색 점선
④ 2줄의 황색 점선

정답　6. ①　7. ④　8. ①　9. ②　10. ③　11. ②

〈해설〉 유도로중심선(taxiway centerline)은 폭이 6~12 in(15~30 cm)인 한 줄의 황색 실선이다.

【문제】12. 활주로 정지선(runway hold line)의 색깔과 모양을 바르게 설명한 것은?
① 노란색으로 한 줄의 점선과 한 줄의 실선으로 되어 있다.
② 노란색으로 두 줄의 실선으로 되어 있다.
③ 노란색으로 두 줄의 실선과 두 줄의 점선으로 되어 있다.
④ 두 줄의 흰색 실선으로 되어 있다.

【문제】13. Runway holding position marking에 대한 설명 중 잘못된 것은?
① 항공기가 정지해야 하는 지점을 나타낸다.
② 두 줄의 실선과 점선으로 된 네 줄의 황색선이다.
③ 실선은 항상 항공기가 정지해야 쪽에 위치한다.
④ "Hold Shot of Runway XX" 지시를 받은 경우, main gear가 대기지점을 넘지 않도록 정지하여야 한다.

【문제】14. "Hold Short of Runway"의 의미는?
① 항공기의 nose gear가 활주로 정지위치 표지를 넘어서는 안 된다.
② 항공기의 main gear가 활주로 정지위치 표지를 넘어서는 안 된다.
③ 항공기의 tail section이 활주로 정지위치 표지를 넘어서는 안 된다.
④ 항공기의 어느 부분도 활주로 정지위치 표지를 넘어서는 안 된다.

〈해설〉 활주로 정지위치 표지(Runway Holding Position Markings)
1. 활주로에서 이 표지는 항공기가 활주로로 접근할 때 정지해야 하는 지점을 나타낸다. 활주로 정지위치 표지는 6 in 또는 12 in 간격의 두 줄의 실선과 두 줄의 점선으로 된 네 줄의 황색선으로 이루어지며, 유도로 또는 활주로를 가로질러 설치된다. 실선은 항상 항공기가 정지해야 하는 쪽에 위치한다.
2. ATC가 "Hold short of runway XX"를 지시하면, 조종사는 항공기의 어느 부분도 활주로 정지위치 표지를 넘지 않도록 정지하여야 한다.

■ 잠깐! 알고 가세요.
[주요 활주로/유도로표지 색상]

| 구분 | 종류 | 색상 |
|---|---|---|
| 활주로표지 | 활주로표지(Runway Marking) 명칭/중심선표지/목표점표지/접지구역표지/엎선표지 | 백색 |
| | 활주로시단표지(Runway Threshold Marking) | 백색 |
| | 활주로시단선(Runway Threshold Bar) | 백색 |
| | 활주로정지위치표지(Runway Holding Position Marking) | 황색 |
| 유도로표지 | 유도로중심선(Taxiway Centerline) | 황색 |
| | 유도로가장자리표지(Taxiway Edge Markings) | 황색 |

【문제】15. VOR Receiver Checkpoint 표지판 글자의 색은?
① 적색 바탕에 백색 글자
② 백색 바탕에 적색 글자
③ 황색 바탕에 흑색 글자
④ 흑색 바탕에 황색 글자

정답  12. ③  13. ④  14. ④  15. ③

〈해설〉 VOR 공항 점검지점 표지판(VOR aerodrome checkpoint sign)은 황색 바탕에 흑색으로 표기된다.

【문제】 16. 공항 표지판 중 mandatory instruction sign의 색깔은?
① 황색 바탕에 흑색 글자
② 흑색 바탕에 황색 글자
③ 적색 바탕에 백색 글자
④ 백색 바탕에 적색 글자

【문제】 17. Holding position sign의 색은?
① 황색 바탕에 흑색 문자
② 흑색 바탕에 황색 문자
③ 적색 바탕에 백색 문자
④ 백색 바탕에 적색 문자

【문제】 18. 명령지시 표지판(mandatory instruction sign)에 대한 설명 중 맞는 것은?
① 항공기가 활주로를 빠져나가는 출구 및 유도로로 진입하기 위한 입구의 위치 표시
② 항공기나 차량이 관제사 허가가 있어야 진입할 수 있는 구역의 위치 표시
③ 활주로를 이탈하는 교차지점에 설치
④ 특정 위치 또는 경로를 나타내는 것이 운항 상 필요한 곳에 설치

【문제】 19. 비행장 표시(airport sign)의 색깔에 대한 설명 틀린 것은?
① 활주로 대기지점 표시(runway holding position sign)는 백색 바탕에 적색 글자이다.
② 위치 표시(location signs)는 검정 바탕에 황색 글자이다.
③ 목적지 표시(destination sign)는 황색 바탕에 검정 글자이다.
④ 방향 표시(direction sign)는 황색 바탕에 검정 글자이다.

【문제】 20. 공항 표지 중 활주로, critical area 또는 항공기 진입 금지구역의 입구에 적색 바탕에 흰색 문자나 숫자로 표기하는 공항 표지는?
① Mandatory instruction sign
② Location sign
③ Direction sign
④ Information sign

〈해설〉 명령지시 표지판(Mandatory Instruction Sign)
  1. 이 표지판은 적색 바탕에 백색 문자로 되어 있으며, 다음을 나타내기 위하여 사용된다.
    가. 활주로 또는 보호구역(critical area)으로의 진입
    나. 항공기의 진입이 금지된 구역
  2. 전형적인 명령지시 표지판(mandatory instruction sign)은 다음과 같다.
    가. 활주로대기지점 표지판(runway holding position sign)
    나. 활주로 접근구역 정지위치 표지판(runway approach area holding position sign)
    다. ILS 보호구역 정지위치 표지판(ILS critical area holding position sign)
    라. 진입금지 표지판(no entry sign)

【문제】 21. 비행장에 설치하는 표지판(airfield sign)에 대한 설명 중 잘못된 것은?
① 진입금지 표지판(no entry sign)은 유도로의 양쪽에 위치한다.
② 명령지시 표지판(mandatory instruction sign)은 백색 바탕에 적색 문자로 구성한다.

정답  16. ③   17. ③   18. ②   19. ①   20. ①

③ 위치 표지판(location sign)은 일시정지 위치에 설치한다.
④ 위치 표지판(location sign)은 흑색 바탕에 황색 문자로 구성한다.

【문제】 22. Location sign의 표지판 색깔은?
① 황색 바탕, 흑색 내용, 흑색 테두리    ② 황색 바탕, 흑색 내용, 황색 테두리
③ 흑색 바탕, 황색 내용, 백색 테두리    ④ 흑색 바탕, 황색 내용, 황색 테두리

〈해설〉 표지판(sign)
  1. 진입금지 표지판(No entry sign)
   가. 적용 : 진입이 금지된 지역에 진입금지표지판을 설치하여야 한다.
   나. 위치 : 진입이 금지된 지역의 입구에서부터 조종사들이 볼 수 있도록 유도로 양쪽에 설치하여야 한다.
   다. 특성 : 표지판은 적색 바탕에 백색 문자로 구성하여야 한다.
  2. 위치 표지판(Location sign)
   가. 적용
    (1) 계류장에서 빠져나가는 유도로 또는 교차지역을 지나서 위치한 유도로를 식별하기 위하여 필요한 곳에 설치하여야 한다.
    (2) 일시정지 위치에 설치하여야 한다.
   나. 특성 : 황색 테두리의 흑색 바탕에 황색 문자로 구성하여야 한다.

【문제】 23. 아래 그림과 같은 공항 표지판의 종류는?

① Location sign
② Mandatory instruction sign
③ Direction sign
④ Destination sign

〈해설〉 문제의 그림은 "T" 유도로에 대한 위치 표지판(location sign)이다.

【문제】 24. 활주로 잔여거리 표지판의 색깔은?
① 황색 바탕에 검은색 숫자    ② 검은색 바탕에 황색 숫자
③ 흰색 바탕에 검은색 숫자    ④ 검은색 바탕에 흰색 숫자

【문제】 25. 활주로 상에서 볼 수 있는 다음 그림과 같은 sign의 의미는?

① 활주로의 잔여거리가 3,000 ft 남았다는 것을 의미한다.
② Touchdown point에서 3,000 ft 지상 활주했다는 것을 의미한다.
③ 활주로의 번호를 의미한다.
④ 활주로를 이탈하기 위한 유도로의 번호를 의미한다.

〈해설〉 활주로잔여거리표지판(runway distance remaining sign)은 흑색 바탕에 백색 숫자로 되어 있으며, 활주로의 한쪽 또는 양쪽 편을 따라 설치된다. 표지판의 숫자는 착륙활주로의 잔여거리(1,000 ft 단위로)를 나타낸다.

정답   21. ②   22. ④   23. ①   24. ④   25. ①

■ 잠깐! 알고 가세요.
[주요 표지판 색상]

| 구 분 | | 면 | 기호(문자 또는 숫자) | 테두리 |
|---|---|---|---|---|
| 명령지시 표지판 | 활주로정지위치표지판 | 적색 | 백색 | 없음 |
| | 활주로 접근구역 정지위치표지판 | | | |
| | ILS 보호구역 정지위치표지판 | | | |
| | 진입금지표지판 | | | |
| 위치표지판 | 유도로위치표지판, 활주로위치표지판 | 흑색 | 황색 | 황색 |
| 방향표지판 | | 황색 | 흑색 | – |
| 목적지표지판 | | 황색 | 흑색 | – |
| 활주로잔여거리표지판 | | 흑색 | 백색 | – |

# 2 항공교통업무(Air Traffic Services)

## 제1절 일반사항

### 1. 항공교통업무의 정의
가. 항공교통업무의 목적

항공교통업무의 목적은 다음과 같으며, 주요 목적은 항공기 간의 충돌 방지에 있다.
(1) 항공기 간의 충돌 방지
(2) 기동지역(maneuvering area) 안에서 항공기와 장애물 간의 충돌 방지
(3) 항공교통흐름의 질서유지 및 촉진
(4) 항공기의 안전하고 효율적인 운항을 위하여 필요한 조언 및 정보의 제공
(5) 수색·구조를 필요로 하는 항공기에 대한 관계기관에의 정보 제공 및 협조

나. 항공교통업무의 구분

항공교통업무는 다음과 같이 구분한다.

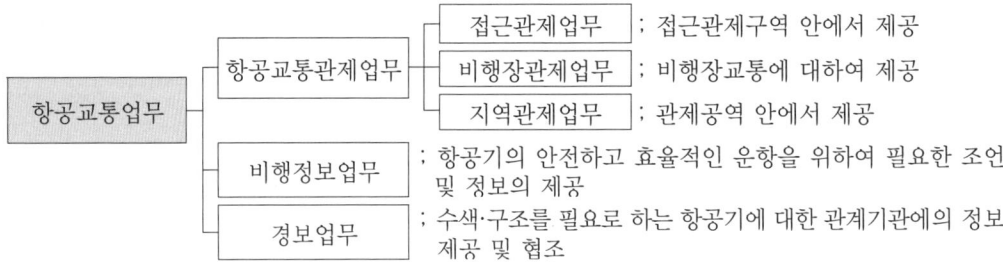

(1) 항공교통관제업무: 항공기 간의 충돌 방지, 기동지역 안에서 항공기와 장애물 간의 충돌 방지, 항공교통흐름의 질서를 유지하고 촉진하기 위한 다음의 업무
  (가) 접근관제업무: 접근관제구역 안에서 이륙이나 착륙으로 연결되는 관제비행을 하는 항공기에 대하여 제공하는 항공교통관제업무이다.
  (나) 비행장관제업무: 비행장 안의 기동지역 및 비행장 주위에서 비행하는 항공기에 제공하는 항공교통관제업무로서 접근관제업무 외의 항공교통관제업무(이동지역 내의 계류장에서 항공기에 대한 지상유도를 담당하는 계류장관제업무를 포함한다)이다. 비행장 및 비행장 주변에서의 안전, 질서 및 신속한 교통흐름을 제공하기 위하여 설립된 관제탑(control tower)에서 비행장관제업무를 수행한다.
  (다) 지역관제업무: 관제공역 안에서 관제비행을 하는 항공기에 대하여 제공하는 항공교통관제업무로서 접근관제업무 및 비행장관제업무를 제외한 항공교통관제업무이다.
(2) 비행정보업무: 항공기의 안전하고 효율적인 운항을 위하여 필요한 조언 및 정보를 제공하는 업무이며, 항공교통업무기관에서 항공기에 제공하는 비행정보는 다음과 같다. 다만, (아)의 정보는 시계비행방식으로 비행하는 항공기에 한하여 제공하고, (자)부터 (카)까지의 정보는 계기비행방식으로 비행하는 항공기에 한하여 제공한다.

(가) 중요기상정보(SIGMET) 및 저고도항공기상정보(AIRMET)
　　(나) 화산활동·화산폭발·화산재에 관한 정보
　　(다) 방사능 또는 독성화학물질의 대기 중 유포에 관한 사항
　　(라) 항행안전시설의 운영변경에 관한 정보
　　(마) 이동지역 내의 눈·결빙·침수에 관한 정보
　　(바) 비행장시설의 변경에 관한 정보
　　(사) 무인자유기구에 관한 정보
　　(아) 해당 항공로에 관한 교통정보 및 기상상태에 관한 정보
　　(자) 출발·목적·교체비행장의 기상상태 또는 예보
　　(차) 공역 등급 C, D, E, F 및 G등급 공역 내에서 비행하는 항공기에 대한 충돌위험
　　(카) 수면을 항해 중인 선박의 호출부호·위치·진행방향·속도 등에 관한 정보(정보입수가 가능한 경우에 한한다)
　　(타) 그 밖에 항공안전에 영향을 미치는 사항
　(3) 경보업무: 수색·구조를 필요로 하는 항공기에 대한 관계기관에의 정보 제공 및 협조

## 2. 공역의 구분

대한민국 내 항공교통업무공역의 등급은 A, B, C, D, E 및 G등급으로 구분하여 지정된다.

### 가. 관제공역

"관제공역"이란 항공교통의 안전을 위하여 항공기의 비행 순서·시기 및 방법 등에 관하여 국토교통부장관 또는 항공교통업무증명을 받은 자의 지시를 받아야 할 필요가 있는 공역으로서 관제권 및 관제구를 포함하는 다음의 공역을 말한다.

(1) A등급 공역(Class A)
　(가) 정의: 인천비행정보구역(FIR) 내의 평균해면(MSL) 20,000 ft 초과 평균해면 60,000 ft 이하의 항공로(airways)로서 국토교통부장관이 공고한 공역이다.
　(나) 비행요건: 국토교통부장관의 허가가 없는 한 계기비행규칙(IFR)에 의하여 비행하여야 하며, 조종사는 계기비행면허/자격을 소지하여야 한다.
　(다) 무선설비: A등급 공역을 비행하고자 하는 항공기는 국토교통부장관이 별도로 허가하지 않는 한, 항공안전법 시행규칙 제107조의 규정에 의한 무선설비를 구비해야 한다.
　(라) 항공기 분리: 모든 항공기 간에 분리업무가 제공된다.
　(마) 제공업무: 모든 항공기에게 항공교통관제(ATC) 업무가 제공된다.
　(바) 비행절차: 항공기 조종사는 A등급 공역 진입 전에 인천/대구 ACC와 무선교신을 하고 ATC 허가를 받아야 하며, A등급 공역에 머무는 동안에는 계속 무선교신을 유지하여야 한다.

(2) B등급 공역(Class B)
　(가) 정의: 인천비행정보구역(FIR)중 계기비행 항공기의 운항이나 승객 수송이 특별히 많은 공항으로 관제탑이 운용되고 레이더 접근관제업무가 제공되는 공항 주변의 공역으로서 국토교통부장관이 공고한 공역이다.
　(나) 비행요건: 계기비행(IFR)·시계비행(VFR) 운항이 모두 가능하며, 조종사에게 특별한 자격이 요구되지는 않는다.

(다) 무선설비: B등급 공역을 비행하고자 하는 항공기는 관할 항공교통관제(ATC)기관의 허가가 없는 한, 송수신무선통신기 및 자동고도 보고장치를 갖춘 트랜스폰더를 구비해야 한다. IFR 운항의 경우에는 사용가능한 VOR이나 TACAN 수신기, 또는 사용가능한 RNAV 시스템을 구비해야 한다.

(라) 항공기 분리: IFR 및 VFR 항공기는 모든 항공기로부터의 분리업무가 제공된다.

(마) 제공업무
① 모든 항공기에게 항공교통관제(ATC) 업무가 제공된다.
② 모든 항공기 간 교통정보 조언 및 안전경보는 의무적으로 제공하여야 한다.
③ B등급 공역 내에서 비행하는 동안 VFR 항공기 조종사에게 접근순서 및 간격분리 관제를 제공한다.

(바) 비행절차
① B등급 공역 내로 들어가는 모든 항공기는 진입 전에 관할 ATC 기관과 무선교신이 이루어져야 하며 항공기 위치, 고도, 레이더 비컨코드, 목적지를 알리고 B등급 업무를 요청하여 허가를 받아야 한다. B등급 공역 내에서 비행하는 동안에는 계속 무선교신을 유지하여야 한다.
② ATC에 의해 별도의 인가를 받지 않는 한, B등급 공역으로 설정된 공항을 이륙하거나 입항하는 중형 터빈엔진 항공기는 B등급 공역의 횡적 범위 내에서 비행하는 동안 반드시 그 B등급 공역의 하한고도 이상의 고도로 비행하여야 한다.
③ 출항하는 VFR 항공기는 B등급 공역을 출항하기 위한 인가를 받아야 하고, 관할 ATC 기관에 비행할 고도 및 비행경로를 통보해야 한다.
④ B등급 공역 내에서 비행하는 모든 항공기는 평균 해면 10,000 ft 미만의 고도에서는 지시대기속도 250 kt 이하로 비행하여야 한다.

(사) 인접공항 운영
① 인접공항을 이륙한 항공기는 B등급 공역 관할 ATC 기관과 무선교신 및 레이더 식별이 이루어진 후에 B등급 업무를 제공받게 된다.
② 인접공항에 입항하는 항공기에 대한 B등급 업무는 인접공항 ATC 기관과 교신할 것을 지시함으로써 종료된다.

(3) C등급 공역(Class C)
(가) 정의: 인천비행정보구역 중 계기비행 운항이나 승객 수송이 많은 공항으로 관제탑이 운용되고 레이더 접근관제업무가 제공되는 공항 주변의 공역으로서 국토교통부장관이 공고한 공역이다.
(나) 비행요건: 계기비행(IFR)·시계비행(VFR) 운항이 모두 가능하며, 조종사에게 특별한 자격이 요구되지는 않는다.
(다) 무선설비: C등급 공역을 비행하고자 하는 항공기는 관할 항공교통관제(ATC) 기관의 허가가 없는 한 송수신무선통신기 및 자동고도보고장치를 갖춘 트랜스폰더를 구비해야 한다.
(라) 항공기 분리
① C등급 공역 내에서 비행하는 항공기 간 분리는 무선교신과 레이더 식별이 이루어진 후에 제공된다.
② IFR 항공기는 VFR 및 다른 IFR 항공기로부터 분리업무가 제공되며, VFR 항공기는 IFR 항공기로부터의 분리업무를 제공받는다. 그러나 VFR 헬기를 IFR 헬기로부터 분리시킬 필요는 없다.

(마) 제공업무
① IFR 항공기에게 ATC 업무가 제공되며, VFR 항공기에게는 IFR 항공기로부터 분리를 위한 ATC 업무가 제공된다.
② C등급 공역으로 설정된 공항에 착륙하는 모든 항공기에 대하여 순서를 배정하여 준다.
③ VFR 항공기 간에 교통정보가 제공되며, VFR 항공기가 요청 시 업무량이 허락된다면 교통회피 조언을 제공해줄 수 있다.

(바) 비행절차
① C등급 공역 내로 들어가는 모든 항공기 조종사는 진입 전에 관할 ATC 기관과 무선교신이 이루어져야 하며 항공기 위치, 고도, 레이더 비컨코드, 목적지를 알리고 C등급 업무를 요청하여 허가를 받아야 한다. C등급 공역 내에서 비행하는 동안에는 계속 무선교신을 유지하여야 한다.
② C등급 공역으로 설정된 공항에서 이륙하는 항공기 조종사는 관할 ATC 기관과 무선교신을 하여야 하며 C등급 공역을 벗어날 때까지 무선교신을 유지하여야 한다.
③ C등급 공역 내에서 비행하는 모든 항공기는 평균해면 10,000 ft 미만의 고도에서는 지시대기속도 250 kt 이하로 비행하여야 하며, 공항 반경 4 NM 내의 지표면으로부터 2,500 ft 이하의 고도에서는 지시대기속도 200 kt 이하로 비행하여야 한다. 다만 항공기 성능상 이에 따를 수 없는 경우, 관할 ATC 기관의 허가를 얻어 비행할 경우에는 그렇지 않다.

(사) 인접공항 운영
① 인접공항을 이륙한 항공기는 C등급 공역 관할 ATC 기관과 무선교신 및 레이더 식별이 이루어진 후에 C등급 업무를 제공받게 된다.
② 인접공항에 입항하는 항공기에 대한 C등급 업무는 인접공항 ATC 기관과 교신할 것을 지시함으로써 종료된다.

(4) D등급 공역(Class D)
(가) 정의: 청주공항을 제외한 공항의 공역 크기는 관제탑이 운영되는 공항 반경 5 NM(9.3 km) 이내, 지표면으로부터 공항표고 5 000 ft 이하의 각 공항별로 설정된 관제권 상한고도까지의 공역으로서 인천비행정보구역 중 국토교통부장관이 공고한 공역이다.
(나) 비행요건: IFR 및 VFR 운항이 모두 가능하며, 조종사에게 특별한 자격이 요구되지는 않는다.
(다) 무선설비: D등급 공역을 비행하고자 하는 항공기는 관할 항공교통관제(ATC) 기관의 허가가 없는 한 송수신무선통신기 및 자동고도 보고장치를 갖춘 트랜스폰더를 구비해야 한다.
(라) 항공기 분리
① IFR 항공기는 무선교신 및 레이더 식별된 항공기에 한하여 VFR 및 다른 IFR 항공기로부터 분리업무를 제공받는다.
② VFR 항공기에게는 분리업무가 제공되지 않는다.
(마) 제공업무
① IFR 항공기에게 ATC 업무와 VFR 항공기에 대한 교통정보가 제공되며 조종사 요청 시 교통회피조언을 제공한다.
② D등급 공역으로 설정된 공항에 착륙하는 모든 항공기에 대하여 순서를 배정하여 준다.
③ VFR 항공기에게 IFR 항공기에 대한 교통정보를 제공해야 하며, 요청시 교통 회피조언을 제공해 줄 수 있다.

(바) 비행절차
① D등급 공역 내로 들어가는 모든 항공기는 진입 전에 관할 ATC 기관과 무선교신이 이루어져야 하며 항공기 위치, 고도, 레이더 비컨코드, 목적지를 알리고 D등급 업무를 요청하여 허가를 받아야 한다. D등급 공역 내에서 비행하는 동안에는 계속 무선교신을 유지하여야 한다.
② D등급 공역으로 설정된 공항에서 이륙하는 항공기는 관할 ATC 기관과 D등급 공역을 벗어날 때 까지 무선교신을 유지하여야 한다.

(5) E등급 공역(Class E)
(가) 정의: 인천비행정보구역 중 A, B, C 및 D등급 공역 이외의 관제공역으로서 영공(영토 및 영해 상공)에서는 해면 또는 지표면으로부터 1,000 ft 이상 평균해면 60,000 ft 이하, 공해상에서는 해면에서 5,500 ft 이상 평균해면 60,000 ft 이하의 국토교통부장관이 공고한 공역이다.
(나) 비행요건: IFR 및 VFR 운항이 모두 가능하며, 조종사에게 특별한 자격이 요구되지는 않는다.
(다) 무선설비: 특별히 구비해야 할 장비가 요구되지 않지만, ATC 기관과 교신할 수 있도록 항공기는 송수신 무선통신기를 구비해야 한다.
(라) 항공기 분리
① IFR 항공기는 다른 IFR 항공기로부터 분리업무를 제공받는다.
② VFR 항공기에게는 분리업무가 제공되지 않는다.
(마) 제공업무
① IFR 항공기에게 ATC 업무가 제공되며, 가능한 범위 내에서 VFR 항공기에 대한 교통정보를 제공한다.
② 무선교신을 하고 있다면 업무 여건이 허락되는 범위 내에서 VFR 항공기에게 교통정보를 제공해 줄 수 있다.
(바) 비행절차
① IFR 항공기는 E등급 공역에 들어가기 전에 해당 관제기관으로부터 ATC 허가를 받아야 하며, 관할 ATC 기관과 무선교신을 유지하면서 ATC 기관의 관제지시를 따라 비행하여야 한다.
② VFR 항공기는 ATC 기관과 무선교신을 의무적으로 유지할 필요가 없으나, 민간 항공기는 예외로 한다.

나. 비관제공역
"비관제공역"이란 관제공역 외의 공역으로서 항공기의 조종사에게 비행에 관한 조언·비행정보 등을 제공할 필요가 있는 다음의 공역을 말한다.
(1) F등급 공역(Class F)
모든 계기비행 항공기에게 항공교통조언업무를 제공하며, 요구하는 모든 항공기에게 비행정보업무를 제공하도록 지정·공고한 공역으로 우리나라에는 F등급 공역이 없다.
(2) G등급 공역(Class G)
가. 정의: 인천비행정보구역 중 A, B, C, D, E등급 이외의 비관제공역으로 영공(영토 및 영해 상공)에서는 해면 또는 지표면으로부터 1,000 ft 미만, 공해상에서는 해면에서 5,500 ft 미만과 평균해면 60,000 ft 초과의 국토교통부장관이 공고한 공역이다.
나. 비행요건: IFR 및 VFR 운항이 모두 가능하며, 조종사에게 특별한 자격이 요구되지 않는다.
다. 무선설비: 구비해야 할 장비가 특별히 요구되지 않는다.
라. 제공업무: 조종사 요구시 모든 항공기에게 비행정보업무만 제공된다.

다. 특수사용공역(Special Use Airspace)
  "특수사용공역"이라 함은 국가방위, 안전보장, 인명 및 재산 등의 보호를 목적으로 지정된 통제공역과 항공기의 비행 시 조종사의 특별한 주의·경계·식별 등을 요구할 필요가 있는 주의공역을 말한다.
 (1) 통제공역
  통제공역이란 항공교통의 안전을 위하여 항공기의 비행을 금지하거나 제한할 필요가 있는 공역을 말한다.
  (가) 비행금지구역(P, Prohibited area)
    비행금지구역은 안전, 국방상, 그 밖의 이유로 항공기의 비행을 금지하기 위하여 지정한다. 머리글자 "P" 다음에 붙임표(-)없이 세 자리 이하의 숫자와 위치명칭으로 표기한다.("P73, Seoul")
  (나) 비행제한구역(R, Restricted area)
    비행제한구역은 항공사격·대공사격 등으로 인한 위험으로부터 항공기의 안전을 보호하거나 그 밖의 이유로 비행허가를 받지 않은 항공기의 비행을 제한할 목적으로 지정된다. 머리글자 "R" 다음에 붙임표(-)없이 세 자리 이하의 숫자와 위치명칭으로 표기한다.("R112, Donghae")
  (다) 초경량비행장치 비행제한구역(URA, Ultralight vehicle restricted area)
    초경량비행장치 비행제한구역은 초경량비행장치의 비행안전을 확보하기 위하여 초경량비행장치의 비행활동에 대한 제한이 필요한 지역 상공에 지정한다.
    우리나라의 경우 초경량비행장치의 비행가능공역을 제외한 전 공역을 비행제한구역으로 지정하며, 초경량비행장치 비행제한구역은 머리글자 "URA" 다음에 붙임표(-)없이 세 자리 이하의 숫자와 필요시 위치명칭으로 표기한다.("URA 1")
 (2) 주의공역
  주의공역이란 항공기의 비행 시 조종사의 특별한 주의·경계·식별 등이 필요한 공역을 말한다.
  (가) 훈련구역(CATA, Civil Aircraft Training Area)
    훈련구역은 민간항공기의 훈련공역으로서 계기비행 항공기로부터 분리를 유지할 필요가 있는 지역 상공에 지정한다. 훈련구역은 머리글자 "CATA" 다음에 붙임표(-)없이 세 자리 이하의 숫자와 필요시 위치명칭으로 표기한다.("CATA 3")
  (나) 군작전구역(MOA, Military Operations Area)
    군작전구역은 군사작전을 위하여 설정된 공역으로서 계기비행 항공기로부터 분리를 유지할 필요가 있는 지역 상공에 지정한다. 군작전구역은 머리글자 "MOA" 다음에 붙임표(-)없이 세 자리 이하의 숫자와 필요시 위치명칭으로 표기한다. 군작전구역의 세부명칭은 숫자, 글자, 주요지점 또는 "H(High)/L(Low)"로 구성된 접미사로 표기한다.("MOA31 H")
  (다) 위험구역(D, Danger area)
    위험구역은 항공기의 비행시 항공기 또는 지상시설물에 대한 위험이 예상되는 지역 상공에 지정한다. 위험구역은 머리글자 "D" 다음에 붙임표(-)없이 세 자리 이하의 숫자와 위치명칭으로 표기한다.("D10, MAEPO")
  (라) 경계구역(A, Alert area)
    경계구역은 대규모의 조종사 훈련이나 비정상형태의 항공활동이 수행되는 지역상공에 지정한다. 경계구역은 특별한 위험이 예상되지 않는 고밀도 조종사 훈련 또는 비정상 형태의 항공활동을 포함한 공역을 비참가 조종사에게 알리기 위하여 지정되며, 조종사는 이러한 공역에서 비행시 각별히 경계를 하여야 한다. 경계구역은 머리글자 "A" 다음에 붙임표(-)없이 3자리 이하의 숫자와 필요시 위치명칭으로 표기한다.("A812 Sokcho")

라. 공역 등급별 제공업무 및 비행요건

각 공역 등급별 제공업무 및 비행요건을 정리하면 다음과 같다.

표 1-4. 공역 등급별 제공업무 및 비행요건

| 공역 등급 | 비행 방식 | 분리 제공 | 제공 업무 | 속도 제한 | 무선통신 요건 | ATC 허가 |
|---|---|---|---|---|---|---|
| A | IFR only | 모든 항공기 | 항공교통관제업무 | 미적용 | 양방향 무선통신 | 필요 |
| B | IFR | 모든 항공기 | 항공교통관제업무 | 3,050 m(10,000 ft) 미만에서 250노트 | 양방향 무선통신 | 필요 |
| B | VFR | 모든 항공기 | 항공교통관제업무 | 3,050 m(10,000 ft) 미만에서 250노트 | 양방향 무선통신 | 필요 |
| C | IFR | 계기로부터 계기 시계로부터 계기 | 항공교통관제업무 | 3,050 m(10,000 ft) 미만에서 250노트 | 양방향 무선통신 | 필요 |
| C | VFR | 계기로부터 시계 | IFR로부터 분리를 위한 항공교통관제업무, VFR/VFR 교통정보 (요청 시 교통회피 조언) | 3,050 m(10,000 ft) 미만에서 250노트 | 양방향 무선통신 | 필요 |
| D | IFR | 계기로부터 계기 | 항공교통관제업무, 시계비행에 대한 교통정보(요청 시 교통회피 조언) | 3,050 m(10,000 ft) 미만에서 250노트 | 양방향 무선통신 | 필요 |
| D | VFR | 미제공 | IFR/VFR, VFR/VFR 교통정보 (요청시 교통회피 조언) | 3,050 m(10,000 ft) 미만에서 250노트 | 양방향 무선통신 | 필요 |
| E | IFR | 계기로부터 계기 | 항공교통관제업무, 가능한 경우 시계비행에 대한 교통정보 | 3,050 m(10,000 ft) 미만에서 250노트 | 양방향 무선통신 | 필요 |
| E | VFR | 미제공 | 가능한 경우 교통정보 | 3,050 m(10,000 ft) 미만에서 250노트 | 필요 없음 | 필요 없음 |
| F | IFR | 가능한 경우 계기로부터 계기 | 항공교통조언업무; 비행정보업무 | 3,050 m(10,000 ft) 미만에서 250노트 | 양방향 무선통신 | 필요 없음 |
| F | VFR | 미제공 | 비행정보업무 | 3,050 m(10,000 ft) 미만에서 250노트 | 필요 없음 | 필요 없음 |
| G | IFR | 미제공 | 비행정보업무 | 3,050 m(10,000 ft) 미만에서 250노트 | 양방향 무선통신 | 필요 없음 |
| G | VFR | 미제공 | 비행정보업무 | 3,050 m(10,000 ft) 미만에서 250노트 | 필요 없음 | 필요 없음 |

## 3. 항공교통업무 일반

가. 용어의 정의

(1) "항공교통업무기관(Air traffic services unit)"이란 항공교통관제기관, 비행정보실 또는 항공교통업무보고취급소 등 여러 가지 의미를 가지는 일반적인 기관을 말한다.

(2) "항공교통관제기관(Air traffic control unit)"이란 관제구·관제권 및 관제비행장에서 항공교통관제업무·비행정보업무 및 경보업무를 제공하는 기관으로서 지역관제소, 접근관제소 또는 관제탑(계류장관제소 포함)을 말한다.

(3) "지역관제소(Area control center)"란 관할구역 관제구역에서 관제비행 항공기에게 항공교통관제업무를 제공하기 위해 설립된 기관

(4) "접근관제소(Approach control unit)"란 한 개 이상의 비행장에 도착 또는 출발하는 관제비행항공기에 대하여 항공교통관제업무를 제공하기 위해 설치된 기관을 말한다.
(5) "관제탑(Aerodrome control tower)"이란 비행장 기동지역 및 비행장 주위에 있는 항공기에 항공교통관제업무를 제공하기 위하여 설치된 시설을 말한다.
(6) "비행정보실(Fight information center)"이란 비행정보업무 및 경보업무를 제공하기 위해 설치한 기관을 말한다.
(6) "기동지역(Maneuvering area)"이란 항공기의 이·착륙 및 지상유도(taxiing)를 위해 사용되는 비행장의 일부분으로서 계류장을 제외한 활주로 및 유도로 지역을 말한다.
(7) "이동지역(Movement area)"이란 비행장의 기동지역과 계류장을 포함하는 지역으로서 항공기의 이·착륙 및 지상이동에 사용되는 비행장의 일부분을 말한다.

나. 항공교통업무시설 및 공역의 명칭부여
(1) 지역관제소 또는 비행정보실의 명칭은 인근 마을, 도시의 이름 또는 지리적 특징에 따라 부여하여야 한다.
(2) 관제탑 또는 접근관제소의 명칭은 소재하는 비행장의 이름에 따라 부여한다.
(3) 관제권, 관제구역 또는 비행정보구역의 명칭은 동 공역에 대하여 관할권을 가지고 있는 시설의 이름에 따라 부여한다.

다. 관제권(Control zones) 설정기준
(1) 관제권의 수평범위는 최소한 계기비행 기상상태에서 비행장에 입·출항하는 IFR 항공기의 비행경로를 포함하는 공역으로서 관제구역이 아닌 공역을 말한다.
(2) 관제권의 수평범위는 비행장의 중심으로부터 접근 방향으로 최소한 9.3 km(5 NM)까지 연장되도록 설정하여야 한다. 두 개 이상의 비행장이 서로 인접한 경우 하나의 관제권으로 설정이 가능하다.
(3) 관제권이 관제구역의 수평범위 내에 위치할 경우 지표면으로부터 관제구역의 하부한계까지 연장되어야 한다.
(4) 관제권이 관제구역의 수평범위 바깥에 위치할 경우 상부한계를 설정하여야 한다.

라. 항공로 설정
(1) 항공로 식별
　　표준 도착 및 출발 항공로를 제외한 관제, 조언 및 비관제 항공로(ATS route)의 명칭은 기본명칭과 필요한 경우 보충문자로 구성된다.
(가) 기본명칭과 보충문자
　　기본명칭은 1개의 알파벳 문자에 1부터 999까지의 숫자를 덧붙여 구성한다. 필요한 경우, 다음과 같이 1개의 보충문자를 기본명칭에 대한 접두문자로 추가한다.
① K: 헬리콥터용으로 설정된 저고도 항공로를 표시
② U: 고고도 공역에 설정된 항공로 또는 비행로의 일부를 표시
③ S: 초음속 항공기가 가속, 감속 및 초음속 비행 중에 독점적으로 이용하기 위하여 설정한 항공로를 표시
(나) 제공되는 업무의 종류
　　관할 ATS 당국에 의하여 규정되거나 지역항행협정에 따라 다음과 같이 제공되는 업무의 종류를 나타내기 위하여 해당 ATS 항로의 명칭 다음에 보충문자가 추가될 수 있다.

① 문자 F: 항공로 또는 항공로의 일부에는 조언업무만 제공되고 있음을 표시
② 문자 G: 동 항공로에는 비행정보업무만 제공되고 있음을 표시

(2) 중요지점의 설정 및 명칭 부여

항공로 또는 계기비행절차의 중요지점을 설정하거나 항공교통업무의 필요성에 따라 항행안전무선시설이 위치한 특정한 지리적 위치에 명칭을 부여할 수 있다. 항행안전무선시설의 위치에 있는 중요지점은 가능한 한 인지할 수 있는, 그리고 되도록이면 현저한 지리적 위치를 참고하여 명칭을 부여하여야 한다. 부호명칭은 항행안전무선시설의 식별부호와 동일하여야 하며, 가능하면 동지점의 평문명칭의 연상이 용이하도록 구성하여야 한다.

두 개의 항행안전무선시설이 동일위치에서 서로 다른 주파수대로 운용될 경우를 제외하고, 부호명칭은 항행안전무선시설로부터 1,100 km(600 NM) 이내에서 중복 사용되어서는 안 된다.

(3) 보고목적으로 사용되는 중요지점

(가) 항공교통업무기관이 비행중인 항공기의 진행에 관한 정보를 얻도록 하기 위하여 중요지점을 보고지점으로 지정할 수 있다.

(나) 보고지점을 설정할 경우 다음의 사항을 고려하여야 한다.
① 제공되는 항공교통업무의 종류
② 통상적인 교통량
③ 항공기의 비행계획 이행의 정확성
④ 항공기의 속도
⑤ 적용되는 항공기 분리 최저치
⑥ 공역구조의 복잡성
⑦ 사용되는 관제방법
⑧ 비행의 중요단계(상승, 강하, 방향변경 등)의 시작 또는 끝
⑨ 관제 이양절차
⑩ 안전 및 수색·구조 측면
⑪ 조종실 및 공지통신 업무부담

(4) 필수보고지점(compulsory reporting point) 설정

보고지점은 "필수(compulsory)" 또는 "비필수(on-request)"로 구분 설정하여야 하며, 필수보고지점을 설정할 경우 다음의 원칙을 적용하여야 한다.

(가) 필수보고지점은 조종사 및 관제사의 업무 부담 및 공지통신 부담을 최소한으로 유지할 필요성을 명심하여, 비행중인 항공기의 진행에 관한 정보를 항공교통업무기관에 일상적으로 통보하는데 필요한 최소한으로 제한하여야 한다.

(나) 어떤 위치에 항행안전무선시설이 있다고 하여 이를 꼭 필수보고지점으로 지정할 필요는 없다.

(다) 비행정보구역 또는 관제구역 경계선에 꼭 필수보고지점을 설정해야 할 필요는 없다.

마. 항공교통업무용 시간(Time in ATS)

(1) 항공교통업무시설은 국제표준시간(Coordinated Universal Time; UTC)을 사용하여야 하며, 자정에서 시작되는 1일 24시간을 시/분 및 필요 시 초 단위로 표시하여야 한다.

(2) 항공교통업무시설의 시계 및 다른 시간기록장치는 국제표준시간으로부터 30초 이내의 정확한 시간이 유지되도록 점검하여야 하고, 데이터링크 통신을 사용하는 경우에는 국제표준시간으로부터 1초 이내의 정확한 시간이 유지되도록 점검하여야 한다.

(3) 조종사가 다른 방법으로 시간정보를 획득할 수 있는 별도의 절차가 없다면, 관제탑은 항공기가 이륙을 위하여 지상이동(taxi)을 시작하기 전에 조종사에게 정확한 시간을 제공하여야 한다. 항공교통업무시설은 부가적으로 조종사 요구 시 정확한 시간을 제공하여야 하며, 시간점검은 가까운 30초를 기준으로 분 단위로 하여야 한다.

바. 성능기반항행(PBN) 및 지역항법(RNAV)

(1) "성능기반항행(Performance-based Navigation: PBN)"이란 ATS 항로를 따라 계기접근절차 상이나 지정된 공역에서 운항하기 위한 항공기의 성능에 기초한 지역항법(RNAV)을 말한다.

(2) 지역항법(Area Navigation; RNAV)은 지상이나 우주기반 항행안전시설의 통달범위 내에서, 또는 자립 항행안전시설이나 이들을 조합한 시설의 성능 한계 내에서 원하는 비행경로로 항공기의 운항을 가능하게 하는 항법의 한 방식이다.

(3) 필수항행성능(Required Navigation Performance; RNP)은 항공기가 일정 공역 또는 항공로의 운항을 위해 필요한 항행성능의 정확도를 표시하는 것이다.

RNP 및 RNAV 항행요건은 정의된 공역개념 내에서 항법적용을 지원하기 위해 필요한 일련의 항공기 및 운항승무원 요건이다. RNP 및 RNAV 지시자의 경우, 숫자 지시자(numerical designation)는 공역, 비행로 또는 절차 내에서 운항하는 항공기 들이 비행시간의 최소 95% 동안 달성할 것으로 예상되는 nautical mile 단위의 횡적 항행 정확도를 나타낸다.

인천 FIR 내 항공로 공역은 RNAV 5 또는 RNAV 2 기준이 적용되고 터미널 공역의 출발·도착 절차(SID/STAR)에는 RNAV 1이, 접근절차에는 기압고도 정보를 이용하는 RNP APCH 또는 RNP AR APCH가 적용될 것이다

(가) RNAV 1: 통상적으로 RNAV 1은 DP 및 STAR에 사용되며, 차트에 제시된다. 항공기에 탑재된 항행장비의 운항성능이 항공로 상에서 비행시간의 95% 동안 중심선에서 횡적으로 ±1 NM 이내의 정확도를 유지해야 한다.

(나) RNAV 2: 달리 명시되지 않는 한, 통상적으로 RNAV 2는 항공로 운항에 사용된다. 항공기에 탑재된 항행장비의 운항성능이 항공로 상에서 비행시간의 95% 동안 중심선에서 횡적으로 ±2 NM 이내의 정확도를 유지해야 한다.

(다) RNAV 10: 통상적으로 대양운항에 사용된다.

## 4. 항공교통관제 일반

가. 운영상 우선순위(Operational priority)

항공교통관제사는 다음의 경우를 제외하고 상황이 허락하는 한 "First Come, First Served" 원칙에 의거 항공교통관제업무를 제공하여야 한다.

(1) 조난 항공기는 다른 모든 항공기보다 통행 우선권을 갖는다.

(2) 민간항공구급비행(호출부호 "MEDEVAC")에게 우선권을 부여하여야 한다. "MEDEVAC" 호출부호 사용은 운영상 우선권을 요청하였음을 의미한다.

(3) 수색구조업무를 수행하는 항공기에게 최대한 편의를 제공하여야 한다.

(4) 교통상황과 통신시설이 허락하는 한 관련된 통제 전문에 의거 대통령 탑승기 및 경호기와 구조 지원 항공기에 우선권을 부여한다.

(5) 비행점검 항공기의 신속한 업무수행을 위하여 특별취급을 하여야 한다.
(6) 실제 방공 요격항공기의 신속한 기동은 미식별 항공기를 식별할 때까지 최대한 지원을 하여야 한다.
(7) 미식별 항공기가 식별될 때까지 실제 방공임무를 수행하는 요격기의 운항에 최대한 협조하여야 한다.
(8) 계기비행(IFR) 항공기는 특별시계비행(SVFR) 항공기보다 우선권을 가진다.

나. 긴급 이행(Expeditious compliance)

긴박한 상황에서 긴급한 이행이 요구되어 관제사가 다음과 같은 지시를 발부할 때는 시간이 허용되는 범위 내에서 이유를 설명하여야 한다.
(1) "Immediately(긴급)"이라는 용어는 긴박한 상황의 회피가 필요하며 신속한 이행이 요구되는 경우에만 사용한다.
(2) "Expedite(신속)"이라는 용어는 긴박한 상황으로 진전됨을 회피하기 위하여 즉각 이행이 요구되는 경우에만 사용한다. 항공교통관제기관에 의하여 신속한 상승 또는 강하 허가가 발부되었고, 이어서 "expedite"라는 용어를 사용하지 않고 고도가 변경되었거나 재 발부 되었다면 "expedite" 지시는 취소된 것이다.

다. 순항고도(Cruising altitudes)

항공기의 순항고도는 다음과 같다.

| 비행방향 | 비행방식 | 순항고도 | |
|---|---|---|---|
| | | 29,000 ft 미만 | 29,000 ft 이상 |
| 000°에서 179°까지 | 계기비행 | 1,000 ft의 홀수배 (예: 1,000ft, 3,000ft, 5,000ft …) | 29,000 ft 또는 29,000 ft+4,000 ft의 배수 (예: 29,000ft, 33,000ft, 37,000ft …) |
| | 시계비행 | 1,000 ft의 홀수배+500 ft (예: 3,500ft, 5,500ft, 7,500ft …) | 30,000 ft 또는 30,000 ft+4,000 ft의 배수 (예: 30,000ft, 34,000ft, 38,000ft …) |
| 180°에서 359°까지 | 계기비행 | 1,000 ft의 짝수배 (예: 2,000ft, 4,000ft, 6,000ft …) | 31,000 ft 또는 31,000 ft+4,000 ft의 배수 (예: 31,000ft, 35,000ft, 39,000ft …) |
| | 시계비행 | 1,000 ft의 짝수배+500 ft (예: 4,500ft, 6,500ft, 8,500ft …) | 32,000 ft 또는 32,000 ft+4,000 ft의 배수 (예: 32,000ft, 36,000ft, 40,000ft …) |

라. 최저비행고도(Minimum flight altitudes)

항공기를 운항하려는 사람은 국토교통부령으로 정하는 다음의 최저비행고도 미만의 고도로 비행해서는 안 된다.
(1) 시계비행방식으로 비행하는 항공기
  (가) 사람 또는 건축물이 밀집된 지역의 상공에서는 해당 항공기를 중심으로 수평거리 600 m (2,000 ft) 범위 안의 지역에 있는 가장 높은 장애물의 상단에서 300 m(1,000 ft)의 고도
  (나) 사람 또는 건축물이 밀집하지 아니한 지역과 넓은 수면의 상공에서는 지표면·수면 또는 물건의 상단에서 150 m(500 ft)의 고도
(2) 계기비행방식으로 비행하는 항공기
  (가) 지정된 산악지역에서는 항공기를 중심으로 반지름 8 km(4 NM) 이내에 위치한 가장 높은 장애물로부터 600 m(2,000 ft)의 고도
  (나) 산악지역 외에서는 항공기를 중심으로 반지름 8 km(4 NM) 이내에 위치한 가장 높은 장애물로부터 300 m(1,000 ft)의 고도

마. 이륙교체비행장(Take-off alternate aerodrome)

항공운송사업에 사용되는 비행기를 운항 시 출발비행장의 기상상태가 비행장 운영 최저치 이하이거나 그 밖의 다른 이유로 출발비행장으로 되돌아 올 수 없는 경우에는 다음과 같은 요건을 갖춘 이륙교체비행장을 지정하여야 한다.

(1) 2개의 발동기를 가진 비행기의 경우에는 1개의 발동기가 작동하지 아니할 때의 순항속도로 출발비행장으로부터 1시간의 비행거리 이내인 지역에 있을 것

(2) 3개 이상의 발동기를 가진 비행기의 경우에는 모든 발동기가 작동할 때의 순항속도로 출발비행장으로부터 2시간의 비행거리 이내인 지역에 있을 것

(3) 예상되는 이용시간 동안의 기상조건이 해당 운항에 대한 비행장 운영 최저치(aerodrome operating minima) 이상일 것

바. 시계비행의 금지

항공기는 다음의 어느 하나에 해당되는 경우에는 기상상태에 관계없이 계기비행방식에 따라 비행하여야 한다. 다만, 관할 항공교통관제기관의 허가를 받은 경우에는 그렇지 않다.

(1) 평균해면으로부터 6,100 m(20,000 ft)를 초과하는 고도로 비행하는 경우

(2) 천음속(遷音速) 또는 초음속(超音速)으로 비행하는 경우

## 5. 기상 관측 및 고도계 수정

가. 도착, 출발 활주로 시정(Arrival/Departure runway visibility)

활주로의 Mid-Point 또는 Roll-out RVR 값이 2,000 ft(600 m) 미만이고, Touchdown RVR 값이 Mid-Point 또는 Roll-out RVR 값보다 클 때, Mid 및 Roll-out RVR 모두를 발부한다.

나. 지상풍 관측과 통보

(1) 지상풍 관측은 활주로 위 10±1 m(30±3 ft) 높이의 상태를 대표하는 것이어야 한다.

(가) 풍향은 진북 기준 10° 단위로 반올림한 3단위 숫자로 표기해야 하며, 바로 뒤에 풍속을 표기해야 한다. 풍속의 단위는 knot 또는 시간당 km로 한다.

(나) 풍속이 1 kt(0.5 m/s) 미만일 때, 즉 정온(calm)인 경우에는 "00000"으로 표기해야 한다. 터미널(terminal)에서는 풍속이 3 knots 미만일 때 무풍 상태(calm wind conditions)로 간주한다.

[예] 00000KT

(다) 100 kt(200 km/h) 이상인 풍속을 통보할 때는 지시자 "P"를 사용하여 풍속을 "99"로 보고해야 한다.

[예] 140P99KT

(라) 관측시간 바로 전 10분 동안에 평균풍속으로부터의 변동폭(gust)은 그 변동이 평균풍속으로부터 10 kt(20 km/h) 이상일 때만 통보하며, 풍속의 변동폭은 최대풍속만 표기해야 한다.

(2) 공항예보에서는 최대순간풍속(돌풍)이 평균풍속보다 10 kt(5 m/s) 이상 불 것으로 예상되면 평균풍속 뒤에 문자 "G"를 붙이고 최대순간풍속을 표시한다. 풍속이 100 kt(50 m/s) 이상으로 예상될 때는 문자 "P" 뒤에 99KT를 사용하여 표시해야 한다.

다. 고도계 수정 절차(Altimeter setting procedures)

(1) 대부분의 기압고도계(pressure altimeter)는 기계적오차, 탄성오차, 온도오차 및 장착오차의 영향을 받는다. 눈금오차는 다음과 같은 방법에 의해 수정할 수 있다.

(가) 고도계 설정 눈금(altimeter setting scale)을 통보받은 최신 고도계수정치로 설정한다.
(나) 고도계수정치 설정에 사용된 동일 기준고도(reference level)에 항공기가 위치하고 있다면, 고도계는 현재의 공항표고(field elevation)를 나타내어야 한다.
(다) 알고 있는 공항표고와 고도계 지시 간의 차이를 확인한다. 이 차이가 ±75 ft 이상이라면 고도계의 정확성이 의심스러우므로 적정등급의 수리업체에 평가와 수리가능여부를 문의하여야 한다.
(2) 비행중이라면 때때로 항공로의 최신 고도계수정치를 획득하는 것이 대단히 중요하다. 고기압지역에서 저기압지역으로 비행할 때 고도계를 재설정하지 않는다면 항공기는 고도계가 지시하는 고도보다 지표면에 더 근접해 있을 것이다. 고도계수정치 1 in의 오차는 고도 1,000 ft의 오차를 낳는다.
(3) 온도 또한 고도와 고도계의 정확성에 영향을 미친다. 고려해야 할 중요한 점은 표준온도에 대한 해당 고도에서의 대기온도 및 고도수정치(altitude setting)를 보고한 출처의 표고이다. 이 차이가 지시고도(indicated altitude)의 오차를 발생시킨다. 대기온도가 표준온도보다 더 따뜻하면 고도계가 지시하는 것보다 더 높이 있는 것이다. 또한 대기가 표준보다 더 춥다면 지시하는 것보다 더 낮게 있는 것이다. 이러한 차이의 크기가 오차의 양을 결정한다. 일정한 지시고도를 유지하면서 더 차가운 기단으로 비행할 경우 진고도(true altitude)는 낮아지게 된다.

## 제2절. 항공교통관제업무

### 1. 관제탑이 운영되지 않는 공항의 교통조언 지침

가. 관제탑이 운영되지 않는 공항 운영

무선장비를 갖춘 항공기는 관제탑이 운영되지 않는 공항에 접근하거나 공항에서 출발할 때 공항 조언 목적으로 설정된 공통주파수(common frequency)로 송수신하여야 하며, 무선교신을 할 때 중요한 점은 정확한 공통주파수의 선택이다. CTAF는 공통교통조언주파수(Common Traffic Advisory Frequency)를 의미하는 약어로서, 관제탑이 운영되지 않는 공항으로 입출항하는 동안 공항조언 지침을 수행할 목적으로 지정된 주파수이다.

나. 권고하는 교통조언 지침

입항항공기의 조종사는 착륙 10 mile 전부터 배정된 CTAF를 적절히 경청하고 교신하여야 한다. CTAF로 FSS와 교신 시에는 출항/입항의도나 정보를 송신하기 전에 공항의 자동기상점검 및 양방향 무선교신이 이루어져야 한다. 입항항공기는 공항으로부터 약 10 mile 전에서 교신을 시도하여 항공기 식별부호 및 기종, 고도, 공항과 관련된 위치, 의도(착륙 또는 상공통과), 자동기상정보의 수신여부를 보고하고 공항조언업무나 공항정보업무를 요청하여야 한다.

다. 항공조언시설(Aeronautical advisory station)에 의해 제공되는 정보 (UNICOM)

UNICOM은 관제탑이나 FSS가 없는 공공용공항에서 공항정보를 제공하기 위한 비정부 공지무선통신시설(nongovernment air/ground radio communication station)이다. 조종사의 요청에 따라 UNICOM 시설은 조종사에게 기상정보, 풍향, 추천 활주로 또는 그 밖의 필요한 정보를 제공한다.

### 2. 공항정보자동방송업무(Automatic Terminal Information Service; ATIS)

가. 공항정보자동방송업무(ATIS)

(1) ATIS는 빈번한 비행활동이 이루어지는 선정된 터미널 지역에서 녹음된 비관제정보(noncontrol information)를 계속해서 방송하는 것이다. 이의 목적은 필수적이지만 일상적인 정보를 반복적으

로 자동 송신함으로써 관제사의 업무효율을 증가시키고, 주파수의 혼잡을 줄이기 위한 것이다. 정보는 불연속 VHF 무선 주파수나 국지 NAVAID의 음성부분을 통해 연속적으로 방송된다.

(2) 불연속 VHF 무선 주파수에 의한 도착 ATIS 송신은 각 시설요건에 따라 설계되며, 일반적으로 ATIS site로부터 20 NM에서 60 NM까지 그리고 최대고도 25,000 ft AGL까지의 서비스 보호범위를 갖는다.

나. ATIS 정보에 포함되는 사항은 다음과 같다.
  (1) 공항/시설 명칭(Airport/facility name)
  (2) 음성문자코드(Phonetic letter code)
  (3) 최근 기상전문의 시간(UTC)
  (4) 다음을 포함하는 기상정보
    (가) 풍향과 풍속(wind direction and velocity)
    (나) 시정(visibility)
    (다) 시정장애(obstructions to vision)
    (라) 공식기상관측에 포함된 하늘상태, 기온, 이슬점, 고도계수정치, 필요시 밀도고도조언, 그리고 그 밖의 관련사항 등으로 구성된 현재 기상상태
  (5) 계기접근 및 사용활주로(Instrument approach and runway in use)

다. 조종사는 최초교신 시에 방송에 첨부되는 알파벳 코드 용어(code word)를 복창하여 ATIS 방송을 수신했다는 것을 관제사에게 통보하여야 한다. (예, "Information Sierra received.")

라. 조종사가 ATIS 방송을 수신하였음을 응답한 경우, ATIS가 최근의 정보라면 관제사는 방송에 포함된 내용을 생략할 수 있다.

마. 하늘상태 또는 운고(ceiling)가 5,000 ft를 초과하고 시정이 5 mile을 초과하면, ATIS에 하늘상태나 운고(ceiling) 또는 시정에 대한 정보를 생략할 수 있다.

바. 조종사가 관제탑과 교신 시에 "have numbers"라고 말하면 바람, 활주로 그리고 고도계 정보를 수신했다는 것을 의미하며 관제탑은 이 정보를 생략할 수 있다. 조종사의 "have numbers" 용어 사용이 ATIS 방송을 수신하였음을 의미하는 것은 아니며, 절대 이러한 목적으로 사용해서는 안 된다.

사. 공항정보자동방송업무(ATIS) 수행 기준
  (1) ATIS 방송은 가능한 별도의 초단파(VHF) 주파수를 사용하여야 한다.
  (2) ATIS 방송은 계기착륙시설(ILS) 음성채널로 방송되어서는 안 된다.
  (3) ATIS 방송은 계속적이고 반복적으로 제공되어야 한다.
  (4) ATIS 메시지는 송신속도 또는 ATIS 송신에 사용되는 항행안전시설의 식별신호에 의해 저해되지 않도록 가능한 30초를 초과하지 않아야 하며, 인적수행능력(human performance)을 고려하여야 한다.
  (5) 방송정보는 단일 비행장에만 관련되어야 하며, 중요사항 변경 발생 시 즉시 갱신되어야 한다.

## 3. 교통조언 업무(Traffic advisories service)

가. 업무의 목적
  레이더 시현장치의 관측에 따른 교통조언의 발부는 특정 레이더 표적의 위치 및 항적(track)이 조종사가 의도하는 비행경로에 표준 최저치 미만으로 근접하게 될 것으로 판단되는 경우 주의를 기울여

야 한다는 것을 조종사에게 알리고 조언하기 위한 목적으로 이루어진다.

나. 교통조언의 발부

레이더 관제사는 레이더 display 상에 나타난 항공기 항적(track) 만을 관찰할 수 있으며 교통조언은 이에 따라 발부되므로, 조종사는 통보된 항공기를 찾을 때에 이러한 사실을 감안하여야 한다.

(1) 레이더에 식별된 항공기
  (가) 12시간 시각의 용어로 나타내는 항공기로부터의 방위(azimuth)
  (나) 항공기가 급격히 기동하여 위의 (가)에 의하여 정확한 교통조언을 발부할 수 없을 경우, 나침반의 주요 8방위 지점(N, NE, E, SE, S, SW, W, NW) 용어로 항공기 위치로부터의 방향을 발부한다. 이 방법은 조종사의 요구가 있을 때 중단하여야 한다.
  (다) 해상마일(nautical mile) 단위의 항공기로부터의 거리
  (라) 항공기(target)의 진행방향 또는 항공기의 상대적인 움직임
  (마) 인지한 경우, 항공기의 기종 및 고도

(2) 레이더에 식별되지 않은 표적
  (가) 픽스(fix)로부터의 거리 및 방향
  (나) 항공기(target)의 진행방향
  (다) 인지한 경우, 항공기의 기종 및 고도

## 4. 안전경보(Safety Alert)

가. 지형 또는 장애물 경고

(1) 관제사의 판단에 항공기가 지형/장애물에 불안전하게 근접한 고도에 있다고 인지되면, 관제사는 즉시 관제 하에 있는 항공기의 조종사에게 경고를 발부한다.

(2) 대부분의 항공로와 터미널 레이더시설은 관제 하의 Mode C 장비를 갖춘 항공기의 항적이 사전에 결정된 최저안전고도 미만이거나 미만이 될 것으로 예상될 때 관제사에게 자동으로 경고하는 기능을 갖추고 있다. 최저안전고도경고(Minimum Safe Altitude Warning; MSAW)라고 하는 이 기능은 지형/장애물에 근접하여 잠재적으로 불안전한 항공기를 탐지하는 데 있어서 전적으로 관제사를 보조하기 위한 시설로 설계되었다. MSAW를 운용중일 때 IFR 비행계획으로 운항하는 경우 레이더시설은 시스템에 의해 추적되는 작동 Mode C 고도 encoding 트랜스폰더를 갖춘 모든 항공기에게 MSAW 감시를 제공할 것이다.

나. 항공기 충돌경고

관제사의 판단에 관제 하에 있는 항공기와 관제 하에 있지 않는 다른 항공기가 서로 불안전하게 근접한 고도에 있다고 인지되면, 관제사는 즉시 관제 하에 있는 항공기의 조종사에게 경고를 발부한다. 경고와 함께, 가능하면 관제사는 시간이 허용되는 경우 항공기의 위치 및 취해야 할 대처방안을 제공한다.

## 5. VFR 항공기에 대한 기본적인 레이더 업무(Basic radar services for VFR aircraft)

IFR 항공기의 관제에 레이더가 이용되며, 더불어 위임된 모든 레이더시설은 VFR 항공기에게도 다음의 기본적인 레이더 업무를 제공한다.

(1) 안전경보(safety alert)
(2) 교통조언(traffic advisory)

(3) 조종사 요구 시 제한적인 레이더 유도(업무량이 허용하는 한도 내에서 제공)
(4) 이러한 목적을 위하여 절차가 수립되어 있거나 합의서에 명시된 지점에서의 접근 우선순위 배정(sequencing)

## 6. 트랜스폰더 운용(Transponder operation)

가. 일반
(1) 작동중인 고도보고 모드(Mode C 또는 S)를 갖춘 트랜스폰더는 항공기를 식별하기 위한 감시시스템의 능력을 대폭적으로 증가시키고, 따라서 증진된 상황인식과 잠재적인 공중충돌을 식별할 수 있는 능력을 항공교통관제사에게 제공한다.
(2) 항공교통관제 비컨시스템(ATCRBS)은 군용의 부호화된 레이더비컨(coded radar beacon) 장치와 유사하며 호환이 된다. 민간 Mode A는 군용 Mode 3과 동일하다.
(3) 지상에서 트랜스폰더 및 ADS-B 운용
    트랜스폰더는 이륙하기 전에 가능한 한 늦게 "on" 또는 정상 작동위치로 조정하여야 하며, 착륙활주를 종료한 후 ATC의 요청에 의해 사전에 "standby" 위치로 변경되어 있는 경우 이외에는 가능한 한 빨리 "off" 또는 "standby" 위치로 변경하여야 한다.
(4) 목적지에 도착하기 전에 IFR 비행계획을 취소하기로 결정한 IFR 비행 조종사는 VFR 운항에 맞도록 트랜스폰더를 조정하여야 한다.

나. 트랜스폰더 IDENT 기능
   트랜스폰더는 ATC가 지정한 대로 운용하여야 한다. ATC 관제사의 요청이 있을 때만 "Ident" 기능(feature)을 작동시킨다.

다. 코드 변경(Code change)
(1) 일상적인 코드 변경 수행 시, 조종사는 부주의로 code 7500, 7600 또는 7700을 선택하여 지상 자동화시설에 순간적으로 허위경보가 발령되지 않도록 하여야 한다.
    예를 들어 code 2700에서 code 7200으로 변경할 경우, 먼저 2200으로 변경한 다음에 7200으로 맞추어야 하며 7700으로 변경한 다음에 7200으로 맞추어서는 안 된다.
(2) 여하한 경우에도 민간항공기의 조종사는 트랜스폰더를 code 7777로 운용해서는 안 된다. 이 code는 군요격작전에 배정되어 있다.
(3) 군작전구역 또는 제한구역이나 경고구역 내에서 VFR 또는 IFR로 운항중인 군조종사는 ATC가 별도의 코드를 배정하지 않는 한 트랜스폰더를 code 4000으로 맞추어야 한다.
(4) 탑승객에 의한 공중납치(hijack) 또는 적대행위로 인하여 항공기 또는 승객의 안전을 위협하는 불법간섭(unlawful interference)을 받고 있는 항공기의 기장은 트랜스폰더를 Mode 3/A Code 7500으로 조정하도록 노력하여야 한다.
(5) 레이더비컨 트랜스폰더(coded radar beacon transponder)를 탑재한 항공기가 양방향 무선통신이 두절되었다면 조종사는 트랜스폰더를 Mode 3/A, Code 7600에 맞추어야 한다.

라. 시계비행방식(VFR)에서의 트랜스폰더 운용
   ATC 기관에 의해 달리 지시되지 않는 한, 고도에 관계없이 Mode 3/A code 1200으로 응답할 수 있도록 트랜스폰더를 조정한다.

마. 레이더비컨 관제용어(Radar beacon phraseology)
  (1) Squawk (number). Mode 3/A에 지정된 code로 레이더비컨 트랜스폰더를 작동시켜라.
  (2) Ident. 트랜스폰더의 "Ident" 기능(군항공기는 I/P)을 작동시켜라.
  (3) Squawk (number) and Ident. Mode 3/A에 지정된 code로 레이더비컨 트랜스폰더를 작동하고, "Ident" 기능(군항공기는 I/P)을 작동시켜라.
  (4) Squawk Standby. 트랜스폰더를 standby 위치로 변경하라.
  (5) Squawk Low/Normal. 지시한 대로 트랜스폰더를 저(low) 또는 정상(normal) 감도로 작동시켜라. ATC가 "Low" 위치에 놓으라고 지시하지 않는 한, 트랜스폰더는 "Normal" 위치에서 운용한다.
  (6) Squawk Altitude. Mode C 자동고도보고기능을 작동시켜라.
  (7) Stop Altitude Squawk. 고도보고 스위치는 끄고, Mode C 구성펄스(framing pulse)는 계속 송신하라. 장비가 이러한 기능을 갖고 있지 않다면 Mode C를 끈다.
  (8) Stop Squawk (사용 중인 mode). 지시한 mode를 꺼라. (관제사가 군작전요구도를 알 수 없는 경우, 항공기에게 계속해서 다른 mode의 작동을 할 수 있도록 군용기에 사용)
  (9) Stop Squawk. 트랜스폰더를 꺼라.
  (10) Squawk Mayday. 트랜스폰더를 비상위치로 작동시켜라 (민간용 트랜스폰더는 Mode A Code 7700, 군용 트랜스폰더는 Mode 3 Code 7700과 비상기능)
  (11) Squawk VFR. Mode 3/A에서 Code 1200 또는 적절한 VFR code로 레이더비컨 트랜스폰더를 작동시켜라.

## 제3절. 공항 운영(Airport Operations)

### 1. 관제탑이 운영되는 공항
  가. 관제탑에 의해 교통관제가 이루어지는 공항에서 운항할 때 조종사는 B등급, C등급과 D등급 공항교통구역(surface area) 내에서 운항 중에는 관제탑이 달리 허가하지 않은 한 관제탑과 양방향 무선교신을 유지하여야 한다. 최초의 무선호출(initial callup)은 공항으로부터 약 15 mile 지점에서 이루어져야 한다.
  나. 필요 시 관제탑의 관제사는 B등급, C등급 및 D등급 공항교통구역에서 운항중인 항공기에게 바람직한 비행경로(교통장주) 및 지상에서 운행 중인 항공기에게는 적절한 지상활주경로를 따르게 하기 위해 전반에 걸쳐 허가 또는 그 밖의 정보를 발부한다. 관제탑에 의해 달리 허가되거나 지시를 받지 않았다면, 착륙하기 위해 접근중인 고정익항공기의 조종사는 공항 좌측으로 선회하여야 한다. 착륙하기 위해 접근중인 헬리콥터 조종사는 고정익항공기의 교통흐름을 방해하지 않아야 한다.

### 2. 비상 격리주기 위치의 운영
  공항운영자는 항공기의 피랍 등 불법간섭행위, 폭발물 위협을 받거나 그러한 우려가 있는 것으로 판단되는 항공기의 처리 등 비상시 사용하기 위한 격리주기 위치 또는 구역을 지정하여야 한다. 격리주기 위치 또는 구역의 지정기준은 다음과 같다.
  가. 주변 주기장, 건물 및 기타 사람이 많은 장소로부터 최소한 100 m 이상 안전거리를 확보할 것. 폭발

물 위협 항공기가 지상 계류 중인 경우에는 인접 항공기와 인원을 가급적 100 m 이상 격리토록 조치한다.

나. 지하에 항공연료, 전기 및 통신 케이블과 같은 시설이 매설된 곳은 피할 것.

### 3. 비행장 또는 그 주변에서의 비행

비행장 또는 그 주변을 비행하는 항공기의 조종사는 다음의 기준에 따라야 한다.

가. 이륙하려는 항공기는 안전고도 미만의 고도 또는 안전속도 미만의 속도에서 선회하지 말 것
나. 해당 비행장의 이륙기상최저치 미만의 기상상태에서는 이륙하지 말 것
다. 해당 비행장의 시계비행 착륙기상최저치 미만의 기상상태에서는 시계비행방식으로 착륙을 시도하지 말 것
라. 터빈발동기를 장착한 이륙항공기는 지표 또는 수면으로부터 450 m(1,500 ft)의 고도까지 가능한 한 신속히 상승할 것. 다만, 소음감소를 위하여 국토교통부장관이 달리 비행방법을 정한 경우에는 그렇지 않다.
마. 해당 비행장을 관할하는 항공교통관제기관과 무선통신을 유지할 것
바. 비행로, 교통장주(traffic pattern), 그 밖에 해당 비행장에 대하여 정하여진 비행 방식 및 절차에 따를 것
사. 다른 항공기 다음에 이륙하려는 항공기는 그 다른 항공기가 이륙하여 활주로의 종단을 통과하기 전에는 이륙을 위한 활주를 시작하지 말 것
아. 다른 항공기 다음에 착륙하려는 항공기는 그 다른 항공기가 착륙하여 활주로 밖으로 나가기 전에는 착륙하기 위하여 그 활주로 시단을 통과하지 말 것
자. 이륙하는 다른 항공기 다음에 착륙하려는 항공기는 그 다른 항공기가 이륙하여 활주로의 종단을 통과하기 전에는 착륙하기 위하여 해당 활주로의 시단을 통과하지 말 것
차. 착륙하는 다른 항공기 다음에 이륙하려는 항공기는 그 다른 항공기가 착륙하여 활주로 밖으로 나가기 전에 이륙하기 위한 활주를 시작하지 말 것
카. 기동지역 및 비행장 주변에서 비행하는 항공기를 관찰할 것
타. 다른 항공기가 사용하고 있는 교통장주를 회피하거나 지시에 따라 비행할 것
파. 비행장에 착륙하기 위하여 접근하거나 이륙 중 선회가 필요할 경우에는 달리 지시를 받은 경우를 제외하고는 좌선회할 것
하. 비행안전, 활주로의 배치 및 항공교통상황 등을 고려하여 필요한 경우를 제외하고는 바람이 불어오는 방향으로 이륙 및 착륙할 것

### 4. 제동상태보고와 조언(Braking action reports and advisories)

가. 관제사는 조종사나 공항운영자로부터 접수한 활주로 제동상태(braking action)의 강도를 모든 항공기에게 통보한다. 제동상태의 강도는 "good", "good to medium", "medium", "medium to poor", "poor" 및 "nil" 또는 이들 단어의 복합어로 표현한다. "nil"은 불량 또는 무제동 상태를 표시할 때 사용한다.
나. 공항운영자 또는 조종사로부터 접수한 활주로 제동상태보고가 "good to medium", "medium", "medium to poor", "poor" 또는 "nil"인 경우, 또는 기상이 활주로 상태를 약화시키거나 급격한 변화가 예상될 경우에는 ATIS를 이용하여 "Braking action advisories are in effect."를 방송하여야 한다.

## 5. 공항 교통관제 등화신호(Light signals)

가. 항공교통관제탑 빛총신호(Light Gun Signal)
무선통신 두절 시 항공교통관제탑 빛총신호의 종류와 의미는 다음과 같다.

| 신호의 종류와 색상 | 의미(Meaning) | | |
|---|---|---|---|
| | 비행중인 항공기 | 지상에 있는 항공기 | 차량·장비 및 사람 |
| 연속되는 녹색 | 착륙을 허가함 | 이륙을 허가함 | 통과하거나 진행할 것 |
| 깜박이는 녹색 | 착륙을 준비할 것 (적정 시간 뒤에 연속되는 녹색신호가 이어진다) | 지상 이동을 허가함 | 미적용 |
| 연속되는 적색 | 다른 항공기에게 진로를 양보하고 계속 선회할 것 | 정지할 것 | 정지할 것 |
| 깜박이는 적색 | 비행장이 불안전하니 착륙하지 말 것 | 사용 중인 착륙지역으로부터 벗어날 것 | 활주로 또는 유도로에서 벗어날 것 |
| 깜박이는 백색 | 착륙하여 계류장으로 갈 것 | 비행장 안의 출발지점으로 돌아갈 것 | 비행장 안의 출발지점으로 돌아갈 것 |

나. 항공기의 응신
  (1) 비행 중인 경우
  　주간에는 날개를 흔든다. 야간에 착륙등이 장착된 경우에는 착륙등을 2회 점멸하고, 착륙등이 장착되지 않은 경우에는 항행등을 2회 점멸하여 빛총신호에 응답한다.
  (2) 지상에 있는 경우
  　주간에는 항공기의 보조익 또는 방향타를 움직인다. 야간에 착륙등이 장착된 경우에는 착륙등을 2회 점멸하고, 착륙등이 장착되지 않는 경우에는 항행등을 2회 점멸하여 빛총신호에 응답한다.

## 6. 무선통신(Communications)

가. 지상관제 주파수는 관제탑(국지관제) 주파수의 혼잡을 제거하기 위하여 마련되었으며 관제탑과 지상항공기 간, 그리고 관제탑과 공항의 다용도 차량 간의 교신으로 한정되어 있다. 이 주파수는 지상활주 정보, 허가의 발부, 그리고 관제탑과 항공기 또는 공항에서 운용되는 그 외의 차량 간에 필요한 그 밖의 교신에 사용된다. 방금 착륙한 조종사는 관제사로부터 주파수 변경을 지시 받을 때까지 관제탑 주파수에서 지상관제 주파수로 변경해서는 안 된다.

나. 지상관제 주파수는 특수한 목적으로 배정된 무선 주파수를 사용하여야 한다. 단일 주파수가 한 가지 기능 이상의 목적으로 사용될 수 있으나, 터미널(terminal) 관제탑이 근무좌석을 통합 운영할 때 지상관제 주파수를 비행 중인 항공기와 교신용으로 사용하여서는 안 된다. 관제탑에 배당된 지상관제용 주파수의 수가 제한되어 있으므로 지상관제 주파수를 이용하여 비행중인 항공기와 교신할 때 다른 관제탑과 혼선이 발생하거나, 관제사가 관제하는 항공기와 다른 관제탑 간에도 혼선이 발생할 수 있기 때문이다. 따라서 이러한 기능을 통합할 때는 터미널(terminal) 관제 주파수로 통합하는 것이 바람직하다. ATIS에 교신할 주파수를 명시할 수 있다.

## 7. 지상활주(Taxiing)

가. 일반(general). 공항관제탑이 운영되는 동안 이동지역의 항공기 또는 차량은 이동하기 전에 허가를 받아야 한다.

(1) 공항관제탑이 운영되는 동안 활주로에서 지상활주, 이륙 또는 착륙을 하기 전에 허가를 받아야 한다.
(2) 활주로를 횡단하기 전에 허가를 받아야 한다. ATC는 횡단하는 모든 활주로를 명시한 허가를 발부할 것이다.
(3) 이륙활주로를 배정할 때 ATC는 먼저 활주로를 명시하고 지상활주지시를 발부하며, 지상활주경로가 활주로를 통과하면 진입전대기(hold short) 지시 또는 활주로횡단허가를 언급한다. 이것은 항공기가 배정한 출발활주로의 어느 지점으로 "진입(enter)" 또는 "횡단(cross)"하는 것을 허가하는 것은 아니다. ATC는 항공기의 지상활주허가와 관련하여 무선교신 상의 오해를 배제하기 위하여 용어 "cleared"를 사용하지 않는다.
(4) 배정된 이륙활주로 이외의 어느 지점까지 지상활주지시를 발부할 때 ATC는 지상활주 해야 할 지점을 명시하여 지상활주지시를 발부하며, 지상활주경로가 활주로를 통과하면 진입전대기(hold short) 지시 또는 활주로횡단허가를 언급한다.

나. 조종사가 공항에 익숙하지 않거나 또는 어떠한 이유로 정확한 지상활주경로를 혼동할 수 있다면, 단계적인 경로지시를 포함한 점진적 지상활주지시(progressive taxi instruction)를 요청할 수도 있다. 점진적인 지시는 관제사가 교통상황 또는 유도로 공사나 유도로 폐쇄와 같은 비행장상황으로 인하여 필요하다고 생각하면 발부할 수 있다.

다. 고속이탈 유도로(High speed taxiway)
활주로 중앙에서 유도로 중앙 지점까지 항공기의 경로를 나타내기 위한 등화와 표지를 갖추고 항공기가 고속(60 knot 까지)으로 주행할 수 있도록 설계된 반경(radius)이 큰 유도로로 장반경 출구(long radius exit) 또는 선회개방 유도로(turn-off taxiway) 라고도 부른다. 고속이탈 유도로는 항공기가 착륙 후에 활주로를 신속히 빠져나갈 수 있도록 설계되며, 따라서 활주로 점유시간을 단축시킬 수 있다.

## 8. 선택접근(Option approach)

"선택허가(Cleared for the option)" 절차는 교관조종사, 평가관조종사 또는 그 밖의 조종사에게 접지후이륙(touch-and-go), 저고도접근, 실패접근, 정지후이륙(stop-and-go) 또는 착륙(full stop landing) 중에서 선택할 수 있도록 허가하는 것이다. 이 절차는 조종연습생이나 평가관조종사 모두 어떤 기동을 하게 될지 모르는 훈련상황에서 대단히 유용할 수 있다. 조종사는 계기접근에서 inbound 최종접근픽스를 통과할 때, 또는 VFR 교통장주의 배풍(downwind) 경로에 진입할 때 이 절차를 요청하여야 한다. 이 절차는 관제탑이 운영되는 지역에서만 사용할 수 있으며 ATC 허가를 받아야 한다.

## 9. 항공기 등화의 사용

가. 일몰부터 일출 사이에 지상에서 작동 중이거나, 비행중인 항공기는 항공기 위치등(position light)을 켜야 한다. 또한, 충돌방지등(anti-collision light) 시스템을 갖춘 항공기는 주야간 모든 형태의 운항 시에 충돌방지등을 켜야 한다. 그러나 악기상 상태에서 불빛이 안전에 위험을 유발할 수 있는 경우, 기장은 충돌방지등을 끌 수 있다.

나. 대형항공기에 의해 발생하는 프로펠러 후류와 제트분사(jet blast)의 힘은 이들 뒤에서 지상활주하는 더 작은 항공기들을 전복시키거나 파손시킬 수 있다. 유사한 사고를 피하고 이러한 힘으로 인해 지상근무자가 넘어지거나 다치는 것을 방지하기 위하여 운송용 및 사업용항공기 운영자에게 항공기 엔

진이 작동되고 있을 때에는 언제나 회전비컨(rotating beacon)을 켤 것을 권장하고 있다. 이것은 자발적인 프로그램이기 때문에 항공기 엔진이 작동되고 있다는 표시로서 전적으로 회전비컨을 신뢰해서는 안 되며, 주의를 기울여야 한다.

## 제4절. 항공교통관제 허가와 항공기 분리

### 1. 허가(Clearance)

ATC가 발부하는 허가(clearance)는 알려진 교통상황 및 공항의 물리적인 상황에 기초를 둔다. ATC 허가란 관제공역 내에서 식별된 항공기 간 충돌 방지를 위한 목적으로 특정조건 하에 항공기를 진행할 수 있도록 하는 ATC의 승인을 의미한다. ATC 허가가 불안전하게 항공기를 운항하거나 어떠한 규칙, 규정 또는 최저고도를 위배할 수 있는 권한을 조종사에게 부여하는 것은 아니다.

가. 허가 접두어(Clearance prefix)

항공관제시설이 아닌 시설을 통하여 항공기에게 중계되는 비행허가, 비행정보 또는 정보의 요구에 대한 응답에는 서두에 "ATC clears", "ATC advises" 또는 "ATC requests"를 사용한다.

나. 허가 사항(Clearance items)

보통 다음과 같은 순서에 의거 적절한 허가를 발부한다.
(1) 비행계획서상의 항공기 호출부호
(2) 허가한계점(clearance limit)

보통 출발하기 전에 발부되는 허가는 착륙하고자 하는 공항까지의 비행을 허가한다. 허가한계점이 착륙하고자 하는 공항일 경우 허가에는 공항명칭 다음에 "airport"라는 단어를 포함하여야 한다. 특정상황에서는 허가한계점이 항행안전시설(NAVAID), 관제공역 경계선(FIR boundary), 교차지점(intersection) 또는 waypoint 일 수 있다.

(3) 표준계기출발절차(SID)
(4) 적용될 경우, PDR/PDAR/PAR을 포함하는 비행경로
(5) 비행고도/고도의 변경사항
(6) 체공지시(holding instruction)
(7) 기타 특별한 정보
(8) 주파수 및 비컨코드(beacon code) 정보

다. 허가 준수
(1) 시계 또는 계기비행방식으로 항공교통허가를 받았을 경우, 항공기의 기장은 수정된 허가가 발부되지 않는 한 해당 규정을 위배해서는 안 된다. ATC가 허가나 지시를 발부할 때, 조종사는 접수하는 즉시 이 사항을 수행하여야 한다.
(2) ATC 허가의 고도정보에 포함되는 용어 "조종사의 판단에 따라(at pilot's discretion)"는 조종사가 필요할 때 상승 또는 강하할 수 있는 선택권을 ATC가 조종사에게 제공한다는 의미이다. 필요한 경우 어떠한 상승률 또는 강하율로도 상승 또는 강하할 수 있으며, 어떠한 중간고도에서나 일시적으로 수평비행(level off)을 할 수 있도록 허가하는 것이다. 그러나 항공기가 고도를 떠났다면 그 고도로 다시 돌아갈 수는 없다.

## 2. 특별시계비행(SVFR; Special VFR) 허가

가. 기상이 VFR 비행요건보다 낮을 경우 B등급, C등급, D등급 또는 E등급 공항교통구역(surface area) 내에서 운항하기 전에 ATC 허가를 받아야 한다. VFR 조종사는 특별시계비행상태로 대부분의 D등급과 E등급 공항교통구역 및 일부 B등급과 C등급 공항교통구역으로 진입, 이탈 또는 운항하기 위한 허가를 요구할 수 있으며, 교통상황이 허용되고 이러한 비행이 IFR 운항을 지연시키지 않을 때 허가될 수 있다. 모든 특별시계비행은 구름으로부터 벗어난 상태(clear of clouds)를 유지하여야 한다. 특별시계비행 항공기(헬리콥터 이외)를 위한 시정요건은 다음과 같다.

 (1) B등급, C등급, D등급 및 E등급 공항교통구역 내에서 운항하기 위해서는 최소한 1 SM(1,500 m)의 비행시정

 (2) 이륙 또는 착륙할 때 최소한 1 SM(1,500 m)의 지상시정. 공항의 지상시정이 보고되지 않았다면 비행시정이 최소한 1 SM(1,500 m)이어야 한다.

나. 특별시계비행(SVFR) 허가는 B등급, C등급, D등급 및 E등급 공항교통구역 내에서만 유효하다. ATC는 특별시계비행 허가 시 항공기가 B등급, C등급, D등급 또는 E등급 공항교통구역을 벗어난 이후에는 분리를 제공하지 않는다.

다. 예측할 수 없는 급격한 기상의 악화 등 부득이한 사유로 관할 항공교통관제기관으로부터 특별시계비행허가를 받은 항공기의 조종사는 다음의 기준에 따라 비행하여야 한다.

 (1) 허가받은 관제권 안을 비행할 것
 (2) 구름을 피하여 비행할 것
 (3) 비행시정을 1 SM(1,500 m) 이상 유지하며 비행할 것
 (4) 지표 또는 수면을 계속하여 볼 수 있는 상태로 비행할 것
 (5) 조종사가 계기비행을 할 수 있는 자격이 없거나, 계기비행을 위한 항공계기를 갖추지 아니한 항공기로 비행하는 경우에는 주간에만 비행할 것. 다만, 헬리콥터는 야간에도 비행할 수 있다.

## 3. IFR 분리기준(IFR separation standards)

가. ATC는 서로 다른 고도를 배정함으로써 수직적으로 항공기를 분리시키거나, 동일하거나 수렴(converging) 또는 교차(crossing)하는 진로의 항공기 간에는 시간이나 거리 단위로 나타낸 간격을 제공하여 줌으로써 종적으로 또는 서로 다른 비행경로를 배정함으로써 횡적으로 항공기를 분리시킨다.

나. 동일한 고도에 있는 항공기의 분리에 레이더가 사용될 때 레이더 안테나로부터 40 mile 이내에서 운항하는 항공기 간에는 최소 3 mile의 분리가 제공되고, 안테나로부터 40 mile 밖에서 운항하는 항공기 간에는 최소 5 mile의 분리가 제공된다. 이러한 최저치는 일부 특정 상황에서는 증감될 수 있다.

다. 동일한 고도에 있는 동일 진로 상의 항공기 간의 시간에 의한 종적분리 최저치는 다음과 같다.

 (1) 일반적으로 15분
 (2) 항행안전시설을 이용하여 위치 및 속도의 판단을 하는 경우: 10분
 (3) 선행 항공기가 뒤따라가는 항공기보다 37 km/h(20 kt) 이상 빠른 경우: 5분
 (4) 선행 항공기가 뒤따라가는 항공기보다 74 km/h(40 kt) 이상 빠른 경우: 3분

라. 수직분리 최저치(Vertical separation minima)
 계기비행(IFR) 항공기는 다음과 같은 수직분리 최저치를 적용하여 분리한다.

(1) FL290 이하: 1,000 ft
　　(2) FL290 초과: 2,000 ft
　　(3) 다음과 같은 경우, FL290 이상에서 RVSM 운항이 인가된 항공기 간: 1,000 ft
　　　(가) 축소된 수직분리 최저치(RVSM : reduced vertical separation minimum) 공역으로 지정된 공역 또는 고도 내에서 운항 시
　　　(나) RVSM 전이공역(transition airspace) 및 지정된 전이고도 내에서 운항 시

### 4. 속도조절(Speed adjustments)

　가. ATC는 적절한 간격을 확보하거나 유지하기 위하여 레이더 관제를 받고 있는 항공기의 조종사에게 속도조절을 지시한다.
　나. ATC가 속도조절을 지시할 때는 다음의 권고 최저치에 의거하여야 한다.
　　(1) FL 280~10,000 ft 사이의 고도에서 운항하는 항공기에 대해서는 최저 250 knot 또는 이와 대등한 마하수
　　(2) 도착하는 터보제트 항공기가 10,000 ft 미만의 고도에서 운항하는 경우
　　　(가) 210 knot를 최저속도로 한다.
　　　(나) 단, 착륙하고자 하는 공항의 활주로 시단으로부터 비행거리 20 mile 이내에서는 170 knot를 최저속도로 한다.
　　(3) 도착하는 왕복엔진 또는 터보프롭 항공기가 10,000 ft 미만의 고도에서 운항하는 경우 200 knot를 최저속도로 한다. 단, 착륙하고자 하는 공항의 활주로 시단으로부터 비행거리 20 mile 이내에서는 150 knot를 최저속도로 한다.
　　(4) 출발하는 항공기의 경우
　　　(가) 터보제트 항공기는 230 knot를 최저속도로 한다.
　　　(나) 왕복엔진 및 터보프롭 항공기는 150 knot를 최저속도로 한다.
　다. 접근허가는 이전의 어떠한 속도조절 지시보다 우선하며 조종사는 접근을 완료하기 위해 필요한 속도로 조절하여야 한다. 그러나 어떤 경우에는 연이어 도착하는 항공기 간의 분리를 유지하기 위하여 ATC는 접근허가를 발부한 이후라도 다시 속도조절을 발부할 필요가 있을 수도 있다. 그러나 다음 항공기에게는 속도조절을 지시하여서는 안 된다.
　　(1) FL390 이상의 고도에서 조종사 동의가 없는 경우
　　(2) 발간된 고고도 계기접근절차를 수행중인 항공기
　　(3) 체공장주에 있는 항공기
　　(4) 최종접근진로 상의 최종접근픽스 또는 활주로로부터 5 mile 되는 지점 중 활주로로부터 가까운 지점에 있는 항공기
　라. 어떤 특정한 운항을 위한 최저안전속도가 지시받은 속도조절보다 더 크다면 조종사는 ATC의 속도조절 지시를 거부할 권한이 있다.

### 5. 시각경계절차(Visual clearing procedure)의 사용

　가. 이륙 전(Before takeoff) : 이륙 준비를 하기 위하여 활주로 또는 착륙구역으로 지상활주하기 전에 조종사는 만일의 착륙항공기에 대비하여 접근구역을 탐색하고, 접근구역을 명확하게 볼 수 있도록 적절한 경계기동(clearing maneuver)을 수행하여야 한다.

나. 상승 및 강하(Climb and descent): 다른 항공기를 육안 탐색할 수 있는 비행상태에서 상승 및 강하하는 동안, 조종사는 주변 공역을 계속 육안 탐색할 수 있는 빈도로 약간 좌우로 경사지게 하여야 한다.

다 직진 및 수평(Straight and level): 다른 항공기의 육안탐색이 가능한 상황에서 계속 직진 수평비행을 하는 동안, 효과적인 육안탐색을 위하여 적절한 경계절차가 일정한 간격으로 이루어져야 한다.

라. 교통장주(Traffic pattern): 강하하면서 교통장주로 진입하는 것은 특정한 충돌위험을 초래할 수 있으므로 피해야 한다.

## 6. 공중충돌경고장치(Traffic Alert and Collision Avoidance System; TCAS Ⅰ & Ⅱ)

가. TCAS Ⅰ은 조종사가 침범항공기를 시각적으로 포착하는 것을 돕기 위한 근접경고(proximity warning)만을 제공한다. TCAS Ⅰ 경고의 직접적인 결과로서 권고되는 회피기동이 제공되거나 허가되지 않는다.

나. TCAS Ⅱ는 교통조언(traffic advisory; TA) 및 회피조언(resolution advisory; RA)을 제공한다. 회피조언은 충돌위험이 있는 항공기를 회피하기 위하여 권고되는 수직방향으로의 기동(상승 또는 강하만)을 제공한다.

　(1) TCAS Ⅱ RA에 따르기 위해서 ATC 허가를 위배한 조종사는 가능한 한 빨리 그러한 사실을 ATC에 통보하고, 충돌위험이 해소되었을 경우 현재의 ATC 허가로 신속하게 복귀하여야 한다.

　(2) 항공기가 TCAS RA 경고에 대한 대응절차를 시작한 경우 관제사는 표준분리를 취하여야 할 책임이 없다. 표준분리에 대한 책임은 다음 상황 중 하나와 일치할 때 재개된다.

　　(가) 회피 기동한 항공기가 배정된 고도로 다시 복귀한 경우

　　(나) 운항승무원이 TCAS 기동을 완료하였음을 관제사에게 통보하고 관제사가 표준분리가 다시 취해진 것을 확인한 경우

　　(다) 회피 기동한 항공기가 대체허가를 수행하였고 관제사가 표준분리가 다시 취해진 것을 확인한 경우

다. 관제용어

　조종사가 항공교통관제 지시로부터 벗어나거나 또는 TCAS RA 준수 지시를 하지 않기 시작한 후
　　(조종사) TCAS RA
　　(관제사) ROGER

## 제5절. 감시시스템(Surveillance Systems)

### 1. 레이더(Radar)

가. 특성(Capability)

　레이더는 전파(radio wave)를 대기 중에 발사하고, 전파가 beam의 경로에 있는 물체에 반사될 때 이를 수신하는 방법이다. 거리(range)는 전파가 물체에 도달한 다음 수신 안테나까지 되돌아오는 동안 걸린 시간을 측정(광속으로)하여 결정한다.

나. 제한(Limitation)

　(1) 전파의 특성은 다음과 같은 경우 외에는 보통 계속해서 직선으로 이동한다는 것이다.

　　(가) 기온역전과 같은 불규칙한 대기현상에 의한 "굴곡현상(bending)"

(나) 짙은 구름(heavy clouds), 강수(precipitation), 지면 장애물, 산 등과 같이 밀도가 높은 물체에 의한 반사 또는 감쇠
(다) 고지대의 지형으로 인한 차폐(screen)
(2) 계기비행 또는 시계비행상태로 비행하는 조종사에게 다른 항공기와의 근접을 조언할 수 있는 관제사의 능력은 미확인항공기가 레이더에 관측되지 않거나, 비행계획 정보를 이용할 수 없거나 또는 교통량과 업무량이 많아서 교통정보를 발부하는데 어려움이 있다면 제한될 수 있다. 관제사 업무의 첫 번째 우선순위는 ATC 관제 하에서 IFR로 비행하는 항공기 간에 수직, 횡적 또는 종적분리를 제공하는 것이다.

## 2. 항공교통관제 비컨시스템(Air Traffic Control Radar Beacon System; ATCRBS)

가. 때로 이차감시레이더라고 하는 ATCRBS는 질문기(interrogator), 트랜스폰더(transponder) 및 레이더스코프(radarscope)의 세 가지 주요 부분으로 이루어진다.

나. 일차레이더에 비해서 ATCRBS의 몇 가지 이점은 다음과 같다.
 (1) 레이더 표적의 보강(reinforcement of radar target)
 (2) 신속한 표적식별(rapid target identification)
 (3) 선택된 코드의 독특한 시현(unique display of selected code)

## 3. 감시레이더(Surveillance radar)

감시레이더는 공항감시레이더(ASR)와 항로감시레이더(ARSR) 두 가지의 일반적인 category로 구분할 수 있다.

가. 공항감시레이더(ASR; Airport Surveillance Radar)
 (1) 대략적인 공항 주변에서 비교적 단거리(short-range)의 포착범위를 제공하고, 레이더스코프 상의 정확한 항공기 위치의 감시를 통해 터미널 지역 교통의 신속한 처리를 위한 수단으로 활용하기 위하여 설계되었다. ASR은 계기접근보조시설로도 활용할 수 있다.
 (2) ASR은 거리(range) 및 방위(azimuth) 정보를 제공하지만 고도자료는 제공하지 않는다. ASR의 포착범위(coverage)는 60 mile까지 확장될 수 있다.

나. 항로감시레이더(ARSR; Air Route Surveillance Radar)
 주로 넓은 지역에 대한 항공기 위치의 시현을 제공하기 위하여 설계된 장거리(long-range) 레이더 시스템이다.

## 4. 정밀접근레이더(Precision Approach Radar; PAR)

가. PAR은 항공기 이착륙순서 및 간격조정을 위한 보조시설 보다는 착륙보조시설로 사용하기 위하여 설계되었다. PAR 시설은 주요 착륙보조시설로 사용하거나, 다른 유형의 접근을 감시하기 위하여 사용할 수 있다. 이것은 거리(range), 방위(azimuth) 및 경사각(elevation) 정보를 시현하기 위하여 설계되었다.

나. 하나는 수직면을 탐지하고 다른 하나는 수평으로 탐지하기 위하여 두 개의 안테나가 PAR array에 사용된다. 거리 10 mile, 방위각 20° 그리고 경사각 7°로 제한되기 때문에 최종접근구역만을 탐지한다. 각 scope는 두 부분으로 나뉘어 상부 절반은 고도와 거리정보를 제공하며, 하부 절반은 방위각과 거리를 제공한다.

# 출제예상문제

## I. 일반사항(General) 1

【문제】1. 항공교통업무의 목적이 아닌 것은?
① 항공기 간의 충돌 방지
② 항공교통흐름의 촉진 및 질서 유지
③ 활주로, 유도로에서 항공기와 장애물 간의 충돌 방지
④ 계류장에서 항공기와 장애물 간의 충돌 방지

〈해설〉 항공교통업무의 목적은 다음과 같으며, 주요 목적은 항공기 간의 충돌 방지에 있다.
1. 항공기 간의 충돌 방지
2. 기동지역(maneuvering area, 활주로 및 유도로 지역) 안에서 항공기와 장애물 간의 충돌 방지
3. 항공교통흐름의 질서유지 및 촉진
4. 항공기의 안전하고 효율적인 운항을 위하여 필요한 조언 및 정보의 제공
5. 수색·구조를 필요로 하는 항공기에 대한 관계기관에의 정보 제공 및 협조

【문제】2. 항공교통업무에 해당되지 않는 것은?
① 비행정보업무
② 방공관제업무
③ 항공교통조언업무
④ 경보업무

【문제】3. 다음 중 항공교통업무가 아닌 것은?
① 교통통신업무
② 항공교통관제업무
③ 비행정보업무
④ 경보업무

【문제】4. 항공교통관제업무의 목적은?
① 이착륙 항공기의 통제
② 항공기 간의 충돌 방지
③ 계류장에서 항공기와 장애물 간의 충돌 방지
④ 시계비행규칙, 계기비행규칙 적용의 통제

【문제】5. 항공기의 안전하고 효율적인 운항에 유용한 조언 및 정보를 제공하는 업무는?
① 항공교통업무
② 비행정보업무
③ 교통정보조언업무
④ 항공교통관제업무

【문제】6. 수색 및 구조를 필요로 하는 항공기에 관한 사항을 관계 부서에 통보하고 필요 시 관계 부서를 돕는 항공교통업무는?
① 항공교통관제업무
② 비행정보업무
③ 경보업무
④ 조언업무

정답  1. ④  2. ②  3. ①  4. ②  5. ②  6. ③

【문제】 7. 항공교통업무기관이 항공기에 제공하는 비행정보업무에 해당되지 않는 것은?
① SIGMET 및 AIRMET 정보
② 항행안전시설의 운영변경에 관한 정보
③ 이동지역 내의 상태 정보
④ 교체공항의 관제탑 운영시간

【문제】 8. ATC가 항공교통관제업무 이외에 항공기에 제공하는 조언사항이 아닌 것은?
① 목적공항 및 교체공항의 기상정보
② 교체공항의 관제 운영시간
③ 해상을 저고도 비행하는 항공기에게 같은 경로 선박의 호출부호, 위치, 진행방향 및 속도 등에 대한 정보
④ C, D, E, F 및 G등급 공역 내에서 비행하는 항공기에 대한 충돌위험

〈해설〉 항공교통업무는 다음과 같이 구분한다.
  1. 항공교통관제업무 : 항공기 간의 충돌 방지, 기동지역 안에서 항공기와 장애물 간의 충돌 방지, 항공교통흐름의 질서를 유지하고 촉진하기 위한 다음의 업무
    가. 접근관제업무
    나. 비행장관제업무
    다. 지역관제업무
  2. 비행정보업무 : 항공기의 안전하고 효율적인 운항을 위하여 필요한 조언 및 정보를 제공하는 업무이며, 항공교통업무기관에서 항공기에 제공하는 비행정보는 다음과 같다.
    가. 중요기상정보(SIGMET) 및 저고도항공기상정보(AIRMET)
    나. 화산활동·화산폭발·화산재에 관한 정보
    다. 방사능 또는 독성화학물질의 대기 중 유포에 관한 사항
    라. 항행안전시설의 운영변경에 관한 정보
    마. 이동지역 내의 눈·결빙·침수에 관한 정보
    바. 비행장시설의 변경에 관한 정보
    사. 무인자유기구에 관한 정보
    아. 해당 항공로에 관한 교통정보 및 기상상태에 관한 정보
    자. 출발·목적·교체비행장의 기상상태 또는 예보
    차. 공역등급 C, D, E, F 및 G 공역 내에서 비행하는 항공기에 대한 충돌위험
    카. 수면을 항해 중인 선박의 호출부호·위치·진행방향·속도 등에 관한 정보
    타. 그 밖에 항공안전에 영향을 미치는 사항
  3. 경보업무 : 수색·구조를 필요로 하는 항공기에 대한 관계기관에의 정보 제공 및 협조

■ 잠깐! 알고 가세요.
[항공교통업무의 구분]

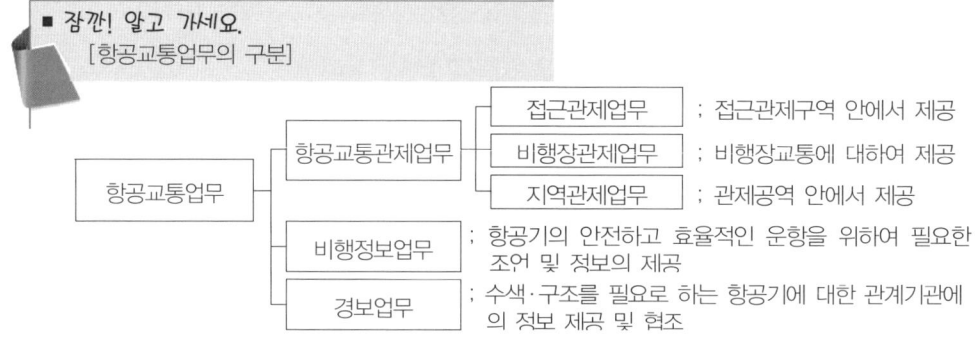

[정답] 7. ④    8. ②

【문제】 9. 우리나라 A등급 공역의 하단 고도는 얼마인가?
① 14,000 ft AGL   ② 14,500 ft MSL   ③ 18,000 ft AGL   ④ 20,000 ft MSL

【문제】 10. 다음 중 VFR로 비행할 수 없는 공역은?
① Class A   ② Class B   ③ Class C   ④ Class D

【문제】 11. 모든 조종사가 IFR로 비행해야 하는 공역은?
① A등급 공역   ② B등급 공역   ③ C등급 공역   ④ D등급 공역

【문제】 12. 비행을 하기 위해서 계기비행증명을 소지하여야 하는 공역은?
① A등급 공역   ② B등급 공역   ③ C등급 공역   ④ D등급 공역

【문제】 13. A등급 공역에 대한 설명 중 틀린 것은?
① 국토교통부장관의 허가를 받지 않는 한 모든 항공기는 계기비행규칙으로 비행하여야 한다.
② 사업용조종사 이상의 자격이 있어야 비행이 가능하다.
③ 공역 진입 전에 관제기관의 허가를 받아야 한다.
④ 공역에 진입해서는 계속 관제기관과 무선을 유지해야 한다.

〈해설〉 A등급 공역(Class A Airspace)
 1. 정의 : 인천비행정보구역(FIR) 내의 평균해면(MSL) 20,000 ft 초과 평균해면 60,000 ft 이하의 항공로(airways)로서 국토교통부장관이 공고한 공역이다.
 2. 비행요건 : 국토교통부장관의 허가가 없는 한 계기비행규칙(IFR)에 의하여 비행하여야 하며, 조종사는 계기비행면허/자격을 소지하여야 한다.
 3. 비행절차 : 항공기 조종사는 A등급 공역 진입 전에 인천/대구 ACC와 무선교신을 하고 ATC 허가를 받아야 하며, A등급 공역에 머무는 동안에는 계속 무선교신을 유지하여야 한다.

【문제】 14. B등급 공역의 입출항 절차에 대한 설명 중 틀린 것은?
① 출항하는 VFR 항공기는 B등급 공역을 출항하기 위한 인가를 받아야 한다.
② 진입 전에 관할 ATC 기관과 무선교신이 이루어져야 한다.
③ 계기비행면허를 소지하여야 한다.
④ 관할 ATC 기관의 허가가 없는 한, 송수신무선통신기 및 자동고도 보고장치를 갖춘 트랜스폰더를 구비해야 한다.

【문제】 15. B등급 공역에서 IFR 비행시 ATC에 의하여 다른 인가가 없는 한 장착이 요구되는 장비가 아닌 것은?
① 송수신 무선통신기          ② 기상 레이더
③ VOR 또는 TACAN 수신기   ④ Mode C, 4096 Transponder

〈해설〉 B등급 공역(Class B Airspace)
 1. 비행요건 : 계기비행(IFR)·시계비행(VFR) 운항이 모두 가능하며, 조종사에게 특별한 자격이 요구되지는 않는다.

정답  9. ④   10. ①   11. ①   12. ①   13. ②   14. ③   15. ②

2. 무선설비 : B등급 공역을 비행하고자 하는 항공기는 관할 항공교통관제(ATC)기관의 허가가 없는 한, 송수신무선통신기 및 자동고도 보고장치를 갖춘 트랜스폰더를 구비해야 한다. IFR 운항의 경우에는 사용가능한 VOR이나 TACAN 수신기, 또는 사용가능한 RNAV 시스템을 갖추어야 한다.

【문제】 16. IFR, VFR 운항이 모두 가능하며, VFR 항공기 간을 제외한 모든 항공기 간에 분리업무가 제공되는 공역은?
① B등급 공역  ② C등급 공역  ③ D등급 공역  ④ E등급 공역

【문제】 17. C등급 공역에서 제공되는 분리업무가 아닌 것은?
① IFR 항공기 간의 분리업무
② IFR 항공기에게 VFR 항공기 간의 분리업무
③ VFR 항공기 간의 분리업무
④ VFR 항공기에게 IFR 항공기 간의 분리업무

【문제】 18. C등급 공역 내에서의 비행절차로 잘못된 것은?
① 공역 진입 전 관할 ATC와 반드시 교신을 하여야 한다.
② Radar service를 받으면서 비행하는 동안에는 무선교신을 유지할 필요가 없다.
③ 10,000피트 미만의 고도에서는 지시대기속도 250 knot 이하로 비행하여야 한다.
④ 인접공항을 이륙한 항공기는 C등급 공역 관할 ATC 기관과 무선교신 및 레이더 식별이 이루어진 후 C등급 업무를 제공받는다.

〈해설〉 C등급 공역(Class C)
1. 비행요건 : 계기비행(IFR)·시계비행(VFR) 운항이 모두 가능하며, 조종사에게 특별한 자격이 요구되지는 않는다.
2. 항공기 분리 : IFR 항공기는 VFR 및 다른 IFR 항공기로부터 분리업무가 제공되며, VFR 항공기는 IFR 항공기로부터의 분리업무를 제공받는다.
3. 비행절차 : C등급 공역 내로 들어가는 모든 항공기 조종사는 진입 전에 관할 ATC 기관과 무선교신이 이루어져야 하며, C등급 업무를 요청하여 허가를 받아야 한다. C등급 공역 내에서 비행하는 동안에는 계속 무선교신을 유지하여야 하며, 모든 항공기는 평균해면 10,000 ft 미만의 고도에서는 지시대기속도 250 kt 이하로 비행하여야 한다.
4. 인접공항 운영 : 인접공항을 이륙한 항공기는 C등급 공역 관할 ATC 기관과 무선교신 및 레이더 식별이 이루어진 후에 C등급 업무를 제공받게 된다.

【문제】 19. D등급 공역의 목적지로부터 10 NM 떨어진 지점에서 IFR 비행계획을 취소했다면 언제 관제탑과 교신하여야 하는가?
① 비행계획을 취소한 후 즉시  ② ARTCC가 조언할 때
③ D등급 공역에 진입하기 5분 전에  ④ D등급 공역에 진입하기 전에

〈해설〉 D등급 공역 내로 들어가는 모든 항공기는 진입 전에 관할 ATC 기관과 무선교신이 이루어져야 하며 항공기 위치, 고도, 레이더 비컨코드, 목적지를 알리고 D등급 업무를 요청하여 허가를 받아야 한다. D등급 공역 내에서 비행하는 동안에는 계속 무선교신을 유지하여야 한다.

정답  16. ②  17. ③  18. ②  19. ④

【문제】 20. E등급 공역 내에서 ATC 기관과 무선교신을 유지하면서 비행하는 모든 항공기는 관할 ATC 기관의 허가가 없는 한, 평균해면 10,000피트 미만의 고도에서는 지시대기속도 (    ) 이하로 비행하여야 한다. (    ) 안에 맞는 것은?
① 250노트     ② 200노트     ③ 150노트     ④ 100노트

【문제】 21. 항공기가 지표면으로부터 2,500피트를 초과하고 평균해면으로부터 1만피트 미만인 고도에서 유지해야 할 속도는?
① 300노트     ② 250노트     ③ 220노트     ④ 200노트

〈해설〉 항공기는 지표면으로부터 750미터(2,500피트)를 초과하고, 평균해면으로부터 3,050미터(1만피트) 미만인 고도에서는 지시대기속도 250노트 이하로 비행하여야 한다.

【문제】 22. 다음 공역에 대한 설명 중 맞는 것은?
① 우리나라 A등급 공역의 고도는 FL200~FL600 이다.
② B등급 공역은 시계비행방식에 의한 비행이 불가능하다.
③ C등급 공역에서 운항하는 모든 항공기는 계기비행방식에 따라 운항하여야 한다.
④ C등급 공역에 진입하려는 항공기는 항공교통관제기관의 허가를 받은 후에 진입하여야 한다.

【문제】 23. 각 공역 등급별 항공기 간의 분리업무에 대해 올바르게 설명한 것은?
① A등급 공역에서는 항공기 간에 분리업무가 제공되지는 않는다.
② B등급 공역에서는 IFR 항공기만 항공기 간의 분리업무가 제공된다.
③ C등급 공역에서는 IFR 항공기에게 VFR 및 다른 IFR 항공기로부터 분리업무가 제공된다.
④ D등급 공역에서는 VFR 항공기에게도 분리업무가 제공된다.

【문제】 24. 각 공역 등급별로 제공되는 분리업무에 대한 설명 중 틀린 것은?
① A등급: IFR 항공기에만 분리업무가 제공된다.
② B등급: IFR 및 VFR 항공기에게 분리업무가 제공된다.
③ C등급: IFR 및 VFR 항공기에게 분리업무가 제공된다.
④ D등급: VFR 항공기에게는 분리업무가 제공되지 않는다.

〈해설〉 공역 등급별 제공되는 분리업무

| 공 역 | | 제공되는 분리업무 |
|---|---|---|
| A등급 | | 모든 항공기 간에 분리업무가 제공된다. |
| B등급 | | IFR 및 VFR 항공기는 모든 항공기로부터 분리업무가 제공된다. |
| C등급 | IFR 항공기 | 무선교신 및 레이더 식별된 항공기에 한하여 VFR 및 다른 IFR 항공기로부터 분리업무가 제공된다. |
| | VFR 항공기 | 무선교신 및 레이더 식별된 항공기에 한하여 IFR 항공기로부터의 분리업무를 제공받는다. |
| D등급 | IFR 항공기 | 무선교신 및 레이더 식별된 항공기에 한하여 VFR 및 다른 IFR 항공기로부터 분리업무가 제공된다. |
| | VFR 항공기 | 분리업무가 제공되지 않는다. |
| E등급 | IFR 항공기 | 다른 IFR 항공기로부터 분리업무가 제공된다. |
| | VFR 항공기 | 분리업무가 제공되지 않는다. |

정답  20. ①  21. ②  22. ①  23. ③  24. ①

【문제】25. G등급 공역이란?
　　① All controlled airspace　　② All uncontrolled airspace
　　③ Special use airspace　　④ Airport advisory airspace

【문제】26. 다음 중 관제공역에 해당되지 않는 것은?
　　① A등급 공역　　② B등급 공역　　③ C등급 공역　　④ G등급 공역

【문제】27. Uncontrolled airspace인 G class airspace에서는?
　　① VFR flight 만 허용된다.　　② IFR flight 만 허용된다.
　　③ VFR/IFR flight 모두 허용된다.　　④ 비관제공역이므로 비행이 금지된다.
　〈해설〉 G등급 공역(Class G)
　　1. 정의 : 인천비행정보구역 중 A, B, C, D, E등급 이외의 비관제공역(uncontrolled airspace)이다.
　　2. 비행요건 : IFR 및 VFR 운항이 모두 가능하며, 조종사에게 특별한 자격이 요구되지 않는다.

【문제】28. 지도상의 "P-510" 지역은 무엇을 의미하는가?
　　① 비행금지구역　　② 비행제한구역　　③ 경고구역　　④ 경계구역

【문제】29. 지도상에 표시된 "R-74" 공역의 의미는?
　　① 비행금지구역　　② 비행제한구역　　③ 군작전구역　　④ 경계구역

【문제】30. 항공사격, 대공사격 등으로 인한 위험으로부터 항공기의 안전을 보호하거나 그 밖의 이유로 비행허가를 받지 않은 항공기의 비행을 제한하는 공역은?
　　① Restricted Area　　② Prohibited Area
　　③ Warning Area　　④ Alert Area

【문제】31. 대규모 조종사의 훈련이나 비정상 형태의 항공활동이 주로 수행되는 공역은?
　　① Danger Area　　② Alert Area　　③ Warning Area　　④ Restricted Area

【문제】32. 군 훈련 항공기와 IFR 항공기를 분리시키기 위한 공역은?
　　① 경고구역　　② 경계구역
　　③ 군작전구역(MOA)　　④ 군훈련경로(MTR)

【문제】33. 다음 중 특별사용공역이 아닌 것은?
　　① Prohibited area　　② Alert area
　　③ Warning area　　④ Controlled area

【문제】34. 특수사용공역(special use airspace)이 아닌 것은?
　　① 경계구역　　② 제한구역　　③ 훈련구역　　④ 비행조언구역

[정답]　25. ②　26. ④　27. ③　28. ①　29. ②　30. ①　31. ②　32. ③　33. ④

【문제】35. 사용목적에 따른 공역의 구분에 대한 다음 설명 중 틀린 것은?
① 비행금지공역: 안전, 국방상 그 밖의 이유로 항공기의 비행을 금지하는 공역
② 비행제한공역: 항공사격, 대공사격 등으로 인한 위험으로부터 항공기의 안전을 보호하거나 그 밖의 이유로 비행허가를 받지 아니한 항공기의 비행을 제한하는 공역
③ 군작전공역: 군사작전을 위하여 설정된 공역으로서 계기비행 항공기로부터 분리를 유지할 필요가 있는 공역
④ 위험공역: 대규모 조종사의 훈련이나 비정상 형태의 항공활동이 수행되는 공역

【문제】36. 사용목적에 따른 공역의 구분에 대한 다음 설명 중 틀린 것은?
① 비행금지공역: 안전, 국방상 그 밖의 이유로 항공기의 비행을 금지하는 공역
② 비행제한구역: 비참여항공기에게 위험할 수 있는 활동을 포함하고 있는 공역
③ 군작전공역: 군사작전을 위하여 설정된 공역으로서 계기비행 항공기로부터 분리를 유지할 필요가 있는 공역
④ 경계공역: 대규모 조종사의 훈련이나 비정상 형태의 항공활동이 수행되는 공역

【문제】37. 특수사용공역에 대한 다음 설명 중 틀린 것은?
① 비행금지공역은 안전, 국방상 그 밖의 이유로 항공기의 비행을 금지하는 공역이다.
② 경계공역은 대규모 조종사의 훈련이나 비정상 형태의 항공활동이 수행되는 공역이다.
③ 제한공역을 나타내는 문자는 영문자 L로 시작한다.
④ 위험공역을 나타내는 문자는 영문자 D로 시작한다.

〈해설〉 특수사용공역(special use airspace)을 구분하면 다음과 같다.

| 구 분 | | 내 용 |
|---|---|---|
| 통제공역 | 비행금지구역(P) | 안전, 국방상, 그 밖의 이유로 항공기의 비행을 금지하는 공역 |
| | 비행제한구역(R) | 항공사격·대공사격 등으로 인한 위험으로부터 항공기의 안전을 보호하거나 그 밖의 이유로 비행허가를 받지 않은 항공기의 비행을 제한하는 공역 |
| | 초경량비행장치 비행제한구역(URA) | 초경량비행장치의 비행안전을 확보하기 위하여 초경량비행장치의 비행활동에 대한 제한이 필요한 공역 |
| 주의공역 | 훈련구역(CATA) | 민간항공기의 훈련공역으로서 계기비행 항공기로부터 분리를 유지할 필요가 있는 공역 |
| | 군작전구역(MOA) | 군사작전을 위하여 설정된 공역으로서 계기비행 항공기로부터 분리를 유지할 필요가 있는 공역 |
| | 위험구역(D) | 항공기의 비행시 항공기 또는 지상시설물에 대한 위험이 예상되는 공역 |
| | 경계구역(A) | 대규모 조종사의 훈련이나 비정상 형태의 항공활동이 수행되는 공역 |

## Ⅱ. 일반사항(General) 2

【문제】1. 다음 중 항공교통관제기관이 아닌 것은?
① 지역관제센터
② 접근관제센터
③ 관제탑(control tower)
④ 비행장 운항실

정답  34. ④  35. ④  36. ②  37. ③  /  1. ④

〈해설〉 "항공교통관제기관(Air traffic control unit)"이란 관제구·관제권 및 관제비행장에서 항공교통관제업무·비행정보업무 및 경보업무를 제공하는 기관으로서 지역관제소, 접근관제소 또는 관제탑(계류장관제소 포함)을 말한다.

【문제】 2. 공항 주변의 안전 및 질서를 유지하고 신속한 교통흐름을 제공하는 기관은?
① Flight service station
② Control tower
③ Approach control facility
④ Terminal ATC facility

【문제】 3. 항공기 견인차량은 어느 기관의 지시를 받아야 하는가?
① 공항 관제탑
② 공항 관리기관
③ 공항 운항실
④ 공항 비행정보실

〈해설〉 "관제탑(control tower)"이란 비행장 기동지역 및 비행장 주위에 있는 항공기에 항공교통관제업무를 제공하기 위하여 설치된 시설을 말하며, 공항 및 공항 주변에서의 안전, 질서 및 신속한 교통흐름을 제공하기 위하여 설립되었다. 차량 및 항공기 견인차량은 관제탑이 발부하는 지시를 준수하여야 한다.

【문제】 4. 비행장의 maneuvering area란?
① 공항에 이착륙하는 항공기가 당해 공항 부근의 공역 내에서 일정한 방향으로 비행하도록 설정되어 있는 지역
② 항공기의 이착륙 및 지상유도를 위해 사용되는 비행장의 일부분으로서 계류장을 제외한 지역
③ 항공교통의 안전을 위하여 비행장 및 그 주변의 위쪽으로 설정되어 있는 지역
④ 활주로 시단 또는 착륙대 끝의 앞에 있는 경사도를 갖는 지역

【문제】 5. 비행장의 movement zone이 아닌 것은?
① 계류장
② 활주로
③ 유도로
④ 교통관제구역

〈해설〉 기동지역과 이동지역
1. "기동지역(maneuvering area)"이란 항공기의 이·착륙 및 지상유도(taxiing)를 위해 사용되는 비행장의 일부분으로서 계류장을 제외한 활주로 및 유도로 지역을 말한다.
2. "이동지역(movement area)"이란 비행장의 기동지역과 계류장을 포함하는 지역으로서 항공기의 이·착륙 및 지상이동에 사용되는 비행장의 일부분을 말한다.

【문제】 6. 비행장 tower의 명칭은 무엇에 따라 부여하는가?
① 해당 비행장의 이름
② 해당 비행장이 속한 도시의 이름
③ 해당 비행장에서 지정한 이름
④ 지리적 특징에 따라 부여한 이름

〈해설〉 항공교통업무기관 및 공역의 명칭부여
1. 항공교통센터 또는 항공정보실의 명칭은 인근 마을, 도시의 이름 또는 지리적 특징에 따라 부여하여야 한다.
2. 관제탑 또는 접근관제소의 명칭은 소재하는 비행장의 이름에 따라 부여한다.
3. 관제권, 관제구 또는 비행정보구역의 명칭은 동 공역에 대하여 관할권을 가지고 있는 기관의 이름에 따라 부여한다.

정답    2. ②    3. ①    4. ②    5. ④    6. ①

【문제】 7. 관제공역에 대한 설명으로 틀린 것은?
① 하나의 관제권 내에 두 개의 비행장이 있을 수 있다.
② 관제권이 관제공역 바깥에 있다면 상부한계를 제한할 필요가 없다.
③ 항공교통의 안전을 위하여 항공기의 비행순서, 시기 및 방법 등에 관하여 항공당국의 지시를 받아야 할 필요가 있는 공역이다.
④ 관제권이 관제공역 수평범위 내에 있으면 지표면으로부터 하부한계까지 연장되어야 한다.

【문제】 8. 비행장의 중심으로부터 확장 가능한 관제권(control zone)의 최소 수평범위는?
① 3 NM   ② 5 NM   ③ 10 NM   ④ 15 NM

〈해설〉 관제권(Control zones) 설정기준
1. 관제권의 수평범위는 최소한 계기비행 기상상태에서 비행장에 입·출항하는 IFR 항공기의 비행경로를 포함하는 공역으로서 관제구역이 아닌 공역을 말한다.
2. 관제권의 수평범위는 비행장의 중심으로부터 접근 방향으로 최소한 9.3 km(5 NM)까지 연장되도록 설정하여야 한다. 두 개 이상의 비행장이 서로 인접한 경우 하나의 관제권으로 설정이 가능하다.
3. 관제권이 관제구역의 수평범위 내에 위치할 경우 지표면으로부터 관제구역의 하부한계까지 연장되어야 한다.
4. 관제권이 관제구역의 수평범위 바깥에 위치할 경우 상부한계를 설정하여야 한다.

【문제】 9. 항로 명칭이 "U"로 시작되는 항로는?
① 저고도 헬기용   ② 훈련용
③ 초음속 항공기용   ④ 고고도용

【문제】 10. 헬리콥터용으로 설정된 저고도 항로를 표시하는 기호는?
① K   ② H   ③ T   ④ U

【문제】 11. 항로에 조언업무만 제공되고 있음을 나타내는 접미문자는?
① G   ② F   ③ Y   ④ Z

【문제】 12. 다음 중 flight information service만 제공받는 항로는?
① UW65W   ② UW65F   ③ UW65G   ④ UW65T

〈해설〉 표준 도착 및 출발 항공로를 제외한 관제, 조언 및 비관제 항공로(ATS route)의 명칭은 기본명칭과 필요한 경우 보충문자로 구성된다.
1. 기본명칭과 보충문자
기본명칭은 1개의 알파벳 문자에 1부터 999까지의 숫자를 덧붙여 구성한다. 필요한 경우, 다음과 같이 1개의 보충문자를 기본명칭에 대한 접두문자로 추가한다.
가. K : 헬리콥터용으로 설정된 저고도 항공로를 표시
나. U : 고고도 공역에 설정된 항공로 또는 비행로의 일부를 표시
다. S : 초음속 항공기가 가속, 감속 및 초음속 비행 중에 독점적으로 이용하기 위하여 설정한 항공로를 표시

정답   7. ②   8. ②   9. ④   10. ①   11. ②   12. ③

2. 제공되는 업무의 종류
　　관할 ATS 당국에 의하여 규정되거나 지역항행협정에 따라 다음과 같이 제공되는 업무의 종류를 나타내기 위하여 해당 ATS 항로의 명칭 다음에 보충문자가 추가될 수 있다.
　　가. 문자 F : 항공로 또는 항공로의 일부에는 조언업무만 제공되고 있음을 표시
　　나. 문자 G : 동 항공로에는 비행정보업무만 제공되고 있음을 표시

【문제】13. 동일한 부호명칭을 사용하는 VOR 간의 최소 분리간격은?
　　① 100 NM　　② 200 NM　　③ 400 NM　　④ 600 NM

〈해설〉항행안전무선시설의 위치에 있는 중요지점의 부호명칭은 항행안전무선시설의 식별부호와 동일하여야 하며, 두 개의 항행안전무선시설이 동일위치에서 서로 다른 주파수대로 운용될 경우를 제외하고 부호명칭은 항행안전무선시설로부터 1,100 km(600 NM) 이내에서 중복 사용되어서는 안 된다.

【문제】14. 항로상의 보고지점 지정 시 고려해야 할 요소가 아닌 것은?
　　① 위치보고 지점 간의 거리　　　② 통상적인 교통량
　　③ 항공기의 속도　　　　　　　　④ 항공기 분리 최저치

〈해설〉항로상의 보고지점을 설정할 경우 다음의 사항을 고려하여야 한다.
　　1. 제공되는 항공교통업무의 종류
　　2. 통상적인 교통량
　　3. 항공기의 비행계획 이행의 정확성
　　4. 항공기의 속도
　　5. 적용되는 항공기 분리 최저치
　　6. 공역구조의 복잡성
　　7. 사용되는 관제방법
　　8. 비행의 중요단계 (상승, 강하, 방향변경 등)의 시작 또는 끝
　　9. 관제 이양절차
　　10. 안전 및 수색·구조 측면
　　11. 조종실 및 공지통신 업무부담

【문제】15. 필수보고지점 설정 조건이 아닌 것은?
　　① 비행정보구역 또는 관제구역 경계선에 꼭 설정해야 할 필요는 없다.
　　② 지리적으로 구별이 확연한 특정한 위치에 설정하여야 한다.
　　③ 어떤 위치에 항행안전무선시설이 있다고 하여 이를 꼭 필수보고지점으로 지정할 필요는 없다.
　　④ 필수보고지점은 비행중인 항공기의 진행에 관한 정보를 항공교통업무기관에 일상적으로 통보하는데 필요한 최소한으로 제한하여야 한다.

〈해설〉필수보고지점(compulsory reporting point) 설정
　　1. 필수보고지점은 조종사 및 관제사의 업무 부담 및 공지통신 부담을 최소한으로 유지할 필요성을 명심하여, 비행중인 항공기의 진행에 관한 정보를 항공교통업무기관에 일상적으로 통보하는데 필요한 최소한으로 제한하여야 한다.
　　2. 어떤 위치에 항행안전무선시설이 있다고 하여 이를 꼭 필수보고지점으로 지정할 필요는 없다.
　　3. 비행정보구역 또는 관제구역 경계선에 꼭 필수보고지점을 설정해야 할 필요는 없다.

[정답] 13. ④　　14. ①　　15. ②

【문제】 16. 항공교통업무의 ICAO 기준시간은?
① GMT(Greenwich Mean Time)  ② UTC(Coordinated Universal Time)
③ LMT(Local Mean Time)  ④ ST(Standard Time)

【문제】 17. ICAO 기준 탑재시계의 최대 허용오차는?
① 5초  ② 10초  ③ 20초  ④ 30초

【문제】 18. ATC 기관의 시계는 UTC로부터 몇 초 이내의 정확한 시간을 유지할 수 있도록 점검하여야 하는가?
① ±15초  ② ±30초  ③ ±45초  ④ ±60초

【문제】 19. 항공교통관제기관과 협의한 경우를 제외하고, 비행 전 어느 기관에 시간을 맞추어야 하는가?
① 기상대  ② 천문대
③ 방송국  ④ 항공교통센터

〈해설〉 항공교통업무용 시간(Time in ATS)
1. 항공교통업무시설은 국제표준시간(Coordinated Universal Time; UTC)을 사용하여야 한다.
2. 항공교통업무시설의 시계 및 다른 시간기록장치는 국제표준시간으로부터 30초 이내의 정확한 시간이 유지되도록 점검하여야 하고, 데이터링크 통신을 사용하는 경우에는 국제표준시간으로부터 1초 이내의 정확한 시간이 유지되도록 점검하여야 한다.
3. 조종사가 다른 방법으로 시간정보를 획득할 수 있는 별도의 절차가 없다면, 관제탑은 항공기가 이륙을 위하여 지상이동(taxi)을 시작하기 전에 조종사에게 정확한 시간을 제공하여야 한다. 항공교통업무시설은 부가적으로 조종사 요구 시 정확한 시간을 제공하여야 하며, 시간점검은 가까운 30초를 기준으로 분 단위로 하여야 한다.

【문제】 20. RNAV Departure procedure의 요구되는 RNP는?
① RNP 0.3  ② RNP 1  ③ RNP 2  ④ RNP 3

【문제】 21. 약어 RNP의 의미는?
① Required Navigation Precision
② Requested Navigation Position
③ Required Navigation Performance
④ Required Navigation Point

〈해설〉 RNP(Required Navigation Performance, 필수항행성능)
1. RNP란 항공기가 일정 공역 또는 항공로의 운항을 위해 필요한 항행성능의 정확도를 표시하는 것이다. RNP 및 RNAV(Area Navigation) 항행요건은 정의된 공역개념 내에서 항법적용을 지원하기 위해 필요한 일련의 항공기 및 운항승무원 요건이다.
2. 통상적으로 RNP 1/RNAV 1은 DP 및 STAR에 사용되며, 차트에 제시된다. RNP 1/RNAV 1은 항공기에 탑재된 항행장비의 운항성능이 항공로 상에서 비행시간의 95% 동안 항공로중심선에서 횡적으로 ±1 NM 이내의 정확도를 유지해야 한다.

[정답] 16. ②  17. ④  18. ②  19. ④  20. ②  21. ③

【문제】 22. 항공교통관제업무의 우선순위에 대한 설명 중 틀린 것은?
① 계기비행(IFR) 항공기는 특별시계비행(SVFR) 항공기보다 우선권을 가진다.
② 비상상황 하에 있는 항공기에게 다른 모든 항공기보다 우선권을 부여하여야 한다.
③ 민간환자 이송 항공기에게 우선권을 부여하여야 한다.
④ 수색구조업무를 수행하는 항공기에게 우선권을 부여하여야 한다.

〈해설〉 항공교통관제업무 운영상 우선순위(Operational Priority)
1. 조난 항공기는 다른 모든 항공기보다 통행 우선권을 갖는다.
2. 민간항공구급비행(호출부호 "MEDEVAC")에게 우선권을 부여하여야 한다. "MEDEVAC" 호출부호 사용은 운영상 우선권을 요청하였음을 의미한다.
3. 수색구조업무를 수행하는 항공기에게 최대한 편의를 제공하여야 한다.
4. 비행점검 항공기의 신속한 업무수행을 위하여 특별취급을 하여야한다.
5. 계기비행(IFR) 항공기는 특별시계비행(SVFR) 항공기보다 우선권을 가진다.

【문제】 23. 다음 중 "신속히 수행하라" 라는 의미의 ATC 용어는?
① Immediately   ② Expedite   ③ Proceed   ④ Attention

【문제】 24. 긴급 이행(expeditious compliance) 지시에 대한 다음 설명 중 틀린 것은?
① "Immediately" 용어는 긴박한 상황의 회피가 필요하며 신속한 이행이 요구되는 경우에 사용한다.
② "Expedite" 용어는 긴박한 상황으로 진전됨을 회피하기 위하여 즉각 이행이 요구되는 경우에 사용한다.
③ ATC가 신속한 상승 또는 강하 허가를 발부하였고, 이어서 신속(expedite)이란 용어를 사용하지 않고 고도를 변경하였거나 재발부 하였다면 신속 지시는 취소된 것이다.
④ "Immediately" 또는 "Expedite" 지시를 발부할 때는 항상 이유를 설명하여야 한다.

〈해설〉 긴박한 상황에서 긴급한 이행(expeditious compliance)이 요구되어 관제사가 다음과 같은 지시를 발부할 때는 시간이 허용되는 범위 내에서, 이유를 설명하여야 한다.
1. "Immediately(긴급)"이라는 용어는 긴박한 상황의 회피가 필요하며 신속한 이행이 요구되는 경우에만 사용한다.
2. "Expedite(신속)"이라는 용어는 긴박한 상황으로 진전됨을 회피하기 위하여 즉각 이행이 요구되는 경우에만 사용한다. 항공교통관제기관에 의하여 신속한 상승 또는 강하 허가가 발부되었고, 이어서 "expedite"라는 용어를 사용하지 않고 고도가 변경되었거나 재발부 되었다면 "expedite" 지시는 취소된 것이다.

【문제】 25. 비행고도 29,000피트 이상에서 방위 180°에서 359°로 계기비행하는 항공기의 최저고도는?
① 30,000피트   ② 31,000피트   ③ 32,000피트   ④ 33,000피트

【문제】 26. FL290 이상의 고도에서 서쪽으로 계기비행하는 항공기의 순항고도는?
① FL290   ② FL300   ③ FL310   ④ FL320

[정답]  22. ④   23. ②   24. ④   25. ②   26. ③

【문제】 27. FL180~FL240의 고도에서 magnetic heading 090°로 계기비행하는 항공기가 가장 낮게 유지할 수 있는 고도는?
① FL180　② FL185　③ FL190　④ FL195

【문제】 28. Magnetic course 240° 방향으로 계기비행하는 항공기의 고도는?
① FL300　② FL320　③ FL330　④ FL350

【문제】 29. Magnetic course 240°로 VFR 비행시 순항고도로 적합한 것은?
① 3,000 ft　② 3,500 ft　③ 4,000 ft　④ 4,500 ft

〈해설〉 항공기의 순항고도는 다음과 같다.

| 비행방향 | 비행방식 | 순항고도 | |
|---|---|---|---|
| | | 29,000 ft 미만 | 29,000 ft 이상 |
| 000°에서 179°까지 | IFR | 1,000 ft의 홀수배 (예: 1,000ft, 3,000ft, 5,000ft …) | 29,000 ft 또는 29,000 ft+4,000 ft의 배수 (예: 29,000ft, 33,000ft, 37,000ft …) |
| | VFR | 1,000 ft의 홀수배+500 ft (예: 3,500ft, 5,500ft, 7,500ft …) | 30,000 ft 또는 30,000 ft+4,000 ft의 배수 (예: 30,000ft, 34,000ft, 38,000ft …) |
| 180°에서 359°까지 | IFR | 1,000 ft의 짝수배 (예: 2,000ft, 4,000ft, 6,000ft …) | 31,000 ft 또는 31,000 ft+4,000 ft의 배수 (예: 31,000ft, 35,000ft, 39,000ft …) |
| | VFR | 1,000 ft의 짝수배+500 ft (예: 4,500ft, 6,500ft, 8,500ft …) | 32,000 ft 또는 32,000 ft+4,000 ft의 배수 (예: 32,000ft, 36,000ft, 40,000ft …) |

【문제】 30. 산악지역을 계기비행 시 비행경로로부터 수평거리 4 NM 내에 있는 가장 높은 장애물로부터 최소한 얼마 이상을 유지하여야 하는가?
① 600 ft　② 1,000 ft　③ 1,800 ft　④ 2,000 ft

【문제】 31. 비산악지역을 IFR 비행 시 항공로상의 비행고도는 해당 지역 내에 위치한 가장 높은 장애물로부터 얼마 이상을 유지하여야 하는가?
① 150 m　② 300 m　③ 500 m　④ 1,000 m

【문제】 32. 비행로(ATS Route)의 최소 장애물 회피기준은?
① 700 ft　② 1,000 ft　③ 1,500 ft　④ 2,000 ft

〈해설〉 계기비행방식으로 비행하는 항공기는 다음의 최저비행고도 미만의 고도로 비행해서는 안 된다.
1. 지정된 산악지역에서는 항공기를 중심으로 반지름 8 km(4 NM) 이내에 위치한 가장 높은 장애물로부터 600 m(2,000 ft)의 고도
2. 산악지역 외에서는 항공기를 중심으로 반지름 8 km(4 NM) 이내에 위치한 가장 높은 장애물로부터 300 m(1,000 ft)의 고도

【문제】 33. 반드시 계기비행방식에 따라 비행해야 하는 경우가 아닌 것은?
① 천음속으로 비행하는 경우
② 초음속으로 비행하는 경우

---

정답　27. ③　28. ④　29. ④　30. ④　31. ②　32. ②

③ 비행시정이 1,500 m 미만인 기상상태에서 비행하는 경우
④ 6,100 m를 초과하는 고도로 비행하는 경우

〈해설〉 항공기는 다음의 어느 하나에 해당되는 경우에는 기상상태에 관계없이 계기비행방식에 따라 비행하여야 한다. 다만, 관할 항공교통관제기관의 허가를 받은 경우에는 그렇지 않다.
1. 평균해면으로부터 6,100 m(20,000 ft)를 초과하는 고도로 비행하는 경우
2. 천음속(遷音速) 또는 초음속(超音速)으로 비행하는 경우

【문제】34. B747-400 항공기가 인천공항에서 나리타공항으로 비행하는데 인천에서 이륙 시 기상상태가 착륙기상 최저치 미만이고 나리타는 CAVOK일 경우, 비행계획서에 포함해야 하는 교체공항은?
① 1개의 엔진이 작동하지 않을 때의 순항속도로 출발공항으로부터 1시간 비행거리 이내의 이륙교체공항 선정
② 1개의 엔진이 작동하지 않을 때의 순항속도로 출발공항으로부터 1시간 비행거리 이내의 목적지교체공항 선정
③ 모든 엔진이 작동할 때의 순항속도로 출발공항으로부터 2시간 비행거리 이내의 이륙교체공항 선정
④ 모든 엔진이 작동할 때의 순항속도로 출발공항으로부터 2시간 비행거리 이내의 목적지교체공항 선정

〈해설〉 항공운송사업에 사용되는 비행기를 운항 시 출발비행장의 기상상태가 비행장 운영 최저치 이하이거나 그 밖의 다른 이유로 출발비행장으로 되돌아 올 수 없는 경우에는 다음과 같은 요건을 갖춘 이륙교체비행장(take-off alternate aerodrome)을 지정하여야 한다.
1. 2개의 발동기를 가진 비행기의 경우 : 1개의 발동기가 작동하지 아니할 때의 순항속도로 출발비행장으로부터 1시간의 비행거리 이내인 지역에 있을 것
2. 3개 이상의 발동기를 가진 비행기의 경우 : 모든 발동기가 작동할 때의 순항속도로 출발비행장으로부터 2시간의 비행거리 이내인 지역에 있을 것 (참고: B747-400 항공기의 발동기는 4개이다.)

【문제】35. 활주로의 Mid-point RVR과 Roll-out RVR은 언제 조종사에게 통보되는가?
① Mid-Point 또는 Roll-out RVR 값이 2,000 ft 미만이고, Touchdown RVR 값보다 클 때
② Mid-Point 또는 Roll-out RVR 값이 1,200 ft 미만이고, Touchdown RVR 값보다 클 때
③ Mid-Point 또는 Roll-out RVR 값이 2,000 ft 미만이고, Touchdown RVR 값보다 작을 때
④ Mid-Point 또는 Roll-out RVR 값이 1,200 ft 미만이고, Touchdown RVR 값보다 작을 때

〈해설〉 도착, 출발 활주로의 Mid-Point 또는 Roll-out RVR 값이 2,000 ft 미만이고 Touchdown RVR 값이 Mid-Point 또는 Roll-out RVR 값보다 클 때, Mid 및 Roll-out RVR 모두를 발부한다.

【문제】36. Terminal의 풍속이 얼마인 경우, calm wind 상태로 간주하는가?
① 무풍   ② 2 kts 미만   ③ 3 kts 미만   ④ 4 kts 미만

【문제】37. METAR 보고에서 풍속이 얼마인 경우, wind calm으로 표기하여야 하는가? (ICAO 기준)
① 0.1 m/s 미만   ② 0.3 m/s 미만   ③ 0.5 m/s 미만   ④ 0.7 m/s 미만

정답  33. ③  34. ③  35. ③  36. ③  37. ③

【문제】 38. 관제사가 불러주는 바람정보는 활주로 상공 몇 m에서 측정하는가?
    ① 3 m        ② 5 m        ③ 7 m        ④ 10 m

【문제】 39. 바람의 측정 및 보고방법으로 잘못된 것은?
    ① 활주로 10 m 위에서 측정하고, 풍향은 10° 단위로 풍속은 1 kt 단위로 표기한다.
    ② 100 kt 이상의 gust는 문자 M 다음에 99KT로 보고한다.
    ③ 측정 바로 전 10분 동안 순간 최대풍속이 평균풍속의 10 kt 이상일 경우, 문자 G 다음에 최대 풍속을 표기한다.
    ④ Wind calm은 00000 다음에 KT로 보고한다.

〈해설〉 지상풍 관측과 통보(Observing and reporting surface wind)
    1. 지상풍 관측은 활주로 위 10±1 m(30±3 ft) 높이의 상태를 대표하는 것이어야 한다.
        가. 풍향은 진북 기준 10° 단위로 반올림한 3단위 숫자로 표기해야 하며, 바로 뒤에 풍속을 표기해야 한다. 풍속의 단위는 knot 또는 시간당 km로 한다.
        나. 풍속이 1 kt(0.5 m/s) 미만일 때, 즉 정온(calm)인 경우에는 "00000"으로 표기해야 한다. 터미널에서는 풍속이 3 knots 미만일 때 무풍 상태(calm wind conditions)로 간주한다.
            [예] 00000KT
        다. 100 kt(200 km/h) 이상인 풍속을 통보할 때는 지시자 "P"를 사용하여 풍속을 "99"로 보고해야 한다.
        라. 관측시간 바로 전 10분 동안에 평균풍속으로부터의 변동폭(gust)은 그 변동이 평균풍속으로부터 10 kt(20 km/h) 이상일 때만 통보하며 풍속의 변동폭은 최대풍속만 표기해야 한다.
    2. 공항예보에서는 최대순간풍속(돌풍)이 평균풍속보다 10 kt(5 m/s) 이상 불 것으로 예상되면 평균풍속 뒤에 문자 "G"를 붙이고 최대순간풍속을 표시한다. 풍속이 100 kt(50 m/s) 이상으로 예상될 때는 문자 "P" 뒤에 99KT를 사용하여 표시해야 한다.

【문제】 40. Flight visibility의 정의로 올바른 것은?
    ① 인가를 받은 기상 관측자가 관측하여 통보한 공항의 시정
    ② 이륙 또는 착륙하기 위하여 접근 중에 예상되는 활주로의 시정
    ③ 비행 중 조종사가 항공기의 조종석에서 본 최저 수평시정
    ④ 비행 중 조종사가 항공기의 조종석에서 본 시정

〈해설〉 "비행시정(flight visibility)"이란 비행 중 항공기의 조종석에서 주간에는 뚜렷한 비발광대상물을 야간에는 뚜렷한 발광대상물을 보고 식별할 수 있는 전방의 평균 수평거리를 말한다.

【문제】 41. 29.91 inHg set하여 비행 후 비행장 표고 1,500 ft, QNH 30.08 inHg인 공항에 착륙하였을 시 계기고도는?
    ① 0 ft        ② 1,330 ft        ③ 1,483 ft        ④ 1,670 ft

〈해설〉 QNH는 30.08 inHg 이므로, 기압 차이는 29.91−30.08=−0.17 inHg 이다.
    • 1 inHg의 기압 차이는 1,000 ft의 고도 차이를 발생시키므로, 기압 차이로 인한 고도계의 고도 차이는 −0.17×1,000=−170 ft 이다.
    • 따라서 고도계는 실제 활주로 표고보다 170 ft 낮게 지시하므로, 고도계가 지시하는 고도는
        ∴ 1,500−170=1,330 ft

정답  38. ④   39. ②   40. ④   41. ②

【문제】 42. FL220으로 비행을 하던 항공기가 QNH 30.26 inHg, 비행장 표고 134 ft인 비행장에 고도계를 setting하지 않고 착륙 시 고도계가 지시하는 고도는?

① 134 ft    ② 206 ft    ③ -134 ft    ④ -206 ft

〈해설〉 해면고도 18,000 ft 이상으로 비행하는 항공기는 고도계수정치를 29.92 inHg(표준기압치)로 설정하여야 한다. 따라서 기압 차이는 29.92-30.26=-0.34 inHg 이다.
- 고도 차이; $-0.34 \times 1,000 = -340$ ft
- 고도계는 실제 비행장 표고보다 340 ft 낮게 지시하므로, 고도계가 지시하는 고도는
  ∴ 134-340=-206 ft

【문제】 43. FL220으로 항로 비행 후 QNH 30.37 inHg인 공항(활주로 표고 450 ft)에 고도계 수정 없이 착륙 시 고도계가 지시하는 고도는?

① Zero    ② 450 ft    ③ -450 ft    ④ 405 ft

〈해설〉 해면고도 18,000 ft 이상으로 비행하는 항공기는 고도계수정치를 29.92 inHg(표준기압치)로 설정하여야 한다. 따라서 기압 차이는 29.92-30.37=-0.45 inHg 이다.
- 고도 차이; $-0.45 \times 1,000 = -450$ ft
- 고도계는 실제 활주로 표고보다 450 ft 낮게 지시하므로, 고도계가 지시하는 고도는
  ∴ 450-450=0 ft

## Ⅲ. 항공교통관제업무

【문제】 1. 관제탑이 없는 공항에 도착하는 항공기는 착륙하기 몇 마일 전부터 CTAF 주파수로 교신해야 하는가?

① 10마일    ② 15마일    ③ 20마일    ④ 25마일

【문제】 2. 관제탑이 없는 공항의 입항방법으로 잘못된 것은?
① 관제탑이 있는 인근 공항에 의도를 통보한다.
② 정확한 공통주파수(CTAF)를 설정한다.
③ 착륙 10 NM 전부터 감청 및 통신을 수행한다.
④ 주변 항공기를 지속적으로 확인한다.

【문제】 3. FSS가 제공하는 지역공항 조언을 얻기 위해서는 공항으로부터 최소 몇 마일 전에서 교신을 시도해야 하는가?

① 5마일    ② 10마일    ③ 15마일    ④ 20마일

【문제】 4. 관제탑 또는 FSS가 없는 공항에서 공항정보를 제공하는 비정부기관 공지무선시설은?

① ATIS    ② TWEB    ③ UNICOM    ④ NOTAM

〈해설〉 관제탑이 운영되지 않는 공항의 교통조언 지침
1. 무선장비를 갖춘 항공기는 관제탑이 운영되지 않는 공항에 접근하거나 공항에서 출발할 때 필수적

정답  42. ④  43. ①  /  1. ①  2. ①  3. ②  4. ③

으로 공항조언 목적으로 설정된 공통주파수(common frequency)로 송수신하여야 하며, 무선교신을 할 때 중요한 점은 정확한 공통주파수의 선택이다.
2. 입항항공기의 조종사는 착륙 10 mile 전부터 배정된 CTAF를 적절히 경청하고 교신하여야 한다.
3. 입항항공기는 공항으로부터 약 10 mile 전에서 교신을 시도하여 항공기 식별부호 및 기종, 고도, 공항과 관련된 위치, 의도(착륙 또는 상공 통과), 자동기상정보의 수신여부를 보고하고 공항조언업무나 공항정보업무를 요청하여야 한다.
4. UNICOM(Universal Communications)은 관제탑이나 FSS가 없는 공공용공항에서 공항정보를 제공하기 위한 비정부 공지무선통신시설이다.

【문제】5. 약어 ATIS의 의미는?
① Automatic terminal information system
② Air traffic information service
③ Automatic terminal information service
④ Airport terminal information service

【문제】6. 복잡한 공항에서 녹음된 비관제정보를 자동으로 방송하여 관제사의 업무 로드를 줄이고, 주파수의 혼잡을 감소시키기 위한 것은?
① TWEB  ② ATIS  ③ HIWAS  ④ UNICOM

【문제】7. 공항정보자동방송업무(ATIS)의 최대 수신범위는?
① 거리 50 NM, 고도 20,000 ft
② 거리 50 NM, 고도 25,000 ft
③ 거리 60 NM, 고도 20,000 ft
④ 거리 60 NM, 고도 25,000 ft

【문제】8. ATIS에 포함되지 않는 것은?
① NOTAM  ② TAF  ③ METAR  ④ PIREP

【문제】9. ATIS에 포함되는 사항이 아닌 것은?
① 공항시설명  ② 알파벳 부호  ③ 관측소  ④ 발부시각(UTC)

【문제】10. ATIS에서 visibility와 ceiling이 언급되지 않는 경우는?
① Visibility 5 mile 이상인 경우
② Ceiling 5,000 ft 이상인 경우
③ Visibility 3 mile, ceiling 3,000 ft 이상인 경우
④ Visibility 5 mile, ceiling 5,000 ft 이상인 경우

【문제】11. 조종사가 관제사에게 ATIS 방송을 수신했다는 것을 통보할 때 사용하는 관제용어로 적합한 것은?
① "Broadcast Sierra received."
② "ATIS Sierra received."
③ "Information Sierra received."
④ "Advisory Sierra received."

[정답]  5. ③  6. ②  7. ④  8. ②  9. ③  10. ④  11. ③

【문제】 12. ATIS에서 시정이 생략되는 경우는?
　　　　① 시정의 관측이 불가능할 경우　　② 시정이 3마일 이상인 경우
　　　　③ 시정이 5마일 이상인 경우　　　④ 시정이 7마일 이상인 경우

【문제】 13. 조종사가 관제탑과 교신할 때 사용하는 "Have Numbers"의 의미는?
　　　　① ATIS 방송을 수신하였음
　　　　② 활주로 정보 및 기압 수정치 정보를 수신하였음
　　　　③ 공항의 운고 및 시정 정보를 수신하였음
　　　　④ 공항의 풍향과 풍속, 활주로 정보 및 기압 수정치 정보를 수신하였음

【문제】 14. "Have numbers"에 포함되지 않는 것은?
　　　　① Wind direction　　　　② Ceiling
　　　　③ Altimeter setting　　　④ Braking action

【문제】 15. Automatic Terminal Information Service(ATIS)에 대한 설명으로 맞는 것은?
　　　　① Have numbers의 사용은 ATIS 방송을 수신하였다는 의미이다.
　　　　② 운고 3,000 ft, 시정 5 mile을 초과하면 운고와 시정을 생략할 수 있다.
　　　　③ 최대거리 60 NM, 최대고도 25,000 ft AGL까지 수신이 가능하다.
　　　　④ 교통량이 많은 공항에서 녹음된 관제정보를 반복해서 방송하는 것이다.

【문제】 16. ATIS에 대한 설명 중 틀린 것은?
　　　　① 가능한 1분 이내로 녹음한다.　　② 별도의 VHF 주파수를 사용한다.
　　　　③ 단일 비행장에만 관련되어야 한다.　④ VOR 음성채널을 사용할 수 있다.

【문제】 17. ATIS에 대한 설명 중 틀린 것은?
　　　　① 중요한 사항 변경 시 즉시 갱신한다.
　　　　② ILS 음성채널을 사용한다.
　　　　③ 반복적으로 정보를 제공한다.
　　　　④ 복잡한 공항에서는 도착 및 출발정보가 따로 방송되기도 한다.

【문제】 18. ATIS는 가능한 얼마 이내로 녹음하는가?
　　　　① 20초　　　② 30초　　　③ 60초　　　④ 90초

【문제】 19. ATIS에 대한 설명으로 틀린 것은?
　　　　① 가능한 별도의 주파수를 사용하여야 한다.
　　　　② 하나의 공항만을 언급하여야 한다.
　　　　③ 전체 내용은 1분 이내이어야 한다.
　　　　④ 방송은 계속적으로 반복되어야 한다.

정답　12. ③　13. ④　14. ②　15. ③　16. ①　17. ②　18. ②　19. ③

〈해설〉 공항정보자동방송업무(Automatic Terminal Information Service; ATIS)
  1. 공항정보자동방송업무(ATIS)
    가. ATIS는 빈번한 비행활동이 이루어지는 선정된 터미널 지역에서 녹음된 비관제정보(noncontrol information)를 계속해서 방송하는 것이다. 이의 목적은 필수적이지만 일상적인 정보를 반복적으로 자동 송신함으로써 관제사의 업무효율을 증가시키고, 주파수의 혼잡을 줄이기 위한 것이다.
    나. 일반적으로 ATIS site로부터 20 NM에서 60 NM까지, 그리고 최대고도 25,000 ft AGL까지의 서비스 보호범위를 갖는다.
  2. ATIS 정보에 포함되는 사항은 다음과 같다.
    가. 공항/시설 명칭(airport/facility name)
    나. 음성문자코드(phonetic letter code)
    다. 최근 기상전문의 시간(UTC)
    라. 기상정보
    마. 계기접근 및 사용활주로(instrument approach and runway in use)
  3. 조종사는 최초교신 시에 방송에 첨부되는 알파벳 코드 용어(code word)를 복창하여 ATIS 방송을 수신했다는 것을 관제사에게 통보하여야 한다. (예, "Information Sierra received.")
  4. 하늘상태 또는 운고(ceiling)가 5,000 ft를 초과하고 시정이 5 mile을 초과하면, ATIS에 하늘상태나 운고(ceiling) 또는 시정에 대한 정보를 생략할 수 있다.
  5. 조종사가 관제탑과 교신 시에 "have numbers"라고 말하면 바람, 활주로 그리고 고도계 정보를 수신했다는 것을 의미하며 관제탑은 이 정보를 생략할 수 있다. 조종사의 "have numbers" 용어 사용이 ATIS 방송을 수신하였음을 의미하는 것은 아니며, 절대 이러한 목적으로 사용해서는 안 된다.
  6. 공항정보자동방송업무(ATIS) 수행 기준
    가. ATIS 방송은 가능한 별도의 초단파(VHF) 주파수를 사용하여야 한다.
    나. ATIS 방송은 계기착륙시설(ILS) 음성채널로 방송되어서는 안 된다.
    다. ATIS 방송은 계속적이고 반복적으로 제공되어야 한다.
    라. ATIS 메시지는 송신속도 또는 ATIS 송신에 사용되는 항행안전시설의 식별신호에 의해 저해되지 않도록 가능한 30초를 초과하지 않아야 하며, 인적수행능력(human performance)을 고려하여야 한다.
    마. 방송정보는 단일 비행장에만 관련되어야 하며, 중요사항 변경 발생 시 즉시 갱신되어야 한다.

【문제】20. 관제사가 조종사에게 12시간 시각 기준으로 radar traffic information을 제공할 때 방향의 기준은?
  ① True course                    ② True heading
  ③ Magnetic heading               ④ Ground track

〈해설〉 레이더 관제사는 레이더 display 상에 나타난 항공기 항적(track) 만을 관찰할 수 있으며 교통정보는 이에 따라 발부되므로, 조종사는 통보된 항공기를 찾을 때에 이러한 사실을 감안하여야 한다.

【문제】21. Radar 식별된 표적에 제공하는 항공정보에 포함되지 않는 것은?
  ① 항공기로부터의 방위(azimuth)
  ② 참조 지점으로부터의 거리 및 방향
  ③ 표적의 진행방향
  ④ 항공기의 기종 및 고도

[정답] 20. ④   21. ②

〈해설〉 레이더 식별된 항공기에게 다음과 같은 사항이 포함된 교통조언을 발부한다.
1. 12시간 시각의 용어로 나타내는 항공기로부터의 방위(azimuth)
2. 항공기가 급격히 기동하여 12시간 시각의 용어로 정확한 교통조언을 발부할 수 없을 경우, 나침반의 주요 8방위 지점(N, NE, E, SE, S, SW, W, NW) 용어로 항공기 위치로부터의 방향을 발부한다. 이 방법은 조종사의 요구가 있을 때 중단하여야 한다.
3. 해상마일(nautical mile) 단위의 항공기로부터의 거리
4. 항공기(target)의 진행방향 또는 항공기의 상대적인 움직임
5. 인지한 경우, 항공기의 기종 및 고도

【문제】22. Track 270°, Heading 240°로 비행하고 있는 항공기의 조종사가 "Traffic 12 o'clock, 5 miles, southbound …"라고 교통조언을 받았다면 어느 방향을 보아야 하는가?
① 1시 방향   ② 3시 방향   ③ 11시 방향   ④ 12시 방향

〈해설〉 레이더 관제사는 레이더 시현장치 상에 나타난 항공기 항적(track) 만을 관찰할 수 있으며, 교통조언은 항적(track)을 기준으로 발부되므로 조종사는 통보된 항공기를 찾을 때에 이러한 사실을 감안하여야 한다. 우측 그림과 같이 Track 270°로 비행하고 있는 (B) 항공기의 조종사에게 12시로 교통정보가 발부되었다면, (B) 항공기의 heading은 240°이므로 조종사에게 보이는 (A) 항공기의 실제 위치는 12시 방향이 아니라 30° 오른쪽이 된다. 따라서 (B) 항공기의 조종사는 1시(30° 당 1시간) 방향에서 (A) 항공기를 보게 될 것이다.

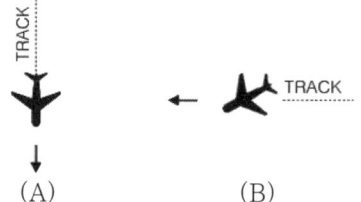

【문제】23. Heading 360°로 비행하고 있는 항공기에게 ATC에서 다음과 같이 traffic 정보를 주었다면 조종사는 어느 방향에서 traffic을 찾아볼 수 있는가?
"Traffic 3 o'clock, 5 miles, northbound …"
① East   ② West   ③ South   ④ North

〈해설〉 Heading 360°로 비행하고 있는 (B) 항공기의 조종사에게 3시로 교통정보가 발부되었다면, (B) 항공기의 조종사에게 보이는 (A) 항공기의 위치는 3시 방향, 즉 90°(1시간 당 30°) 오른쪽 방향인 동쪽이 된다.

【문제】24. 무풍 상태에서 북쪽으로 비행 중 레이더가 제공되는 관제기관에서 다음과 같은 항적정보를 제공 받았다면, 조종사가 타 항공기를 확인할 수 있는 위치는?
"Traffic 9 o'clock, 3 miles, southbound …"
① 동쪽   ② 서쪽   ③ 남동쪽   ④ 남서쪽

〈해설〉 북쪽(heading 360°)으로 비행하고 있는 (B) 항공기의 조종사에게 9시로 교통정보가 발부되었다면, (B) 항공기의 조종사에게 보이는 (A) 항공기의 위치는 9시 방향, 즉 270°(1시간 당 30°) 오른쪽 방향인 서쪽이 된다.

【문제】25. ATC에서 레이더로 최저안전고도(MSA) 정보를 제공해주기 위하여 항공기는 어떤 트랜스폰더를 장착하고 있어야 하는가?
① Mode 3   ② Mode A   ③ Mode C   ④ Mode 3/A

[정답] 22. ①   23. ①   24. ②   25. ③

【문제】 26. 약어 MSAW의 의미는?
① Minimum Sector Alert Warning
② Minimum Safe Awareness Warning
③ Minimum Sector Awareness Warning
④ Minimum Safe Altitude Warning

〈해설〉 최저안전고도경고(Minimum Safe Altitude Warning; MSAW) 기능은 지형/장애물에 근접하여 잠재적으로 불안전한 항공기를 탐지하는 데 있어서 전적으로 관제사를 보조하기 위한 시설로 설계되었다. MSAW를 운용중일 때 IFR 비행계획으로 운항하는 경우, 레이더시설은 시스템에 의해 추적되는 작동 Mode C 고도 encoding 트랜스폰더를 갖춘 모든 항공기에게 MSAW 감시를 제공할 것이다.

【문제】 27. VFR 항공기에게 제공하는 기본 레이더 서비스에 대한 설명 중 틀린 것은?
① 항공기에게 계속해서 안전경보를 제공하여야 한다.
② 조종사 요구 시에만 제한적인 레이더 유도를 제공한다.
③ 절차 또는 합의서에 명시된 지점에서 접근 우선순위를 배정한다.
④ 교통조언이 필요 없을 때는 감청만 해도 된다.

〈해설〉 IFR 항공기의 관제에 레이더가 이용되며, 더불어 위임된 모든 레이더시설은 VFR 항공기에게도 다음의 기본적인 레이더 업무를 제공한다.
1. 안전경보(safety alert)
2. 교통조언(traffic advisory)
3. 조종사 요구 시 제한적인 레이더 유도(업무량이 허용하는 한도 내에서 제공)
3. 이러한 목적을 위하여 절차가 수립되어 있거나 합의서에 명시된 지역에서의 접근 우선순위 배정

【문제】 28. Transponder의 operation 절차에 관한 다음 설명 중 맞는 것은?
① 이륙전 가능한 늦게 on 하고, 착륙활주를 완전히 끝낸 후 가능한 빨리 off 또는 stby 한다.
② 이륙 활주로 진입전 가능한 늦게 on 하고, 활주로 개방 후 가능한 빨리 off 또는 stby 한다.
③ 이륙전 before takeoff checklist 수행 시 on 하고, 착륙 후 after landing checklist 전 가능한 빨리 off 또는 stby 한다.
④ 이륙전 적당한 시기에 on 하고, 착륙 후 편안한 시기에 off 또는 stby 한다.

【문제】 29. Transponder는 언제 켜야 하는가?
① Taxi 전
② 이륙 대기 시
③ 이륙 준비를 완료하고 line up 후
④ Squawk code를 받은 직후

【문제】 30. IFR 비행방식으로 비행하는 조종사가 목적지에 도착하기 전에 IFR 비행계획을 취소하였다면?
① 조종사는 IFR 비행에 따르는 transponder를 그대로 유지한다.
② 조종사는 VFR 비행에 맞도록 transponder를 맞추어야 한다.
③ 조종사는 transponder를 "standby" 위치에 놓는다.
④ 조종사는 transponder의 고도보고기능을 "off" 시킨다.

정답  26. ④  27. ④  28. ①  29. ③  30. ②

〈해설〉 트랜스폰더(transponder) 운용
1. 트랜스폰더는 이륙하기 전에 가능한 한 늦게 "on" 또는 정상 작동위치로 조정하여야 하며, 착륙활주를 종료한 후 ATC의 요청에 의해 사전에 "standby" 위치로 변경되어 있는 경우 이외에는 가능한 한 빨리 "off" 또는 "standby" 위치로 변경하여야 한다.
2. 목적지에 도착하기 전에 IFR 비행계획을 취소하기로 결정한 IFR 비행 조종사는 VFR 운항에 맞도록 트랜스폰더를 조정하여야 한다.

【문제】 31. Transponder code 변경 시 선택되지 않도록 주의해야 할 code는?
① 1000, 7600, 7700, 7800
② 1000, 7500, 7600, 7700
③ 1001, 7500, 7600, 7700
④ 7500, 7600, 7700, 7777

【문제】 32. Squawk 코드를 2700에서 7200으로 변경하는 방법으로 맞는 것은?
① 먼저 0000을 기입한 후에 7200으로 변경한다.
② 먼저 2200을 기입한 후에 7200으로 변경한다.
③ 먼저 7000을 기입한 후에 7200으로 변경한다.
④ 먼저 7700을 기입한 후에 7200으로 변경한다.

【문제】 33. 민간항공기가 사용해서는 안 되는 트랜스폰더 code는?
① 7500  ② 7600  ③ 7700  ④ 7777

【문제】 34. Transponder code에 대한 설명 중 잘못된 것은?
① 7500: Hijack
② 7600: 통신두절
③ 7700: 비상상황
④ 7777: 제한구역 군용기

【문제】 35. Unlawful interference 시 squawk code는?
① 7500  ② 7600  ③ 7700  ④ 7777

【문제】 36. 양방향 무선통신 두절 시 transponder code는?
① 7500  ② 7600  ③ 7700  ④ 7777

【문제】 37. IFR 비행 중 IFR을 취소하였을 경우 트랜스폰더 코드는?
① 1200  ② 2000  ③ 4200  ④ 7600

【문제】 38. Squawk code를 4000으로 설정해야 하는 항공기는?
① 불법간섭을 받고 있는 항공기
② 요격작전을 수행하는 군 비행기
③ 제한구역이나 경고구역에서 비행하는 군 비행기
④ 무선통신이 두절된 항공기

정답  31. ④  32. ②  33. ④  34. ④  35. ①  36. ②  37. ①  38. ③

【문제】39. 다음 중 트랜스폰더 code를 4000으로 설정해야 하는 항공기는?
① 피랍 항공기　　　　　　　　② 군사작전구역 군항공기
③ 비상상황에 처한 항공기　　　④ 군요격작전 항공기

〈해설〉 트랜스폰더 코드 변경(Code Change)
　1. 일상적인 코드 변경 수행 시, 조종사는 부주의로 code 7500, 7600 또는 7700을 선택하여 지상자동화시설에 순간저으로 허위경보가 발령되지 않도록 하여야 한다.
　　　예를 들어 code 2700에서 code 7200으로 변경할 경우, 먼저 2200으로 변경한 다음에 7200으로 맞추어야 하며 7700으로 변경한 다음에 7200으로 맞추어서는 안 된다.
　2. 여하한 경우에도 민간항공기의 조종사는 트랜스폰더를 code 7777로 운용해서는 안 된다. 이 code는 군요격작전에 배정되어 있다.
　3. 군작전구역 또는 제한구역이나 경고구역 내에서 VFR 또는 IFR로 운항중인 군조종사는 ATC가 별도의 코드를 배정하지 않는 한 트랜스폰더를 code 4000으로 맞추어야 한다.
　4. 탑승객에 의한 공중납치(hijack) 또는 적대행위로 인하여 안전을 위협하는 불법간섭을 받고 있는 항공기의 기장은 트랜스폰더를 Mode 3/A Code 7500으로 조정하도록 노력하여야 한다.
　5. 레이더비컨 트랜스폰더(coded radar beacon transponder)를 탑재한 항공기가 양방향 무선통신이 두절되었다면 조종사는 트랜스폰더를 Mode 3/A, Code 7600에 맞추어야 한다.
　6. 시계비행방식(VFR)에서의 트랜스폰더 운용 시에는 고도에 관계없이 Mode 3/A code 1200으로 응답할 수 있도록 트랜스폰더를 조정한다.

■ 잠깐! 알고 가세요.
[주요 트랜스폰더 Code 배정]

| Code | 배 정 |
|---|---|
| 1200 | 시계비행방식(VFR) 비행<br>(비행고도 1만 ft 이하 1200, 1만 ft 이상 1400) |
| 21XX | 계기비행방식(IFR) 비행<br>(비행고도 FL240 이하 21XX, FL240 이상 11XX) |
| 3100 | Physical Emergency |
| 4000 | 군작전구역, 제한구역 또는 경고구역 내의 군항공기 |
| 7500 | 피랍(hijack) 항공기 |
| 7600 | 송수신기 고장(통신 두절)<br>(7700 1분 동안, 7600 15분 동안) |
| 7700 | 비상(조난, 긴급), 피요격 시 |
| 7777 | 군요격작전 |

【문제】40. 레이더비컨 관제 용어에 대한 의미로 틀린 것은?
① SQUAWK ALTITUDE: Mode C 자동보고기능을 작동시켜라.
② STOP SQUAWK: 트랜스폰더를 꺼라.
③ SQUAWK MAYDAY: 트랜스폰더를 7500으로 설정하라.
④ SQUAWK LOW/HIGH: 트랜스폰더를 지시한 감도로 조절하라.

【문제】41. 용어 "Stop Squawk"의 의미는?
① Altitude Squawk를 off 하라.　　　② Normal 위치에서 Low 위치로 변경하라.
③ Mode 스위치를 off 하라.　　　　　④ Transponder를 off 하라.

정답　39. ②　　40. ③　　41. ④

【문제】 42. 다음 중 Mode C를 작동하라는 ATC 지시는?
① Squawk Mode C                ② Squawk Altitude
③ Squawk Ident                 ④ Say Altitude

【문제】 43. "자동고도보고장치를 작동시켜라"는 의미의 관제용어는?
① Squawk Ident                 ② Squawk Standby
③ Squawk Altitude              ④ Squawk Mode C

【문제】 44. 비행 중 관제사가 "Stop Altitude Squawk"라고 하면 조종사는 어떻게 하여야 하는가?
① 트랜스폰더를 Standby 위치에 둔다.
② 트랜스폰더를 On 위치에 둔다.
③ 트랜스폰더를 Alt 위치에 둔다.
④ 트랜스폰더를 끄고 고도를 보고한다.

【문제】 45. 고도계 정보가 부정확하므로 고도보고 작동을 중지하도록 하는 용어는?
① Stop Altitude                ② Stop Squawk
③ Stop Altitude Squawk         ④ Squawk Standby

【문제】 46. 관제사가 "SQUAWK MAYDAY"라고 하면 set 하여야 하는 트랜스폰더 code는?
① Mode A 7500                  ② Mode A 7700
③ Mode C 7500                  ④ Mode C 7700

〈해설〉 레이더비컨 관제용어(Radar Beacon Phraseology)

| 관제용어 | 의 미 |
|---|---|
| Squawk (number) | Mode 3/A에 지정된 code로 레이더비컨 트랜스폰더를 작동시켜라. |
| Squawk Low/Normal | 지시한 대로 트랜스폰더를 저(low) 또는 정상(normal) 감도로 작동시켜라. |
| Squawk Altitude | Mode C 자동고도보고기능을 작동시켜라. |
| Stop Altitude Squawk | 고도보고 스위치는 끄고, Mode C 구성펄스(framing pulse)는 계속 송신하라. 장비가 이러한 기능을 갖고 있지 않다면 Mode C를 끈다. |
| Stop Squawk (사용 중인 mode) | 지시한 mode를 꺼라. |
| Stop Squawk | 트랜스폰더를 꺼라. |
| Squawk Mayday | 트랜스폰더를 비상위치로 작동시켜라. (민간용 트랜스폰더는 Mode A Code 7700, 군용 트랜스폰더는 Mode 3 Code 7700과 비상기능) |

【문제】 47. Squawk change 요구에 대한 조종사의 응답으로 적합한 관제용어는?
① "Confirm squawk three/alpha, two one zero five."
② "Squawking three/alpha, two one zero five."
③ "Resetting three/alpha, two one zero five."
④ "Changing three/alpha, two one zero five."

정답   42. ②   43. ③   44. ②   45. ③   46. ②   47. ③

【문제】 48. ATC가 "Reset squawk 1200"이라고 했을 때 조종사의 응답으로 적합한 관제용어는?
① Squawking 1200　　　　　　　　② Confirm squawk 1200
③ Changing 1200　　　　　　　　　④ Resetting 1200

〈해설〉 ATS 감시업무 관제용어(Surveillance Service Phraseologies)
　　1. 배정된 mode와 code의 재선정(reselection)을 요구할 때
　　　가. Reset squawk〔(mode)〕(code)
　　　나. 조종사 응답; Resetting (mode) (code)
　　2. 항공기 transponder의 선정된 code의 확인을 요구할 때
　　　가. Confirm squawk (code)
　　　나. 조종사 응답; Squawking (code)

## Ⅳ. 공항 운영(Airport Operations)

【문제】 1. 관제탑이 운용되고 있는 공항에 착륙을 위해 진입 시, 최초 무선호출은 공항으로부터 몇 마일 밖에서 이루어져야 하는가?
① 10마일　　　② 15마일　　　③ 20마일　　　④ 25마일

【문제】 2. 관제탑이 운영되는 공항의 비행방법으로 맞는 것은?
① 조종사는 별도의 허가가 없는 한 Class B, C 및 D 구역 내에서 비행 중 관제탑과 상호 무선교신을 유지하여야 한다.
② 최초 무선호출은 공항으로부터 약 10마일 밖에서 이루어져야 한다.
③ 관제탑에서 별도의 허가 또는 지시가 없는 한 착륙 접근하는 고정익항공기는 공항 우측으로 선회하여야 한다.
④ 착륙하려는 헬리콥터 조종사는 고정익 항공기의 경로를 따라서 비행하여야 한다.

〈해설〉 관제탑이 운영되는 공항
　　1. 관제탑에 의해 교통관제가 이루어지는 공항에서 운항할 때, 조종사는 B등급, C등급과 D등급 공항 교통구역(surface area) 내에서 운항 중에는 관제탑이 달리 허가하지 않은 한 관제탑과 양방향 무선교신을 유지하여야 한다. 최초의 무선호출은 공항으로부터 약 15 mile 지점에서 이루어져야 한다.
　　2. 관제탑에 의해 달리 허가되거나 지시를 받지 않았다면, 착륙하기 위해 접근중인 고정익항공기의 조종사는 공항 좌측으로 선회하여야 한다. 착륙하기 위해 접근중인 헬리콥터 조종사는 고정익항공기의 교통흐름을 방해하지 않아야 한다.

【문제】 3. Tower가 지시하는 바람의 방향은?
① 진방위(true course)　　　　　　② 자방위(magnetic course)
③ 나방위(compass course)　　　　 ④ 상대방위(relative course)

【문제】 4. 이착륙 비행 시 관제탑의 관제사가 불러주는 풍향과 풍속 정보는?
① 풍향 진북, 풍속 미터　　　　　　② 풍향 자북, 풍속 마일
③ 풍향 진북, 풍속 knot　　　　　　④ 풍향 자북, 풍속 knot

정답　48. ④　/　1. ②　　2. ①　　3. ②　　4. ④

【문제】 5. 관제탑에서 조종사에게 제공하는 활주로 방향과 풍향은?
① 활주로 방향과 풍향 모두 자북 방위이다.
② 활주로 방향과 풍향 모두 진북 방위이다.
③ 활주로 방향은 자북, 풍향은 진북 방위이다.
④ 활주로 방향은 진북, 풍향은 자북 방위이다.

〈해설〉 활주로 번호는 자북에서부터 시계방향으로 측정한 활주로중심선의 방위각(azimuth)을 10° 단위에 가장 가깝게 지시하는 숫자로 나타낸다. 항공기 이착륙 시 관제탑에 의해 발부되는 풍향은 자방위이며, 풍속의 단위는 노트(knot) 이다.

【문제】 6. 폭발물 위협 항공기 주기 시 다른 항공기와의 최소 분리거리는?
① 50 m   ② 100 m   ③ 200 m   ④ 300 m

〈해설〉 폭발물 위협 항공기가 지상계류중인 경우에는 인접 항공기와 인원을 가급적 100 m 이상 격리토록 조치하여야 한다.

【문제】 7. 다음 중 brake action에 속하지 않는 것은?
① Bad   ② Medium   ③ Nil   ④ Good

【문제】 8. ATIS 방송을 통해 "Braking action advisories is in effect" 라는 정보를 받은 경우, 이의 의미는?
① 활주로 제동상태가 Medium, Poor 또는 Nil 상태이므로 유의하라.
② 활주로 착륙 후 관제사에게 활주로의 제동상태를 보고하라.
③ 활주로 착륙 후 활주로의 최근상태에 대한 정보를 관제사에게 요청하라.
④ 항공기나 차량은 지정된 지점에서 대기하라.

〈해설〉 제동상태보고와 조언(Braking Action Reports and Advisories)
1. 제동상태의 강도는 용어 "good", "good to medium", "medium", "medium to poor", "poor" 및 "nil" 로 나타낸다.
3. 관제탑관제사가 medium, poor 또는 nil의 용어가 포함된 활주로 제동상태의 보고를 접수한 경우, 또는 기상상태가 악화되거나 활주로제동상태가 빠르게 변할 경우에는 언제든지 ATIS 방송에 "Braking action advisories are in effect."라는 문구를 포함시켜야 한다.

【문제】 9. 비행장 또는 그 주변에서의 비행방법으로 틀린 것은?
① 해당 비행장의 이륙기상최저치 미만의 기상상태에서는 이륙해서는 안 된다.
② 이륙하려는 항공기는 안전고도 미만의 고도 또는 안전속도 미만의 속도에서는 선회를 하면 안 된다.
③ 터빈발동기를 장착한 이륙항공기는 지표 또는 수면으로부터 1,500미터의 고도까지 신속히 상승해야 한다.
④ 해당 비행장을 관할하는 항공교통관제기관과 무선통신을 유지해야 한다.

〈해설〉 비행장 또는 그 주변을 비행하는 항공기의 조종사는 다음의 기준에 따라야 한다.

정답   5. ①   6. ②   7. ①   8. ①   9. ③

1. 이륙하려는 항공기는 안전고도 미만의 고도 또는 안전속도 미만의 속도에서 선회하지 말 것
2. 해당 비행장의 이륙기상최저치 미만의 기상상태에서는 이륙하지 말 것
3. 해당 비행장의 시계비행 착륙기상최저치 미만의 기상상태에서는 시계비행방식으로 착륙을 시도하지 말 것
4. 터빈발동기를 장착한 이륙항공기는 지표 또는 수면으로부터 450미터(1,500피트)의 고도까지 가능한 한 신속히 상승할 것. 다만, 소음감소를 위하여 국토교통부장관이 달리 비행방법을 정한 경우에는 그렇지 않다.

【문제】 10. 주간에 비행 시 관제사의 빛총신호에 대한 응답방법으로 맞는 것은?
① 날개를 흔든다.
② 날개 및 보조익을 움직인다.
③ 날개를 흔들고 착륙등을 점멸한다.
④ 착륙등 또는 항법등을 점멸한다.

【문제】 11. 주간에 지상에서 수신만 가능할 경우, ATC 지시에 대한 응답방법은?
① 날개를 흔든다.
② 보조익 또는 방향타를 흔든다.
③ 위치등 또는 충돌방지등을 켠다.
④ 착륙등 또는 항법등을 점멸한다.

【문제】 12. 야간에 무선통신이 두절된 경우, 조종사가 관제사로부터 빛총신호 수신 시 응답방법으로 옳은 것은?
① 보조익 또는 방향타를 움직인다.
② 보조익을 움직이고 착륙등을 점멸한다.
③ 착륙등을 2회 점멸한다.
④ 착륙등 및 항행등을 2회 점멸한다.

〈해설〉 무선통신 두절시 항공기의 응신 방법은 다음과 같다.

| 구 분 | 응신 방법 | |
|---|---|---|
| | 주 간 | 야 간 |
| 비행 중인 경우 | 날개를 흔든다. | 착륙등이 장착된 경우에는 착륙등을 2회 점멸하고, 착륙등이 장착되지 않은 경우에는 항행등(navigation light)을 2회 점멸한다. |
| 지상에 있는 경우 | 항공기의 보조익 또는 방향타를 움직인다. | |

【문제】 13. 빛총신호 중 지상에 있는 항공기에게 보내는 녹색 점멸등의 의미는?
① 이륙을 허가함
② 지상 활주를 허가함
③ 활주로에서 벗어나 지상 활주할 것
④ 출발지점으로 돌아갈 것

【문제】 14. 다른 항공기에게 진로를 양보하고 계속 선회하라는 의미의 빛총(light gun) 신호는?
① 연속되는 적색신호
② 깜박이는 적색신호
③ 연속되는 백색신호
④ 깜박이는 백색신호

【문제】 15. 관제탑과 항공기의 무선통신이 두절된 경우, 지상에 있는 항공기에게 "정지할 것"의 의미를 가지고 있는 빛총신호(light signal)의 색깔은?
① 연속되는 녹색신호
② 연속되는 적색신호
③ 깜박이는 녹색신호
④ 깜박이는 백색신호

정답  10. ①  11. ②  12. ③  13. ②  14. ①  15. ②

【문제】 16. 비행중인 항공기에게 깜박이는 적색 light gun signal을 보냈다면 이는 무엇을 의미하는가?
① 다른 항공기에게 진로를 양보할 것  ② 착륙을 준비할 것
③ 착륙하지 말 것  ④ 계속 선회할 것

【문제】 17. Radio fail 시 지상을 이동하는 항공기가 flashing red light를 보았을 때 취해야 할 행동으로 옳은 것은?
① Return to starting point on airport.  ② Stop.
③ Taxi clear of active runway.  ④ Exercise extreme caution.

【문제】 18. 지상 활주 중 백색 점멸신호의 의미는?
① 통과하거나 진행할 것  ② 진행할 것
③ 활주로 또는 유도로에서 벗어날 것  ④ 공항의 출발지점으로 돌아갈 것

〈해설〉 무선통신 두절 시 항공교통관제탑 빛총신호(light gun signal)의 종류와 의미는 다음과 같다.

| 신호의 종류와 색상 | 의미(Meaning) | | |
|---|---|---|---|
| | 비행중인 항공기 | 지상에 있는 항공기 | 차량·장비 및 사람 |
| 연속되는 녹색 | 착륙을 허가함 | 이륙을 허가함 | 통과하거나 진행할 것 |
| 깜박이는 녹색 | 착륙을 준비할 것 | 지상 이동을 허가함 | 미적용 |
| 연속되는 적색 | 다른 항공기에게 진로를 양보하고 계속 선회할 것 | 정지할 것 | 정지할 것 |
| 깜박이는 적색 | 비행장이 불안전하니 착륙하지 말 것 | 사용 중인 착륙지역으로부터 벗어날 것 | 활주로 또는 유도로에서 벗어날 것 |
| 깜박이는 백색 | 착륙하여 계류장으로 갈 것 | 비행장 안의 출발지점으로 돌아갈 것 | 비행장 안의 출발지점으로 돌아갈 것 |

【문제】 19. Tower가 있는 공항에 착륙 후 ground control 주파수로 변경해야 하는 시기는?
① Tower에서 주파수 변경을 지시할 때
② 사용 활주로를 벗어나기 전에
③ 사용 활주로를 벗어난 후에
④ 사용 활주로를 벗어나 주기장 지역으로 이동하면서

〈해설〉 지상관제 주파수는 관제탑(국지관제) 주파수의 혼잡을 제거하기 위하여 마련되었으며 지상활주 정보, 허가의 발부, 그리고 관제탑과 항공기 또는 공항에서 운용되는 그 외의 차량 간에 필요한 그 밖의 교신에 사용된다. 방금 착륙한 조종사는 관제사로부터 주파수 변경을 지시 받을 때까지 관제탑 주파수에서 지상관제 주파수로 변경해서는 안 된다.

【문제】 20. 무선통신에 관한 설명 중 틀린 것은?
① 특수 목적으로 배정된 주파수를 사용하여야 한다.
② 관제탑에 배정된 지상관제 주파수를 비행 중인 항공기와 교신용으로 사용해서는 안 된다.
③ 하나의 주파수를 한 가지 기능 이상의 목적으로 사용해서는 안 된다.
④ ATIS에 교신할 주파수를 명시할 수 있다.

〈해설〉 무선통신(Radio Communications)

정답  16. ③  17. ③  18. ④  19. ①  20. ③

1. 지상관제 주파수는 특수한 목적으로 배정된 무선 주파수를 사용하여야 한다. 단일 주파수가 한 가지 기능 이상의 목적으로 사용될 수 있다. 터미널(terminal) 관제탑이 근무좌석을 통합 운영할 때 지상관제 주파수를 비행 중인 항공기와 교신용으로 사용하여서는 안 된다.
2. ATIS에 교신할 주파수를 명시할 수 있다.

【문제】21. 다음 중 관제사가 항공기의 지상활주(taxi)에 대한 허가 발부 시 사용하지 않는 용어는?
① Taxi ② Proceed ③ Hold ④ Cleared

【문제】22. 다음 관제사 지시 중 잘못된 것은?
① "Taxi to Runway Three Six via Taxiway Echo."
② "Cleared to Taxi Runway Three Six."
③ "Runway Three Six Left, Hold Short of Runway Two Seven Right."
④ "Cross Runway Two Eight Left."

【문제】23. 관제사가 특별한 제한 없이 "Taxi to Runway 9"이라고 지시를 발부한 경우, 올바른 조종사의 행동은?
① 유도로와 활주로 9번을 가로 질러 즉시 이륙이 가능한 지점으로 지상활주를 한다.
② 추후 ATC의 지시가 필요한 활주로 교차점까지 지상활주를 한다.
③ 유도로와 활주로를 가로 질러 활주로 9번의 정지선까지 간다. 단, 활주로 9번을 통과하거나 진입할 수 없다.
④ 활주로 9로 지상활주를 한다. 단 교차되는 활주로를 만날 때마다 ATC에 요청하여 통과하여야 한다.

【문제】24. 조종사가 경험이 없는 공항에서 taxi를 할 때 요청할 수 있는 것은?
① Advisory taxi ② Expeditious taxi
③ Preferential taxi ④ Progressive taxi

〈해설〉 지상활주(Taxiing)
1. ATC는 항공기의 지상활주(taxi) 허가와 관련하여 무선교신 상의 오해를 배제하기 위하여 용어 "cleared"를 사용하지 않는다.
2. 항공기에게 지정된 이륙활주로까지 TAXI 허가를 할 때에 대기(hold short)지시를 포함하지 않은 경우, 용어 "TAXI to" 다음에 활주로를 명시하고 필요시 지상활주 지시를 발부한다. 이것은 지상활주경로를 교차하는 모든 활주로(이륙활주로는 제외)를 건너가도 좋다는 것을 허가하는 것이며, 지정된 이륙활주로의 어느 부분을 진입(enter)하거나 통과(cross)를 허가하는 것은 아니다.
3. 조종사가 공항에 익숙하지 않거나 또는 정확한 지상활주경로를 혼동할 수 있다면, 단계적인 경로지시를 포함한 점진적 지상활주지시(progressive taxi instruction)를 요청할 수도 있다.

【문제】25. 조종사가 "cleared for the option" 허가를 관제사로부터 받았을 때 수행할 수 없는 절차는?
① Parallel ILS approach ② Missed approach
③ Stop and go ④ Full stop landing

정답 21. ④  22. ②  23. ③  24. ④  25. ①

【문제】 26. "Cleared for the option" 절차에 대한 설명 중 틀린 것은?
　① 조종사는 접근방법을 임의로 선택할 수 있다.
　② 관제탑이 운용되는 곳에서만 사용할 수 있으며 관제기관의 허가를 받아야 한다.
　③ 계기접근에서는 inbound 최종접근픽스를 통과할 때 요청하여야 한다.
　④ 조종연습생의 조종수행 능력을 평가하기 위하여 훈련 시에 사용된다.

〈해설〉 선택허가(Cleared for the option) 절차
　1. 교관조종사, 평가관조종사 또는 그 밖의 조종사에게 접지후이륙(touch-and-go), 저고도접근, 실패접근, 정지후이륙(stop-and-go) 또는 착륙(full stop landing) 중에서 선택할 수 있도록 허가하는 것이다.
　2. 이 절차는 조종연습생이나 평가관조종사 모두 어떤 기동을 하게 될지 모르는 훈련상황에서 대단히 유용할 수 있다.
　3. 조종사는 계기접근에서 inbound 최종접근픽스를 통과할 때, 또는 VFR 교통장주의 배풍경로에 진입할 때 이 절차를 요청하여야 한다.
　4. 이 절차는 관제탑이 운영되는 지역에서만 사용할 수 있으며 ATC 허가를 받아야 한다.

【문제】 27. 게이트 접현 시 marshaller가 팔을 수평으로 들어 가슴 부분에서 주먹을 꽉 쥐는 행동은 무엇을 의미하는가?
　① 브레이크를 밟아라.　　　　　　　② 게이트에 접현되었다.
　③ 엔진을 꺼라.　　　　　　　　　　④ Rotating beacon을 꺼라.

【문제】 28. 항공기유도사에게 조종사가 주먹을 쥐고 앞으로 내밀어서 손을 쫙 펴면 무슨 신호인가?
　① 엔진 시동준비가 완료되었다.　　　② 유도사의 신호를 인지하였다.
　③ Chock를 고일 것　　　　　　　　④ 브레이크를 풀었다.

【문제】 29. 조종사가 ground signalman에게 보내는 insert chocks 수신호로 맞는 것은?
　① 손가락을 펴고 양팔과 손을 얼굴 앞에 수평으로 올린 후 주먹을 쥔다.
　② 주먹을 쥐고 팔을 얼굴 앞에 수평으로 올린 후 손가락을 편다.
　③ 팔을 뻗고 손바닥을 바깥쪽으로 향하게 하며, 두 손을 안쪽으로 이동시켜 얼굴 앞에서 교차되게 한다.
　④ 두 손을 얼굴 앞에서 교차시키고 손바닥을 바깥쪽으로 향하게 하며, 두 팔을 바깥쪽으로 이동시킨다.

〈해설〉 유도신호
　1. 조종사에 대한 유도원(marshaller)의 신호
　　가. 브레이크를 걸 것 : 손가락을 펴고 한쪽 팔을 들어 가슴 앞을 수평으로 가로지르게 한 다음 주먹을 쥔다.
　　나. 브레이크를 풀 것 : 주먹을 쥐고 한쪽 팔을 들어 가슴 앞을 수평으로 가로지르게 한 다음 손가락을 편다.
　2. 유도원(marshaller)에 대한 조종사의 신호
　　가. 브레이크
　　　(1) 브레이크를 걸었을 경우 : 손가락을 펴고 양팔과 손을 얼굴 앞에 수평으로 올린 후 주먹을 쥔다.

정답　26. ①　27. ①　28. ④　29. ③

(2) 브레이크를 풀었을 경우 : 주먹을 쥐고 팔을 얼굴 앞에 수평으로 올린 후 손가락을 편다.

나. 고임목(Chocks)
(1) 고임목을 끼울 것(insert chocks) : 팔을 뻗고 손바닥을 바깥쪽으로 향하게 하며, 두 손을 안쪽으로 이동시켜 얼굴 앞에서 교차되게 한다.
(2) 고임목을 뺄 것(remove chocks) : 두 손을 얼굴 앞에서 교차시키고 손바닥을 바깥쪽으로 향하게 하며, 두 팔을 바깥쪽으로 이동시킨다.

【문제】30. 조종사는 항공기의 회전비컨(rotating beacon)을 언제 켜야 하는가?
① 이륙 직전에
② 지상활주 전에
③ 엔진을 작동시킬 때는 언제나
④ 시정이 10마일 미만일 때

〈해설〉대형항공기에 의해 발생되는 프로펠러 후류와 제트분사(jet blast)의 힘은 이들 뒤에서 지상활주하는 더 작은 항공기들을 전복시키거나 파손시킬 수 있다. 유사한 사고를 피하고 이러한 힘으로 인해 지상근무자가 넘어지거나 다치는 것을 방지하기 위하여 운송용 및 사업용항공기 운영자에게 항공기 엔진이 작동되고 있을 때에는 언제나 회전비컨(rotating beacon)을 켤 것을 권장하고 있다.

## Ⅴ. 항공교통관제 허가와 항공기 분리

【문제】1. 관제공역 내에서 항공기 간 충돌 방지를 위해 ATC가 지정한 조건 하에서 비행할 수 있도록 하는 것은?
① ATC clearance
② Pilot briefing
③ Course guidance
④ Flight plan

【문제】2. 항공교통관제 인가(ATC clearance)를 설명한 것이다. 옳지 않은 것은?
① 모든 타 항공기에 대하여 우선권을 갖는다.
② 관제공역 내에서 제공되는 것이다.
③ 항공기 간의 충돌 방지를 목적으로 한다.
④ 특별한 조건 하에서 비행하도록 지시하는 것이다.

〈해설〉ATC 허가란 관제공역 내에서 식별된 항공기 간 충돌 방지를 위한 목적으로 특정조건 하에 항공기를 진행할 수 있도록 하는 ATC의 승인을 의미한다. ATC 허가는 불안전하게 항공기를 운항하거나 어떠한 규칙, 규정 또는 최저고도를 위배할 수 있는 권한을 조종사에게 부여하는 것은 아니다.

【문제】3. ATC 기관이 아닌 곳에서 관제기관을 대신해서 관제허가를 전달할 때 사용하는 용어는?
① ATC advises
② ATC clears
③ ATC requests
④ ATC control

【문제】4. 항공교통관제시설이 아닌 시설을 통하여 항공기에게 중계될 비행허가, 비행정보 또는 정보의 요구 시에 사용하는 용어가 아닌 것은?
① ATC instructions
② ATC advises
③ ATC requests
④ ATC clears

정답  30. ③ / 1. ① 2. ① 3. ② 4. ①

【문제】 5. 관제용어 "ATC advises"를 사용하는 경우는?
① 공지통신을 경유하여 ATC가 비행인가를 조종사에게 전달할 때
② 공지통신을 경유하여 조종사가 비행인가를 ATC에 요청할 때
③ 공지통신을 경유하여 ATC가 비행정보를 조종사에게 전달할 때
④ 공지통신을 경유하여 조종사가 비행정보를 ATC에 요청할 때

〈해설〉 항공관제시설이 아닌 시설을 통하여 항공기에게 중계되는 비행허가, 비행정보 또는 정보의 요구에 대한 응답에는 서두에 "ATC clears", "ATC advises" 또는 "ATC requests"를 사용한다.

【문제】 6. ATC clearance limit에 포함되지 않는 것은?
① Assigned Time         ② Reporting Point
③ Aerodrome             ④ FIR Boundary

【문제】 7. 계기비행 허가 시 허가한계점(clearance limit)이 아닌 것은?
① 위치 보고지점   ② 목적지 공항   ③ 특정 고도   ④ 관제공역 경계선

【문제】 8. IFR clearance에 포함되지 않는 것은?
① Call sign             ② Type of aircraft
③ SID                   ④ Route of flight

【문제】 9. ATC clearance에 포함되지 않는 항목은?
① 순항고도   ② 항로   ③ 목적지 공항   ④ 목적지 기상상태

〈해설〉 일반적으로 ATC 허가에 포함되는 항목은 다음과 같다.
  1. 비행계획서상의 항공기 호출부호
  2. 허가한계점(clearance limit) : 공항(airport), 항행안전시설(NAVAID), 관제공역 경계선(FIR boundary), 교차지점(intersection) 또는 waypoint 등이 허가한계점이 될 수 있다.
  3. 표준계기출발절차(SID)
  4. 적용될 경우, PDR/PDAR/PAR을 포함하는 비행경로
  5. 비행고도/고도의 변경사항
  6. 체공지시(holding instruction)
  7. 기타 특별한 정보
  8. 주파수 및 비컨코드(beacon code) 정보

【문제】 10. 조종사 임의대로 상승 또는 강하할 수 있는 결정권을 ATC가 제공한다는 의미의 관제용어는?
① Proceed as requested      ② Descend/climb via
③ At pilot's discretion     ④ Resume own navigation

〈해설〉 ATC 허가의 고도정보에 포함되는 용어 "조종사의 판단에 따라(at pilot's discretion)"는 조종사가 필요할 때 상승 또는 강하할 수 있는 선택권을 ATC가 조종사에게 제공한다는 의미이다. 조종사가 필요한 경우 어떠한 상승률 또는 강하율로도 상승 또는 강하할 수 있으며, 어떠한 중간고도에서나 일시적으로 수평비행(level off)을 할 수 있도록 허가하는 것이다.

정답   5. ③   6. ①   7. ③   8. ②   9. ④   10. ③

【문제】 11. 특별 VFR 비행을 실시할 수 없는 공역은?
① A등급 공역　　② B등급 공역　　③ C등급 공역　　④ D등급 공역

【문제】 12. VFR 비행계획을 제출한 항공기가 할 수 있는 것은?
① Contact Approach
② Visual Approach
③ Special VFR
④ VOR Approach

【문제】 13. B, C, D등급 및 E등급 공역 내에서 특별 VFR 비행을 수행하기 위한 기상요건은?
① 구름으로부터 벗어나고 비행시정 1 SM 이상
② 구름으로부터 벗어나고 비행시정 2 SM 이상
③ 구름으로부터 수평으로 1,000 ft 이상, 비행시정 1 SM 이상
④ 구름으로부터 수평으로 1,000 ft 이상, 비행시정 2 SM 이상

【문제】 14. Special VFR에 대한 설명 중 틀린 것은?
① 구름을 피하여 비행하여야 한다.
② 허가받은 관제권 안에서 비행하여야 한다.
③ 비행시정이 1,000 m 이상이어야 한다.
④ 지표 또는 수면을 계속하여 볼 수 있는 상태로 비행하여야 한다.

【문제】 15. 시계비행 최저치 미만의 기상상황에서 특별시계비행 허가를 받고 출항하는 항공기에 대한 설명 중 틀린 것은?
① 구름을 피하여 비행해야 한다.
② 지상시정을 최소 1,500미터 이상 유지해야 한다.
③ 조종사 자격요건에 상관없이 야간에도 비행 가능하다.
④ 지표 또는 수면을 계속하여 볼 수 있는 상태로 비행해야 한다.

〈해설〉 특별시계비행 허가(Special VFR Clearance)
1. VFR 조종사는 특별시계비행상태로 대부분의 D등급과 E등급 공항교통구역 및 일부 B등급과 C등급 공항교통구역으로 진입, 이탈 또는 운항하기 위한 허가를 요구할 수 있으며, 교통상황이 허용되고 이러한 비행이 IFR 운항을 지연시키지 않을 때 허가될 수 있다.
2. 특별시계비행 항공기(헬리콥터 이외)를 위한 시정요건은 다음과 같다.
　가. B등급, C등급, D등급 및 E등급 공항교통구역 내에서 운항하기 위해서는 최소한 1 SM(1,500 m)의 비행시정
　나. 이륙 또는 착륙할 때 최소한 1 SM(1,500 m)의 지상시정. 공항의 지상시정이 보고되지 않았다면 비행시정이 최소한 1 SM(1,500 m)이어야 한다.
3. 특별시계비행(SVFR) 허가는 B등급, C등급, D등급 및 E등급 공항교통구역 내에서만 유효하다.
4. 예측할 수 없는 급격한 기상의 악화 등 부득이한 사유로 관할 항공교통관제기관으로부터 특별시계비행허가를 받은 항공기의 조종사는 다음의 기준에 따라 비행하여야 한다.
　가. 허가받은 관제권 안을 비행할 것
　나. 구름을 피하여 비행할 것

정답　11. ①　12. ③　13. ①　14. ③　15. ③

다. 비행시정을 1 SM(1,500 m) 이상 유지하며 비행할 것
라. 지표 또는 수면을 계속하여 볼 수 있는 상태로 비행할 것
마. 조종사가 계기비행을 할 수 있는 자격이 없거나, 계기비행을 위한 항공계기를 갖추지 아니한 항공기로 비행하는 경우에는 주간에만 비행할 것

【문제】 16. ATC 기관에서 항공기를 분리하는 방법이 아닌 것은?
① 수직분리  ② 수평분리  ③ 복합분리  ④ 개별분리

【문제】 17. 같은 고도에 있는 항공기의 분리에 레이더를 사용할 때, Radar 안테나로부터 40 NM 이내에 있는 항공기 간의 분리간격은?
① 최소 3 NM  ② 최소 5 NM  ③ 최소 7 NM  ④ 최소 10 NM

【문제】 18. 동일 고도에 있는 IFR 항공기의 분리에 레이더를 사용할 때, Radar 안테나로부터 40 NM 이내에 있는 항공기 간의 최소 분리간격은?
① 2마일  ② 3마일  ③ 5마일  ④ 7마일

【문제】 19. 레이더 안테나로부터 40마일 밖에 있을 때 동일 고도에 있는 항공기 간 최소 간격분리는 몇 마일로 하는가?
① 3마일  ② 4마일  ③ 5마일  ④ 7마일

【문제】 20. 동일 고도에 있는 항공기 간의 분리에 레이더를 사용할 때 분리 최저치로 맞는 것은?
① 안테나로부터 40마일 미만 - 2마일
② 안테나로부터 40마일 미만 - 4마일
③ 안테나로부터 40마일 이상 - 3마일
④ 안테나로부터 40마일 이상 - 5마일

〈해설〉 IFR 분리기준(IFR Separation Standards)
1. ATC는 서로 다른 고도를 배정함으로써 수직적으로 항공기를 분리시키거나, 동일하거나 수렴 또는 교차하는 진로의 항공기 간에는 시간이나 거리 단위로 나타낸 간격을 제공하여 줌으로써 종적으로 또는 서로 다른 비행경로를 배정함으로써 횡적으로 항공기를 분리시킨다.
2. 동일한 고도에 있는 항공기의 분리에 레이더가 사용될 때 레이더 안테나로부터 40 mile 이내에서 운항하는 항공기 간에는 최소 3 mile의 분리가 제공되고, 안테나로부터 40 mile 밖에서 운항하는 항공기 간에는 최소 5 mile의 분리가 제공된다.

【문제】 21. 동일 순항고도에 있는 항공기 간의 시간에 의한 종적 간격분리에 대한 설명 중 틀린 것은?
① 일반적으로 15분 간격으로 한다.
② 확실한 정보가 있을 경우에는 10분 간격으로 한다.
③ 전방 항공기가 후방 항공기보다 20 kts 이상 빠른 경우에는 5분 간격으로 한다.
④ 전방 항공기가 후방 항공기보다 30 kts 이상 빠른 경우에는 3분 간격으로 한다.

〈해설〉 동일한 고도에 있는 동일 진로 상의 항공기 간의 시간에 의한 종적분리 최저치는 다음과 같다.

정답  16. ④  17. ①  18. ②  19. ③  20. ④  21. ④

1. 일반적으로 15분
2. 항행안전시설을 이용하여 위치 및 속도의 판단을 하는 경우 : 10분
3. 선행 항공기가 뒤따라가는 항공기보다 37 km/h(20 kt) 이상 빠른 경우 : 5분
4. 선행 항공기가 뒤따라가는 항공기보다 74 km/h(40 kt) 이상 빠른 경우 : 3분

【문제】 22. FL290 미만의 동일항로에서 IFR 비행 시 수직분리 간격은?
① 500 ft  ② 1,000 ft  ③ 2,000 ft  ④ 4,000 ft

【문제】 23. FL290 이상의 고도에서 IFR 비행 시 수직분리 최저치는?
① 1,000 ft  ② 1,200 ft  ③ 2,000 ft  ④ 2,500 ft

〈해설〉 계기비행(IFR) 항공기는 다음과 같은 수직분리 최저치를 적용하여 분리한다.
1. FL290 이하 : 1,000 ft
2. FL290 초과 : 2,000 ft

【문제】 24. FL280~10,000 ft 사이의 고도로 비행하는 항공기 간의 속도조절을 위해 ATC가 지시할 수 있는 최저속도는?
① 210 kts 또는 그와 동등한 Mach Number
② 230 kts 또는 그와 동등한 Mach Number
③ 250 kts 또는 그와 동등한 Mach Number
④ 270 kts 또는 그와 동등한 Mach Number

【문제】 25. 특별한 경우가 아닌 한, 10,000 ft 미만의 고도에서 ATC는 도착하는 터보프롭 항공기에 최소 몇 kts 이상의 속도를 지시하여야 하는가? (공항으로부터 20 NM 이상 떨어져 있는 경우)
① 150 kts  ② 170 kts  ③ 200 kts  ④ 250 kts

【문제】 26. 공항으로부터 20 NM 밖에서 10,000 ft 미만의 고도로 접근하는 터보제트 항공기의 min speed는?
① 210 kts  ② 220 kts  ③ 230 kts  ④ 240 kts

【문제】 27. 착륙하고자 하는 공항의 활주로 시단으로부터 20 NM 이내에서 10,000 ft 미만의 고도로 운항하는 터보제트 항공기의 최소속도는?
① 150 kts  ② 170 kts  ③ 210 kts  ④ 230 kts

【문제】 28. 도착하는 터보제트 항공기의 10,000피트 이하 고도에서 최소속도는?
① 190 kts  ② 200 kts  ③ 210 kts  ④ 220 kts

【문제】 29. 공항을 이륙하여 출발하는 터빈동력 항공기의 최소속도는?
① 210 kts  ② 230 kts  ③ 250 kts  ④ 270 kts

정답  22. ②  23. ③  24. ③  25. ③  26. ①  27. ②  28. ③  29. ②

**【문제】30.** 조종사의 동의가 없는 한 ATC가 지시하는 속도조절의 최저치로 틀린 것은?
① FL280~10,000 ft 사이의 고도에서 비행하는 항공기: 250 kts 또는 이와 동등한 마하수
② 고도 10,000 ft 미만의 도착하는 터보제트 항공기: 210 kts
③ 착륙예정공항의 활주로 threshold로부터 20마일 이내에 있는 터보제트 항공기: 170 kts
④ 출발하는 터보제트 항공기: 210 kts

**【문제】31.** Radar 관제 시 항공기에게 속도조절을 지시하지 못하는 경우는?
① B등급 공역 내 설정된 시계비행로에 있는 경우
② 활주로 threshold로부터 5마일 이내에 있는 경우
③ 초음속으로 비행하는 경우
④ 최종접근진로와 중간접근진로 상에 있는 경우

〈해설〉 속도조절(Speed Adjustments)
1. ATC가 속도조절을 지시할 때는 다음의 권고 최저치에 의거하여야 한다.
   가. FL280~10,000 ft 사이의 고도에서 운항하는 항공기에 대해서는 최저 250 knot 또는 이와 대등한 마하수
   나. 도착하는 터보제트 항공기가 10,000 ft 미만의 고도에서 운항하는 경우
      (1) 210 knot를 최저속도로 한다.
      (2) 단, 착륙하고자 하는 공항으로부터 비행거리 20 mile 이내에서는 170 knot를 최저속도로 한다.
   다. 착륙하고자 하는 공항의 활주로시단으로부터 비행거리 20 mile 이내의 도착하는 왕복엔진 또는 터보프롭 항공기에 대해서는 150 knot를 최저속도로 한다.
   라. 도착하는 왕복엔진 또는 터보프롭 항공기에 대해서는 200 knot를 최저속도를 한다. 단, 착륙하고자 하는 공항의 활주로시단으로부터 비행거리 20 mile 이내에서는 150 knot를 최저속도로 한다.
   마. 출발하는 항공기의 경우
      (1) 터보제트 항공기는 230 knot를 최저속도로 한다.
      (2) 왕복엔진 항공기는 150 knot를 최저속도로 한다.
2. 다음 항공기에게는 속도조절을 지시해서는 안 된다.
   가. FL390 이상의 고도에서 조종사 동의가 없는 경우
   나. 발간된 고고도 계기접근절차를 수행중인 항공기
   다. 체공장주에 있는 항공기
   라. 최종접근진로 상의 최종접근픽스 또는 활주로로부터 5 mile 되는 지점 중 활주로로부터 가까운 지점에 있는 항공기

■ 잠깐! 알고 가세요.
[속도조절(Speed Adjustments)]

| 구 분 | | | 최저속도 |
|---|---|---|---|
| 1. FL 280~10,000 ft의 고도에서 운항하는 항공기 | | | 최저 250 knot |
| 2. 도착 항공기 (고도 10,000 ft 미만) | 터보제트 항공기 | 공항으로부터 20 mile 이외 | 최저 210 knot |
| | | 공항으로부터 20 mile 이내 | 최저 170 knot |
| | 왕복엔진 또는 터보프롭 항공기 | 공항으로부터 20 mile 이외 | 최저 200 knot |
| | | 공항으로부터 20 mile 이내 | 최저 150 knot |
| 3. 출발 항공기 | 터보제트 항공기 | | 최저 230 knot |
| | 왕복엔진 항공기 | | 최저 150 knot |

【문제】32. 이륙전, 상승 및 강하, 직진 수평비행 및 비행장주 비행 시 시각경계절차의 올바른 활용과 관계없는 것은?
　　① 이륙전: 활주로 진입시 ATC로부터 진입허가를 받았다면 접근구역의 착륙항공기에 대한 경계 없이 활주로 상으로 진입할 수 있다.
　　② 상승 및 강하: 다른 항공기를 시각적으로 탐지할 수 있는 비행조건일 때, 상승 및 강하를 하는 동안 조종사는 공역을 계속 시각 탐색할 수 있는 빈도로 좌우 완선회를 하여야 한다.
　　③ 직진 수평비행: 다른 항공기를 시각적으로 탐색할 수 있는 상황에서 계속적인 직진 수평비행을 할 때 효과적인 경계를 하기 위해 적절한 경계절차로서 주기적 경계선회를 하여야 한다.
　　④ 비행장주: 강하하면서 장주로 진입하는 것은 특히 공중 충돌위험을 초래할 수 있으므로 피하여야 한다.

〈해설〉 시각경계절차의 사용(Use of Visual Clearing Procedure)
　　1. 이륙 전(before takeoff): 이륙 준비를 하기 위하여 활주로 또는 착륙구역으로 지상활주하기 전에 조종사는 만일의 착륙항공기에 대비하여 접근구역을 탐색하고, 접근구역을 명확하게 볼 수 있도록 적절한 경계기동(clearing maneuver)을 수행하여야 한다.
　　2. 상승 및 강하(climb and descent): 다른 항공기를 육안 탐색할 수 있는 비행상태에서 상승 및 강하하는 동안, 조종사는 주변 공역을 계속 육안 탐색할 수 있는 빈도로 약간 좌우로 경사지게 하여야 한다.
　　3. 직진 및 수평(straight and level): 다른 항공기의 육안탐색이 가능한 상황에서 계속 직진 수평비행을 하는 동안, 효과적인 육안탐색을 위하여 적절한 경계절차가 일정한 간격으로 이루어져야 한다.
　　4. 교통장주(traffic pattern): 강하하면서 교통장주로 진입하는 것은 특정한 충돌위험을 초래할 수 있으므로 피해야 한다.

【문제】33. ACAS/RA에서 표준관제에서 벗어나 RA에 따라 비행한 후, 표준관제로 다시 들어와야 되는 상황으로 틀린 것은?
　　① 원래의 속도와 방위로 돌아왔을 경우
　　② 원래의 고도로 돌아왔을 경우
　　③ ATC에 ACAS/RA를 완료하였다고 통보한 경우
　　④ 대체허가를 수행한 경우

【문제】34. ACAS 항공기가 RA 경고로 회피기동 시 관제사가 재관제를 실시하는 조건이 아닌 것은?
　　① 관제사에게 회피기동 종료를 보고한 경우
　　② 회피 대체 ATC 허가를 완료한 경우
　　③ 항공기가 항로와 속도를 회복한 경우
　　④ 항공기가 고도를 회복한 경우

【문제】35. 조종사가 TCAS로부터 RA를 들은 경우 ATC에 알려야 할 관제용어는?
　　① TCAS CLIMB　　　　　　② TCAS CLEAR
　　③ TCAS RA　　　　　　　　④ TCAS DESCENT

정답　32. ①　33. ①　34. ③　35. ③

〈해설〉 공중충돌경고장치 회피조언(TCAS Resolution Advisories)
1. 항공기가 TCAS RA 경고에 대한 대응절차를 시작한 경우, 관제사는 표준분리를 취하여야 할 책임이 없다. 표준분리에 대한 책임은 다음 상황 중 하나와 일치할 때 다시 재개된다.
   가. 회피 기동한 항공기가 배정된 고도로 다시 복귀한 경우
   나. 운항승무원이 TCAS 기동을 완료하였음을 관제사에게 통보하고 관제사가 표준분리가 다시 취해진 것을 확인한 경우
   다. 회피 기동한 항공기가 대체허가를 수행하였고 관제사가 표준분리가 다시 취해진 것을 확인한 경우
2. 조종사가 TCAS RA 경고에 대한 대응절차를 시작하여 항공교통관제 지시로부터 벗어나거나 또는 TCAS RA 준수 지시를 하지 않기 시작한 후의 관제용어는 다음과 같다.
   (조종사) : TCAS RA
   (관제사) : ROGER

## Ⅵ. 감시시스템(Surveillance Systems)

【문제】1. Radar 전파의 특성에 대한 설명 중 맞는 것은?
① 구름에 흡수된다.
② 기온역전과 같은 기상현상의 영향을 받는다.
③ 산악 등에 의해 차단된다.
④ 물체의 크기에 따라 radar echo의 강도가 결정된다.

【문제】2. 레이더의 수신거리에 영향을 주는 것은?
① 안테나가 가려져 있음    ② 층운
③ 강우                        ④ 지면 장애물

【문제】3. 레이더 운용지역에서 레이더 교통업무를 제공하는 관제사의 조언 능력이 제한될 수 있는 경우가 아닌 것은?
① 미확인 항공기가 레이더에 관측되지 않았을 때
② 비행계획 정보가 없을 때
③ 다수의 교통량과 과다한 업무로 교통정보를 발부하는 데 어려움이 있을 때
④ 다른 항공기 간에 레이더 분리를 제공하고 있을 때

〈해설〉 레이더(Radar)
1. 전파(radio wave)의 특성은 다음과 같은 경우 외에는 보통 계속해서 직선으로 이동한다는 것이다.
   가. 기온역전과 같은 불규칙한 대기현상에 의한 "굴곡현상(bending)"
   나. 짙은 구름(heavy clouds), 강수(precipitation), 지면 장애물, 산 등과 같이 밀도가 높은 물체에 의한 반사 또는 감쇠
   다. 고지대의 지형으로 인한 차폐(screen)
2. 계기비행 또는 시계비행상태로 비행하는 조종사에게 다른 항공기와의 근접을 조언할 수 있는 관제사의 능력은 미확인항공기가 레이더에 관측되지 않거나, 비행계획 정보를 이용할 수 없거나 또는 교통량과 업무량이 많아서 교통정보를 발부하는데 어려움이 있다면 제한될 수 있다.

정답  1. ②  2. ③  3. ④

【문제】 4. 항공교통관제 레이더비컨시설(ATCRBS)의 장점이 아닌 것은?
① 레이더 표적의 보강　　　② 신속한 표적 식별
③ 선정된 코드의 독자적 전시　　　④ 통달거리의 증가

〈해설〉 일차레이더에 비해서 항공교통관제 비컨시스템(ATCRBS; Air Traffic Control Radar Beacon System)의 몇 가지 이점은 다음과 같다.
　1. 레이더 표적(radar target)의 보강
　2. 신속한 표적 식별
　3. 선택된 코드의 독특한 시현

【문제】 5. Airport Surveillance Radar(ASR)에 대한 설명으로 틀린 것은?
① Terminal area의 항공기 위치를 탐지하여 교통의 신속한 처리를 위해 사용되는 접근관제 레이더이다.
② Range와 azimuth 정보 및 elevation data를 제공한다.
③ 계기접근 보조시설로도 활용할 수 있다
④ 일반적인 통달거리는 레이더로부터 반경 60 NM 이다.

【문제】 6. Airport Surveillance Radar(ASR)의 service 범위는?
① 반경 40 NM, 고도 20,000 ft　　　② 반경 50 NM, 고도 25,000 ft
③ 반경 60 NM, 고도 25,000 ft　　　④ 반경 70 NM, 고도 20,000 ft

【문제】 7. 다음 중 관제공역에서 사용되는 long range radar 시스템은?
① Airport surveillance radar(ASR)
② Air route surveillance radar(ARSR)
③ Automated radar terminal system(ARTS)
④ Traffic collision avoidance system(TCAS)

【문제】 8. 항공로 상에 있는 항공기의 관제업무에 주로 사용되는 레이더는?
① ASR　　　② PAR　　　③ ARSR　　　④ ASDE

〈해설〉 감시레이더(Surveillance Radar)는 다음과 같이 구분할 수 있다.
　1. 공항감시레이더(Airport Surveillance Radar; ASR)
　　가. ASR은 대략적인 공항 주변에서 비교적 단거리(short-range)의 포착범위를 제공하고, 레이더스코프 상의 정확한 항공기 위치의 감시를 통해 터미널 지역 교통의 신속한 처리를 위한 수단으로 활용하기 위하여 설계되었다. ASR은 계기접근보조시설로도 활용할 수 있다.
　　나. ASR은 거리(range) 및 방위(azimuth) 정보를 제공하지만 고도자료는 제공하지 않는다. ASR의 포착범위(coverage)는 고도 25,000 ft 미만에서 반경 60 mile까지 확장될 수 있다.
　2. 항로감시레이더(Air Route Surveillance Radar; ARSR)
　　주로 넓은 지역에 대한 항공기 위치의 시현을 제공하기 위하여 설계된 장거리(long-range) 레이더시스템이다.

정답　4. ④　5. ②　6. ③　7. ②　8. ③

【문제】 9. 정밀접근레이더(PAR)의 운영범위는?
  ① 거리(range) 10 NM, 방위(azimuth) 20°, 경사각(elevation) 5°
  ② 거리(range) 10 NM, 방위(azimuth) 20°, 경사각(elevation) 7°
  ③ 거리(range) 15 NM, 방위(azimuth) 20°, 경사각(elevation) 5°
  ④ 거리(range) 15 NM, 방위(azimuth) 20°, 경사각(elevation) 7°

〈해설〉 정밀접근레이더(Precision Approach Radar; PAR)
  1. PAR은 항공기 이착륙순서 및 간격조정을 위한 보조시설 보다는 착륙보조시설로 사용하기 위하여 설계되었다.
  2. 하나는 수직면을 탐지하고 다른 하나는 수평으로 탐지하기 위하여 두 개의 안테나가 PAR array에 사용된다. 거리 10 mile, 방위각 20° 그리고 경사각은 7°로 제한되기 때문에 최종접근구역만을 탐지한다.

정답  9. ②

# 3 항공교통관제절차

## 제1절. 비행전(Preflight)

### 1. 비행계획(Flight plan)

가. 비행계획 제출기준

인천 FIR을 통과하거나 인천 FIR 내에서 비행하려는 모든 항공기는 ICAO 비행계획 양식을 사용하여 비행계획을 제출해야 한다.

나. 비행계획서 제출

인천 FIR 내에서 출발하는 항공기는 출발예정시간으로부터 최소 1시간 전에 비행계획을 인근 공항 항공정보실 또는 군 기지운항실에 제출하여야 하며, 접수된 비행계획은 항공교통본부(대구 또는 인천비행정보실)에 통보하여야 한다. 인천 FIR 내로 비행하고자 하는 항공기는 FIR 경계선 통과 최소 1시간 전에 항공교통본부(대구 또는 인천비행정보실)에 비행계획을 제출하여야 한다.

다. 반복비행계획의 사용

매주 같은 요일에 정기적으로 운항하고 10일 동안 적어도 10번 이상 또는 매일 운항하는 국내선 계기비행에 대해서는 반복비행계획을 사용할 수 있다. 반복비행계획서의 이용은 국내선에 한하며 반복비행계획에는 다음 각 호의 사항이 포함되어야 한다.

(1) 비행계획의 유효기간
(2) 운항 일수(days of operation)
(3) 항공기 식별부호(aircraft identification)
(4) 항공기 형식 및 후방난기류 범주
(5) 출발비행장 및 출발예정시간
(6) 순항속도, 순항고도, 비행로
(7) 목적비행장 및 총예상소요비행시간
(8) 비고(remarks)

### 2. 방어시계비행(Defense VFR; DVFR)

가. 한국방공식별구역(Korea Air Defence Identification Zone; KADIZ) 경계선을 통과하는 시계비행을 방어시계비행이라 하며, 비행계획서에는 한국방공식별구역 내의 경로, 고도와 경계선 예정시간이 포함되어야 한다.

나. 인천비행정보구역으로 입항하는 시계비행 항공기는 경계선 통과 예정 20분 전까지 통과예정시간을 보고해야 한다. 인천비행정보구역 경계선으로부터 20분 이내의 지점에서 이륙하는 시계비행 항공기는 이륙 전에 통과예정시간을 보고하여야 한다.

### 3. 비행방식의 변경(IFR-VFR and VFR-IFR flights)

가. 비행의 첫 부분은 계기비행(IFR)이고 다음 부분은 시계비행(VFR)인 경우, 계기비행(IFR)이 끝나는 픽스까지만 허가한다.

나. 비행의 첫 부분이 시계비행(VFR)이고 다음 부분이 계기비행(IFR)인 항공기는 시계비행(VFR) 출발로 취급한다. 계기비행(IFR)을 시작하려는 픽스로 접근하여 계기비행(IFR) 허가를 요구할 때 항공기에게 계기비행(IFR) 허가를 발부한다. "Cleared to (목적지) airport as filed"란 간소화된 이륙허가 절차의 용어를 사용할 수 있다.

다. 항공기가 시계비행(VFR)에서 계기비행(IFR)으로 변경 시, 관제사는 MSAW 경보를 따를 수 있는 Mode C가 장착된 항공기에게 비컨코드를 배정한다.

## 4. 비행계획서(ICAO 양식)

그림 1-11. 비행계획서 양식 일부 (항목 3~항목 15)

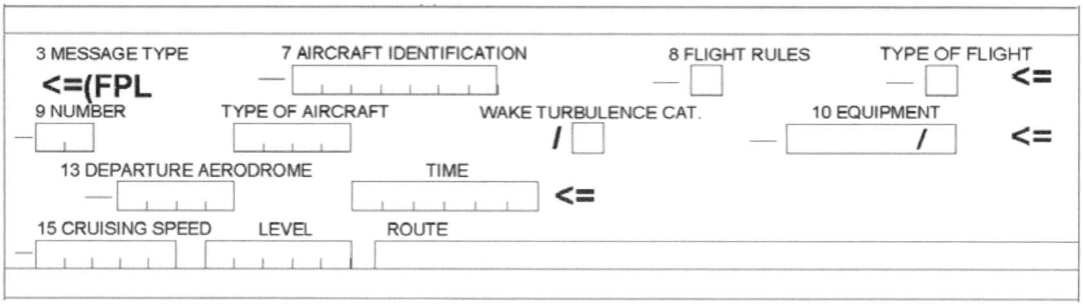
3 MESSAGE TYPE
<=(FPL
7 AIRCRAFT IDENTIFICATION
8 FLIGHT RULES
TYPE OF FLIGHT
<=
9 NUMBER
TYPE OF AIRCRAFT
WAKE TURBULENCE CAT.
10 EQUIPMENT
<=
13 DEPARTURE AERODROME
TIME
<=
15 CRUISING SPEED
LEVEL
ROUTE

가. 항목 7. 항공기 식별부호(Aircraft identification)

나. 항목 8. 비행규칙 및 비행형식

(1) 비행규칙(Flight rules)

(가) I: 전 비행이 IFR 하에서 운항될 예정인 경우

(나) V: 전 비행이 VFR 하에서 운항될 예정인 경우

(다) Y: 비행의 첫 구간은 IFR 하에서 운항되고, 이후 1회 이상의 비행규칙의 변경이 예정된 경우

(라) Z: 비행의 첫 구간은 VFR 하에서 운항되고, 이후 1회 이상의 비행규칙의 변경이 예정된 경우

(2) 비행형식(Type of flight)

(가) S: 정기 항공업무인 경우

(나) N: 부정기 항공운송 운항인 경우

(다) G: 일반항공인 경우

(라) M: 군용기인 경우

(마) X: 위에서 규정된 종류 이외인 경우

다. 항목 9. 항공기 대수, 형식 및 후류요란 등급

(1) 항공기 대수(Number of aircraft): 항공기가 1대 이상인 경우 항공기 대수 기입

(2) 항공기 형식(Type of aircraft)

(3) 후류요란 등급(Wake turbulence category)

(가) H: 최대인가이륙중량이 136,000 kg 이상인 항공기의 형식 (Heavy)

(나) M: 최대인가이륙중량이 7,000 kg 초과 136,000 kg 미만인 항공기의 형식 (Medium)

(다) L: 최대인가이륙중량이 7,000 kg 이하인 항공기의 형식 (Light)

라. 항목 10. 탑재장비 및 성능(Equipment and capabilities)
 (1) N: 비행할 항공로에 대한 COM/NAV/접근 보조장비를 장착하지 않았거나 장비가 고장인 경우
 (2) S: 비행할 항공로에 대한 표준 COM/NAV/접근 보조장비를 장착하고 운용 가능한 경우
 (3) 운용 가능한 COM/NAV/접근 보조장비 및 이용 가능한 성능을 나타내기 위해 아래의 문자 중 하나 이상을 기입

표 1-5. 항공기 COM, NAV 및 접근 보조장비 수식어(Equipment qualifiers)

| | | | |
|---|---|---|---|
| A | GBAS 착륙시스템 | J6 | CPDLC FANS 1/A SATCOM (MTSAT) |
| B | LPV (SBAS를 갖춘 APV) | J7 | CPDLC FANS 1/A SATCOM (Iridium) |
| C | LORAN C | K | MLS |
| - | - | L | ILS |
| D | DME | M1 | ATC RTF SATCOM (INMARSAT) |
| E1 | FMC WPR ACARS | M2 | ATC RTF (MTSAT) |
| E2 | D-FIS ACARS | M3 | ATC RTF (Iridium) |
| E3 | PDC ACARS | O | VOR |
| F | ADF | P1-P9 | RCP용으로 유보 |
| G | GNSS | R | PBN 승인 |
| H | HF RTF | T | TACAN |
| I | 관성항법(Inertial navigation) | U | UHF RTF |
| J1 | CPDLC ATN VDL Mode 2 | V | VHF RTF |
| J2 | CPDLC FANS 1/A HFDL | W | RVSM 승인 |
| J3 | CPDLC FANS 1/A VDL Mode A | X | MNPS 승인 |
| J4 | CPDLC FANS 1/A VDL Mode 2 | Y | 8.33 kHz 채널 분리성능을 갖춘 VHF |
| J5 | CPDLC FANS 1/A SATCOM (INMARSAT) | Z | 그 밖의 탑재장비 또는 그 밖의 성능 |

마. 항목 13: 출발비행장 및 출발시간(Departure aerodrome and time)

바. 항목 15: 순항속도, 순항고도 및 항공로
 (1) 순항속도(최대 5자리 문자). 비행의 처음 또는 전 순항구간에 대한 진대기속도(TAS)를 기입
  (가) 시간당 킬로미터(km/h): K와 4자리 숫자로 표현 (예, K0830)
  (나) 노트(knots): N과 4자리 숫자로 표현 (예, N0485)
  (다) 마하수(Mach number): 관할 ATS 당국이 이를 사용하도록 규정한 경우, M과 100분의 1 단위의 마하수에 가장 가까운 3자리 숫자로 표현 (예, M082)
 (2) 순항고도(최대 5자리 문자). 비행할 항공로의 처음 또는 전 구간에 대한 계획된 순항고도를 기입
  (가) 비행고도(Flight level): F와 3자리 숫자로 표현 (예, F085)
  (나) 10 m 단위의 표준미터고도(Standard Metric Level): S와 4자리 숫자로 표현 (예, S1130)
  (다) 100 ft 단위의 고도: A와 3자리 숫자로 표현 (예, A045)
  (라) 10 m 단위의 고도: M과 4자리 숫자로 표현 (예, M0840)
  (마) 비관제 VFR 비행의 경우: 문자 VFR
 (3) 항공로(속도, 고도 및 또는 비행규칙의 변경 포함)

사. 항목 16. 목적비행장(destination aerodrome) 및 총 예상 소요시간, 목적지 교체비행장

아. 비고(Remarks)

## 5. 비행계획의 변경(Change in proposed departure time)

제출된 비행계획이 IFR 비행인 경우 이동 개시 예정시간을 30분을 초과하여 지연되거나, 또는 VFR 비행인 경우 1시간 이상 지연될 때에는 비행계획을 수정하거나 새로운 비행계획을 제출하고 기 제출된 비행계획은 취소하여야 한다. 변경사항을 통보할 시간적 여유가 없을 경우, 출발 후 IFR 비행은 관할 관제기관에 통보해야 한다.

## 6. VFR/DVFR 비행계획의 종료(Closing VFR/DVFR flight plan)

VFR 또는 DVFR 비행계획이 취소되었는가를 확인하는 것은 조종사의 책임이다. 조종사는 가장 인접한 FSS에 비행계획의 종료를 통보하여야 하며, 만약 통보할 수 없는 상황이라면 비행계획의 종료를 FSS에 중계해 줄 것을 ATC 기관에 요청할 수 있다. 관제탑은 어느 VFR 항공기가 비행계획서에 의하여 비행하고 있는지를 모르기 때문에 VFR 또는 DVFR 비행계획을 자동으로 종료시키지는 않는다. 조종사가 도착예정시간(ETA) 이후 30분 이내에 비행계획을 보고하지 않았거나 종료하지 않았다면 수색 및 구조절차가 시작된다.

## 7. IFR 비행계획의 취소(Canceling IFR flight plan)

가. 계기비행중인 항공기가 시계비행방식으로 전환 시 관계 항공교통기관에 계기비행 취소를 보고하고, 인천비행정보센터와 무선 교신하여 변경 비행계획을 통보하여야 한다. 단, 직접 통보가 어려울 경우 인접 관제기관을 통하여 통보한다.

나. 관제탑이 운영되는 공항으로의 IFR 비행계획에 의한 운항이라면 비행계획은 착륙과 동시에 자동으로 종료된다.

다. 관제탑이 운영되지 않는 공항으로의 IFR 비행계획에 의한 운항이라면 조종사가 IFR 비행계획을 종료시켜야 한다. 운영 중인 FSS가 있거나 ATC와 직접 교신할 다른 방법이 있다면 착륙 후에 종료시킬 수 있다. FSS가 없거나 어떤 고도 이하에서 ATC와 공지통신이 불가능한 경우, 조종사는 기상상태가 허용되면 체공 중에 ATC와 무선교신이 가능한 동안에 IFR 비행계획을 종료시켜야 한다.

## 제2절. 출발절차(Departure Procedures)

### 1. 지상활주전 허가절차(Pre-taxi clearance procedure)

어떤 공항에는 계기비행방식으로 출발하는 항공기의 조종사가 이륙을 위한 지상활주 전에 IFR 허가를 받을 수 있는 지상활주전 허가 프로그램이 설정되어 있다. 이러한 절차에 포함된 규정은 다음과 같다.

가. 조종사의 참여는 의무사항이 아니다.

나. 참여하는 조종사는 지상활주 예정시간으로부터 최소 10분전까지 허가중계소(clearance delivery) 또는 지상관제소를 호출한다.

다. 최초교신 시 IFR 허가(허가할 수 없는 경우에는 지연정보)가 발부된다.

라. 허가중계주파수로 IFR 허가를 받았다면, 조종사는 지상활주를 위한 준비가 완료되었을 때 지상관제소를 호출한다.

마. 일반적으로 조종사는 허가중계주파수로 IFR 허가를 받았다는 것을 지상관제소에 통보할 필요는 없다. 그러나 어떤 지역에서는 비행구간에 대한 허가 또는 그 구간에 대한 IFR 허가를 받았다는 것을 지상관제소에 통보할 것을 조종사에게 요구하기도 한다.

## 2. 출발제한, 허가무효시간, 출발유보 및 출발유보해제시간

가. 허가무효시간(Clearance void time)

조종사는 관제탑이 운영되지 않는 공항에서 출발할 때 일정 시간까지 이륙하지 않으면 그 허가는 무효라는 단서가 포함된 허가를 받을 수 있다. 허가무효시간 전에 출발하지 않은 조종사는 가능한 빨리 자신의 의도를 ATC에 통보하여야 한다. 보통 ATC는 항공기가 허가무효시간 전에 출발하지 않았다는 것을 ATC에 통보해야 하는 시간을 지정하여 조종사에게 통보한다. 이 시간은 30분을 초과하지 않아야 한다.

나. 출발유보(Hold for release)

ATC는 교통관리 상의 이유(예를 들면, 기상, 교통량 등)로 항공기의 출발을 지연시키기 위하여 허가에 "출발유보(hold for release)" 지시를 발부할 수 있다. ATC가 허가에 "hold for release"를 언급하면 조종사는 ATC가 출발유보해제시간이나 추가지시를 발부할 때 까지 IFR로 출발해서는 안 된다. ATC 지시 "hold for release"는 IFR 허가에만 적용되며, 조종사가 VFR로 출발하지 못하도록 하는 것은 아니다.

다. 출발유보해제시간(Release time)

"출발유보해제시간(release time)"은 항공기가 출발할 수 있는 가장 빠른 시간을 명시할 필요가 있는 경우, ATC가 조종사에게 발부하는 출발제한이다. ATC는 출발 항공기를 다른 항공기와 분리하거나, 교통관리절차와 관련하여 "출발유보해제시간"을 사용한다.

라. 출발허가 예정시간(Expect Departure Clearance Time; EDCT)

EDCT는 교통관리프로그램에 포함된 항공기에게 지정되는 활주로 출발유보해제시간(runway release time)이다. 항공기는 EDCT 보다 5분 이상 빨리 출발하거나 5분 이상 늦게 출발하지 않도록 하여야 한다.

## 3. 계기출발절차(DP)-장애물출발절차(ODP)와 표준계기출발절차(SID)

계기출발절차는 사전에 설정된 계기비행방식(IFR) 절차이며 터미널 지역으로부터 해당하는 항공로 구조까지의 장애물 회피를 제공한다. DP에는 문자 또는 그림 형식으로 제작되는 장애물출발절차(ODP)와 항상 그림 형식으로 제작되는 표준계기출발절차(SID)의 두 가지 유형이 있다. ODP는 번거로움이 가장 적은 비행로에 의하여 터미널 지역으로부터 해당하는 항공로 구조까지 장애물 회피를 제공한다.

장애물 회피를 위해 ODP를 권고하며, ATC에 의해 특별히 대체출발절차(SID 또는 레이더 유도)가 지정되지 않는 한 ATC의 허가 없이 비행할 수 있다. 표준계기출발절차는 조종사/관제사에 의해 사용되며, 터미널 지역으로부터 해당하는 항공로 구조까지의 장애물 회피와 전환을 제공하기 위하여 발간되는 그림 형식의 항공교통관제(ATC) 절차이다. SID는 우선적으로 시스템 능력을 증진시키고, 조종사/관제사의 업무부담을 줄이기 위하여 설계된다. SID로 비행하기 이전에 ATC 허가를 받아야 한다.

가. 계기출발절차(DP)가 필요한 첫 번째 이유는 조종사에게 장애물 회피 보호정보를 제공하기 위한 것이다. 두 번째 이유는 SID의 사용을 통해 복잡한 공항에서의 효율성을 향상시키고, 무선교신을 줄이며 출발지연을 감소시키기 위한 것이다.

관제사가 발부한 SID 허가를 따르고 싶지 않은 조종사는 관제사에게 통보하거나, 비행계획서의 비고(remarks) 란에 "No SID"라고 기입하여야 한다.

나. 출발 중 장애물 회피 제공 기준
  (1) 달리 지정되지 않은 한 임의출발(diverse departure)을 포함한 모든 출발 시에 필요한 장애물 회피는 조종사가 이륙활주로종단을 최소한 이륙활주로종단 표고보다 35 ft 이상의 높이로 통과하고 최초로 선회하기 전에 이륙활주로종단 표고보다 400 ft 이상의 높이까지 상승하며, 통과제한에 의해 고도이탈(level off)이 필요하지 않는 경우 최저 IFR 고도까지 NM 당 최소 200 ft의 상승률(FPNM)을 유지하는 것을 기반으로 한다. 장애물 회피나 ATC 통과제한을 이행하기 위하여 DP에 더 높은 상승률이 지정될 수도 있다. DP에 최초의 선회가 이륙활주로종단 표고 상공 400 ft 보다 더 높게 지정되어 있다면 더 높은 고도에서 선회를 시작하여야 한다.
  (2) ODP 및 SID는 항공기 성능이 정상이고 모든 엔진은 작동 중이라고 가정한다.
  (3) 40:1 장애물식별표면(OIS)은 이륙활주로종단(DER)에서 시작되며, 최저 IFR 고도에 도달하거나 항공로 구조로 진입하기 전까지 상방 152 FPNM의 경사도로 경사져 있다. 이 평가지역은 비산악지역에서는 공항으로부터 25 NM까지, 그리고 지정된 산악지역에서는 46 NM까지로 제한된다.

4. 출발 항공기 분리
 가. 동일 활주로 상 분리(Same runway separation)
   동일 활주로 상에서 선행 이·착륙 하는 항공기로부터 이륙하는 항공기를 분리하기 위하여 다음의 분리가 취해질 때까지 뒤따라 출발하는 항공기가 이륙활주(take off roll)를 시도하지 않도록 하여야 한다.
  (1) 먼저 출발한 항공기가 이륙하여 활주로 종단을 통과하였거나 충돌 회피를 위한 선회를 완료한 경우, 관제사가 적절한 지상표지를 참고하여 거리를 측정할 수 있고 두 항공기 간 다음의 최저거리가 유지될 때 선행 항공기가 이륙 후 뒤따라 출발하는 항공기를 활주시킬 수 있다.
    (가) CAT Ⅰ항공기 간: 3,000 ft
    (나) CAT Ⅱ항공기가 CAT Ⅰ 항공기에 앞서 비행할 때: 3,000 ft
    (다) 뒤따르는 항공기 또는 둘 다 CAT Ⅱ항공기일 때: 4,500 ft
    (라) 둘 중의 하나가 CAT Ⅲ 항공기일 때: 6,000 ft (다만, 민간 전용공항인 경우 8,000 ft 적용)
    (마) 뒤따르는 항공기가 헬리콥터일 때, 거리최저치 사용 대신 시계(visual) 분리를 적용한다.
  (2) 앞서 착륙하는 항공기가 활주로를 개방 후, 뒤따라 이륙하는 항공기를 이륙 활주시킬 수 있다.
 나. 항적난기류 레이더분리
   민간전용 공항에서 접근 및 출발단계에 있는 항공기에게 아래 조건인 경우 아래 기준과 같이 항적난기류 레이더분리 최저치를 적용한다.
  (1) 분리조건
    (가) 항공기가 동일 고도 또는 300 m(1,000 ft) 미만의 고도 차이로 앞선 항공기 뒤를 운항하는 경우
    (나) 두 항공기가 동일 활주로를 이용하거나, 평행 활주로가 760 m(2,500 ft) 미만으로 분리된 경우
    (다) 항공기가 동일 고도 또는 300 m(1,000 ft) 미만의 고도 차이로 다른 항공기 뒤를 통과하는 경우
  (2) 분리기준
    (가) 대형(heavy) 항공기 뒤에 비행하는 대형(heavy) 항공기: 7.4 km(4마일)
    (나) 대형(heavy) 항공기 뒤에 비행하는 중형(medium) 항공기: 9.3 km(5마일)
    (다) 대형(heavy) 항공기 뒤에 비행하는 소형(light) 항공기: 11.1 km(6마일)
    (라) 중형(medium) 항공기 뒤에 비행하는 소형(light) 항공기: 9.3 km(5마일)

## 제3절. 항로 절차(En Route Procedure)

### 1. ATC 주파수 변경(ATC frequency change)

가. 관제사는 주파수 변경을 지시하기 위하여 다음과 같은 관제용어를 사용한다.

〔예문(Example)〕

(항공기 식별부호) contact (시설 명칭 또는 지역 명칭과 터미널 기능) (주파수) at (시간, fix 또는 고도).

나. 조종사는 지정된 시설과 교신하기 위해 다음의 관제용어를 사용하여야 한다.

(1) 레이더 관제상황에서 운항 중일 때 조종사는 최초교신 시 적절한 용어 "level", "climbing to" 또는 "descending to" 다음에 배정받은 고도를, 그리고 해당하는 경우 현재 항공기가 떠나는 고도를 관제사에게 통보하여야 한다.

〔예문(Example)〕

(명칭) center, (항공기 식별부호), level (고도 또는 비행고도).

(명칭) center, (항공기 식별부호), leaving (정확한 고도 또는 비행고도), climbing to 또는 descending to (고도 또는 비행고도).

(2) 비레이더 관제상황에서 운항 중일 때

(가) 최초교신 시 조종사는 관제사에게 항공기의 현재 위치, 고도 및 다음 보고지점의 도착예정시간을 통보하여야 한다.

〔예문(Example)〕

(명칭) center, (항공기 식별부호), (위치), (고도), estimating (보고지점) at (시간).

(나) 최초교신 후에 위치보고를 할 때 조종사는 관제사에게 완전한 위치보고를 하여야 한다.

〔예문(Example)〕

(명칭) center, (항공기 식별부호), (위치), (시간), (고도), (비행계획의 방식), (다음 보고지점의 ETA 및 명칭), (이어지는 다음 보고지점의 명칭), and (비고).

다. 때때로 관제사는 조종사에게 항공기가 특정 고도에 있는지 확인을 요구한다. 관제용어는 "Verify at (고도)"를 사용한다. 상승이나 강하하는 상황에서 관제사는 조종사에게 "Verify assigned altitude as (고도)"라고 요구할 수도 있다. 조종사는 관제사가 언급한 고도에 항공기가 있는지, 또는 배정고도가 관제사가 언급한 고도와 일치하는 지를 확인하여야 한다. 언급한 고도와 다르다면 조종사는 항공기가 실제 유지하고 있는 고도 또는 상이한 배정고도를 관제사에게 통보하여야 한다.

### 2. 위치보고(Position reporting)

가. 위치보고 요건(Position reporting requirement)

(1) 항공로 또는 비행로의 비행: ATC 허가에 의한 "VFR-on-top" 운항을 포함하여 모든 비행에서 고도에 관계없이 비행하고 있는 비행로의 지정된 각 필수보고지점 상공에서 위치보고를 하여야 한다.

(2) 직선비행로(direct route)의 비행: 조종사는 ATC 허가에 의한 "VFR-on-top" 운항을 포함하여 비행하고 있는 고도 또는 비행고도에 관계없이 비행경로를 명시하기 위하여 비행계획에 사용된 각 보고지점 상공에서 위치보고를 하여야 한다.

(3) 레이더 관제상황에서의 비행: 조종사는 ATC로부터 항공기가 "Radar contact" 되었다는 통보를

받은 경우에는 지정된 보고지점 상공에서 위치보고를 하지 않아도 된다. ATC가 "Radar contact lost" 또는 "Radar service terminated"라고 통보한 경우에는 다시 정상적인 위치보고를 하여야 한다.

나. ATC는 다음과 같은 경우에 "레이더 포착(radar contact)" 사실을 조종사에게 통보한다.
  (1) ATC 시스템에 처음으로 항공기가 식별되었을 때
  (2) 레이더 업무가 종료되었거나 레이더 포착이 상실된 이후에 레이더 식별이 다시 이루어졌을 때. 관제사가 레이더 포착이 이루어졌다고 통보한 후에 다른 관제사에게 이양되었을 때 조종사에게 레이더 포착 사실을 다시 통보하지는 않는다.

다. 위치보고 항목(Position report item)
  (1) 항공기의 식별부호(identification)
  (2) 위치(position)
  (3) 시간(time)
  (4) 고도 또는 비행고도(VFR-on-top 허가를 받고 운항중이라면, 실제고도 또는 비행고도 포함)
  (5) 비행계획의 방식(ARTCC 또는 접근관제소에 직접 위치보고를 하는 경우에는 필요 없다)
  (6) 다음 보고지점의 ETA 및 명칭(ETA and name of next reporting point)
  (7) 비행경로에서 이어지는 다음 보고지점의 명칭
  (8) 관련 사항

## 3. 추가 보고(Additional report)

가. ATC의 특별한 요청이 없어도 ATC 또는 FSS 시설에 다음과 같이 보고하여야 한다.
  (1) 항상 보고해야 하는 경우
    (가) 새로 배정받은 고도 또는 비행고도로 비행하기 위하여 이전에 배정된 고도 또는 비행고도를 떠날 때
    (나) VFR-on-top 허가를 받고 운항중이라면, 고도변경을 할 때
    (다) 최소한 분당 500 ft의 비율로 상승/강하할 수 없을 때
    (라) 접근에 실패하였을 때 (특정한 조치, 즉, 교체공항으로 비행하거나 다른 접근의 수행 등을 위한 허가를 요청한다)
    (마) 비행계획서에 제출한 진대기속도보다 순항고도에서의 평균 진대기속도가 5% 또는 10 knot의 변화(어느 것이든 큰 것)가 있을 때
    (바) 허가받은 체공 fix 또는 체공지점에 도착한 경우, 시간 및 고도 또는 비행고도
    (사) 지정받은 체공 fix 또는 체공지점을 떠날 때
    (아) 관제공역에서의 VOR, TACAN, ADF, 저주파수 항법수신기의 기능상실, 장착된 IFR-인가 GPS/GNSS 수신기를 사용하는 동안 GPS의 이상현상(anomaly), ILS 수신기 전체 또는 부분적인 기능상실이나 공지통신 기능의 장애.
      보고에는 항공기 식별부호, 영향을 받는 장비, ATC 시스템이 손상되었을 때 IFR로 운항할 수 있는 성능의 정도, 그리고 ATC로부터 원하는 지원의 종류와 범위를 포함하여야 한다.
    (자) 비행안전과 관련된 모든 정보

(2) 레이더에 포착되지 않았을 때 보고해야 하는 경우
 (가) 최종접근진로 상의 inbound 최종접근픽스(비정밀접근)를 떠날 때, 또는 최종접근진로 상에서 외측마커나 inbound 외측마커 대신 사용되는 픽스(정밀접근)를 떠날 때
 (나) 이전에 통보한 예정시간과 2분 이상 차이가 날 것이 확실할 때는 언제라도 수정된 예정시간을 통보하여야 한다.
나. 예보되지 않은 기상상태나 예보된 위험한 기상상태와 조우한 조종사는 ATC에 이러한 기상상태를 통보하여야 한다.

## 4. 통신의 청취

장거리 해상을 비행하는 항공기국 또는 비상위치송신기(ELT)의 탑재가 요구된 지정된 공역을 비행하는 항공기국은 VHF 비상주파수 121.5 MHz를 계속 청취하여야 한다. 다만 조종사가 다른 VHF 채널로 통신을 하고 있는 경우 또는 탑재장비가 부족하거나, 조종사가 동시에 두 채널을 청취할 수 없는 경우는 예외로 한다.

## 5. 체공(Holding)

가. 체공장주가 차트화되어 있고 관제사가 완전한 체공지시를 발부하지 않았다면, 조종사는 해당 차트에 표기되어 있는 대로 체공하여야 한다. 장주가 지정된 절차 또는 비행할 비행로에 차트화되어 있을 때에 관제사는 "hold east as published"와 같이 차트화된 체공방향과 "as published"라는 용어를 제외한 모든 체공지시를 생략할 수 있다. 관제사는 조종사의 요구가 있을 때에는 언제든지 완전한 체공지시를 발부하여야 한다.

나. 체공장주가 차트화되어 있지 않고 체공지시를 발부받지 않은 경우, 조종사는 fix에 도착하기 전에 ATC에 체공지시를 요구하여야 한다. 이러한 조치는 ATC가 바라는 것과는 다른 체공장주로 항공기가 진입할 가능성을 제거할 수 있다. Fix에 도착하기 전에 체공지시를 받을 수 없는 경우, 조종사는 fix에 접근하는 진로상의 표준장주에서 체공하면서 가능한 빨리 추후허가를 요구한다.

다. 항공기가 허가한계점으로부터 3분 이내의 거리에 있고 fix 다음 구간에 대한 비행허가를 받지 못했을 경우, 조종사는 항공기가 처음부터 최대체공속도 이하로 fix를 통과하도록 체공 fix로부터 3분 이내의 거리에 있을 때부터 속도를 줄이기 시작하여야 한다.

라. 지연이 예상될 때, 항공기가 허가한계점에 도착하기 적어도 5분 전에 허가한계점과 체공지시를 발부하여야 한다.

마. 지연이 예상되지 않는 경우, 관제사는 가능한 빨리 그리고 가능하다면 항공기가 허가한계점에 도착하기 최소한 5분 전에 fix 이후에 대한 허가를 발부하여야 한다.

바. 조종사는 항공기가 허가한계점에 도착한 시간과 고도/비행고도를 ATC에 보고하여야 하며, 또한 허가한계점을 떠난다는 것을 보고하여야 한다.

사. 체공장주공역보호(holding pattern airspace protection)는 다음과 같은 절차를 기반으로 한다.
 (1) 선회 방향
  (가) 표준장주(Standard Pattern) : 우선회
  (나) 비표준장주(Nonstandard Pattern) : 좌선회

(2) 시간조절(Timing)
   (가) Inbound Leg
      ① 14,000 ft MSL 이하: 1분
      ② 14,000 ft MSL 초과: 1분 30초
   (나) Outbound leg 시간측정은 fix 상공 또는 abeam 위치 가운데 나중에 나타나는 곳에서부터 시작한다. Abeam 위치를 판단할 수 없다면 outbound로 선회를 완료했을 때부터 시간을 측정한다.

## 제4절. 도착절차(Arrival Procedures)

### 1. 표준터미널도착절차[Standard Terminal Arrival(STAR) procedure]

가. STAR는 어떤 공항에 도착하는 IFR 항공기에 적용하기 위하여 ATC가 설정한 문자 및 그림 형식의 IFR 도착비행로(coded IFR arrival route)이다. STAR는 허가중계절차를 간단히 하며, 또한 항공로와 계기접근절차 간의 전환을 용이하게 한다.

나. STAR 절차로 운항중인 조종사는 발간되거나 발부된 모든 제한사항을 준수하여 강하허가를 받기 전까지는 최종적으로 배정받은 고도를 유지하여야 한다. 이러한 허가에는 관제용어 "Descend via"가 포함될 것이다. "Descend via" 허가는 조종사에게 다음을 허가한다.

(가) 발간된 제한사항과 STAR에 의한 횡적항행을 이행하기 위한 조종사 임의의 강하

(나) STAR에 표기된 waypoint까지 허가되었을 경우, 조종사 임의의 이전에 배정된 고도로부터 그 waypoint에 표기된 고도까지의 강하

(다) 표기된 도착비행로에 진입한 후 강하 및 발간되거나 배정된 모든 고도와 속도제한을 이행하기 위한 항행

〔예문(Example)〕

1. 횡적/비행로설정(Lateral/routing) 만을 허가
   "Cleared Tyler One arrival."
2. 고도배정을 포함한 비행로설정(Routing with assigned altitude) 허가
   "Cleared Tyler One arrival, descend and maintain flight level two four zero."
   "Cleared Tyler One arrival, descend at pilot's discretion, maintain flight level two four zero."
3. 횡적/비행로설정 및 수직항행(Lateral/routing and vertical navigation) 허가
   "Descend via the Eagul Five arrival."
   "Descend via the Eagul Five arrival, except, cross Vnnom at or above one two thousand."
4. 배정고도가 절차에 게재되지 않은 경우. 횡적/비행로설정 및 수직항행 허가
   "Descend via the Eagul Five arrival, except after Geeno, maintain one zero thousand."
   "Descend via the Eagul Five arrival, except cross Geeno at one one thousand then maintain seven thousand."

다. STAR가 발간된 지역까지 비행하려는 IFR 항공기의 조종사는 ATC가 적합하다고 판단하면 언제든지 STAR가 포함된 허가를 받을 수 있다.

라. 조종사가 STAR를 이용하기 위해서는 최소한 인가된 차트를 소지하여야 한다. ATC 허가 또는 허가의 일부분과 마찬가지로 발부된 STAR를 수용하거나 거부하는 것은 각 조종사의 책임이다. 조종사는 STAR의 사용을 원하지 않으면 비행계획서의 비고란에 "NO STAR"라고 기입하거나, 바람직한 방법은 아니지만 ATC에 구두로 이를 통보하여야 한다.

2. 계기접근절차차트(Instrument approach procedure chart)
   가. 규정된 고도는 최저, 최대, 의무 및 권고고도의 네 가지 다른 형태로 표기될 수 있다.
   (1) 최저고도(minimum altitude)는 고도치(altitude value)에 밑줄을 그어 표기한다. 항공기는 표기된 값 이상의 고도를 유지하여야 한다. 예, $\underline{3000}$
   (2) 최대고도(maximum altitude)는 고도치에 윗줄을 그어 표기한다. 항공기는 표기된 값 이하의 고도를 유지하여야 한다. 예, $\overline{4000}$
   (3) 의무고도(mandatory altitude)는 고도치에 밑줄 및 윗줄 모두를 그어 표기한다. 항공기는 표기된 값의 고도를 유지하여야 한다. 예, $\overline{\underline{5000}}$
   (4) 권고고도(recommended altitude)는 밑줄이나 윗줄이 없는 채로 표기한다. 이 고도는 강하 계획수립에 사용하기 위해 표기된다. 예, 6000
   나. 최저안전고도(Minimum Safe/Sector Altitudes; MSA)는 긴급한 경우에 사용하기 위하여 IAP 차트에 게재된다. MSA는 모든 장애물로부터 상공 1,000 ft의 회피를 제공하지만 허용 항법신호 통달범위(navigation signal coverage)를 반드시 보장하지는 않는다. 기존 항법시스템에서 MSA는 일반적으로 IAP에 입각한 일차 전방향성시설(primary omnidirectional facility)을 기반으로 하지만, 이용할 수 있는 적합한 시설이 없다면 공항표점(airport reference point)을 기반으로 할 수도 있다. MSA는 보통 반경 25 NM 이지만, 기존 항법시스템의 경우 공항의 착륙구역을 포함하기 위하여 필요하면 30 NM까지 반경을 확장할 수 있다. 일반적으로 하나의 안전고도가 설정되지만, MSA가 시설을 기반으로 하고 장애물 회피를 위하여 필요한 경우 4개 구역까지 MSA를 설정할 수 있다.
   다. 최저레이더유도고도(Minimum Vectoring Altitudes; MVA)는 레이더 항공교통관제가 행해질 때 ATC가 사용할 수 있도록 설정된다. MVA 차트는 다수의 서로 다른 최저 IFR 고도가 있는 지역을 대상으로 항공교통시설에 의해 작성된다. 각 MVA 차트는 구역(sector) 내에서 MVA로 항공기를 레이더 유도할 수 있는 충분한 크기의 구역으로 구성된다. 각 구역의 경계선은 MVA를 결정하는 장애물로부터 최소한 3 mile의 거리에 있다. 따로 떨어진 돌출 장애물로 인하여 지나치게 높은 MVA를 가진 대형구역이 되지 않도록 장애물은 경계선이 장애물로부터 최소 3 mile인 완충구역(buffer area)으로 둘러 싸여있다.
   (1) 각 구역의 최저레이더유도고도는 비산악지역에서는 가장 높은 장애물로부터 상공 1,000 ft로 되어 있으며, 지정된 산악지역에서는 가장 높은 장애물로부터 상공 2,000 ft로 되어 있다. 최저레이더유도고도는 관제공역의 하한고도(floor)로부터 최소한 상공 300 ft로 되어 있다.
   (2) MVA를 고려해야 할 구역의 다양성, 이러한 구역에 적용되는 서로 다른 최저고도, 그리고 특정 장애물을 격리할 수 있는 기능으로 인하여 일부 MVA는 비레이더 최저항공로고도(MEA), 최저장애물회피고도(Minimum Obstruction Clearance Altitudes; MOCA) 또는 주어진 장소의 차트에 표기된 다른 최저고도보다 낮을 수도 있다.

라. 최저항공로고도(Minimum En Route IFR Altitude; MEA)

무선 fix 간 항행안전시설 신호를 수신할 수 있고, 이들 fix 간 장애물 회피 요건을 충족하는 발간된 최저고도. 연방항공로 또는 그 한 구간, 저/고고도 지역항법 항공로 또는 그 밖의 직선비행로에 대하여 지정된 최저항공로고도(MEA)는 항공로, 구간, 또는 비행로를 지정하는 무선 fix 간의 항공로, 구간 또는 항공로 전체 폭에 적용된다.

마. 시각강하지점(Visual Descent Point; VDP)은 비정밀접근절차에 포함되어 있다. VDP는 직진입 비정밀접근절차의 최종접근진로 상에 정해진 지점으로, 이 지점에서 시각참조물을 확인하였다면 MDA 로부터 활주로접지점까지 정상적인 강하를 시작할 수 있다. VDP는 일반적으로 VOR과 LOC 절차에서는 DME, 그리고 RNAV 절차의 경우 다음 waypoint까지의 along-track distance에 의해 식별된다. VDP는 접근차트의 측면도에 부호(symbol) "V"로 식별된다.

(1) VDP는 이것이 적용되는 곳에 부가적인 유도를 제공하기 위한 것이다. 조종사는 VDP에 도달하여 필요한 시각참조물(visual reference)을 육안으로 확인하기 전에 MDA 아래로 강하해서는 안 된다.

(2) VDP를 수신할 수 있는 장비를 갖추지 않은 조종사는 VDP가 제공되지 않는 접근절차와 동일하게 접근하여야 한다.

바. 접근 게이트(Approach gate)

접근 게이트(approach gate)는 최종접근진로로 항공기를 레이더 유도(vector)하기 위해 ATC에 의해 사용되는 가상의 지점이다. 접근 게이트는 공항에서 멀리 떨어진 최종접근 fix(FAF)로부터 최종접근진로 상의 1 nautical mile(NM)에 설정되며, 착륙 시단으로부터 5 NM보다 더 근접하게 위치하지는 않는다.

사. 정밀접근활주로의 구분

계기접근절차에 사용되는 정밀접근활주로는 결심고도와 시정 또는 활주로가시범위(RVR)에 따라 다음과 같이 구분한다.

(1) Category Ⅰ: 결심고도(DH) 60 m(200 ft) 이상과 시정 800 m 이상 또는 활주로가시거리(RVR) 550 m 이상

(2) Category Ⅱ: 결심고도(DH) 60 m(200 ft) 미만 30 m(100 ft) 이상과 활주로가시거리(RVR) 300 m 이상 550 m 미만

(3) Category Ⅲ: 결심고도(DH) 30 m(100 ft) 미만 또는 적용하지 않음, 활주로가시거리(RVR) 300 m 미만 또는 적용하지 않음

아. 항공기 접근범주(approach category)란 $V_{REF}$ 속도가 명시되어 있는 경우 $V_{REF}$ 속도를 기준으로, $V_{REF}$가 명시되어 있지 않는 경우 최대인가착륙중량에서 $V_{SO}$의 1.3배 속도를 기준으로 항공기를 분류한 것을 의미한다. 조종사는 인가시에 결정된 범주에 해당하는 최저치나 그보다 높은 최저치를 사용하여야 한다. 헬리콥터는 범주 A 최저치를 사용할 수 있다. 항공기 범주의 속도 범위 상한선을 초과한 속도로 운항할 필요가 있을 경우에는 상위 범주의 최저치를 사용하여야 한다. 접근범주의 범위(category limit)는 다음과 같다.

(1) 범주 A(category A): 91 knot 미만의 속도
(2) 범주 B(category B): 91 knot 이상, 121 knot 미만의 속도
(3) 범주 C(category C): 121 knot 이상, 141 knot 미만의 속도

(4) 범주 D(category D): 141 knot 이상, 166 knot 미만의 속도
(5) 범주 E(category E): 166 knot 이상의 속도

## 3. 절차선회(Procedure turn)

절차선회는 항공기가 중간 또는 최종접근진로의 inbound로 진입하기 위하여 방향을 역으로 해야 할 필요가 있을 경우 규정된 기동이다. 절차선회 또는 hold-in-lieu-of-PT가 접근차트에 표기되어 있는 경우, ATC에 의해 직진입접근이 허가되지 않는 한 기동이 필요하다.

선택할 수 있는 절차선회의 일부 유형에는 45° 절차선회(45°/180° 절차선회), racetrack 장주, teardrop 절차선회 또는 80°/260° course reversal이 있다.

## 4. 평행활주로 동시접근(Simultaneous approaches to parallel runways)

평행활주로 ILS/RNAV/GLS 접근 중 동시종속접근과 동시독립접근의 특징은 다음과 같다. 평행활주로 접근절차는 인접한 활주로중심선 간격, ATC 절차 그리고 공항 ATC 레이더감시(radar monitoring)와 통신성능에 의하여 분류된다.

가. 동시종속접근(Simultaneous dependent approaches)
 (1) 동시종속접근은 활주로 중심선 간의 간격이 2,500~9,000 ft 분리된 평행활주로를 가진 공항에 대해 접근을 허가하는 ATC 절차이다.
 (2) 동시종속접근은 평행활주로 중심선 간의 최소거리가 감소되고, 레이더감시(radar monitoring)나 조언이 필요하지 않으며 인접 최종접근진로 상의 항공기와 엇갈린 분리(staggered separation)가 필요하다는 점이 동시(평행) 독립접근과 다르다.
 (3) 동시 종속접근 시 평행활주로 중심선 간의 간격에 따라 인접 최종접근진로로 접근하는 항공기 간에는 대각선으로 다음의 레이더분리 최저치를 적용한다.
  (가) 간격이 최소 2,500 ft 이상 3,600 ft 미만일 경우: 대각선으로 최소 1.0 NM의 레이더분리 적용
  (나) 간격이 3,600 ft 이상 8,300 ft 미만일 경우: 대각선으로 최소 1.5 NM의 레이더분리 적용
  (다) 간격이 8,300 ft 이상 9,000 ft 이하일 경우: 대각선으로 최소 2 NM의 레이더분리 적용
나. 동시독립접근(Simultaneous independent approaches)
  중심선 간의 간격이 최소 4,300 ft인 평행활주로에 대해 동시 ILS/RNAV/GLS 접근을 허가하는 접근 시스템이다. 4,300~9,000 ft(5,000 ft 초과 공항의 경우 9,200 ft) 간의 분리는 NTZ 최종감시관제사를 활용한다. 동시독립접근에서는 인접한 평행접근진로(approach course)에 있는 항공기 간의 확실한 분리를 위해 NTZ 레이더감시를 필요로 한다. 최종감시관제사는 항공기 위치를 추적하며, 지정된 최종접근진로에서 벗어나는 것이 관측된 항공기에게 지시를 발부한다.

## 5. 동시수렴계기접근(Simultaneous converging instrument approaches)

가. ATC는 수렴활주로(converging runway), 즉 15°에서 100°의 사잇각(included angle)을 갖는 활주로에 대하여 동시에 계기접근을 할 수 있는 프로그램이 특별히 인가된 공항에서는 동시계기접근을 허가할 수 있다.
나. 기본 개념은 각 수렴활주로에 대하여 전용의 분리된 표준계기접근절차의 개발을 필요로 한다.

다. 그 밖의 요건은 레이더 가용성, 교차하지 않는 최종접근진로, 각 활주로의 정밀접근 성능이며, 활주로가 교차하면 관제사는 시계분리뿐만 아니라 교차활주로 분리기준도 적용하여야 한다. 또한 교차활주로는 최소한 운고 700 ft와 시정 2 mile의 최저치를 필요로 한다.

## 6. 측면이동접근(Side-step maneuver)

가. ATC는 간격이 1,200 ft 이하인 평행활주로 중 하나의 활주로에 접근한 다음 인접활주로에 직진입착륙(straight-in landing)을 하는 표준계기접근절차를 허가할 수 있다.

나. 측면이동접근을 할 항공기는 지정된 접근절차로 인접 평행활주로에 대한 착륙을 허가받게 된다. 조종사는 활주로 또는 활주로 환경을 육안으로 확인한 후 가능한 빨리 측면이동접근을 시작하여야 한다.

## 7. 실패접근(Missed approach)

가. 착륙하지 못한 경우, 조종사는 접근절차차트에 명시된 실패접근지점(missed approach point)에 도달하면 ATC에 통보하고 사용하고 있는 접근절차의 실패접근지시나 ATC가 지시하는 대체실패접근절차에 따라야 한다.

나. 실패접근 시의 장애물보호는 실패접근이 결심고도/높이(DA/H) 또는 실패접근지점, 그리고 최저강하고도(MDA)보다는 낮지 않은 고도에서 시작된다는 가정을 기반으로 한다. 접근절차차트의 주석부분(note section)에 더 높은 상승률이 공고되지 않는 한, NM 당 최소 200 ft의 상승률(헬리콥터 접근의 경우, NM 당 최소 400 ft의 상승이 필요한 지역 제외)이 필요하다. 조종사는 실패접근의 경우에 항공기가 절차에서 요구하는 상승률(NM 당 ft의 단위로 나타냄)을 충족할 수 있도록 사전에 계획하여야 한다. 정상적인 기동의 경우에는 적절한 완충구역이 주어진다. 그러나 비정상적인 조기선회에 대해서는 고려되지 않는다. 따라서 조기 실패접근을 할 경우, ATC에 의해 달리 허가되지 않은 한 조종사는 선회조작을 하기 전에 MAP 또는 DH 이상으로 실패접근지점까지 접근 plate의 지정된 IAP에 따라 비행하여야 한다.

## 8. 시각접근(Visual approach)

가. 시각접근은 IFR 비행계획에 의해 수행되며, 조종사가 구름으로부터 벗어난 상태에서 공항까지 육안으로 비행하는 것을 허가한다. 조종사는 공항 또는 식별된 선행 항공기를 시야에 두어야 한다. 이 접근은 관제사 제안 또는 조종사 요구를 근거로 적절한 항공교통관제기관에 의해 허가되고 관제가 이루어져야 한다. 공항의 보고된 기상은 1,000 ft 이상의 운고(ceiling) 및 3 mile 이상의 시정을 가져야 한다. ATC는 운영상 이득이 있을 때 이러한 종류의 접근을 허가한다. 시각접근은 시계비행 기상상태에서 IFR에 의하여 수행되는 IFR 절차이다.

나. 조종사가 공항은 육안으로 확인하였으나 선행 항공기를 육안으로 확인할 수 없는 경우에도 ATC는 항공기에게 시각접근을 허가할 수 있지만, 항공기 간의 분리 및 항적난기류(wake vortex) 분리에 대한 책임은 ATC에 있다. 시각접근허가를 받고 선행 항공기를 육안으로 보면서 뒤따를 경우, 안전한 접근간격 및 적절한 항적난기류 분리를 유지하여야 할 책임은 조종사에게 있다.

다. 시각접근은 계기접근절차(IAP)가 아니며, 따라서 실패접근구간(missed approach segment)이 없다. 관제공항에서 운항하는 항공기가 어떠한 이유로 인해 복행(go around)이 필요하면 관제탑은 적절한 조언/허가/지시를 발부한다. 비관제공항에서 항공기는 구름으로부터 벗어난 상태를 유지하고 가능한 빨리 착륙하여야 한다. 착륙할 수 없다면, 항공기는 구름으로부터 벗어난 상태를 유지하고 추후 허가를 받기 위하여 가능한 한 빨리 ATC와 교신하여야 한다.

라. 시각접근은 조종사/관제사의 업무량을 줄이고, 공항까지의 비행경로를 단축시킴으로써 신속하게 교통을 처리할 수 있도록 한다. 시각접근을 원하지 않는 경우 가능한 빨리 ATC에 통보하는 것은 조종사의 책임이다.

마. 시각접근허가는 IFR 허가이며, IFR 비행계획 취소 책임이 변경되는 것은 아니다.

## 9. 발간된 시각비행 접근절차(Charted Visual Flight Procedure; CVFP)

가. CVFP는 환경과 소음을 고려하고, 안전하고 효율적인 항공교통 운항을 위하여 필요한 경우 설정하는 발간된 시각접근절차이다. 접근차트에는 눈에 잘 띄는 랜드마크(landmark), 진로(course), 특정 활주로의 권고고도 등이 표기된다. CVFP는 원래 터보제트 항공기에 사용하기 위하여 설계되었다.

나. 이 절차는 관제탑이 운영되는 공항에서만 사용된다.

다. CVFP는 일반적으로 공항으로부터 20 mile 이내에서 시작된다.

라. CVFP는 계기접근이 아니며 실패접근구간이 없다.

마. ATC는 기상이 공고된 최저치 미만일 때는 CVFP 허가를 발부하지 않는다.

## 10. Contact 접근(Contact approach)

가. IFR 비행계획에 의하여 운항을 하는 조종사는 구름으로부터 벗어나서 비행시정 최소 1 mile의 기상 상태에서 목적지 공항까지 계속 비행할 수 있을 것이라고 합리적으로 예상할 수 있는 경우, contact 접근을 위한 ATC 허가를 요구할 수 있다. 허가를 받은 조종사는 계기접근절차로 비행하는 대신에 목적지 공항까지 지면에 대한 시각참조물을 참조하여 비행할 수 있다. Contact 접근을 할 때 장애물 회피에 대한 책임은 조종사에게 있다.

나. 관제사는 다음과 같은 경우 contact 접근을 허가할 수 있다.

(1) Contact 접근이 분명히 조종사에 의해 요구되었다. ATC는 이 접근을 제안할 수 없다.

(2) 목적지 공항의 보고된 지상시정이 최소 1 SM이다.

(3) Contact 접근은 표준계기접근절차 또는 특별계기접근절차가 수립되어 있는 공항에서 이루어질 수 있다.

(4) 허가를 받은 항공기 간에, 그리고 이들 항공기와 다른 IFR 항공기 또는 특별 VFR 항공기 간에 인가된 분리(approved separation)가 적용된다.

## 11. 통신두절(Lost communication)

가. 통신두절 시 절차에 의거 발간되지 않은 비행로 비행이 요구되는 경우, 해당 조종사에게 유지하여야 할 비행고도를 배정하여야 한다. 장주(pattern) 및 최종접근진로 상에서 통신두절절차가 동일한 경우, 장주/유도관제사는 장주 및 최종접근진로 상에서의 통신두절지시를 모두 발부하여야 한다.

나. 접근 항공기가 최종접근진로로 유도되는 동안 특정시간(1분을 초과하지 못함)동안 통신두절 시 또는 감시 최종접근 시 15초, 정밀 최종접근 시, 5초 동안 통신두절 될 때, 다음과 같이 조치할 것을 조언하여야 한다.

(1) 예비 주파수나 관제탑 주파수로 교신을 시도할 것

(2) 가능하면 시계비행(VFR) 규칙에 따라 비행할 것
(3) 허가되어 있는 비레이더 접근절차를 따라 비행하거나, 이용하고 있는 레이더 접근절차 상에 설정되어 있는 통신두절 시의 절차에 따라 비행할 것

## 제5절. 조종사/관제사의 역할과 책임

### 1. 항공교통허가(Air traffic clearance)

가. 조종사(Pilot)
(1) ATC 허가를 받았고, 이해하였다는 응답(acknowledge)을 한다.
(2) ATC가 발부하는 활주로진입전대기(hold short of runway) 지시에 복창(read back)한다.
(3) 허가가 완전히 이해되지 않았거나, 비행안전의 관점에서 수용할 수 없는 경우에는 적절한 설명을 요청하거나 수정허가를 요청한다.
(4) 비상상황에 대처하기 위하여 필요한 경우를 제외하고 항공교통허가를 받은 경우 이를 즉시 이행한다. 허가의 위배가 필요한 경우, 가능한 빨리 ATC에 통보하고 수정허가를 받는다.

나. 관제사(Controller)
(1) 설정된 기준에 의거하여 수행되거나 수행할 예정인 운항에 대하여 적절한 허가를 발부한다.
(2) 발부한 정보, 허가 또는 지시에 대한 조종사의 인지응답(acknowledgement)을 확인한다.
(3) 고도, 기수방향(heading) 또는 그 밖의 항목에 대한 조종사의 복창이 정확한지 확인한다. 만약 부정확하거나, 왜곡되었거나 또는 불완전하면 적절하게 수정해 준다.

### 2. 육안회피(See and avoid)

가. 조종사(Pilot)
조종사는 비행계획의 방식이나 레이더시설의 관제 하에 있는지의 여부에 관계없이 기상상태가 허용되면 다른 항공기, 지형 또는 장애물을 육안으로 보고 회피(see and avoid)해야 할 책임이 있다.

나. 관제사(Controller)
(1) 업무량이 허용하는 한도 내에서, 적극관제공역(positive control airspace)의 외부에서 운항하는 레이더 식별 항공기에게 레이더 교통정보를 제공한다.
(2) 항공기가 지형, 장애물 또는 다른 항공기에 불안전하게 근접한 위치에 있다고 여길만한 고도에 있다고 인식되면 관제하의 항공기에게 안전경보를 발부한다.

### 3. 속도조절(Speed adjustments)

가. 조종사(Pilot)
(1) 비행계획서에 기재한 순항속도보다 ±5% 또는 ±10 knot 가운데 더 큰 수치로 변경되면 언제라도 ATC에 통보한다.
(2) 속도조절 지시에 따를 때에는 지시받은 속도에서 ±10 knot 또는 마하수(Mach number) ±0.02 이내의 지시대기속도를 유지한다.

나. 관제사(Controller)
(1) 필요한 경우에만 항공기에게 속도조절을 지시하여야 하며, 효과적인 레이더 유도 기법의 대용으로 속도조절을 사용해서는 안 된다.

(2) 감속과 증속이 번갈아 필요한 속도조절 지시는 피한다.
(3) 10 노트(KTS) 단위의 지시대기속도(IAS)를 발부하여야 한다. FL240 이상에서 마하 속도(Mach Meter)로 비행하는 터보제트 항공기에 대하여는 마하 0.01 간격으로 지시할 수 있다.
(4) 강하하는 동안 감속할 수 있도록 항공기 성능에 대하여 충분히 고려한다.
(5) 조종사의 동의 없이 FL 390 이상의 고도에 있는 항공기에게 속도조절을 지시하여서는 안 된다.

## 4. 교통조언(교통정보) [Traffic advisories(Traffic information)]

가. 조종사(Pilot)
(1) 교통조언을 수신하였다는 응답(acknowledge)을 한다.
(2) 항공기를 육안 확인하였다면 관제사에게 통보한다.
(3) 항공기를 회피하기 위하여 레이더 유도가 필요한 경우 ATC에 통보한다.
(4) 모든 항공기에 대한 레이더 교통조언을 받을 수 있을 것이라고 기대해서는 안 된다. 어떤 항공기는 레이더 시현장치에 나타나지 않을 수도 있다. 관제사가 우선순위가 더 높은 업무에 종사하고 있거나, 여러 가지 이유로 인하여 교통정보를 발부하지 못할 수도 있다는 것을 인식하고 있어야 한다.
(5) 조언업무가 필요하지 않으면 관제사에게 통보한다.

나. 관제사(Controller)
(1) A등급 공역을 제외하고, 높은 우선순위의 업무에 부합하는 최대범위까지 레이더 교통조언을 발부한다.
(2) 조종사 요구 시, 관측된 교통으로부터 항공기회피를 돕기 위하여 레이더 유도를 제공한다.
(3) 순서배정(sequencing)의 목적을 위해 B등급, C등급 및 D등급 공항교통구역의 항공기에게 교통정보를 발부한다.
(4) 관제사는 비행경로가 통과할 것으로 예상되는 교차 또는 비교차 수렴활주로에서 운행하는 각 항공기에게 교통조언을 발부할 필요가 있다.

## 5. 최소연료 통보(Minimum fuel advisory)

가. 조종사(Pilot)
(1) 목적지에 도착할 때의 연료 공급량이 어떤 과도한 지연도 받아들일 수 없는 상태에 도달한 경우, 최소연료(minimum fuel) 상태를 ATC에 통보한다.
(2) 이것은 비상상황은 아니며, 단지 어떤 과도한 지연이 발생하면 비상상황이 될 수 있다는 것을 나타내는 조언이라는 점을 인식하여야 한다.
(3) 최초교신 시 호출부호(call sign)를 말한 이후에 "minimum fuel"이라는 용어를 사용해야 한다.
(4) 최소연료 통보가 교통상의 우선권을 요구한다는 의미는 아니라는 것을 인식하여야 한다.
(5) 사용할 수 있는 잔여 연료 공급량으로 안전하게 착륙하기 위하여 교통상의 우선권이 필요하다고 판단한 경우, 조종사는 저연료로 인한 비상을 선언하고 분 단위로 잔여 연료량을 보고하여야 한다.

나. 관제사(Controller)
(1) 항공기가 최소연료 상태를 선언한 경우, 관제권을 이양 받을 시설에 이러한 정보를 중계하여야 한다.
(2) 항공기를 지연시킬 수 있는 모든 요인에 주의를 기울여야 한다.

## 제6절. 국가안보 및 요격절차(National Security and Interception Procedures)

### 1. ADIZ 요건(ADIZ requirement)

가. 대한민국 공역 경계 근처에서 모든 항공기의 조기 식별을 용이하게 하기 위하여 방공식별구역(Air Defence Identification Zone; ADIZ)이 설정되었다. ADIZ로 비행하거나 진입하여 ADIZ 내에서 비행하거나, 또는 통과하는 모든 항공기는 조기 식별을 용이하게 하기 위하여 특정 요건을 준수하여야 한다.

나. ADIZ와 관련된 항공기 운항을 위한 운항 요건은 다음과 같다.
  (1) 트랜스폰더(Transponder) 요건
    ATC에 의해 달리 허가되지 않는 한, ADIZ로 비행하거나 진입하여 내에서 비행하거나, 또는 통과하는 각 항공기는 고도보고기능이 있는 사용가능한 2차 감시 레이더용 트랜스폰더를 갖추어야 하며, 트랜스폰더를 작동시키고 해당 code 또는 ATC가 지정한 code에 응답할 수 있도록 설정하여야 한다.
  (2) 송수신무선통신기(Two-way radio)
    ADIZ에서 운항하는 조종사는 해당 ATC와 양방향 무선교신을 유지하여야 한다.
  (3) 비행계획서(Flight plan)
    항공시설에 비행계획서를 제출하고, 발효되고 종료하지 않는 한, 또는 항공교통관제기관에 의하여 다음과 같이 달리 허가를 받지 않는 한 조종사는 ADIZ로 비행하거나 진입하여 내에서 비행하거나, 또는 ADIZ 내의 출발지점으로부터 운항할 수 없다.
    (가) 조종사는 계기비행방식(IFR) 비행계획서를 제출하거나, ADIZ 진입시간 및 진입지점을 포함한 방어시계비행방식(DVFR) 비행계획서를 제출하여야 한다.
    (나) 조종사는 DVFR 비행계획서를 발효시키고, ADIZ에 진입하기 전에 항공기 트랜스폰더에 배정된 discrete beacon code를 설정한다.
  (4) 위치보고(Position reporting)
    ADIZ를 비행하는 항공기는 다음과 같이 위치보고를 하여야 한다. 다만, 제출한 비행계획에 따라 관제공역에서 비행하는 경우에는 위치보고를 생략할 수 있다.
    (가) 관제공역을 통하여 방공식별구역으로 진입할 때에는 방공식별구역 진입 전 최종 위치보고 시 방공식별구역 통과예정시간을 보고하여야 한다.
    (나) 관제공역이 아닌 공역을 통하여 방공식별구역으로 진입할 때에는 방공식별구역 진입 30분 전부터 15분 전 사이에 방공식별구역 통과예정시간, 통과지점 및 비행고도를 보고하여야 한다.
    (다) 방공식별구역에서는 30분마다 위치보고를 하여야 한다.
  (5) 항공기 위치 오차허용(Tolerance)
    (가) 육상에서의 오차허용은 보고지점 또는 진입지점 상공의 예정시간으로부터 ±5분 이내이고, 예정보고지점 또는 진입지점의 계획된 항적(track)의 중앙선으로부터 10 NM 이내이다.
    (나) 해상에서의 오차허용은 보고지점 또는 진입지점 상공의 예정시간으로부터 ±5분 이내이고, 예정보고지점 또는 진입지점의 계획된 항적(track)의 중앙선으로부터 20 NM 이내이다.

## 2. 요격절차(Interception procedure)

### 가. 전투기 요격단계(Fighter intercept phase)

(1) 접근단계(approach phase)

표준절차에서 요격기는 피요격기의 후미로 접근한다. 통상적으로 요격기는 두 대가 투입되지만 한 대의 항공기가 요격임무를 수행하는 것이 드문 일은 아니다. 요격기와 피요격기 간의 안전한 분리는 요격하는 항공기의 책임이며 항상 안전한 분리가 유지되어야 한다.

(2) 식별단계(identification phase)

요격기는 피요격기에 서서히 접근을 시도하여, 명확하게 식별하고 필요한 정보를 얻기 위하여 필요하다고 판단한 것보다 더 근접하지 않은 거리에 체공한다. 요격기는 항공기 성능 특성에 의거하여 안전하다고 여겨지는 거리에서 자료를 수집하는 사이에 피요격기를 지나칠 수도 있다.

(3) 요격후단계(post intercept phase)

요격기는 표준 ICAO 신호로 교신을 시도할 수 있다. 요격기가 피요격기의 즉각적인 응답을 바라는 시급한 상황이거나, 피요격기가 지시에 계속하여 응하지 않는 경우 요격기조종사는 급방향전환기동(divert maneuver)을 할 수 있다.

### 나. 피요격기의 조치사항

항공기에 대한 요격이 발생할 경우, 피요격기는 지체 없이 다음과 같은 조치를 취하여야 한다.

(1) 시각신호를 이해하고 응답하며 요격기의 지시를 따른다.

(2) 가능한 경우에는 관할 항공교통업무기관에 피요격 중임을 통보한다.

(3) 항공비상주파수 121.5 MHz나 243.0 MHz로 호출하여 요격기 또는 요격 관계기관과 연락하도록 노력하고, 해당 항공기의 식별부호 및 위치와 비행내용을 통보한다.

(4) 트랜스폰더 SSR을 장착하였을 경우에는 항공교통관제기관으로부터 다른 지시가 있는 경우를 제외하고는 Mode A Code 7700으로 맞춘다.

(5) 자동종속감시시설(ADS-B 또는 ADS-C)을 장착하였을 경우에는 항공교통관제기관으로부터 다른 지시가 있는 경우를 제외하고 적절한 비상기능을 선택한다.

(6) 피요격기의 승무원은 요격이 확실히 종료될 때 까지는 계속해서 요격기의 신호와 지시사항에 따라야 한다.

(7) 요격항공기와 통신이 이루어졌으나 통상의 언어로 사용할 수 없을 경우에 필요한 정보와 지시는 다음과 같은 발음과 용어를 2회 연속 사용하여 전달할 수 있도록 시도해야 한다.

| Phrase | Pronunciation | Meaning |
|---|---|---|
| CALL SIGN (call sign) | KOL SA-IN (call sign) | My call sign is (call sign) |
| WILCO | VILL-KO | Understood, will comply |
| CAN NOT | KANN NOTT | Unable to comply |
| REPEAT | REE-PEET | Repeat your instruction |
| AM LOST | AM LOSST | Position unknown |
| MAYDAY | MAYDAY | I am in distress |
| HIJACK | HI-JACK | I have been hijacked |
| LAND (place name) | LAAND (place name) | I request to land at (place name) |
| DESCEND | DEE-SEND | I require descent |

## 3. 요격신호(Interception signals)

가. 요격항공기의 신호 및 피요격항공기의 응신

표 1-6. 요격신호(Intercepting signal)

| 번호 | 요격항공기의 신호 | 의 미 | 피요격항공기의 응신 | 의 미 |
|---|---|---|---|---|
| 1 | 피요격항공기의 약간 위쪽 전방 좌측에서 날개를 흔들고(rocking wing) 항행등을 불규칙적으로 점멸시킨 후 응답을 확인하고, 통상 좌측으로 완만하게 선회하여 원하는 방향으로 향한다. | 당신은 요격을 당하고 있으니 나를 따라오라. | 날개를 흔들고, 항행등을 불규칙적으로 점멸시킨 후 요격항공기의 뒤를 따라간다. | 알았다. 지시를 따르겠다. |
| 2 | 피요격항공기의 진로를 가로지르지 않고 90° 이상의 상승선회를 하며, 피요격항공기로부터 급속히 이탈한다. | 그냥 가도 좋다. | 날개를 흔든다. | 알았다. 지시를 따르겠다. |
| 3 | 바퀴다리를 내리고 고정착륙등을 켠 상태로 착륙방향으로 활주로 상공을 통과하며, 피요격항공기가 헬리콥터인 경우에는 헬리콥터 착륙구역 상공을 통과한다. | 이 비행장에 착륙하라. | 바퀴다리를 내리고, 고정착륙등을 켠 상태로 요격항공기를 따라서 활주로나 헬리콥터 착륙구역 상공을 통과한 후 안전하게 착륙할 수 있다고 판단되면 착륙한다. | 알았다. 지시를 따르겠다. |

나. 피요격항공기의 신호 및 요격항공기의 응신

표 1-7. 요격신호(Intercepting signal)

| 번호 | 피요격항공기의 신호 | 의 미 | 요격항공기의 응신 | 의 미 |
|---|---|---|---|---|
| 1 | 비행장 상공 300 m(1,000 ft) 이상 600 m (2,000 ft) 이하의 고도로 착륙활주로나 헬리콥터 착륙구역 상공을 통과하면서 바퀴다리를 올리고 섬광착륙등을 점멸하면서 착륙활주로나 헬리콥터 착륙구역을 계속 선회한다. 착륙등을 점멸할 수 없는 경우에는 사용가능한 다른 등화를 점멸한다. | 지정한 비행장이 적절하지 못하다. | 피요격항공기를 교체비행장으로 유도하려는 경우에는 바퀴다리를 올린 후 요격항공기의 신호 및 피요격항공기의 응신 1의 요격항공기 신호방법을 사용한다. | 알았다. 나를 따라오라. |
|  |  |  | 피요격항공기를 방면하려는 경우 요격항공기의 신호 및 피요격항공기의 응신 2의 요격항공기 신호방법을 사용한다. | 알았다. 그냥 가도 좋다. |
| 2 | 점멸하는 등화와는 명확히 구분할 수 있는 방법으로 사용가능한 모든 등화의 스위치를 규칙적으로 개폐한다. | 지시를 따를 수 없다. | 요격항공기의 신호 및 피요격항공기의 응신 2의 요격항공기 신호방법을 사용한다. | 알았다. |
| 3 | 사용가능한 모든 등화를 불규칙적으로 점멸한다. | 조난상태에 있다. | 요격항공기의 신호 및 피요격항공기의 응신 2의 요격항공기 신호방법을 사용한다. | 알았다. |

## I. 비행전(Preflight)

**【문제】1.** 비행계획서는 출발예정시간 몇 분 전까지 제출하여야 하는가? (ICAO 기준)
① 10분 전   ② 20분 전   ③ 30분 전   ④ 60분 전

〈해설〉 인천 FIR 내에서 출발하는 항공기는 출발예정시간으로부터 최소 1시간 전에 비행계획을 인근 공항 항공정보실 또는 군 기지운항실에 제출하여야 하며, 접수된 비행계획은 항공교통본부에 통보하여야 한다. 인천 FIR 내로 비행하고자 하는 항공기는 FIR 경계선 통과 최소 1시간 전에 항공교통본부에 비행계획을 제출하여야 한다.

**【문제】2.** 반복비행계획서에 포함되어야 할 사항이 아닌 것은?
① 항로   ② 대체공항   ③ 유효기간   ④ 항공기 식별부호

〈해설〉 반복비행계획서의 이용은 국내선에 한하며 반복비행계획에는 다음 각 호의 사항이 포함되어야 한다.
1. 비행계획의 유효기간
2. 운항 일수(days of operation)
3. 항공기 식별부호(aircraft identification)
4. 항공기 형식 및 후방난기류 범주
5. 출발비행장 및 출발예정시간
6. 순항속도, 순항고도, 비행로
7. 목적비행장 및 총예상소요비행시간
8. 비고(remarks)

**【문제】3.** VFR 항공기가 ADIZ 출입 시 제출해야 하는 Flight plan은?
① CVFR   ② DVFR   ③ NVFR   ④ SVFR

**【문제】4.** 다른 나라에서 인천비행정보구역으로 진입하려는 VFR 항공기는 경계선 통과 몇 분 전까지 ATC에 통과예정시간을 통보하여야 하는가?
① 10분   ② 20분   ③ 30분   ④ 60분

〈해설〉 방어시계비행(Defense VFR; DVFR)
1. 한국방공식별구역(Korea Air Defence Identification Zone; KADIZ) 경계선을 통과하는 시계비행을 방어시계비행이라 하며, 비행계획서에는 한국방공식별구역 내의 경로, 고도와 경계선 예정시간이 포함되어야 한다.
2. 인천비행정보구역으로 입항하는 시계비행 항공기는 경계선 통과 예정 20분 전까지 통과예정시간을 보고해야 한다.

**【문제】5.** 비행방식의 변경 허가에 대한 다음 설명 중 틀린 것은?
① 비행 첫 부분이 IFR이고 다음 부분이 VFR인 경우, 목적공항까지 허가를 준다.
② 비행 첫 부분이 VFR이고 다음 부분이 IFR인 항공기는 VFR 출발로 간주한다.

정답   1. ④   2. ②   3. ②   4. ②

③ "Cleared to (destination) airport as filed"와 같이 간소화된 용어를 사용하여 이륙허가를 할 수 있다.
④ VFR에서 IFR로 변경 시, 관제사는 MSAW 경보를 따를 수 있는 Mode C 장착 항공기에게 beacon code를 할당한다.

〈해설〉 비행방식의 변경 허가(IFR-VFR and VFR-IFR Flights)
1. 비행의 첫 부분은 계기비행(IFR)이고 다음 부분은 시계비행(VFR)인 경우, 계기비행이 끝나는 픽스까지만 허가한다.
2. 비행의 첫 부분이 시계비행(VFR)이고 다음 부분이 계기비행(IFR)인 항공기는 시계비행 출발로 취급한다. 계기비행을 시작하려는 픽스로 접근하여 계기비행 허가를 요구할 때 항공기에게 계기비행 허가를 발부한다. "Cleared to (목적지) airport as filed"란 간소화된 이륙허가 절차의 용어를 사용할 수 있다.
3. 항공기가 시계비행(VFR)에서 계기비행(IFR)으로 변경 시, 관제사는 MSAW 경보를 따를 수 있는 Mode C가 장착된 항공기에게 비컨코드를 배정한다.

【문제】6. VFR로 출발한 후 비행 중 어느 지점에서 IFR로 변경하고자 하는 경우, flight plan의 flight rule에 기입하여야 할 문자는?
① I  ② V  ③ Z  ④ Y

【문제】7. 비행계획서에서 비행방식(type of flight) 부호 "S"의 의미는?
① 정기 항공  ② 부정기 항공  ③ 일반 항공  ④ 군 항공

【문제】8. 일반 항공일 때 flight plan의 type of flight에 기입하여야 할 부호는?
① N  ② M  ③ S  ④ G

〈해설〉 비행계획서의 항목 8(비행규칙 및 비행방식)에 다음과 같이 기입한다.
1. 비행규칙(Flight Rule). IFR을 나타내기 위해서 문자 "I", VFR을 나타내기 위해서 문자 "V", 비행의 첫 부분이 IFR인 경우 문자 "Y", 비행의 첫 부분이 VFR인 경우 문자 "Z"를 기입한다.
2. 비행형식(Type of Flight)
   가. S : 정기 항공업무인 경우
   나. N : 부정기 항공운송 운항인 경우
   다. G : 일반 항공인 경우
   라. M : 군용기인 경우
   마. X : 위에서 규정된 종류 이외인 경우

【문제】9. Wake turbulence category 중 category heavy인 항공기의 최대이륙중량은?
① 98,200 kg 이상  ② 136,000 kg 이상
③ 255,000 kg 이상  ④ 300,000 kg 이상

【문제】10. 최대이륙중량이 15,001 lbs인 항공기의 wake turbulence category는?
① Category G  ② Category H  ③ Category M  ④ Category L

〖정답〗 5. ①  6. ③  7. ①  8. ④  9. ②  10. ③

【문제】 11. Wake Turbulence Category에 대한 설명 중 틀린 것은?
① H: 최대이륙중량이 136,000 kg 이상인 항공기
② L: 최대이륙중량이 7,000 kg 이하인 항공기
③ M: 최대이륙중량이 7,000 kg 초과, 136,000 kg 미만인 항공기
④ U: 최대이륙중량이 Unknown인 항공기

〈해설〉 항공기의 후류요란 등급(wake turbulence category)은 다음과 같다.

| 등급 | 항공기 형식 |
|---|---|
| H(Heavy) | 최대인가이륙중량 300,000 lbs(136,000 kg) 이상 |
| M(Medium) | 최대인가이륙중량 300,000 lbs(136,000 kg) 미만, 15,000 lbs(7,000 kg) 초과 |
| L(Light) | 최대인가이륙중량 15,000 lbs(7,000 kg) 이하 |

【문제】 12. Flight plan의 Item 10에 기입하는 다음 탑재장비 code 중 맞는 것은?
① ADF: D    ② VOR: V    ③ DME: M    ④ ILS: L

【문제】 13. 비행계획서상의 탑재장비 기호 중 "U"가 뜻하는 것은 무엇인가?
① UHF RTF    ② HF RTF    ③ LORAN C    ④ VOR

【문제】 14. 비행계획서상의 탑재장비 기호 중 "O"가 의미하는 것은?
① LORAN C    ② VOR    ③ SATCOM    ④ DME

【문제】 15. 항공기에 Automatic Direction Finder(ADF)를 탑재한 경우, 비행계획서상의 탑재장비 항목에 기재하여야 할 부호는?
① A    ② D    ③ F    ④ U

〈해설〉 항공기 탑재장비 부호(code) 중 일부의 예를 들면 다음과 같다.

| 부호 | 탑재장비(Equipment) | 부호 | 탑재장비(Equipment) |
|---|---|---|---|
| A | GBAS 착륙시스템 | I | 관성항법(Inertial navigation) |
| B | LPV (SBAS를 갖춘 APV) | K | MLS |
| C | LORAN C | L | ILS |
| D | DME | O | VOR |
| F | ADF | T | TACAN |
| G | GNSS | U | UHF RTF |
| H | HF RTF | V | VHF RTF |

【문제】 16. 비행계획서에 표시되는 속도는 어떤 속도를 기준으로 하는가?
① IAS    ② CAS    ③ TAS    ④ GS

【문제】 17. 마하수(Mach number)로 비행 시 비행계획서에 기입하는 순항속도는?
① 0.01 단위의 마하수    ② 0.1 단위의 마하수
③ 10 kt 단위의 TAS    ④ 5 kt 단위의 TAS

정답  11. ④  12. ④  13. ①  14. ②  15. ③  16. ③  17. ①

【문제】 18. ATC에서 지시하는 속도와 비행계획서에 기재하는 속도의 기준은?
① IAS-IAS  ② IAS-TAS  ③ TAS-TAS  ④ TAS-GS

【문제】 19. Flight plan 작성 시 순항고도 및 순항속도의 기입방법으로 잘못된 것은?
① 순항속도를 km/h 단위로 나타낼 때는 K 뒤에 5자리의 숫자로 속도를 기입한다.
② 순항속도를 knot 단위로 나타낼 때는 N 뒤에 4자리의 숫자로 속도를 기입한다.
③ 순항고도를 10 m 단위로 나타낼 때는 M 뒤에 4자리의 숫자로 고도를 기입한다.
④ 순항고도를 100 ft 단위로 나타낼 때는 A 뒤에 3자리의 숫자로 고도를 기입한다.

【문제】 20. 순항속도 820 km/h는 flight plan 상에 어떻게 표시하는가?
① K0820  ② M0820  ③ N0820  ④ T0820

【문제】 21. 순항속도 75 kts는 비행계획서에 어떻게 표기하는가?
① K0075  ② D0075  ③ N0075  ④ M0075

【문제】 22. 비행계획서에 비행고도를 표기하는 방법으로 맞는 것은?
① F300  ② FL300  ③ 300F  ④ 300FL

【문제】 23. Flight Plan 작성 시 고도 및 속도의 기입방법으로 맞는 것은?
① F33000, M0840   ② F085, K0830
③ A045, N04850   ④ A10000, M082

〈해설〉 비행계획서의 항목 15(순항속도 및 순항고도)는 다음과 같이 기입한다.
1. 순항속도(최대 5자리 문자). 비행의 처음 또는 전 순항구간에 대한 진대기속도(TAS)를 기입
  가. 시간당 킬로미터(km/h) : K와 4자리 숫자로 표현 (예, K0830)
  나. 노트(knots) : N과 4자리 숫자로 표현 (예, N0485)
  다. 마하수(Mach number) : M과 100분의 1 단위(0.01 단위)의 마하수에 가장 가까운 3자리 숫자로 표현 (예, M082)
2. 순항고도(최대 5자리 문자)
  가. 비행할 항공로의 처음 또는 전 구간에 대한 계획된 순항고도를 기입
  나. 비행고도(Flight level) : F와 3자리 숫자로 표현 (예, F085; F330)

【문제】 24. 대한민국에서 제출된 VFR 비행계획이 변경된 경우, 예정시간보다 몇 분 이상 지연될 때에는 비행계획을 수정하거나 새로운 비행계획을 제출하여야 하는가?
① 15분  ② 30분  ③ 60분  ④ 90분

【문제】 25. Flight Plan 상 이륙시간과 얼마 이상 차이가 날 때 ATC에 보고해야 하는가?
① IFR 30분, VFR 30분   ② IFR 30분, VFR 1시간
③ IFR 1시간, VFR 30분   ④ IFR 1시간, VFR 1시간

정답  18. ②  19. ①  20. ①  21. ③  22. ①  23. ②  24. ③  25. ②

〈해설〉 제출된 비행계획이 IFR 비행인 경우 이동 개시 예정시간을 30분을 초과하여 지연되거나, 또는 VFR 비행인 경우 1시간 이상 지연될 때에는 비행계획을 수정하거나 새로운 비행계획을 제출하고 기 제출된 비행계획은 취소하여야 한다.

【문제】26. VFR 항공기가 비행장에 착륙 후 비행계획의 종료는?
① 조종사가 직접 종료시켜야 한다.   ② 착륙 후 자동으로 종료된다.
③ 운항실에서 종료시킨다.   ④ 관제탑에서 종료시킨다.

【문제】27. VFR 비행 시 예상 도착시간이 지난 후 얼마 이내에 비행계획을 종료하지 않으면 수색활동이 시작되는가?
① 15분   ② 30분   ③ 1시간   ④ 2시간

〈해설〉 VFR 또는 DVFR 비행계획이 취소되었는가를 확인하는 것은 조종사의 책임이다. 조종사는 가장 인접한 FSS에 비행계획의 종료를 통보하여야 하며, 만약 통보할 수 없는 상황이라면 비행계획의 종료를 FSS에 중계해 줄 것을 ATC 기관에 요청할 수 있다. 조종사가 도착예정시간(ETA) 이후 30분 이내에 비행계획을 보고하지 않았거나 종료하지 않았다면 수색 및 구조절차가 시작된다.

## Ⅱ. 출발절차(Departure Procedures)

【문제】1. Pre-taxi IFR clearance procedure에 대한 다음 설명 중 맞는 것은?
① 조종사는 의무적으로 pre-taxi clearance procedure에 참여하여야 한다.
② 최소한 taxing 예상시간 10분 이전에 clearance를 요청하여야 한다.
③ Taxing 준비 완료 후 10분 뒤에 clearance delivery에 clearance를 요청하여야 한다.
④ Clearance delivery에 taxing을 요청하고 인가를 받아 taxing하는 중에 clearance를 요청하여야 한다.

【문제】2. Pre-taxi clearance procedure에 대한 설명 중 맞는 것은?
① 최소한 예상 taxi time 15분 이전에 ATC clearance를 요청하여야 한다.
② Clearance delivery로부터 ATC clearance를 받은 조종사는 이 사실을 반드시 ground control에 통보하여야 한다.
③ Clearance delivery로부터 ATC clearance를 받은 조종사는 ground control에 engine starting 허가를 요청하여야 한다.
④ Clearance delivery로부터 IFR clearance를 받은 조종사는 taxing 준비가 되었을 때 ground control을 호출하여 taxi instruction을 받아야 한다.

〈해설〉 지상활주전 허가절차(Pre-taxi Clearance Procedure)
1. 조종사의 참여는 의무사항이 아니다.
2. 참여하는 조종사는 지상활주 예정시간으로부터 최소 10분전까지 허가중계소(clearance delivery) 또는 지상관제소를 호출한다.
3. 최초교신 시 IFR 허가(허가할 수 없는 경우에는 지연정보)가 발부된다.

정답   26. ①   27. ②   /   1. ②   2. ④

4. 허가중계주파수로 IFR 허가를 받았다면, 조종사는 지상활주를 위한 준비가 완료되었을 때 지상관제소를 호출한다.
5. 일반적으로 조종사는 허가중계주파수로 IFR 허가를 받았다는 것을 지상관제소에 통보할 필요는 없다.

【문제】3. 관제탑이 운영되지 않는 공항에서 비행인가 무효시간(clearance void time)에 이륙하지 않은 경우 몇 분 이내에 조종사의 의도를 ATC에 통보하도록 지시를 발부하여야 하는가?
① 15분　② 20분　③ 30분　④ 60분

【문제】4. 기상 또는 교통량으로 인한 교통관리 목적으로 항공기의 출발을 지연시키기 위한 인가에 사용하는 용어는?
① Hold for release
② Clearance void time
③ Released for departure at
④ At pilot's discretion

【문제】5. ATC가 복잡한 공항에서 출발 항공기를 다른 항공기와 분리시키기 위해 사용하는 용어는?
① Clearance void time
② Departure time
③ Take-off time
④ Release time

【문제】6. 허가에 어떤 시간의 명시가 필요한 경우, ATC는 조종사에게 출발유보 해제시간(release time)을 발부하는가?
① 출발 가능한 가장 빠른 시간
② 출발 가능한 가장 늦은 시간
③ 출발 가능한 가장 빠른 시간과 늦은 시간
④ 출발 허가 예정시간

〈해설〉 허가무효시간, 출발유보 및 출발유보해제시간
1. 허가무효시간(Clearance void time)
　　조종사는 관제탑이 운영되지 않는 공항에서 출발할 때 일정 시간까지 이륙하지 않으면 그 허가는 무효라는 단서가 포함된 허가를 받을 수 있다. 보통 ATC는 항공기가 허가무효시간 전에 출발하지 않았다는 것을 ATC에 통보해야 하는 시간을 지정하여 조종사에게 통보한다. 이 시간은 30분을 초과하지 않아야 한다.
2. 출발유보(Hold for release)
　　ATC는 교통관리 상의 이유(예를 들면, 기상, 교통량 등)로 항공기의 출발을 지연시키기 위하여 허가에 "출발유보(hold for release)" 지시를 발부할 수 있다. ATC가 허가에 "hold for release"를 언급하면 조종사는 ATC가 출발유보해제시간이나 추가지시를 발부할 때 까지 IFR 허가로 출발해서는 안 된다.
3. 출발유보해제시간(Release time)
　　항공기가 출발할 수 있는 가장 빠른 시간을 명시할 필요가 있는 경우, ATC가 조종사에게 발부하는 출발제한이다. 출발 항공기를 다른 항공기와 분리하거나 교통관리절차와 관련하여 사용한다.

【문제】7. SID와 STAR의 목적이 아닌 것은?
① ATC와 조종사 간 통신 간소화
② 입출항 절차 단순화
③ 복잡한 허가 간소화
④ 입출항 순위 결정

정답　3. ③　4. ①　5. ④　6. ①　7. ④

【문제】 8. Standard Instrument Departure(SID)에 관한 설명 중 틀린 것은?
① ATC와 조종사 간에 통신 간소화 및 비행인가의 지연을 최소화하기 위한 것이다.
② 터미널에서 항공로 구조까지 전이를 제공한다.
③ 모든 공항에 설정되어야 한다.
④ SID로 비행하기 전에 ATC의 허가를 받아야 한다.

【문제】 9. SID와 STAR의 주 목적은?
① 항공교통흐름의 조절 및 촉진
② 관제절차의 간소화 및 입출항 지연감소
③ VFR, IFR 항공기 간의 입출항 순위 결정
④ 항공기 간의 충돌방지 및 항공교통의 질서유지

【문제】 10. SID와 STAR의 목적은?
① 계기비행 항공기와 시계비행 항공기의 분리
② 항공교통흐름의 촉진 및 질서 유지
③ 통신 간소화 및 비행인가 지연 최소화
④ 이륙하는 항공기 간 필요한 간격 유지

【문제】 11. SID에 대한 설명 중 틀린 것은?
① 출발 중 obstruction clearance를 보장한다.
② 복잡한 허가 절차를 간소화하기 위한 것이다.
③ 조종사는 SID가 필요 없어도 보고할 의무는 없다.
④ 표준 상승률은 200 fpnm 이다.

【문제】 12. 조종사가 SID의 적용을 원하지 않을 경우, 어떻게 하여야 하는가?
① 첫 교신 시 출발관제소에 통보한다.
② 출발하기 전에 허가중계소 또는 지상관제소에 통보한다.
③ IFR 비행계획서의 비고란에 "NO SID"라고 기재한다.
④ ATC는 조종사가 달리 요청하지 않는 한 SID를 배정하지 않기 때문에 특별한 조치가 필요하지 않다.

【문제】 13. 다음 중 옳은 것은?
① B등급의 SID가 설정된 공항에서 출항 시 모든 항공기는 SID를 수행해야 한다.
② SID가 설정된 공항에서 시계비행방식으로 출항하더라도 SID를 수행해야 한다.
③ SID를 수행할 수 없으면 관련 기관에 통보하거나, 비행계획서에 "No SID"라고 적는다.
④ SID를 수행할 때는 반드시 radar contact이 되어야 한다.
〈해설〉 표준계기출발절차(SID)

정답  8. ③  9. ②  10. ③  11. ③  12. ③  13. ③

1. 표준계기출발절차는 조종사/관제사에 의해 사용되며, 터미널 지역으로부터 해당하는 항공로 구조까지의 장애물 회피와 전환을 제공하기 위하여 발간되는 그림 형식의 항공교통관제 절차이다. SID는 우선적으로 시스템 능력을 증진시키고 조종사/관제사의 업무부담을 줄이기 위하여 설계된다. SID로 비행하기 이전에 ATC 허가를 받아야 한다.
2. SID가 필요한 첫 번째 이유는 조종사에게 장애물 회피 보호정보를 제공하기 위한 것이다. 두 번째 이유는 SID의 사용을 통해 복잡한 공항에서의 효율성을 향상시키고 무선교신을 줄이며, 출발지연을 감소시키기 위한 것이다.
3. 관제사가 발부한 SID 허가를 따르고 싶지 않은 조종사는 관제사에게 통보하거나, 비행계획서의 비고(remarks) 란에 "No SID"라고 기입하여야 한다.

【문제】14. 이륙 후 특별한 지시가 없는 경우 선회할 수 있는 최소 고도는?
① 200 ft    ② 300 ft    ③ 400 ft    ④ 500 ft

【문제】15. 계기비행 이륙 시 활주로 끝단에서 최소한 몇 ft 이상의 안전고도를 유지하여야 하는가?
① 35 ft    ② 45 ft    ③ 50 ft    ④ 70 ft

【문제】16. 계기비행출발절차의 출항경로에서 장애물로 식별되는 경우는?
① 활주로 끝 상단 25 ft에서 152 FPNM의 경사면을 침범하는 장애물
② 활주로 끝 상단 25 ft에서 182 FPNM의 경사면을 침범하는 장애물
③ 활주로 끝 상단 35 ft에서 152 FPNM의 경사면을 침범하는 장애물
④ 활주로 끝 상단 35 ft에서 182 FPNM의 경사면을 침범하는 장애물

【문제】17. SID에 특별한 언급이 없는 경우, 이륙 시 장애물 회피를 위한 minimum climb gradient는?
① 200 ft/NM    ② 300 ft/NM    ③ 400 ft/NM    ④ 500 ft/NM

〈해설〉 출발 중 장애물 회피 제공 기준
1. 달리 지정되지 않은 한 임의출발(diverse departure)을 포함한 모든 출발 시에 필요한 장애물 회피는 조종사가 이륙활주로종단을 최소한 이륙활주로종단 표고보다 35 ft 이상의 높이로 통과하고, 최초로 선회하기 전에 이륙활주로종단 표고보다 400 ft 이상의 높이까지 상승하여야 한다.
2. 통과제한에 의해 고도이탈(level off)이 필요하지 않는 경우 최저 IFR 고도까지 NM 당 최소 200 ft의 상승률(FPNM)을 유지하는 것을 기반으로 한다.
3. 40:1 장애물식별표면(OIS)은 이륙활주로종단(DER)에서 시작되며, 최저 IFR 고도에 도달하거나 항공로 구조로 진입하기 전까지 상방 152 FPNM의 경사도로 경사져 있다.

【문제】18. 비행장 표고(aerodrome elevation)의 기준이 되는 것은?
① 착륙지역 중 가장 높은 지점의 높이
② 활주로중심선 중 가장 높은 지점의 높이
③ 공항 지표면의 평균 높이
④ 착륙대 중심의 높이

〈해설〉 "Airport elevation(공항표고)"이란 평균해면고도로부터 측정된 공항의 사용 활주로(비행장의 경우 착륙지역)의 가장 높은 지점의 고도를 말한다.

정답  14. ③   15. ①   16. ③   17. ①   18. ①

【문제】 19. SID 차트에서 부호 ▼의 의미는?
　① 표준 IFR 이륙최저치가 적용된다.　　② 비표준 IFR 이륙최저치가 적용된다.
　③ 표준 IFR 대체최저치가 적용된다.　　④ 비표준 IFR 대체최저치가 적용된다.

〈해설〉 "T"를 포함하고 있는 삼각형(▼)이 note section에 제시되는 경우, 이는 비표준 IFR 이륙최저치가 적용되는 공항이라는 것을 나타낸다.

【문제】 20. 동일 활주로 상에서 CAT Ⅱ 항공기 출항 시 뒤따라 이륙하는 CAT Ⅰ 항공기 간의 분리거리는?
　① 2,000피트　　② 3,000피트　　③ 4,000피트　　④ 5,000피트

【문제】 21. 동일 활주로 상에서 CAT Ⅰ, Ⅱ 및 Ⅲ 항공기의 이륙 시 간격 분리기준으로 틀린 것은?
　① CAT Ⅰ 항공기 간: 3,000피트
　② CAT Ⅱ 항공기 다음에 CAT Ⅰ 항공기가 이륙할 때: 3,000피트
　③ CAT Ⅱ 항공기 간 또는 둘 중에 하나가 CAT Ⅱ 항공기 일 경우: 6,000피트
　④ CAT Ⅲ 항공기 간: 6,000피트

【문제】 22. 동일 고도 또는 1,000 ft 이하로 분리된 항공기 뒤를 따를 때 wake turbulence 간격분리 최저치로 틀린 것은?
　① Heavy 뒤에 Light: 5 NM　　② Heavy 뒤에 Medium: 5 NM
　③ Heavy 뒤에 Heavy: 4 NM　　④ Medium 뒤에 Light: 5 NM

〈해설〉 출발 항공기 분리
　1. 동일 활주로 상 분리(same runway separation)
　　동일 활주로 상에서 먼저 출발한 항공기가 이륙하여 활주로 종단을 통과하였거나 충돌 회피를 위한 선회를 완료한 경우. 두 항공기 간 다음의 최저거리가 유지될 때 선행 항공기가 이륙 후 뒤따라 출발하는 항공기를 활주시킬 수 있다.
　가. CAT Ⅰ 항공기 간: 3,000 ft
　나. CAT Ⅱ 항공기가 CAT Ⅰ 항공기에 앞서 비행할 때: 3,000 ft
　다. 뒤따르는 항공기 또는 둘 다 CAT Ⅱ 항공기 일 때: 4,500 ft
　라. 둘 중의 하나가 CAT Ⅲ 항공기일 때: 6,000 ft (다만, 민간 전용공항인 경우 8,000 ft 적용)
　마. 뒤따르는 항공기가 헬리콥터일 때: 거리최저치 사용 대신 시계(visual) 분리를 적용
　2. 항적난기류 레이더분리
　　접근 및 출발단계에 있는 항공기가 동일 고도 또는 300 m(1,000 ft) 미만의 고도 차이로 앞선 항공기 뒤를 운항하는 경우 다음 기준과 같이 항적난기류 레이더분리 최저치를 적용한다.
　가. 대형(heavy) 항공기 뒤에 비행하는 대형(heavy) 항공기: 7.4 km(4마일)
　나. 대형(heavy) 항공기 뒤에 비행하는 중형(medium) 항공기: 9.3 km(5마일)
　다. 대형(heavy) 항공기 뒤에 비행하는 소형(light) 항공기: 11.1 km(6마일)
　라. 중형(medium) 항공기 뒤에 비행하는 소형(light) 항공기: 9.3 km(5마일)

정답　19. ②　20. ②　21. ③　22. ①

## Ⅲ. 항공로 절차(En Route Procedure)

【문제】1. 레이더 관제 하에 운항 중일 때 새로운 주파수로 전환한 후 최초교신 시 보고해야 하는 것은?
① 식별부호, 기수 방향, 현재 고도
② 식별부호, 현재 위치, 고도
③ 식별부호, 배정 고도, 현재 고도
④ 식별부호, 현재 위치, 속도

【문제】2. 레이더 관제 하에 항로에서 새로운 주파수로 전환한 후 최초교신 시 관제용어로 적합한 것은?
① ATC 시설 명칭, Call sign, 고도
② ATC 시설 명칭, Call sign, 위치
③ ATC 시설 명칭, Call sign, 고도, 위치
④ ATC 시설 명칭, Call sign, 다음 보고지점 ETA

【문제】3. 관제사가 조종사에게 고도의 확인을 요구할 때 사용하는 관제용어는?
① Acknowledge at (altitude)
② Maintain at (altitude)
③ Squawk at (altitude)
④ Verify at (altitude)

〈해설〉 ATC 주파수 변경 절차(ATC Frequency Change Procedure)
1. 레이더 관제상황에서 운항 중일 때, 조종사는 최초교신 시 적절한 용어 "level", "climbing to" 또는 "descending to" 다음에 배정받은 고도를, 그리고 해당하는 경우 현재 항공기가 떠나는 고도를 관제사에게 통보하여야 한다.
〔예문(Example)〕
(명칭) center, (항공기 식별부호), (위치), (고도), estimating (보고지점) at (시간)
2. 때때로 관제사는 조종사에게 항공기가 특정 고도에 있는지 확인을 요구한다. 관제용어는 "Verify at (고도)"를 사용한다.

【문제】4. Radar service가 제공된다는 의미의 ATC 용어는?
① Radar service
② Radar contact
③ Radar control
④ Radar identified

【문제】5. 의무보고지점(compulsory reporting point)에서 위치보고를 하지 않아도 되는 경우는?
① ATC와 교신중이고 radar vector 중일 때
② VFR로 비행중일 때
③ VFR on top 비행중일 때
④ 특별 VFR 비행중일 때

【문제】6. ATC로부터 "Radar Service Terminated"를 통보받았다. 이는 무엇을 뜻하는가?
① 조종사는 지정된 보고지점 상공에서 위치보고를 하지 않아도 된다.
② 조종사는 현재 위치를 통보하라.
③ 당신의 항공기가 식별되었다.
④ 조종사는 이후에 정상적인 위치보고를 재개하라

정답  1. ③  2. ①  3. ④  4. ②  5. ①  6. ④

【문제】 7. ATC 용어 "Radar Contact"의 의미는?
　① 당신의 항공기는 식별되었고, 이 레이더 시설과 contact 하는 동안 모든 항공기로부터 분리될 것이다.
　② 당신은 레이더 service 또는 레이더 식별이 종료될 때 까지 교통조언을 받게 될 것이다.
　③ 당신의 항공기는 레이더 상에 식별되었고, 레이더 식별이 종료될 때 까지 flight following이 제공될 것이다.
　④ 조종사는 지정된 보고지점 상공에서 위치를 보고하고, radar vector가 주어질 것을 대기하라.
〈해설〉 위치보고 요건(Position Reporting Requirement)
　1. 레이더 관제상황에서 조종사는 ATC로부터 항공기가 "Radar contact" 되었다는 통보를 받은 경우에는 지정된 보고지점 상공에서 위치보고를 하지 않아도 된다. ATC가 "Radar contact lost" 또는 "Radar service terminated"라고 통보한 경우에는 다시 정상적인 위치보고를 하여야 한다.
　2. ATC는 다음과 같은 경우에 "레이더 포착(radar contact)" 사실을 조종사에게 통보한다.
　　가. ATC 시스템에 처음으로 항공기가 식별되었을 때
　　나. 레이더 업무가 종료되거나 레이더 포착이 상실된 이후에 레이더 식별이 다시 이루어졌을 때

【문제】 8. 위치보고 시 보고에 포함하여야 할 항목이 아닌 것은?
　① 항공기 식별부호　　　　　　　　② 목적지 도착예정시간
　③ 통과시간과 고도　　　　　　　　④ 다음 보고지점의 명칭

【문제】 9. 비행 중 position report 시 생략 가능한 항목은?
　① 호출부호　　② 고도　　③ 시간　　④ 기상상태

【문제】 10. 위치보고 항목에 포함되지 않는 것은?
　① Position　　② Time　　③ Squawk code　　④ Altitude
〈해설〉 위치보고 항목(Position Report Item)
　1. 항공기의 식별부호(identification)
　2. 위치(position)
　3. 시간(time)
　4. 고도 또는 비행고도(VFR-on-top 허가를 받고 운항중이라면, 실제 고도 또는 비행고도 포함)
　5. 비행계획의 방식(ARTCC 또는 접근관제소에 직접 위치보고를 하는 경우에는 필요 없다)
　6. 다음 보고지점의 ETA 및 명칭(ETA and name of next reporting point)
　7. 비행경로에서 이어지는 다음 보고지점의 명칭
　8. 관련사항

【문제】 11. 레이더 관제 시 의무보고사항 중 틀린 것은?
　① 새로 배정된 고도로 비행하기 위하여 이전에 배정받은 고도를 떠날 때
　② 분당 500 ft의 비율로 상승할 수 없을 때
　③ 이전 통보한 예상시간보다 3분 이상 늦을 것이 예상될 때
　④ 비행계획서에 제출한 진대기속도보다 진대기속도가 5% 또는 10 knot의 변화가 있을 때

정답　7. ③　8. ②　9. ④　10. ③　11. ③

【문제】12. Radar contact 시 보고하지 않아도 되는 사항은?
　　① 최종접근진로 상의 FAF를 떠날 때
　　② 접근에 실패하였을 때
　　③ 허가받은 체공 fix 또는 체공지점에 도착한 경우
　　④ 지정받은 체공 fix 또는 체공지점을 떠날 때

【문제】13. 레이더 관제 시 의무보고사항이 아닌 것은?
　　① 새로 배정된 고도로 비행하기 위하여 이전에 배정받은 고도를 떠날 때
　　② 최소한 분당 500 ft의 비율로 상승할 수 없을 때
　　③ 순항고도에서 진대기속도의 5% 또는 10 kts 변화 중 적은 것
　　④ 지정받은 체공 fix를 떠날 때

【문제】14. 최소한 얼마의 상승률로 상승할 수 없을 경우 ATC에 보고해야 하는가?
　　① 300 fpm　　② 500 fpm　　③ 700 fpm　　④ 1,000 fpm

【문제】15. IFR 비행 중 ATC에 보고하여야 하는 경우는?
　　① Flight plan에 기재한 속도보다 IAS가 10 kts, 5% 중 큰 것의 변화가 있을 때
　　② Flight plan에 기재한 속도보다 CAS가 10 kts, 5% 중 큰 것의 변화가 있을 때
　　③ Flight plan에 기재한 속도보다 TAS가 10 kts, 5% 중 큰 것의 변화가 있을 때
　　④ Flight plan에 기재한 속도보다 GS가 10 kts, 5% 중 큰 것의 변화가 있을 때

【문제】16. 관제구역 내에서 IFR 비행 중 두 개의 VHF radio 가운데 한 개가 고장 난 경우, 조종사는 어떠한 조치를 취하여야 하는가?
　　① 트랜스폰더 code를 7600으로 set하고 비행한다.
　　② ATC에 즉시 보고한다.
　　③ 착륙 후 ATC에 보고한다.
　　④ VOR 수신기를 monitor 하면서 목적지 비행장까지 계속 비행한다.

〈해설〉ATC의 특별한 요청이 없어도 다음의 경우에는 ATC 또는 FSS 시설에 항상 보고해야 한다.
　　1. 새로 배정받은 고도 또는 비행고도로 비행하기 위하여 이전에 배정된 고도 또는 비행고도를 떠날 때
　　2. VFR-on-top 허가를 받고 운항중이라면, 고도변경을 할 때
　　3. 최소한 분당 500 ft의 비율로 상승/강하할 수 없을 때
　　4. 접근에 실패하였을 때
　　5. 비행계획서에 제출한 진대기속도보다 순항고도에서의 평균 진대기속도가 5% 또는 10 knot의 변화(어느 것이든 큰 것)가 있을 때
　　6. 허가받은 체공 fix 또는 체공지점에 도착한 경우, 시간 및 고도 또는 비행고도
　　7. 지정받은 체공 fix 또는 체공지점을 떠날 때
　　8. 관제공역에서 VOR, TACAN, ADF와 저주파수 항법수신기의 기능상실, 장착된 IFR-인가 GPS/GNSS 수신기를 사용하는 동안 GPS의 이상현상(anomaly), ILS 수신기 전체 또는 부분적인 기능상실이나 공지통신 기능의 장애

정답　12. ①　13. ③　14. ②　15. ③　16. ②

9. 비행안전과 관련된 모든 정보

【문제】17. 비행 중 121.5 MHz를 계속 모니터하지 않아도 되는 경우는?
① 다른 VHF channel로 통신 중일 때
② 항공기의 요격 가능성이 있는 지역에서
③ 적절한 당국에 의해 요구조건이 수립되었을 때
④ 위험한 상황이 존재하는 항로상에서

〈해설〉조종사는 다른 VHF 채널로 통신 중인 경우 또는 장비의 제한사항이나 조종실의 업무상 두 채널을 동시에 청취할 수 없는 경우를 제외하고, 장거리 해상비행 중에는 VHF 비상주파수 121.5 MHz를 계속해서 청취할 필요가 있다는 것을 잊지 말아야 한다.

【문제】18. Holding instruction을 받기 위해 fix 도착 몇 분 전에 체공속도로 감속해야 하는가?
① 2분　　　　② 3분　　　　③ 5분　　　　④ 6분

【문제】19. 지연이 예상될 때 항공기가 허가한계점에 도착하기 최소한 몇 분 전에 체공지시를 발부하여야 하는가?
① 3분　　　　② 5분　　　　③ 7분　　　　④ 10분

【문제】20. 지연이 예상되지 않는 경우, 관제사는 항공기가 허가한계점에 도착하기 최소한 몇 분 전에 체공 fix 이후에 대한 비행인가를 발부하여야 하는가?
① 2분　　　　② 3분　　　　③ 5분　　　　④ 10분

【문제】21. Holding 시 허가한계점에서 보고하여야 할 사항이 아닌 것은?
① 조종사 및 승무원 인원　　　　② 도착 시간
③ 고도　　　　　　　　　　　　④ 허가한계점을 떠날 때

〈해설〉체공(Holding)
1. 항공기가 허가한계점으로부터 3분 이내의 거리에 있고 fix 다음 구간에 대한 비행허가를 받지 못했을 경우, 조종사는 항공기가 처음부터 최대체공속도 이하로 fix를 통과하도록 속도를 줄이기 시작하여야 한다.
2. 지연이 예상될 때, 항공기가 허가한계점에 도착하기 적어도 5분전에 허가한계점과 체공지시를 발부하여야 한다.
3. 지연이 예상되지 않는 경우, 관제사는 가능한 빨리 그리고 가능하다면 항공기가 허가한계점에 도착하기 최소한 5분 전에 fix 이후에 대한 허가를 발부하여야 한다.
4. 조종사는 항공기가 허가한계점에 도착한 시간과 고도/비행고도를 ATC에 보고하여야 하며, 또한 허가한계점을 떠난다는 것을 보고하여야 한다.

【문제】22. 표준 체공장주(standard holding pattern) 선회 방향은?
① 풍향에 따라 달라진다.　　　　② 진입방향에 따라 달라진다.
③ 우선회　　　　　　　　　　　④ 좌선회

[정답] 17. ①　18. ②　19. ②　20. ③　21. ①　22. ③

〈해설〉 체공장주공역보호(holding pattern airspace protection)는 다음과 같은 절차를 기반으로 한다.
1. 표준장주(Standard Pattern) : 우선회
2. 비표준장주(Nonstandard Pattern) : 좌선회

【문제】 23. Holding 시 최대 inbound leg time이 1분인 고도는?
① 12,000 ft 이하  ② 12,000 ft 초과  ③ 14,000 ft 이하  ④ 14,000 ft 초과

【문제】 24. 14,000 ft를 초과한 고도에서 holding leg time은?
① 1분  ② 1.5분  ③ 2분  ④ 2.5분

〈해설〉 체공(Holding) 시 inbound leg의 시간조절(timing)은 다음과 같이 하여야 한다.
1. 14,000 ft MSL 이하 : 1분
2. 14,000 ft MSL 초과 : 1분 30초

## Ⅳ. 도착절차(Arrival Procedures)

【문제】 1. STAR 절차에 관한 설명 중 틀린 것은?
① VFR/IFR 항공기의 접근절차를 간소화한다.
② 항공로와 계기접근절차 간의 전환을 용이하게 한다.
③ 비행인가 전달절차를 간소화한다.
④ ATC와 조종사 간의 통신을 간소화한다.

【문제】 2. 다음 중 arrival procedure를 나타내는 것은?
① SID  ② STAR  ③ ATIS  ④ SPAR

〈해설〉 표준터미널도착절차(STAR; Standard Terminal Arrival Procedure)는 어떤 공항에 도착하는 IFR 항공기에 적용하기 위하여 ATC가 설정한 문자 및 그림 형식의 IFR 도착비행로(coded IFR arrival route)이다.

【문제】 3. 다음 중 조종사에게 lateral 및 vertical navigation을 허가하는 관제용어는?
① "Cleared Bulls One arrival."
② "Cleared Bulls One arrival, descend and maintain FL150."
③ "Cleared Bulls One arrival, descend at pilot's discretion, maintain FL150."
④ "Descend via the Bulls One arrival."

【문제】 4. STAR 절차로 운항중인 조종사에게 발부된 "Descent via the ×× One arrival"의 의미는?
① 조종사 임의의 강하를 허가한다.
② 조종사 임의의 비행로 설정을 허가한다.
③ 조종사 임의의 횡적 항행을 허가한다.
④ 도착절차에 따라 진입하는 것을 허가한다.

[정답] 23. ③  24. ②  /  1. ①  2. ②  3. ④  4. ①

〈해설〉 관제용어 "Descend via"가 포함된 허가는 조종사에게 발간된 제한사항과 STAR에 의한 횡적항행(lateral navigation)을 이행하기 위한 조종사 임의의 수직항행(vertical navigation)을 허가하는 것이다.

【문제】 5. ATC는 어떤 조건 하에서 STAR를 발부하는가?
① STAR가 가능한 곳의 모든 조종사에게 발부한다.
② 비행계획서의 비고란에 STAR를 요청한 조종사에게만 발부한다.
③ 조종사가 "NO STAR"를 요청하지 않는 한 ATC가 적절하다고 고려할 때 발부한다.
④ 조종사가 STAR 차트를 가지고 있지 않을 때 발부한다.

〈해설〉 표준터미널도착절차〔Standard Terminal Arrival(STAR) Procedure〕
1. STAR가 발간된 지역까지 비행하려는 IFR 항공기의 조종사는 ATC가 적합하다고 판단하면 언제든지 STAR가 포함된 허가를 받을 수 있다.
2. 조종사는 STAR의 사용을 원하지 않으면 비행계획서의 비고란에 "NO STAR"라고 기입하거나, 바람직한 방법은 아니지만 ATC에 구두로 이를 통보하여야 한다.

【문제】 6. Chart에 인가된 고도와 같거나 높은 고도를 유지해야 하는 고도는?
① Minimum altitude        ② Maximum altitude
③ Mandatory altitude      ④ Recommended altitude

【문제】 7. Mandatory altitude는 계기접근차트 상에 어떻게 표시되는가?
① 2500    ② <u>2500</u>    ③ $\overline{2500}$    ④ $\overline{\underline{2500}}$

【문제】 8. 아래와 위에 아무 표시 없이 차트에 나타내는 고도는?
① Maximum altitude        ② Minimum altitude
③ Recommended altitude    ④ Mandatory altitude

〈해설〉 규정된 고도는 계기접근절차차트(Instrument Approach Procedure Chart)에 다음과 같은 네 가지 다른 형태로 표기될 수 있다.

| 고도의 종류 | 표기 | 비고 |
|---|---|---|
| 최저고도 (minimum altitude) | <u>8000</u> | 항공기는 표기된 값 이상의 고도를 유지하여야 한다. |
| 최대고도 (maximum altitude) | $\overline{8000}$ | 항공기는 표기된 값 이하의 고도를 유지하여야 한다. |
| 의무고도 (mandatory altitude) | $\overline{\underline{8000}}$ | 항공기는 표기된 값의 고도를 유지하여야 한다. |
| 권고고도 (recommended altitude) | 8000 | 강하 계획수립에 사용하기 위해 표기된다. |

【문제】 9. 접근차트의 MSA에 대한 설명 중 맞는 것은?
① 필요할 경우 범위는 반경 40 NM까지 늘어날 수 있다.
② VOR과 같은 시설이 없어도 설정할 수 있다.

[정답]  5. ③   6. ①   7. ④   8. ③

③ 4~5개의 구역(sector)으로 분할할 수 있다.
④ 가장 높은 장애물로부터 1,500 ft의 통과고도를 제공한다.

【문제】 10. MSA에 대한 설명 중 틀린 것은?
① 항법시설을 중심으로 25 NM 반경 내에서 장애물 회피를 제공한다.
② 비상상황 시에만 사용한다.
③ 4~5개의 구역(sector)으로 분할할 수 있다.
④ 구역 내에 있는 가장 높은 장애물로부터 최소 1,000 ft의 간격을 둔 안전고도이다.

【문제】 11. MSA에 대한 설명 중 틀린 것은?
① 보통 25 NM, 최대 30 NM 반경 내에서 장애물 회피를 제공한다.
② VOR과 같은 시설이 없어도 설정이 가능하다.
③ 최대 4개의 구역으로 나눌 수 있다.
④ NAVAID reception을 보장한다.

【문제】 12. 최저안전고도(MSA)에 대한 설명 중 틀린 것은?
① 보통 반경 25 NM이지만 필요하면 30 NM까지 확장될 수 있다.
② 공항 20 NM 내에 NDB 또는 VOR 시설이 없을 때는 MSA가 없을 것이다.
③ 비상 시에만 사용한다.
④ 구역(sector)은 4개 이하로 도시되어 있다.

〈해설〉 최저안전고도(MSA; Minimum Safe/Sector Altitudes)
1. 최저안전고도는 긴급한 경우에 사용하기 위하여 IAP 차트에 게재된다. MSA는 모든 장애물로부터 상공 1,000 ft의 회피를 제공하지만 허용 항법신호 통달범위를 반드시 보장하지는 않는다.
2. 기존 항법시스템에서 MSA는 일반적으로 IAP에 입각한 일차 전방향성시설을 기반으로 하지만, 이용할 수 있는 적합한 시설이 없다면 공항표점을 기반으로 할 수도 있다. RNAV 접근에서 MSA는 RNAV waypoint를 기반으로 한다.
3. MSA는 보통 반경 25 NM이지만, 기존 항법시스템의 경우 공항의 착륙구역을 포함하기 위하여 필요하면 30 NM까지 반경을 확장할 수 있다.
4. 일반적으로 하나의 안전고도가 설정되지만, MSA가 시설을 기반으로 하고 장애물 회피를 위하여 필요한 경우 4개 구역까지 MSA를 설정할 수 있다.

【문제】 13. MVA는 비산악지형에서 몇 ft의 장애물 clearance를 보장하는가?
① 800 ft     ② 1,000 ft     ③ 1,500 ft     ④ 2,000 ft

【문제】 14. Minimum Vectoring Altitude와 관계없는 것은?
① 관제사가 Radar로 관제할 수 있는 최저고도이다.
② 장애물로부터 최소 300 ft 이상의 간격을 제공한다.
③ IFR obstacle clearance 기준을 충족한다.
④ MEA 또는 MOCA보다 낮을 수 있다.

정답  9. ②   10. ③   11. ④   12. ②   13. ②   14. ②

【문제】 15. 최저레이더유도고도(MVA)에 대한 설명으로 틀린 것은?
① 비산악지역에서는 장애물로부터 1,000 ft의 장애물 회피를 제공한다.
② 산악지역에서는 장애물로부터 2,000 ft의 장애물 회피를 제공한다.
③ 관제공역의 밑바닥에서부터 적어도 300 ft 이상의 간격을 제공한다.
④ 항법장비에 대한 수신을 보장한다.

【문제】 16. 최저레이더유도고도(MVA)에 대한 설명으로 틀린 것은?
① 각 구역의 경계선은 장애물로부터 3마일의 거리에 있다.
② MVA는 MEA, MOCA 또는 주어진 장소의 차트에 표기된 다른 최저안전고도보다 높아야 한다.
③ 가장 높은 장애물로부터 산악지역에서는 2,000피트, 비산악지역에서는 1,000피트의 높이이다.
④ 관제공역에서는 최하위층 고도로부터 300피트의 높이이다.

〈해설〉 최저레이더유도고도(Minimum Vectoring Altitudes; MVA)는 레이더 항공교통관제가 행해질 때 ATC가 사용할 수 있도록 설정된다. MVA 차트는 다수의 서로 다른 최저 IFR 고도가 있는 지역을 대상으로 항공교통시설에 의해 작성된다.
1. 각 구역의 최저레이더유도고도는 비산악지역에서는 가장 높은 장애물로부터 상공 1,000 ft로 되어 있으며, 지정된 산악지역에서는 가장 높은 장애물로부터 상공 2,000 ft로 되어 있다. 최저레이더유도고도는 관제공역의 하한고도(floor)로부터 최소한 상공 300 ft로 되어 있다.
2. 각 구역의 경계선은 MVA를 결정하는 장애물로부터 최소한 3 mile의 거리에 있다. 이것은 장애물 주변의 레이더 유도를 촉진하기 위하여 만들어진 것이다.
3. MVA를 고려해야 할 구역의 다양성, 이러한 구역에 적용되는 서로 다른 최저고도, 그리고 특정 장애물을 격리할 수 있는 기능으로 인하여 일부 MVA는 비레이더 최저항공로고도(MEA), 최저장애물 회피고도(MOCA) 또는 주어진 장소의 차트에 표기된 다른 최저고도보다 낮을 수도 있다.

【문제】 17. 항로에서 항행시설 신호의 수신과 장애물 회피를 보장하는 최저고도는?
① MEA   ② MOCA   ③ MRA   ④ MCA

〈해설〉 최저항공로고도(Minimum En Route IFR Altitude; MEA)란 무선 fix 간 항행안전시설 신호를 수신할 수 있고, 이들 fix 간 장애물 회피 요건을 충족하는 발간된 최저고도이다. 지정된 최저항공로고도(MEA)는 항공로, 구간, 또는 비행로를 지정하는 무선 fix 간의 항공로, 구간 또는 항공로 전체 폭에 적용된다.

【문제】 18. Visual Descent Point(VDP)에 대한 설명 중 틀린 것은?
① 접근차트의 측면도에 부호 "V"로 표기된다.
② VOR 및 LOC 절차에서 VDP 위치는 보통 DME로부터의 거리로 식별한다.
③ 비정밀 직진입접근의 최종 경로상에 지정된 하나의 지점이다.
④ LNAV 및 VNAV 최저치를 활용하는 접근에도 적용할 수 있다.

【문제】 19. VDP에 대한 설명으로 옳지 않은 것은?
① 비정밀 접근절차에 반드시 설정되어야 한다.
② VDP에 도달하기 이전에 MDA 아래로 강하해서는 안 된다.

③ 보통 DME로부터의 거리로 위치를 식별한다.
④ LNAV/VNAV 및 LPV 접근절차에는 적용되지 않는다.

〈해설〉 시각강하지점(Visual Descent Point ; VDP)
1. 계기접근절차차트(Instrument Approach Procedure Chart)에 부호 "V"로 식별되며, MDA로부터 활주로접지점까지 안정된 시각강하를 시작할 수 있는 비정밀 접근절차의 최종접근진로 상에 정해진 지점이다.
2. 조종사는 VDP에 도달하기 전에 MDA 아래로 강하해서는 안 된다. VDP는 MAP까지 DME 또는 RNAV along-track distance에 의해 식별된다.
3. VDP는 대부분의 RNAV IAP에 발간된다. VDP는 LP나 LNAV 최저치를 활용하는 항공기에만 적용되며, LPV나 LNAV/VNAV 최저치를 활용하는 항공기에는 적용되지 않는다.

【문제】 20. Final approach gate에 대한 설명 중 틀린 것은?
① Radar vector 시 사용된다.
② Final approach fix로부터 1 NM 이내에 설정된다.
③ Landing threshold로부터 5 NM을 초과한다.
④ 항공기를 최종접근진로로 유도하기 위해 사용되는 가상의 지점이다.

〈해설〉 Approach gate는 최종접근진로로 항공기를 레이더 유도(vector)하기 위해 ATC에 의해 사용되는 가상의 지점이다. Approach gate는 공항에서 멀리 떨어진 최종접근 fix(FAF)로부터 최종접근진로 상의 1 NM에 설정되며, 착륙 시단으로부터 5 NM보다 더 근접하게 위치하지는 않는다.

【문제】 21. CAT Ⅰ 정밀접근활주로의 결심고도(DH) 및 활주로가시거리(RVR) 최저치는?
① 100 ft, 550 m  ② 100 ft, 650 m  ③ 200 ft, 550 m  ④ 200 ft, 650 m

【문제】 22. Category Ⅱ 정밀접근활주로의 RVR 최소치는?
① 800 ft  ② 1,000 ft  ③ 1,300 ft  ④ 1,500 ft

〈해설〉 계기접근절차에 사용되는 정밀접근활주로는 결심고도와 시정 또는 활주로가시범위(RVR)에 따라 다음과 같이 구분한다.

| 종류(category) | 결심고도(DH) | 시정 또는 활주로가시거리(RVR) |
|---|---|---|
| Category Ⅰ | 200 ft(60 m) 이상 250 ft(75 m) 미만 | 시정 1/2마일(800 m) 또는 RVR 1,800 ft(550 m) 이상 |
| Category Ⅱ | 100 ft(30 m) 이상 200 ft(60 m) 미만 | RVR 1,000 ft(300 m) 이상 1,800 ft(550 m) 미만 |
| Category Ⅲ | 100 ft(30 m) 미만 또는 No DH | RVR 1,000 ft(300 m) 미만 또는 No RVR |

【문제】 23. 항공기 접근범주(approach category)의 기준이 되는 것은?
① 최대중량 시 실속속도의 1.3배
② 최대중량 시 인가된 접근속도
③ 최대착륙중량 시 착륙형태에서 실속속도의 1.3배
④ 최대이륙중량 시 실속속도의 1.3배

정답  19. ①   20. ②   21. ③   22. ②   23. ③

【문제】 24. Maximum landing weight에서 실속속도가 125 kts인 항공기의 approach category는?
① Category A    ② Category B    ③ Category C    ④ Category D

【문제】 25. 다음 중 approach category C인 항공기의 approach speed는?
① 120 kt    ② 140 kt    ③ 165 kt    ④ 180 kt

〈해설〉 항공기 접근범주(approach category)란 $V_{REF}$ 속도가 명시되어 있는 경우 $V_{REF}$ 속도를 기준으로, $V_{REF}$가 명시되어 있지 않는 경우 최대인가착륙중량에서 $V_{SO}$의 1.3배 속도를 기준으로 항공기를 분류한 것을 의미한다. 조종사는 인가 시에 결정된 범주에 해당하는 최저치나 그보다 높은 최저치를 사용하여야 한다. 항공기 범주의 속도 범위 상한선을 초과한 속도로 운항할 필요가 있을 경우에는 상위 범주의 최저치를 사용하여야 한다. 예를 들어 범주 B에 속하는 비행기라도 착륙하기 위하여 145 knot의 속도로 선회 시에는 접근범주 D 최저치를 사용하여야 한다. 접근범주의 범위(category limit)는 다음과 같다.

| 접근범주(category) | 접근속도(approach speed) |
|---|---|
| Category A | 91 knot 미만 |
| Category B | 91 knot 이상, 121 knot 미만 |
| Category C | 121 knot 이상, 141 knot 미만 |
| Category D | 141 knot 이상, 166 knot 미만 |
| Category E | 166 knot 이상 |

【문제】 26. Procedure turn의 종류가 아닌 것은?
① Base track pattern
② Teardrop procedure turn
③ 80°/260° course reversal
④ 45° procedure turn

〈해설〉 절차선회(procedure turn)는 항공기가 중간 또는 최종접근진로의 inbound로 진입하기 위하여 방향을 역으로 해야 할 필요가 있을 경우 규정된 기동이다. 선택할 수 있는 절차선회의 유형에는 45°/180° 절차선회, racetrack 장주, teardrop 절차선회 또는 80°/260° course reversal이 있다.

【문제】 27. 계기접근절차의 도면 상에 "RNAV Z Rwy 04 or RNAV Y Rwy 04"와 같이 식별된 절차의 명칭이 나타내는 것은?
① 서로 다른 항행안전시설을 사용하는 동일 활주로에 대한 다른 직진입 절차
② 동일 항행안전시설을 사용하는 동일 활주로에 대한 다른 직진입 절차
③ 직진입 착륙최저치 인가기준을 충족하는 절차
④ 직진입 착륙최저치 인가기준을 충족하지 않는 절차

〈해설〉 "HI TACAN 1 RWY 6L or HI TACAN 2 RWY 6L, 또는 "RNAV(GPS) Z RWY 04 or RNAV(GPS) Y RWY 04"처럼 절차의 명칭 식별을 위한 숫자 또는 Z, Y, X와 같이 알파벳의 끝으로부터 시작되는 알파벳 접미어 사용은 동일 항행안전시설을 사용한 동일 활주로에 대한 여러 개의 직진입 절차를 표시한다. A, B, C와 같이 알파벳의 처음부터 시작되는 알파벳 접미어는 직진입 착륙최저치 인가기준을 충족하지 않는 절차를 나타낸다.

【문제】 28. Simultaneous parallel dependent ILS 접근을 위한 활주로 중심선 간의 최소 간격은?
① 1,200 ft    ② 2,500 ft    ③ 3,000 ft    ④ 4,300 ft

정답  24. ④    25. ②    26. ①    27. ②    28. ②

【문제】29. Simultaneous parallel dependent approach를 위한 활주로 이격거리는?
① 1,200~3,600 ft   ② 3,400~5,600 ft
③ 2,500~9,000 ft   ④ 4,300~9,000 ft

【문제】30. Radar monitor가 반드시 필요하지 않는 접근은?
① Dependent parallel ILS approach
② Independent parallel ILS approach
③ Independent simultaneous parallel ILS approach
④ Independent simultaneous close parallel ILS approach

【문제】31. 평행활주로 중앙선 간 간격이 3,600 ft 이상 8,300 ft 미만인 활주로에 평행 dependent ILS 접근 시 인접 최종접근진로로 접근하는 항공기와 대각선으로 레이더 분리간격은?
① 1마일   ② 1.5마일   ③ 2마일   ④ 2.5마일

〈해설〉 동시종속접근〔Simultaneous Dependent Approaches〕
1. 동시종속접근은 활주로중심선 간의 간격이 2,500~9,000 ft 분리된 평행활주로를 가진 공항에 대해 접근을 허가하는 ATC 절차이다.
2. 동시종속접근은 평행활주로 중심선 간의 최소거리가 감소되었고, 레이더감시(radar monitoring)나 조언이 필요하지 않으며 인접 최종접근진로 상의 항공기와 엇갈린 분리(staggered separation)가 필요하다는 점이 동시독립접근과 다르다.
3. 동시종속접근 시 평행활주로 중심선 간의 간격에 따라 인접 최종접근진로로 접근하는 항공기 간에는 대각선으로 다음의 레이더분리 최저치를 적용한다.
  가. 간격이 최소 2,500 ft 이상 3,600 ft 미만일 경우 : 대각선으로 최소 1.0 NM의 레이더분리 적용
  나. 간격이 3,600 ft 이상 8,300 ft 미만일 경우 : 대각선으로 최소 1.5 NM의 레이더분리 적용
  다. 간격이 8,300 ft 이상 9,000 ft 이하일 경우 : 대각선으로 최소 2 NM의 레이더분리 적용

【문제】32. 수렴활주로가 교차하는 경우 교차활주로에 동시계기접근을 허가할 수 있는 최저 기상 요구치는?
① 시정 2 SM, 운고 700 ft   ② 시정 1 SM, 운고 800 ft
③ 시정 1/2 SM, 운고 800 ft   ④ 시정 2 SM, 운고 1,000 ft

〈해설〉 동시수렴계기접근(Simultaneous Converging Instrument Approaches)을 허가하기 위한 교차활주로는 최소한 운고 700 ft와 시정 2 mile의 최저치를 필요로 한다.

【문제】33. Side step 접근을 하기 위한 활주로 간격은?
① 1,000 ft 이하   ② 1,200 ft 이하   ③ 1,800 ft 이하   ④ 2,500 ft 이하

【문제】34. Side-step maneuver는 언제 시작하여야 하는가?
① 활주로 또는 활주로 주변시설을 확인한 후
② Minimum descent altitude/Decision height에 도달한 후
③ Missed approach point에 도달한 후
④ Final approach fix를 지난 후

정답  29. ③   30. ①   31. ②   32. ①   33. ②   34. ①

〈해설〉 측면이동접근(Side-step Maneuver)
1. ATC는 간격이 1,200 ft 이하인 평행활주로 중 하나의 활주로에 접근한 다음 인접활주로에 직진입 착륙(straight-in landing)을 하는 표준계기접근절차를 허가할 수 있다.
2. 조종사는 활주로 또는 활주로 환경(runway environment)을 육안으로 확인한 후 가능한 빨리 측면이동접근을 시작하여야 한다.

【문제】 35. 실패접근지점(MAP)에 도달하기 전에 실패접근을 해야 할 경우 올바른 절차는?
① 실패접근진로 우측 또는 좌측으로 180° 선회하여 반대방향으로 실패접근을 실시한다.
② MDA 또는 DH 이상의 고도로 MAP를 지난 다음 ATC의 지시를 받고 실패접근을 실시한다.
③ 실패접근을 결심한 즉시 바로 실패접근을 실시한다.
④ MDA 또는 DH 이상의 고도로 MAP까지 비행 후 실패접근을 실시한다.

〈해설〉 실패접근(Missed Approach)
1. 착륙하지 못한 경우, 조종사는 접근절차차트에 명시된 실패접근지점(MAP)에 도달하면 ATC에 통보하고 사용하고 있는 접근절차의 실패접근지시나 ATC가 지시하는 대체실패접근절차에 따라야 한다.
2. 조기 실패접근을 할 경우, ATC에 의해 달리 허가되지 않은 한 조종사는 선회조작을 하기 전에 MAP 또는 DH 이상으로 실패접근지점까지 접근 plate의 지정된 IAP에 따라 비행하여야 한다.

【문제】 36. Visual approach는 누가 요청할 수 있는가?
① 조종사                    ② 관제사
③ 조종사 또는 관제사        ④ 관제탑 관제사

【문제】 37. Visual approach를 수행하기 위한 최저 기상조건은?
① 시정 2마일 이상, 실링 1,000피트 이상
② 시정 3마일 이상, 실링 1,000피트 이상
③ 시정 2마일 이상, 실링 1,200피트 이상
④ 시정 3마일 이상, 실링 1,200피트 이상

【문제】 38. Visual approach에 대한 설명 중 틀린 것은?
① 조종사 또는 관제사에 의해 요청될 수 있다.
② 조종사가 공항을 확인했으나 앞에 있는 항공기를 확인하지 못한 경우 ATC는 visual approach를 인가할 수 없다.
③ 운고 1,000 ft, 시정 3 mile 이상 되어야 한다.
④ 조종사가 전방 항공기를 식별했다면 separation 및 wake turbulence 회피에 대한 책임은 조종사에게 있다.

【문제】 39. Visual approach에 대한 설명으로 틀린 것은?
① Ceiling은 1,000 ft 이상, visibility는 3 mile 이상 되어야 한다.
② 계기접근절차가 아니므로 missed approach point가 없다.

정답  35. ④   36. ③   37. ②   38. ②

③ 조종사는 공항이나 선행 항공기를 육안으로 확인하여야 한다.
④ 시계비행 기상상태에서 VFR로 비행한다.

〈해설〉 시각접근(Visual Approach)
1. 시각접근은 IFR 비행계획에 의해 수행되며, 조종사가 구름으로부터 벗어난 상태에서 공항까지 육안으로 비행하는 것을 허가한다. 조종사는 공항 또는 식별된 선행 항공기를 시야에 두어야 한다. 이 접근은 관제사 제안 또는 조종사 요구를 근거로 적절한 항공교통관제기관에 의해 허가되고 관제가 이루어져야 한다. 공항의 보고된 기상은 1,000 ft 이상의 운고(ceiling) 및 3 mile 이상의 시정을 가져야 한다. ATC는 운영상 이득이 있을 때 이러한 종류의 접근을 허가한다. 시각접근은 시계비행 기상상태에서 IFR에 의하여 수행되는 IFR 절차이다.
2. 조종사가 공항은 육안으로 확인하였으나 선행 항공기를 육안으로 확인할 수 없는 경우에도 ATC는 항공기에게 시각접근을 허가할 수 있지만, 항공기 간의 분리 및 항적난기류(wake vortex) 분리에 대한 책임은 ATC에 있다. 시각접근허가를 받고 선행 항공기를 육안으로 보면서 뒤따를 경우, 안전한 접근간격 및 적절한 항적난기류 분리를 유지하여야 할 책임은 조종사에게 있다.
3. 시각접근은 계기접근절차(IAP)가 아니며, 따라서 실패접근구간이 없다.

【문제】40. Charted visual approach에 대한 설명 중 맞는 것은?
① 인구 밀집지역에서 터빈 항공기의 소음감소를 위해 사용된다.
② 계기접근이 아니며 실패접근구간이 없다.
③ 조종사가 공항을 육안으로 확인하지 못하면 접근은 허가되지 않는다.
④ 관제탑이 운영되지 않는 공항에서도 보고된 지상시정이 3마일 이상인 경우 접근이 허가된다.

〈해설〉 발간된 시계비행 절차(Charted Visual Flight Procedure ; CVFP)
1. CVFP는 환경과 소음을 고려하고, 안전하고 효율적인 항공교통 운항을 위하여 필요한 경우 설정하는 발간된 시각접근절차이다. CVFP는 원래 터보제트 항공기에 사용하기 위하여 설계되었다.
2. 이 절차는 관제탑이 운영되는 공항에서만 사용되며, 일반적으로 공항으로부터 20 mile 이내에서 시작된다.
4. CVFP는 계기접근이 아니며 실패접근구간이 없다.
5. ATC는 기상이 공고된 최저치 미만일 때는 CVFP 허가를 발부하지 않는다.

【문제】41. 계기비행 항공기가 구름으로부터 벗어나서 최소 1마일의 비행시정 상태에서 목적지 공항까지 계속 비행할 수 있을 것으로 예상되는 경우 수행되는 접근으로 지면에 대한 시각참조물을 참조하여 비행할 수 있는 것은?
① Visual approach
② Contact approach
③ Special VFR approach
④ Overhead approach

【문제】42. Contact approach는 누가 요청할 수 있는가?
① 관제사
② 조종사
③ 관제사 또는 조종사
④ 관제탑 관제사

【문제】43. Contact approach를 요구하려면 비행시정은 얼마 이상이어야 하는가?
① 1 mile
② 1.5 mile
③ 2 mile
④ 3 mile

정답  39. ④    40. ②    41. ②    42. ②    43. ①

【문제】 44. Contact approach를 하기 위한 최저 지상시정은?
  ① 1 SM      ② 1 NM      ③ 3 SM      ④ 3 NM

【문제】 45. Contact approach에 관한 설명 중 틀린 것은?
  ① 조종사 또는 관제사가 요청할 수 있다.
  ② 표준계기접근절차 또는 특별계기접근절차가 수립되어 있는 공항에서만 가능하다.
  ③ 시정이 1마일을 초과하여야 한다.
  ④ 계기접근 중 지상 지형지물을 계속 확인하면서 비행할 수 있다.

【문제】 46. Contact approach와 Visual approach에 대한 설명 중 옳은 것은?
  ① Visual approach는 조종사가 요구한다.
  ② Contact approach는 표준/특수 계기접근절차가 있는 공항에서 시정이 1 SM 이상이어야 한다.
  ③ Visual approach는 공항기상이 시정 5 SM, 운고 3,000 ft 이상이어야 한다.
  ④ Contact approach 시 장애물 회피에 대한 책임은 관제사에게 있다.

〈해설〉 Contact 접근(Contact Approach)
  1. IFR 비행계획에 의하여 운항을 하는 조종사는 구름으로부터 벗어나서 비행시정 최소 1 mile의 기상 상태에서 목적지 공항까지 계속 비행할 수 있을 것이라고 합리적으로 예상할 수 있는 경우, contact 접근을 위한 ATC 허가를 요구할 수 있다. 허가를 받은 조종사는 계기접근절차로 비행하는 대신에 목적지 공항까지 지면에 대한 시각참조물을 참조하여 비행할 수 있다.
  2. 관제사는 다음과 같은 경우 contact 접근을 허가할 수 있다.
    가. Contact 접근이 분명히 조종사에 의해 요구되었다. ATC는 이 접근을 제안할 수 없다.
    나. 목적지 공항의 보고된 지상시정이 최소 1 SM 이다.
    다. Contact 접근은 표준계기접근절차 또는 특별계기접근절차가 수립되어 있는 공항에서 이루어질 수 있다.
  3. Contact 접근을 할 때 장애물 회피에 대한 책임은 조종사에게 있다.

■ 잠깐! 알고 가세요.
[시각 접근과 Contact 접근]

| 구 분 | 시각접근(Visual Approach) | Contact 접근 |
| --- | --- | --- |
| 요구자 | ATC가 제안하거나 조종사가 요구할 수 있다. | 조종사가 요구할 수 있다. |
| 기상상태 | 공항의 보고된 기상이 운고(ceiling) 1,000 ft 이상, 시정 3 mile 이상이어야 한다. | 공항의 보고된 지상시정이 1 SM 이상이어야 한다. |
| 요구조건 | 공항 또는 선행 항공기를 항상 시야에 두고 있어야 한다. | 구름으로부터 벗어난 상태를 유지하여야 한다. |

【문제】 47. 접근 항공기가 최종접근진로로 유도되는 동안 radio fail 시 조치사항으로 틀린 것은?
  ① 예비 주파수나 관제탑 주파수로 교신을 시도한다.
  ② D등급 공역 내에서 교통정보(traffic)를 확인한다.
  ③ 허가되어 있는 비레이더 접근절차를 따라 비행한다.
  ④ 가능하면 시계비행(VFR) 규칙에 따라 비행한다.

정답  44. ①   45. ①   46. ②   47. ②

【문제】 48. 최종접근진로로 레이더 유도 시 얼마동안 통신이 이루어지지 않으면 lost communications procedure를 수행하여야 하는가?
① 10초 ② 20초 ③ 30초 ④ 60초

〈해설〉 관제사는 접근 항공기가 최종접근진로로 유도되는 동안 특정시간(1분을 초과하지 못함)동안 통신두절 시 다음과 같이 lost communications procedure를 수행할 것을 지시하여야 한다.
1. 예비 주파수나 관제탑 주파수로 교신을 시도할 것
2. 가능하면 시계비행(VFR) 규칙에 따라 비행할 것
3. 허가되어 있는 비레이더 접근절차를 따라 비행하거나, 이용하고 있는 레이더 접근절차 상에 설정되어 있는 통신두절 시의 절차에 따라 비행할 것

## V. 조종사/관제사의 역할과 책임

【문제】 1. 다음 중 ATC 인가에 대한 조종사의 책임사항이 아닌 것은?
① 인가사항에 대하여 응답한다.
② 활주로 진입전대기(hold short of runway) 지시에 대해서는 반드시 복창한다.
③ 충분히 이해하지 못했거나 의심스러운 사항은 다시 한 번 확인한다.
④ ATC의 지시를 신속하게 수행할 필요는 없다.

【문제】 2. 항공교통관제 인가(ATC clearance)나 지시(instruction)를 받았을 때 조종사의 행동으로 옳지 않은 것은?
① ATC 인가는 항상 안전을 보장하는 것임으로 절대적으로 따라야 한다.
② 비상 시를 제외하고 인가사항을 벗어난 행위를 하여서는 안 된다.
③ 비상상황으로 ATC 인가를 벗어난 행위를 하였다면 가능한 빨리 ATC에 보고하여야 한다.
④ ATC 인가사항에 의심이 간다면 다시 한 번 확인한다.

〈해설〉 항공교통허가(Air Traffic Clearance)에 따른 조종사의 책임은 다음과 같다.
1. ATC 허가를 받았고, 이해하였다는 응답(acknowledge)을 한다.
2. ATC에 의해 발부되는 활주로진입전대기(hold short of runway) 지시에 복창(read back)한다.
3. 허가가 완전히 이해되지 않았거나, 비행안전의 관점에서 수용할 수 없는 경우에는 적절한 설명을 요청하거나 수정허가를 요청한다.
4. 비상상황에 대처하기 위하여 필요한 경우를 제외하고 항공교통허가를 받은 경우 이를 즉시 이행한다. 허가의 위배가 필요한 경우, 가능한 빨리 ATC에 통보하고 수정허가를 받는다.

【문제】 3. 공중경계(see and avoid)에 관한 조종사의 책임에 관하여 옳지 않은 것은?
① 조종사는 비행방식(VFR, IFR)에 관계없이 다른 항공기에 대한 경계를 해야 한다.
② Radar 서비스 제공 시 주위 항공기에 대한 경계를 해야 한다.
③ Radar 서비스 제공 시 주위 장애물에 대한 경계를 해야 하고, 다른 항공기에 대한 경계를 할 필요는 없다.
④ Radar 서비스가 제공되지 않을 때에는 주위 장애물과 다른 항공기에 대한 경계를 해야 한다.

정답  48. ④  /  1. ④  2. ①  3. ③

【문제】 4. 다른 항공기와의 충돌 회피에 대한 최종적 책임은 누구에게 있는가?
   ① 조종사
   ② 관제사
   ③ 조종사 및 관제사
   ④ 다른 항공기를 먼저 본 조종사 또는 관제사

〈해설〉 조종사는 비행계획의 방식이나 레이더시설의 관제 하에 있는지의 여부에 관계없이 기상상태가 허용되면 다른 항공기, 지형 또는 장애물을 육안으로 보고 회피(see and avoid)해야 할 책임이 있다.

【문제】 5. 항공기의 speed adjustment 지시에 대한 다음 설명 중 틀린 것은?
   ① 관제사는 마음대로 비행중인 항공기의 조종사에게 속도조절을 지시할 수 있다.
   ② 조종사는 비행계획서의 속도보다 ±5% 또는 10 knot 가운데 더 큰 수치로 변경되면 ATC에 보고하여야 한다.
   ③ 조종사는 관제사가 지시한 속도보다 10 knot 이상 빠르면 ATC에 보고한다.
   ④ 관제사는 10 knot 단위의 지시대기속도로 속도조절을 지시한다.

【문제】 6. 관제탑에서 발부하는 속도의 기준은?
   ① IAS    ② TAS    ③ CAS    ④ EAS

〈해설〉 속도조절(Speed adjustments) 시 조종사/관제사의 역할과 책임
   1. 조종사
     가. 비행계획서에 기재한 순항속도보다 ±5% 또는 10 knot 가운데 더 큰 수치로 변경되면 언제라도 ATC에 통보한다.
     나. 속도조절 지시에 따를 때에는 지시받은 속도에서 ±10 knot 또는 마하수(Mach number) ±0.02 이내의 지시대기속도를 유지한다.
   2. 관제사
     가. 필요한 경우에만 항공기에게 속도조절을 지시하여야 하며 효과적인 레이더 유도 기법의 대용으로 속도조절을 사용해서는 안 된다. 또한 감속과 증속을 번갈아가며 요구하는 속도조절 지시는 피한다.
     나. 10 노트(KTS) 단위의 지시대기속도(IAS)를 발부하여야 한다. FL240 이상에서 마하 속도(Mach Meter)로 비행하는 터보제트 항공기에 대해서는 마하 0.01 간격으로 지시할 수 있다.

【문제】 7. 레이더 운용지역에서 다른 항공기의 항적에 대한 정보를 받았을 때 조종사가 조치해야 할 상황으로 틀린 것은?
   ① 관제사에게 정보를 수신하였다는 응답을 할 필요는 없다.
   ② 비행 중 그 항공기를 발견했을 때는 반드시 관제사에게 보고한다.
   ③ 이러한 정보가 항상 제공되는 것은 아니라는 것을 인식하고 있어야 한다.
   ④ 항적정보가 필요 없을 때는 관제사에게 필요 없음을 통보한다.

【문제】 8. Traffic advisory 및 traffic information에 대한 설명 중 옳지 않은 것은?
   ① 교통조언을 받은 경우 ATC에 수신하였다는 응답을 한다.
   ② 교통조언을 받은 항공기를 육안 확인하였다면 ATC에 통보한다.
   ③ "See and avoid"에 대한 책임은 관제사에게 있다.
   ④ 조언업무를 원하지 않으면 ATC에 통보한다.

정답  4. ①   5. ①   6. ①   7. ①   8. ③

〈해설〉 교통조언(교통정보)에 대한 조종사의 역할은 다음과 같다.
1. 교통조언을 수신하였다는 응답(acknowledge)을 한다.
2. 항공기를 육안 확인하였다면 관제사에게 통보한다.
3. 항공기를 회피하기 위하여 레이더 유도가 필요한 경우 ATC에 통보한다.
4. 모든 항공기에 대한 레이더 교통조언을 받을 수 있을 것이라고 기대해서는 안 된다. 관제사가 우선순위가 더 높은 업무에 종사하고 있거나, 여러 가지 이유로 인하여 교통정보를 발부하지 못할 수도 있다는 것을 인식하고 있어야 한다. 어느 경우에 관제사가 정보를 제공할 수 있을 것인가, 또는 계속 정보를 제공할 것인가를 결심하기 위한 자유재량은 관제사가 가지고 있다.
5. 조언업무가 필요하지 않으면 관제사에게 통보한다.

【문제】9. Minimum fuel 상태에 대한 설명 중 맞는 것은?
① 혼동을 줄이기 위해 lbs(파운드) 단위로 연료 잔량을 보고한다.
② 타 항공기에 비해 우선권을 가진다.
③ 목적지 공항까지 갈 수 있는 연료량 만을 보유하고 있다는 것을 의미한다.
④ 비상상황으로 간주된다.

【문제】10. Minimum fuel 시 안전한 착륙을 위하여 우선권이 필요하다고 판단한 경우, 조종사가 취해야 할 행동으로 맞는 것은?
① 비행 우선권을 받을 수 없으므로 불시착을 위해 준비한다.
② Best glide speed를 위해 고도를 높인다.
③ 미리 속도를 줄여 공항에 접근한다.
④ 비상을 선포하고 분 단위로 연료량을 계산하여 ATC에 보고한다.

〈해설〉 최소연료 통보(Minimum Fuel Advisory)
1. 목적지에 도착할 때의 연료 공급량이 어떤 과도한 지연도 받아들일 수 없는 상태에 도달한 경우, 최소연료(minimum fuel) 상태를 ATC에 통보한다.
2. 이것은 비상상황은 아니며, 단지 어떤 과도한 지연이 발생하면 비상상황이 될 수 있다는 것을 나타내는 조언이라는 점을 인식하여야 한다.
3. 최소연료 통보가 교통상의 우선권을 요구한다는 의미는 아니라는 것을 인식하여야 한다.
4. 사용할 수 있는 잔여 연료 공급량으로 안전하게 착륙하기 위하여 교통상의 우선권이 필요하다고 판단한 경우, 조종사는 저연료로 인한 비상을 선언하고 분 단위로 잔여 연료량을 보고하여야 한다.

## Ⅵ. 국가안보 및 요격절차(National Security and Interception Procedures)

【문제】1. ADIZ에 진입하려는 민간 항공기의 운항요건이 아닌 것은?
① IFR 또는 DVFR 비행계획서를 제출해야 한다.
② 상호 무선교신을 운용해야 한다.
③ Transponder를 장착해야 하지만 ATC의 Mode C에 대해 응답할 필요는 없다.
④ IFR 비행 시에는 표준 IFR 위치보고를 한다.

정답  9. ③  10. ④  /  1. ③

【문제】 2. 방공식별구역(ADIZ) 통과 시 해상에서 항공기 위치의 오차허용 범위는?
① 예정 시간으로부터 ±3분, 예정 경로로부터 10 NM 이내
② 예정 시간으로부터 ±3분, 예정 경로로부터 20 NM 이내
③ 예정 시간으로부터 ±5분, 예정 경로로부터 10 NM 이내
④ 예정 시간으로부터 ±5분, 예정 경로로부터 20 NM 이내

【문제】 3. 방공식별구역(ADIZ) 통과 시 항공기 위치 오차허용 범위로 맞는 것은?
① 육지: 예정 시간 ±5분 이내, 계획 경로 10 NM 이내
② 해상: 예정 시간 ±3분 이내, 계획 경로 10 NM 이내
③ 육지: 예정 시간 ±5분 이내, 계획 경로 20 NM 이내
④ 해상: 예정 시간 ±3분 이내, 계획 경로 20 NM 이내

〈해설〉 ADIZ와 관련된 항공기 운항을 위한 운항요건은 다음과 같다.
1. ATC에 의해 달리 허가되지 않는 한 ADIZ로 비행하거나 진입하여 내에서 비행하거나, 또는 통과하는 각 항공기는 고도보고기능이 있는 사용가능한 2차 감시 레이더용 트랜스폰더를 갖추어야 하며, 트랜스폰더를 작동시키고 해당 code 또는 ATC가 지정한 code에 응답할 수 있도록 설정하여야 한다.
2. ADIZ에서 운항하는 조종사는 해당 ATC와 양방향 무선교신을 유지하여야 한다.
3. 항공시설에 비행계획서를 제출하고 발효되고 종료되지 않는 한, 또는 항공교통관제기관에 의하여 다음과 같이 달리 허가를 받지 않는 한 조종사는 ADIZ로 비행하거나 진입하여 내에서 비행하거나, 또는 ADIZ 내의 출발지점으로부터 운항할 수 없다.
  가. 조종사는 계기비행방식(IFR) 비행계획서를 제출하거나, ADIZ 진입시간 및 진입지점을 포함한 방어시계비행방식(DVFR) 비행계획서를 제출하여야 한다.
  나. 조종사는 DVFR 비행계획서를 발효시키고, ADIZ에 진입하기 전에 항공기 트랜스폰더에 배정된 discrete beacon code를 설정한다.
4. 위치보고(Position reporting)
  가. 관제공역이 아닌 공역을 통하여 방공식별구역으로 진입할 때에는 방공식별구역 진입 30분 전부터 15분 전 사이에 방공식별구역 통과예정시간, 통과지점 및 비행고도를 보고하여야 한다.
  나. 방공식별구역에서는 30분마다 위치보고를 하여야 한다.
5. 항공기 위치 오차허용(Tolerance)
  가. 육상 : 보고지점 또는 진입지점 상공의 예정시간으로부터 ±5분 이내, 예정보고지점 또는 진입지점의 계획된 항적(track)의 중앙선으로부터 10 NM 이내
  나. 해상 : 보고지점 또는 진입지점 상공의 예정시간으로부터 ±5분 이내, 예정보고지점 또는 진입지점의 계획된 항적(track)의 중앙선으로부터 20 NM 이내

【문제】 4. 일반적인 요격기의 수와 접근방법으로 맞는 것은?
① 2대가 피요격기의 양옆에서 접근   ② 4대가 피요격기의 양옆에서 접근
③ 2대가 피요격기의 후방에서 접근   ④ 4대가 피요격기의 후방에서 접근

【문제】 5. 요격당하는 항공기가 요격기와 무선교신을 시도하기 위하여 사용하는 주파수는?
① 121.5 MHz 또는 125.5 MHz   ② 121.5 MHz 또는 243.0 MHz
③ 121.5 MHz 또는 282.8 MHz   ④ 125.5 MHz 또는 243.0 MHz

정답  2. ④   3. ①   4. ③   5. ②

【문제】6. 피요격항공기가 SSR Transponder를 장착하고 있는 경우, 해당 항공교통관제기관의 별도 지시가 없다면 Mode 3/A에 선택해야 할 Code는?
① 4000　　　② 7500　　　③ 7600　　　④ 7700

【문제】7. 대한민국 내에서 민간항공기에 대한 요격이 발생할 경우, 피요격항공기의 조치사항으로 옳지 않은 것은?
① 트랜스폰더를 장착했을 경우, ATC로부터 지시된 경우를 제외하고 Mode A Code 7700으로 맞춘다.
② 요격 관제기관과 교신이 이루어지지 않으면 121.5 MHz로 ATC 기관과 교신할 수 있도록 한다.
③ 해당 ATC 기관에 피요격 중임을 통보한다.
④ 요격기의 지시를 따를 필요는 없으며, ATC 기관의 조치를 기다린다.

〈해설〉 요격절차(Interception procedure)
1. 표준절차에서 요격기는 피요격기의 후미로 접근한다. 통상적으로 요격기는 두 대가 투입되지만 한 대의 항공기가 요격임무를 수행하는 것이 드문 일은 아니다.
2. 피요격기는 지체 없이 다음과 같이 조치하여야 한다.
　가. 시각신호를 이해하고 응답하며 요격기의 지시를 따른다.
　나. 가능한 경우에는 관할 항공교통업무기관에 피요격 중임을 통보한다.
　다. 항공비상주파수 121.5 MHz나 243.0 MHz로 호출하여 요격기 또는 요격 관계기관과 연락하도록 노력하고, 해당 항공기의 식별부호 및 위치와 비행내용을 통보한다.
　라. 트랜스폰더 SSR을 장착하였을 경우에는 항공교통관제기관으로부터 다른 지시가 있는 경우를 제외하고는 Mode A Code 7700으로 맞춘다.

【문제】8. 항공기 요격 시 "요격기의 내용을 모두 알아들었으며 그대로 따르겠다."는 의미의 용어는?
① Roger　　　② Copy　　　③ Wilco　　　④ Over

【문제】9. 항공기 요격 시 용어 "AM LOST"의 의미는?
① Unable to comply　　　② Repeat your instruction
③ Position unknown　　　④ I am in distress

〈해설〉 요격항공기와 통신이 이루어졌으나 통상의 언어로 사용할 수 없을 경우에 필요한 정보와 지시는 다음과 같은 발음과 용어를 2회 연속 사용하여 전달할 수 있도록 시도해야 한다.

| Phrase | Pronunciation | Meaning |
| --- | --- | --- |
| WILCO | VILL-KO | Understood, will comply |
| AM LOST | AM LOSST | Position unknown |

【문제】10. 항법등을 포함한 모든 가용한 light를 불규칙적으로 on/off 하는 요격신호의 의미는?
① I will comply.
② In emergency.
③ Understood.
④ Aerodrome you have designated is inadequate.

정답　6. ④　7. ④　8. ③　9. ③　10. ②

【문제】11. 피요격기의 비행선상을 가로지르지 않고 90° 이상 상승 선회하면서 피요격기로부터 급작스런 이탈기동을 한다면 그 의미는?
　　① 아래 공항에 착륙하라.　　② 이 공항을 사용할 수 없다.
　　③ 나를 따라오라.　　④ 그냥 가도 좋다.

【문제】12. 야간에 "당신은 요격을 당하고 있으니 따라오라"는 요격항공기의 지시에 동의할 때 피요격항공기의 응신으로 맞는 것은?
　　① 날개를 흔들고 항행등을 불규칙적으로 점멸한 후 뒤에서 요격기를 따라간다.
　　② 날개를 흔들고 항행등을 켠 후 뒤에서 요격기를 따라간다.
　　③ 항행등을 불규칙적으로 점멸한 후 뒤에서 요격기를 따라간다.
　　④ 착륙등을 불규칙적으로 점멸한 후 뒤에서 요격기를 따라간다.

【문제】13. 비행중인 항공기의 약간 왼쪽 위에서 요격기가 날개를 흔들고 있는 것을 보았을 경우 이 의미는?
　　① 이 공항에 착륙하라.　　② 계속 비행해도 좋다.
　　③ 이해했다.　　④ 나를 따라오라.

【문제】14. 요격기가 피요격기의 비행선상을 가로지르지 않고 90°이상 상승하면서 피요격기로부터 급작스런 이탈 시 피요격기의 응신 행동으로 맞는 것은?
　　① 날개를 흔든다.
　　② 착륙장치를 내린다.
　　③ 가용한 모든 등을 규칙적으로 on-off 한다.
　　④ 가용한 모든 등을 불규칙적으로 flash 한다.

【문제】15. 피요격기가 날개를 흔드는 것은 "알았다. 지시를 따르겠다."라는 응신이다. 이러한 응신에 대한 그 전의 요격기의 행동으로 맞는 것은?
　　① 피요격항공기의 진로를 가로질러 180도 이상의 상승선회를 하며 피요격항공기로부터 급속히 이탈한다.
　　② 피요격항공기의 진로를 가로질러 90도 이상의 상승선회를 하며 피요격항공기로부터 급속히 이탈한다.
　　③ 피요격항공기의 진로를 가로지르지 않고 180도 이상의 상승선회를 하며 피요격항공기로부터 급속히 이탈한다.
　　④ 피요격항공기의 진로를 가로지르지 않고 90도 이상의 상승선회를 하며 피요격항공기로부터 급속히 이탈한다.

【문제】16. 요격기가 landing gear를 내리고 비행장을 선회 시의 의미는?
　　① 알았다. 그냥 가도 좋다.　　② 이 비행장에 착륙하라.
　　③ 이 비행장을 사용할 수 없다.　　④ 나를 따라오라.

정답　11. ④　12. ①　13. ④　14. ①　15. ④　16. ②

【문제】 17. 요격기가 랜딩기어를 내리고 착륙방향으로 활주로를 통과하여 비행장을 선회할 경우 피요격기의 응신방법으로 맞는 것은?
① 날개를 흔들고 난 후 뒤를 따라간다.
② 날개를 흔들고 항행등을 불규칙적으로 점멸시킨 후 뒤를 따라간다.
③ 랜딩기어를 내리고 착륙방향으로 활주로 상공을 통과하여 비행장을 선회한다.
④ 랜딩기어를 내리고 요격기를 따라 활주로 상공을 통과한 후 안전하게 착륙할 수 있다고 판단되면 착륙한다.

【문제】 18. 요격기의 신호에 따를 수 없을 때의 응신방법으로 적합한 것은?
① 날개를 좌우로 흔든다.   ② 착륙등을 켠다.
③ 모든 등화를 규칙적으로 on/off 한다.   ④ 모든 등화를 불규칙적으로 점멸한다.

〈해설〉 요격신호(Interception Signals)
1. 요격항공기의 신호 및 피요격항공기의 응신

| 요격항공기의 신호 | 의 미 | 피요격항공기의 응신 | 의 미 |
|---|---|---|---|
| 1. 피요격항공기의 약간 위쪽 전방 좌측에서 날개를 흔들고 항행등을 불규칙적으로 점멸시킨 후 응답을 확인하고, 통상 좌측으로 완만하게 선회하여 원하는 방향으로 향한다. | 당신은 요격을 당하고 있으니 나를 따라오라. | 날개를 흔들고, 항행등을 불규칙적으로 점멸시킨 후 요격항공기의 뒤를 따라간다. | 알았다. 지시를 따르겠다. |
| 2. 피요격항공기의 진로를 가로지르지 않고 90° 이상의 상승선회를 하며, 피요격항공기로부터 급속히 이탈한다. | 그냥 가도 좋다. | 날개를 흔든다. | 알았다. 지시를 따르겠다. |
| 3. 바퀴다리를 내리고 고정착륙등을 켠 상태로 착륙방향으로 활주로 상공을 통과하여 비행장을 선회한다. | 이 비행장에 착륙하라. | 바퀴다리를 내리고, 고정착륙등을 켠 상태로 요격항공기를 따라서 활주로 상공을 통과한 후 안전하게 착륙할 수 있다고 판단되면 착륙한다. | 알았다. 지시를 따르겠다. |

2. 피요격항공기의 신호 및 요격항공기의 응신

| 피요격항공기의 신호 | 의 미 | 요격항공기의 응신 | 의 미 |
|---|---|---|---|
| 1. 점멸하는 등화와는 명확히 구분할 수 있는 방법으로 사용가능한 모든 등화의 스위치를 규칙적으로 개폐한다. | 지시를 따를 수 없다. | 요격항공기의 신호 및 피요격항공기의 응신 2의 요격항공기 신호방법을 사용한다. | 알았다. |
| 2. 사용가능한 모든 등화를 불규칙적으로 점멸한다. | 조난상태에 있다. | 요격항공기의 신호 및 피요격항공기의 응신 2의 요격항공기 신호방법을 사용한다. | 알았다. |

정답  17. ④   18. ③

# 4 비상절차(Emergency Procedures)

## 제1절. 조종사에게 제공되는 비상지원업무

### 1. 트랜스폰더(Transponder) 비상 운용

부호화된 레이더비컨 트랜스폰더(coded radar beacon transponder)를 탑재한 항공기가 조난이나 긴급상황에 처한 경우, 지상 레이더시설에 비상을 선언하려는 조종사는 트랜스폰더를 Mode 3/A, Code 7700/Emergency 및 Mode C 고도보고로 조정한 다음 즉시 ATC 기관과 교신을 하여야 한다.

### 2. 비상위치지시용 무선표지설비(Emergency Locator Transmitter; ELT)

가. 일반

Battery로 작동되는 이 전자식송신기는 3개 주파수 중에 하나의 주파수로 운용된다. 작동주파수는 121.5 MHz, 243.0 MHz 및 최근의 406 MHz이다. 121.5 MHz와 243.0 MHz로 운용되는 ELT는 아날로그 장치(analog device)이다.

가장 최근의 406 MHz ELT model은 추락 후 SAR 구조대가 더 신속하게 항공기의 위치를 찾을 수 있도록 도움을 줄 수 있는 항공기의 위치 data도 암호화 할 수 있다. 대부분의 일반항공 비행기에는 ELT를 장착하여야 한다.

(가) 각 아날로그 ELT는 121.5 MHz 및 243.0 MHz의 독특한 하향연속 신호음(downward swept audio tone)을 발신한다.

(나) ELT를 "armed"한 상태에서 추락으로 인한 충격을 받으면 ELT는 자동으로 작동되어 독특한 아날로그 또는 디지털 신호를 지속적으로 발신할 수 있도록 설계되어 있다. 이 송신기(transmitter)는 폭 넓은 온도 범위에서 최소 48시간 동안 계속 작동한다.

나. 시험운영(Testing)

(1) ELT는 허위경보(false alert)를 유발할 수 있는 신호가 발신되는 것을 방지하기 위하여 되도록 차폐되거나 차단된 장소, 또는 특별히 설계된 시험실에서 제작사의 지시사항에 따라 시험운영하여야 한다.

(2) 이와 같이 할 수 없는 경우, 다음과 같이 항공기 작동시험을 허가한다.

(가) ELT는 매시 처음 5분 동안에만 시험운영해야 한다. 실제경보와 시험운영과의 혼동을 방지하기 위하여 시험운영은 3회 신호(audible sweep) 이내로 하여야 한다. 안테나를 제거할 수 있다면 제거하고, 시험절차 동안에는 의사부하(dummy load, 모형 안테나)를 대신 사용해야 한다.

(나) 공중시험(airborne test)은 승인되지 않는다.

(3) 시험운영 절차는 다음과 같다.

(가) 구역 내의 항공기 또는 그 밖의 VHF 수신기를 121.5 MHz에 맞춘다.

(나) VHF 수신기를 감시하는 동안 5초 이내로 ELT를 작동시킨다. 약 3번의 ELT 가청음(audible sweep)을 들을 수 있을 것이다.

(다) 시험이 종료된 후 ELT를 "ARM"이나 "AUTO" 위치로 reset하고, 수 초 동안 121.5 MHz를 청취하여 ELT의 송신이 종료되었는지 확인한다.

다. 비행 중 청취 및 보고

비행 중 있을 수 있는 비상 ELT 송신의 식별에 도움을 주기 위하여 121.5 MHz 및 243.0 MHz를 경청할 것을 조종사에게 권고하고 있다. 조종사가 ELT 신호를 청취하였다면 즉시 가장 인접한 항공교통시설에 다음 사항을 통보하여야 한다.

(1) 최초로 신호를 청취했을 때의 항공기 위치 및 시간
(2) 마지막으로 신호를 청취했을 때의 항공기 위치 및 시간
(3) 최대강도 신호(maximum signal strength)에서의 항공기 위치
(4) 비행고도 및 비상신호를 수신한 주파수(121.5 MHz 또는 243.0 MHz). 가능하면 항행안전시설과 관련된 위치를 제공하여야 한다. 항공기가 homing 장비를 갖추고 있다면, 각 보고위치와 함께 비상신호의 방위(bearing)를 제공한다.

### 3. 수색 및 구조(Search and rescue)

가. 불시착 항공기의 관찰
 (1) 추락 현장에 황색 십자(yellow cross) 표시가 되어 있는지의 여부를 확인한다. 만약 있다면 이미 추락은 보고되었으며 위치가 식별된 것이다.
 (2) 가능하면 항공기 기종과 대수, 그리고 생존자의 흔적이 있는지의 여부를 확인한다.

그림 1-12. 생존자가 사용하는 지대공 시각기호(Ground-air visual code)

| 의미(Message) | 기호(Code Symbol) |
|---|---|
| 도움이 필요함(Require assistance) | V |
| 의료도움이 필요함(Require medical assistance) | X |
| 아니오 또는 부정(No or Negative) | N |
| 예 또는 긍정(Yes or Affirmative) | Y |
| 화살표 방향으로 진행(Proceeding in this direction) | ↑ |

그림 1-13. 지상구조대가 사용하는 지대공 시각기호(Ground-air visual code)

| 의미(Message) | 기호(Code Symbol) |
|---|---|
| 활동 완료(Operation completed.) | L L L |
| 사람을 모두 발견하였음(We have found all personnel.) | LL |
| 일부 사람만 발견하였음(We have found only some personnel.) | ++ |
| 우리는 더 계속 진행할 수 없음(We are not able to continue.) 기지로 귀환하고 있음(Returning to base.) | X X |
| 두 그룹으로 나누었음(Have divide into two groups.) 각각 표시된 방향으로 진행하고 있음(Each proceeding in direction indicated.) | ⇄ |
| 항공기가 화살표 방향에 있다는 정보를 입수하였음 (Information received that aircraft is in this direction.) | → → |
| 발견사항 없음. 수색을 계속할 것임(Nothing found. Will continue search.) | N N |

나. 해양구역에서 수색 및 구조에 참여하는 각 수색 및 구조항공기는 선박과의 의사소통에서 처할 수 있는 언어장애를 해결하기 위해 국제신호서(International Code of Signals)의 복사본을 소지하여야 한다. 국제신호서는 국제해사기구(International Maritime Organization)가 영어, 프랑스어 및 스페인어로 발간한다.

## 제2절. 조난 및 긴급절차(Distress and Urgency Procedures)

### 1. 비상 단계(Phases of emergency)

가. 불확실 단계(INCERFA, uncertainty phase): 항공기 및 탑승자의 안전이 불확실한 상황
  (1) 항공기로부터 연락이 있어야 할 시간 또는 그 항공기와의 첫 번째 교신시도에 실패한 시간 중 더 이른 시간부터 30분 이내에 연락이 없을 경우
  (2) 항공기가 마지막으로 통보한 도착예정시간 또는 항공교통업무기관이 예상한 도착예정시간 중 더 늦은 시간부터 30분 이내에 도착하지 아니할 경우. 다만, 항공기 및 탑승객의 안전이 의심되지 아니하는 경우는 제외한다.

나. 경보 단계(ALERFA, alert phase): 항공기 및 탑승자의 안전이 염려되는 비상 상황
  (1) 불확실 상황에서의 항공기와의 교신시도 또는 관계 부서의 조회로도 해당 항공기의 위치를 확인하기 곤란한 경우
  (2) 항공기가 착륙허가를 받고도 착륙예정시간부터 5분 이내에 착륙하지 아니한 상태에서 그 항공기와의 무선교신이 되지 아니할 경우
  (3) 항공기의 비행능력이 상실되었으나 불시착할 가능성이 없음을 나타내는 정보를 입수한 경우. 다만, 항공기 및 탑승자의 안전에 우려가 없다는 명백한 증거가 있는 경우는 제외한다.
  (4) 항공기가 테러 등 불법간섭을 받는 것으로 인지된 경우

다. 조난 단계(DETRESFA, distress phase): 항공기 및 탑승자가 중대하고 절박한 위험에 처해 있으며 긴급한 도움이 필요하다는 상당한 확신이 있는 상황
  (1) 경보 상황에서 항공기와의 교신시도를 실패하고, 여러 관계 부서와의 조회 결과 항공기가 조난당하였을 가능성이 있는 경우
  (2) 항공기 탑재연료가 고갈되어 항공기의 안전을 유지하기가 곤란한 경우
  (3) 항공기의 비행능력이 상실되어 불시착하였을 가능성이 있음을 나타내는 정보가 입수되는 경우
  (4) 항공기가 불시착 중이거나 불시착하였다는 정보사항이 정확한 정보로 판단되는 경우. 다만, 항공기 및 탑승자가 중대하고 긴박한 위험에 처하여 있지 아니하며, 긴급한 도움이 필요하지 아니하다는 명백한 증거가 있는 경우는 제외한다.

### 2. 조난 및 긴급통신(Distress and urgency communications)

가. 조난(distress)에 처한 항공기의 조종사는 충분히 고려하여 필요하다면 최초교신과 이후의 송신을 신호 MAYDAY로 시작하여야 하며, 되도록이면 3회 반복한다. 신호 PAN-PAN은 같은 방법으로 긴급한 상황(urgency condition)에서 사용한다.

나. 조난통신은 다른 모든 통신보다 절대적인 우선권을 가지며, 용어 MAYDAY는 사용 중인 주파수로의 무선통신을 중단하고 침묵을 유지(radio silence)하라고 명령하는 것이다. 긴급통신은 조난을 제외한 다른 모든 통신보다 우선권을 가지며, 용어 PAN-PAN은 긴급송신에 간섭하지 말 것을 다른 기지국(station)에 경고하는 것이다.

다. 일반적으로 호출하는 기지국은 항공교통업무를 제공하는 항공교통시설 또는 그 밖의 기관이 되며, 그 당시 사용 중인 주파수로 호출한다.

라. 현재 사용 중인 주파수나 ATC에 의해 배정된 다른 주파수가 바람직하지만, 필요하거나 원한다면 다음의 비상주파수를 조난 또는 긴급통신에 사용할 수 있다.

(1) 121.5 MHz 및 243.0 MHz: 이 두 주파수의 범위는 일반적으로 가시선(line of sight)의 제한을 받는다. 121.5 MHz는 방향탐지국(direction finding station) 및 일부 군과 민간항공기에 의해 감시된다. 243.0 MHz는 군항공기에 의해 감시된다. 121.5 MHz 및 243.0 MHz 둘 다는 군 관제탑, 대부분의 민간 관제탑, FSS 및 레이더시설에 의해 감시된다.

(2) 2182 kHz: 보통 항공기 설비의 경우 통달범위는 일반적으로 300 mile 미만이다. 이 주파수는 해상업무를 하는 기지국에 지원을 요청할 때 사용할 수 있다.

마. 조난국 또는 조난통신 통제국은 그 공역의 항공이동통신업무의 모든 항공통신국 또는 조난통신을 방해하는 특정 항공통신국에게 침묵을 부과하여야 한다. 상황에 따라 모든 항공통신국 또는 특정 항공통신국에 침묵을 지시할 경우 다음 절차에 따라야 한다.
- "STOP TRANSMITTING"
- 무선전화 조난신호 "MAYDAY"

바. 조난통신은 모든 다른 통신에 대해 절대적인 우선권을 가지며 조난통신을 인지한 항공통신국은 다음의 경우를 제외하고 조난주파수로 교신하지 않아야 한다.
(1) 조난이 취소되거나 조난통신이 종료되었을 경우
(2) 모든 조난통신이 다른 주파수로 전환되었을 경우
(3) 조난통신 통제국의 허가를 받은 경우
(4) 자국이 조난통신에 협조하는 경우

## 3. 비상시 도움을 얻는 방법

조난이나 긴급상황에 처한 조종사는 도움을 받기 위하여 즉시 다음과 같은 조치를 취하여야 하며, 기술된 순서대로 할 필요는 없다.

가. 통신 수신감도를 향상시키고 더 나은 레이더 및 방향탐지기(direct finding detection)의 포착을 위해 가능하면 상승한다.

나. 레이더비컨 트랜스폰더(민간용) 또는 IFF/SIF(군용)를 장착하였다면,
(1) 달리 지시되지 않는 한, 항공교통업무를 제공하는 항공교통시설 또는 다른 기관과 무선교신 중일 때는 계속하여 지정된 Mode 3/A discrete code/VFR code 및 Mode C 고도 encoding으로 조정한다.
(2) 항공교통시설/기관과 즉시 교신을 할 수 없으면, Mode 3/A, Code 7700/Emergency 및 Mode C로 조정한다.

다. 다음 중 필요한 사항을 포함한 조난 또는 긴급 메시지를 되도록이면 나열된 순서에 따라 송신한다.
(1) 조난(distress)일 경우에는 MAYDAY, MAYDAY, MAYDAY, 그리고 긴급(urgency)일 경우에는 PAN-PAN, PAN-PAN, PAN-PAN
(2) 호출 기지국 명칭(name of station addressed)
(3) 항공기 식별부호 및 기종(aircraft identification and type)
(4) 조난 또는 긴급상황의 내용
(5) 기상상태
(6) 조종사의 의도 및 요구사항
(7) 현재 위치 및 기수방향(present position, and heading); 또는 현재 위치를 모른다면, 알고 있는 최종 위치, 시간, 그리고 그 위치로부터의 기수방향(heading)

(8) 고도 또는 비행고도(altitude or flight level)
(9) 분 단위의 잔여 연료량
(10) 탑승인원수
(11) 그 밖의 유용한 정보

### 4. 특별비상상황(공중납치)〔Special emergency(Air piracy)〕

가. 특별비상상황(special emergency)이란 항공기 탑승객에 의한 공중납치 또는 적대행위로 인하여 항공기 또는 승객의 안전을 위협하는 상태를 말한다.

나. 항공기 조종사는 다음과 같이 특별비상상황을 보고한다.
  (1) 상황이 허용되면 조난 또는 긴급무선통신절차에 따른다. 특별비상상황의 상세한 내용을 포함한다.
  (2) 규정된 조난 또는 긴급절차를 적용하지 못할 상황이라면,
   (가) 그 당시 사용 중인 공지주파수(air/ground frequency)로 송신한다.
   (나) 다음 중 가능한 사항을 명확하게 다음 순서에 따라 통보한다.
    ① 호출 기지국 명칭 (시간 및 상황이 허용되면)
    ② 항공기 식별부호 및 현재 위치
    ③ 특별비상상황의 내용 및 조종사 의도 (상황이 허용되면)
    ④ 이러한 정보를 제공할 수 없으면, 다음과 같은 코드 용어(code word) 및/또는 트랜스폰더를 사용한다.

| 구두 용어(Spoken Word) |
| Transponder Seven Five Zero Zero |
| 의미(Meaning) |
| I am being hijacked/forced to a new destination |
| Transponder 설정 |
| Mode 3/A, Code 7500 |

다. 항공교통관제기관은 피랍을 확인하기 위하여 조종사에게 질문을 함으로써 코드 7500의 수신을 확인하고 인지하고 있음을 알린다. 항공기가 불법간섭을 받고 있지 않은 경우, 조종사는 질문에 대하여 불법간섭을 받고 있는 것이 아님을 명확하게 응답하여야 한다. 조종사가 간섭을 받고 있는 것으로 응답하거나 응답이 없는 경우, 항공교통관제기관은 조종사에게 더 이상 추가 질문을 삼가고 항공기의 요구에 응하여야 한다.

〔관제용어〕: (항공기 호출부호) (시설 명칭) VERIFY SQUAWKING 7500.

### 5. 연료투하(Fuel dumping)

가. 항공기가 연료를 투하해야 할 필요가 있을 때 조종사는 이를 즉시 ATC에 통보하여야 한다. 항공기가 연료를 투하할 것이라는 정보를 받은 경우 ATC는 즉시 방송을 하거나 방송이 되도록 조치를 취하여야 하며, 그 다음에는 연료투하를 중단할 때 까지 3분 간격으로 적절한 무선 주파수로 조언방송을 한다.

나. 이러한 방송을 청취한 경우, 영향을 받는 구역의 IFR 비행계획이나 특별 VFR로 비행하지 않는 항공기의 조종사는 조언방송에서 명시한 구역을 벗어나야 한다. IFR 비행계획이나 특별 VFR 허가를 받은 항공기는 ATC에 의해 일정한 분리가 제공된다. 연료의 투하를 위한 운항이 종료되었을 때 조종사는 ATC에 통보하여야 한다.

다. 고도 배정(Altitude assignment)
계기비행(IFR) 조건 하에서 연료를 투하한다면, 비행로나 비행장주로부터 5마일 이내에 있는 가장 높은 장애물로부터 최소한 2,000 ft 이상의 고도를 배정한다.

라. 분리 최저치(Separation minima)
연료투하 항공기로부터 인지된 항공기를 다음과 같이 분리시킨다.
(1) 계기비행(IFR) 항공기인 경우, 다음 중 하나의 분리를 취하여야 한다.
  (가) 위: 1,000 ft (FL290 이상의 경우 2,000 ft)
  (나) 아래: 2,000 ft
  (다) 레이더: 5마일
  (라) 수평: 5마일(군 적용), 10마일(민 적용)
(2) 레이더 식별된 시계비행(VFR) 항공기의 경우, 5마일

## 6. 양방향 무선통신 두절(Two-way radio communications failure)

가. 양방향 무선통신 두절 시 조치사항
(1) VFR 상태에서 양방향 무선통신이 두절되거나 두절된 이후에 VFR 상태가 된 경우, 조종사는 VFR로 비행을 계속하여 가장 가까운 착륙 가능한 비행장에 착륙한 후 도착사실을 지체 없이 관할 항공교통관제기관에 통보하여야 한다.
(2) IFR 상태에서 양방향 무선통신이 두절되거나 위의 (1)항에 따를 수 없는 경우, 조종사는 다음과 같이 계속 비행하여야 한다.
  (가) 항공교통업무용 레이더가 운용되지 아니하는 공역의 필수 위치통지점에서 위치보고를 할 수 없는 항공기는 해당 비행로의 최저비행고도와 관할 항공교통관제기관으로부터 최종적으로 지시받은 고도 중 높은 고도로 비행하여야 하며, 관할 항공교통관제기관으로부터 최종적으로 지시받은 속도를 20분간 유지한 후 비행계획에 명시된 고도와 속도로 변경하여 비행할 것
  (나) 항공교통업무용 레이더가 운용되는 공역의 필수 위치통지점에서 위치보고를 할 수 없는 항공기는 해당 비행로의 최저비행고도와 관할 항공교통관제기관으로부터 최종적으로 지시받은 고도 중 높은 고도를 유지하고, 관할 항공교통관제기관으로부터 최종적으로 지시받은 속도를 7분간 유지한 후 비행계획에 명시된 고도와 속도로 변경하여 비행할 것
  (다) 무선통신이 두절되기 전에 관할 항공교통관제기관으로부터 최종적으로 지정 또는 지정예정통보를 받은 비행로를 따라 목적비행장의 항행안전시설까지 비행한 후 체공할 것
  (라) 무선통신이 두절되기 전에 관할 항공교통관제기관으로부터 최종적으로 지정받은 접근예정시간에 목적비행장의 항행안전시설로부터 강하를 시작하거나, 착륙할 비행장의 계기접근절차에 따라 접근을 시작할 것
  (마) 가능한 한 위의 (라)항에 따른 접근예정시간과 도착예정시간 중 더 늦은 시간으로부터 30분 이내에 착륙할 것

나. 양방향 무선통신 두절 시 트랜스폰더 운영
부호화된 레이더비컨 트랜스폰더(coded radar beacon transponder)를 탑재한 항공기가 양방향 무선통신이 두절되었다면 조종사는 트랜스폰더를 Mode 3/A, Code 7600에 맞추어야 한다.

## 출 제 예 상 문 제

### Ⅰ. 조종사에게 제공되는 비상지원업무

【문제】 1. 비상사태 시 transponder의 설정은?
① 7300　　　② 7400　　　③ 7500　　　④ 7700

〈해설〉 부호화된 레이더비컨 트랜스폰더(coded radar beacon transponder)를 탑재한 항공기가 조난이나 긴급상황에 처한 경우, 지상 레이더시설에 비상을 선언하려는 조종사는 트랜스폰더를 Mode 3/A, Code 7700/Emergency 및 Mode C 고도보고로 조정한 다음 즉시 ATC 기관과 교신을 하여야 한다.

【문제】 2. Emergency Locator Transmitter(ELT)의 운용 주파수가 아닌 것은?
① 121.5 MHz　　② 243.0 MHz　　③ 335.0 MHz　　④ 406.0 MHz

【문제】 3. ELT(Emergency Locator Transmitter)에 대한 설명으로 틀린 것은?
① 불시착한 항공기의 위치를 찾는데 활용된다.
② 추락 시의 충격으로 자동 작동된다.
③ 신호는 최소 24시간 동안 지속된다.
④ 신속한 수색 및 구조로 인명을 구할 수 있도록 한다.

【문제】 4. ELT(Emergency Locator Transmitter)는 항공기 추락 후 몇 시간 동안 계속 작동되는가?
① 6시간　　　② 12시간　　　③ 48시간　　　④ 72시간

【문제】 5. ATC와 사전 협의되지 않은 경우, 비상위치송신기(ELT)의 시험방송은 언제 하여야 하는가?
① 매 시간 첫 5분 이내　　　② 매 시간 마지막 5분 이내
③ 매 시간 첫 10분 이내　　　④ 매 시간 마지막 10분 이내

【문제】 6. ELT(Emergency Locator Transmitter) test 방법 중 틀린 것은?
① 공중점검(airborne test)은 허용되지 않는다.
② 매 시간 첫 5분에 실시하여야 한다.
③ 가청음(audible sweep)은 5회 이내로 하여야 한다.
④ 안테나를 분리할 수 있다면 분리하고 모형 안테나를 대신 사용한다.

〈해설〉 비상위치지시용 무선표지설비(Emergency Locator Transmitter; ELT)
 1. Battery로 작동되는 이 전자식송신기는 3개 주파수 중에 하나의 주파수로 운용된다. 작동주파수는 121.5 MHz, 243.0 MHz 및 최근의 406 MHz이다.
 2. ELT를 "armed"한 상태에서 추락으로 인한 충격을 받으면 ELT는 자동으로 작동되어 독특한 아날로그 또는 디지털 신호를 지속적으로 발신할 수 있도록 설계되어 있다. 이 송신기는 폭 넓은 온도 범위에서 최소 48시간 동안 계속 작동한다.

정답　1. ④　2. ③　3. ③　4. ③　5. ①　6. ③

3. 시험운영(Testing)
    가. ELT는 매시 처음 5분 동안에만 시험운영해야 한다. 실제경보와 시험운영과의 혼동을 방지하기 위하여 시험운영은 3회 신호(audible sweep) 이내로 하여야 한다. 안테나를 제거할 수 있다면 제거하고, 시험절차 동안에는 의사부하(dummy load, 모형 안테나)를 대신 사용해야 한다.
    나. 공중시험(airborne test)은 승인되지 않는다.

【문제】7. ELT 시험방송의 지속시간은 몇 초 이내로 하여야 하는가?
① 5초   ② 10초   ③ 15초   ④ 20초

〈해설〉Emergency Locator Transmitters(ELTs)의 시험운영 절차는 다음과 같다.
1. 구역 내의 항공기 또는 그 밖의 VHF 수신기를 121.5 MHz에 맞춘다.
2. VHF 수신기를 감시하는 동안 5초 이내로 ELT를 작동시킨다. 약 3번의 ELT 가청음(audible sweep)을 들을 수 있을 것이다.
3. 시험이 종료된 후 ELT를 "ARM"이나 "AUTO" 위치로 reset하고, 수 초 동안 121.5 MHz를 청취하여 ELT의 송신이 종료되었는지 확인한다.

【문제】8. 비행 중 ELT 가청음을 수신하였을 때 항공교통관제기관에 보고해야 할 내용이 아닌 것은?
① 수신 감도가 가장 약했던 위치     ② 수신 감도가 가장 강했던 위치
③ 최초 수신하였던 위치           ④ 최종 수신하였던 위치

〈해설〉조종사가 비행 중 ELT 신호를 청취하였다면 즉시 가장 인접한 항공교통시설에 다음 사항을 통보하여야 한다.
1. 최초로 신호를 청취했을 때의 항공기 위치 및 시간
2. 마지막으로 신호를 청취했을 때의 항공기 위치 및 시간
3. 최대강도 신호(maximum signal strength)에서의 항공기 위치
4. 비행고도 및 비상신호를 수신한 주파수(121.5 MHz 또는 243.0 MHz)
    가능하면 항행안전시설과 관련된 위치를 제공하여야 한다. 항공기가 homing 장비를 갖추고 있다면, 각 보고위치와 함께 비상신호의 방위(bearing)를 제공한다.

【문제】9. 불시착한 항공기의 추락이 이미 보고되었고, 위치가 식별되었을 때 불시착한 위치에 표시하는 것은?
① 황색 십자 표시     ② 적색 십자 표시
③ 황색 사각형 표시   ④ 적색 사각형 표시

【문제】10. 지상에서 구조 요청 시 "assistance required" code는?
① L   ② V   ③ X   ④ Y

【문제】11. 지상에서 구조사에게 보내는 신호 중 "V"의 의미는?
① 임무 완수   ② 약품 요청   ③ 원조 요청   ④ 작전 실패

【문제】12. 생존자용 공지 가시기호 중 "require medical assistance" code로 맞는 것은?
① V   ② Y   ③ X   ④ N

정답  7. ①   8. ①   9. ①   10. ②   11. ③   12. ③

**【문제】13.** 다음 구조신호의 의미가 잘못된 것은?
① V: Require assistance
② L: Require medical assistance
③ N: No or Negative
④ Y: Yes or Affirmative

**【문제】14.** 지상의 항공기 구조대가 보내는 "L L L"의 신호를 보았다. 이의 의미는?
① 생존자를 모두 발견하였다.
② 더 이상 수색을 계속할 수 없다.
③ 구조작업이 종료되었다.
④ 수색을 계속하겠다.

**【문제】15.** 수색 및 구조에서 "Nothing found. Will continue search." 의미의 기호는?
① L L L  ② LL  ③ X X  ④ N N

〈해설〉 수색 및 구조(Search and Rescue) 시각기호
1. 추락현장에 황색 십자(yellow cross) 표시가 되어 있는지의 여부를 확인한다. 만약 있다면 이미 추락은 보고되었으며 위치가 식별된 것이다.
2. 생존자가 사용하는 지대공 시각기호(Ground-Air Visual Code)

| 의미(Message) | 기호(Code symbol) |
|---|---|
| 도움이 필요함(Require assistance) | V |
| 의료도움이 필요함(Require medical assistance) | X |
| 아니오 또는 부정(No or Negative) | N |
| 예 또는 긍정(Yes or Affirmative) | Y |
| 화살표 방향으로 진행(Proceeding in this direction) | ↑ |

3. 지상구조대가 사용하는 지대공 시각기호(Ground-Air Visual Code)

| 의미(Message) | 기호(Code symbol) |
|---|---|
| 활동 완료(Operation completed.) | L L L |
| 사람을 모두 발견하였음(We have found all personnel.) | LL |
| 일부 사람만 발견하였음(We have found only some personnel.) | ++ |
| 우리는 더 계속 진행할 수 없음(We are not able to continue.) 기지로 귀환하고 있음(Returning to base.) | X X |
| 발견사항 없음. 수색을 계속할 것임(Nothing found. Will continue search.) | N N |

## II. 조난 및 긴급절차(Distress and Urgency Procedures)

**【문제】1.** 항공기가 마지막으로 통보한 도착예정시간 또는 항공교통업무기관이 예상한 도착예정시간 중 더 늦은 시간으로부터 30분 이내에 도착하지 않는 경우의 비상 단계는?
① 조난 단계  ② 경보 단계  ③ 주의 단계  ④ 불확실 단계

**【문제】2.** 항공기가 ETA(Estimated Time of Arrival)로부터 30분이 초과하여도 도착하지 않을 경우 발령되는 단계는?
① ALERFA  ② DETRESFA  ③ CAUTFA  ④ INCERFA

정답  13. ②  14. ③  15. ④  /  1. ④  2. ④

【문제】 3. INCERFA는 어떤 단계인가?
　　① 불확실 상황　　② 경보 상황　　③ 긴급 상황　　④ 재난 상황

【문제】 4. 항공기로부터 연락이 있어야 할 시간으로부터 30분이 지나도 연락이 없을 경우의 비상 단계는?
　　① 주의 단계　　② 불확실 단계　　③ 조난 단계　　④ 경보 단계

【문제】 5. 항공기 및 탑승자의 안전이 염려되는 상황은?
　　① 조난 단계　　② 경보 단계　　③ 긴급 단계　　④ 비상 단계

【문제】 6. 항공기가 착륙허가를 받고도 착륙예정시간부터 5분 이내에 착륙하지 않은 상태에서 그 항공기와의 무선교신이 되지 않는 경우 발령되는 단계는?
　　① 불확실 단계(INCERFA)　　② 주의 단계(CAUTFA)
　　③ 조난 단계(DETRESFA)　　④ 경보 단계(ALERFA)

【문제】 7. 다음 중 경보 단계(alert phase)에 해당되지 않는 것은?
　　① 불확실 상황에서의 항공기와의 교신시도 또는 관계 부서의 조회로도 해당 항공기의 위치를 확인하기 곤란한 경우
　　② 항공기가 착륙허가를 받고도 착륙예정시간부터 5분 이내에 착륙하지 아니한 상태에서 그 항공기와의 무선교신이 되지 아니할 경우
　　③ 항공기 탑재연료가 고갈되어 항공기의 안전을 유지하기가 곤란한 경우
　　④ 항공기가 요격테러 등 불법간섭을 받는 것으로 인지된 경우

【문제】 8. 항공기가 불법간섭을 받고 있는 것으로 인지된 경우 발령되는 비상 단계는?
　　① ALERFA　　② INCERFA　　③ DETRESFA　　④ CAUTFA

【문제】 9. 다음 중 조난 상황(DETRESFA)이 아닌 것은?
　　① 항공기 탑재연료가 고갈되어 항공기의 안전을 유지하기가 곤란한 경우
　　② 항공기의 비행능력이 상실되어 불시착하였을 가능성이 있음을 나타내는 정보가 입수된 경우
　　③ 항공기와의 교신시도를 실패하고, 여러 관계 부서와의 조회결과 항공기가 조난당하였을 가능성이 있는 경우
　　④ 항공기가 요격·테러 등 불법간섭을 받는 것으로 인지된 경우

【문제】 10. 다음 중 비상 상황의 종류가 아닌 것은?
　　① 불확실 단계　　② 경보 단계　　③ 조난 단계　　④ 비상 단계

【문제】 11. ICAO 기준 비상 단계의 순서로 맞는 것은?
　　① INCERFA - ALERFA - DETRESFA　　② INCERFA - DETRESFA - ALERFA
　　③ ALERFA - INCERFA - DETRESFA　　④ ALERFA - DETRESFA - INCERFA

정답　3. ①　4. ②　5. ②　6. ④　7. ③　8. ①　9. ④　10. ④　11. ①

〈해설〉 비상 단계(Phases of emergency)의 구분

| 단 계 | 내 용 |
|---|---|
| 1. 불확실 단계<br>(INCERFA:<br>Uncertainty<br>phase) | 항공기 및 탑승자의 안전이 불확실한 상황.<br>가. 항공기로부터 연락이 있어야 할 시간 또는 그 항공기와의 첫 번째 교신시도에 실패한 시간 중 더 이른 시간부터 30분 이내에 연락이 없을 경우<br>나. 항공기가 마지막으로 통보한 도착예정시간 또는 항공교통업무기관이 예상한 도착예정시간 중 더 늦은 시간부터 30분 이내에 도착하지 아니할 경우. 다만, 항공기 및 탑승객의 안전이 의심되지 아니하는 경우는 제외한다. |
| 2. 경보 단계<br>(ALERFA: Alert<br>phase) | 항공기 및 탑승자의 안전이 염려되는 비상 상황<br>가. 불확실 상황에서의 항공기와의 교신시도 또는 관계 부서의 조회로도 해당 항공기의 위치를 확인하기 곤란한 경우<br>나. 항공기가 착륙허가를 받고도 착륙예정시간부터 5분 이내에 착륙하지 아니한 상태에서 그 항공기와의 무선교신이 되지 아니할 경우<br>다. 항공기의 비행능력이 상실되었으나 불시착할 가능성이 없음을 나타내는 정보를 입수한 경우. 다만, 항공기 및 탑승자의 안전에 우려가 없다는 명백한 증거가 있는 경우는 제외한다.<br>라. 항공기가 요격테러 등 불법간섭을 받는 것으로 인지된 경우 |
| 3. 조난 단계<br>(DETRESFA:<br>Distress phase) | 항공기 및 탑승자가 중대하고 절박한 위험에 처해 있으며 긴급한 도움이 필요하다는 상당한 확신이 있는 상황<br>가. 경보 상황에서 항공기와의 교신시도를 실패하고, 여러 관계 부서와의 조회 결과 항공기가 조난당하였을 가능성이 있는 경우<br>나. 항공기 탑재연료가 고갈되어 항공기의 안전을 유지하기가 곤란한 경우<br>다. 항공기의 비행능력이 상실되어 불시착하였을 가능성이 있음을 나타내는 정보가 입수되는 경우<br>라. 항공기가 불시착중이거나 불시착하였다는 정보사항이 정확한 정보로 판단되는 경우. 다만, 항공기 및 탑승자가 중대하고 긴박한 위험에 처하여 있지 아니하며, 긴급한 도움이 필요하지 아니하다는 명백한 증거가 있는 경우는 제외한다. |

【문제】 12. 조난(distress) 상황에서 사용하는 radio call은?
　　　① SOS　　　② Emergency　　　③ Mayday　　　④ Pan-Pan

【문제】 13. "PAN-PAN" 무선신호의 의미는?
　　　① Emergency　　② Distress　　③ Urgency　　④ Alert

【문제】 14. 즉각적인 지원이 요구되지는 않지만 비행안전에 영향을 줄 수 있는 상태를 나타내는 항공용어와 호출용어가 바르게 연결된 것은?
　　　① 긴급(Urgency) - Pan Pan　　　② 조난(Distress) - Mayday
　　　③ 긴급(Urgency) - Mayday　　　④ 조난(Distress) - Pan Pan

【문제】 15. 긴급한 상태(urgency)일 때 이를 선언하는 방법으로 맞는 것은?
　　　① "ALERFA"를 3회 반복한다.　　　② "PAN PAN"을 3회 반복한다.
　　　③ "URGENCY"를 3회 반복한다.　　④ "MAYDAY"를 3회 반복한다.

【문제】 16. 다음 중 emergency frequency가 아닌 것은?
　　　① 500.0 MHz　　② 121.5 MHz　　③ 243.0 MHz　　④ 2182 kHz

정답　12. ③　　13. ③　　14. ①　　15. ②　　16. ①

【문제】17. 조난 상황(distress condition)에 대한 설명 중 틀린 것은?
① Mayday를 3회 반복 사용하여 상황을 알린다.
② 즉각적인 구원요청이 필요하지는 않다.
③ 절박한 위험에 의하여 위협받고 있다.
④ 중대한 위험요소가 내재되어 있다.

【문제】18. 조종사가 Mayday를 call 한 것은 위급한 상황에 처해 있다는 것 외에 다른 어떤 의미가 있는가?
① 다른 조종사는 해당 주파수의 무선침묵을 유지하라.
② 사용 중인 주파수로 정상적인 통신을 계속하라.
③ 다른 주파수로 변경하라.
④ 해당 주파수를 청취하라.

【문제】19. 조난 시 사용 주파수로 가장 적합한 것은?
① 121.5 MHz　　　　　　　　② 243.0 MHz
③ 현재 주파수　　　　　　　　④ 사용 가능한 모든 주파수

【문제】20. 재난과 긴급통신에 대한 설명 중 틀린 것은?
① 재난 또는 긴급통신에 사용되는 주파수는 121.5 MHz와 243.0 MHz 이다.
② MAYDAY는 무선침묵을 명령하는 것이다.
③ 재난 또는 긴급통신이 이루어지는 동안 계속 청취하여야 한다.
④ 비상 주파수는 민간 항공기만 이용하는 주파수이다.

【문제】21. 조난 상황에서 방해가 되지 않도록 다른 항공기 송수신 금지를 지시하는 용어는?
① Stop transmission. Mayday　　② Stop transmission. Pan-Pan
③ Stop transmitting. Mayday　　④ Stop transmitting. Pan-Pan

〈해설〉 조난 및 긴급통신(Distress and Urgency Communications)
1. 조난(distress)에 처한 항공기의 조종사는 충분히 고려하여 필요하다면 최초교신과 이후의 송신을 신호 MAYDAY로 시작하여야 하며, 되도록이면 3회 반복한다. 신호 PAN-PAN은 같은 방법으로 긴급한 상황(urgency condition)에서 사용한다.
2. 조난통신은 다른 모든 통신보다 절대적인 우선권을 가지며, 용어 MAYDAY는 사용 중인 주파수로의 무선통신을 중단하고 침묵을 유지(radio silence)하라고 명령하는 것이다.
3. 현재 사용 중인 주파수나 ATC에 의해 배정된 다른 주파수가 바람직하지만, 필요하거나 원한다면 다음의 비상주파수를 조난 또는 긴급통신에 사용할 수 있다.
　가. 121.5 MHz 및 243.0 MHz
　나. 2182 kHz
4. 상황에 따라 모든 항공통신국 또는 특정 항공통신국에 침묵을 지시할 경우 다음 절차에 따라야 한다.
　- "STOP TRANSMITTING"
　- 무선전화 조난신호 "MAYDAY"

정답　17. ②　18. ①　19. ③　20. ④　21. ③

【문제】 22. MAYDAY에 의하여 무선침묵을 통보 받았음에도 불구하고 국제통제국의 허가 없이 조난 주파수로 교신이 가능한 경우가 아닌 것은?
① 긴급조치가 필요한 상황일 때
② 조난상황이 종료되었을 때
③ 다른 주파수로 전환되었을 때
④ 교통통제국의 허가를 받았을 때

〈해설〉 조난통신은 모든 다른 통신에 대해 절대적인 우선권을 가지며 조난통신을 인지한 항공통신국은 다음의 경우를 제외하고 조난주파수로 교신하지 않아야 한다.
  1. 조난이 취소되거나 조난통신이 종료되었을 경우
  2. 모든 조난통신이 다른 주파수로 전환되었을 경우
  3. 조난통신 통제국의 허가를 받은 경우
  4. 자국이 조난통신에 협조하는 경우

【문제】 23. 조난 시 의사소통을 원활히 하기 위하여 사용되는 언어는?
① 영어, 프랑스어, 독일어
② 영어, 독일어, 일어
③ 영어, 프랑스어, 스페인어
④ 영어, 러시아어, 한국어

〈해설〉 각 수색 및 구조항공기는 해양구역에서의 수색 및 구조시 선박과의 의사소통에서 처할 수 있는 언어문제를 극복할 수 있도록 국제신호서(International Code of Signals)의 복사본을 소지하여야 한다. 국제신호서는 영어, 프랑스어 및 스페인어로 발간된다.

【문제】 24. 조난 또는 긴급상황에 처한 경우 통보하여야 할 사항이 아닌 것은?
① PAN-PAN, 또는 MAYDAY
② 항공기 등록부호
③ 조종사의 의도, 요청사항
④ 이륙 공항

〈해설〉 다음 중 필요한 사항을 포함한 조난 또는 긴급 메시지를 되도록이면 나열된 순서에 따라 송신한다.
  1. 조난(distress)일 경우 : MAYDAY, MAYDAY, MAYDAY,
     긴급(urgency)일 경우 : PAN-PAN, PAN-PAN, PAN-PAN
  2. 호출 기지국 명칭(Name of station addressed)
  3. 항공기 식별부호 및 기종(Aircraft identification and type)
  4. 조난 또는 긴급상황의 내용
  5. 기상상태
  6. 조종사의 의도 및 요구사항
  7. 현재 위치 및 기수방향(Present position, and heading); 또는 현재 위치를 모른다면, 알고 있는 최종 위치, 시간, 그리고 그 위치로부터의 기수방향
  8. 고도 또는 비행고도(Altitude or flight level)
  9. 분 단위의 잔여 연료량
  10. 탑승인원수

【문제】 25. 공중피랍 시 조종사에게 피랍여부를 확인하기 위한 관제용어로 적합한 것은?
① (항공기 호출부호) (Station) Confirm Squawking 7500.
② (항공기 호출부호) (Station) Verify Squawking 7500.
③ (항공기 호출부호) (Station) Acknowledge Squawking 7500.
④ (항공기 호출부호) (Station) Squawking 7500.

정답  22. ①   23. ③   24. ④   25. ②

【문제】 26. Hijack과 같은 special emergency 시 트랜스폰더 code는?
① 7500   ② 7600   ③ 7700   ④ 7777

〈해설〉 특별비상상황(special emergency)이란 항공기 탑승객에 의한 공중납치(hijack) 또는 적대행위로 인하여 항공기 또는 승객의 안전을 위협하는 상태를 말한다.
  1. 항공기 조종사는 특별비상상황 시 트랜스폰더를 Mode 3/A, Code 7500으로 설정한다.
  2. 항공교통관제기관은 피랍을 확인하기 위하여 조종사에게 질문을 함으로써 코드 7500의 수신을 확인하고 인지하고 있음을 알린다. 조종사가 간섭을 받고 있는 것으로 응답하거나 응답이 없는 경우, 항공교통관제기관은 조종사에게 더 이상 추가 질문을 삼가고 항공기의 요구에 응하여야 한다.
  〔관제용어〕: (항공기 호출부호) (시설 명칭) VERIFY SQUAWKING 7500.

【문제】 27. Fuel dumping 시의 절차로 틀린 것은?
① 해당 조종사는 fuel dumping 할 내용을 즉시 ATC에 통보한다.
② 통보를 받은 관제사는 3분마다 fuel dumping을 방송한다.
③ 해당 항로를 비행할 항공기 조종사는 즉시 고도 및 항로를 변경한다.
④ 관제사는 Special VFR 및 IFR 항공기를 해당 항공기와 분리시킨다.

【문제】 28. Fuel dumping 중 ATC의 조치사항이 아닌 것은?
① IFR 조건이라면 비행로로부터 5마일 이내에 있는 가장 높은 장애물로부터 2,000 ft 이상의 고도를 배정한다.
② 연료투하가 중단될 때까지 3분 간격으로 dumping 정보를 전파한다.
③ IFR 항공기인 경우, 상하 1,000 ft 및 수평 5 NM의 분리를 적용한다.
④ 레이더 식별된 VFR 항공기의 경우, 5 NM의 분리를 적용한다.

〈해설〉 연료투하(Fuel Dumping)
  1. 항공기가 연료를 투하해야 할 필요가 있을 때 조종사는 이를 즉시 ATC에 통보하여야 한다. 항공기가 연료를 투하할 것이라는 정보를 받은 경우, ATC는 즉시 방송을 하거나 방송이 되도록 조치를 취한 다음 연료투하를 중단할 때 까지 3분 간격으로 적절한 무선 주파수로 조언방송을 한다.
  2. 이러한 방송을 청취한 경우, 영향을 받는 구역의 IFR 비행계획이나 특별 VFR로 비행하지 않는 항공기의 조종사는 조언방송에서 명시한 구역을 벗어나야 한다. IFR 비행계획이나 특별 VFR 허가를 받은 항공기는 ATC에 의해 일정한 분리가 제공된다. 연료의 투하를 위한 운항이 종료되었을 때 조종사는 ATC에 통보하여야 한다.
  3. 계기비행(IFR) 조건 하에서 연료를 투하한다면, 비행로나 비행장주로부터 5마일 이내에 있는 가장 높은 장애물로부터 최소한 2,000 ft 이상의 고도를 배정한다.
  4. 분리 최저치(Separation Minima)
    연료투하 항공기로부터 인지된 항공기를 다음과 같이 분리시킨다.
    가. 계기비행(IFR) 항공기인 경우, 다음 중 하나의 분리를 취하여야 한다.
      (1) 위 : 1,000 ft (FL290 이상의 경우 2,000 ft)
      (2) 아래 : 2,000 ft
      (3) 레이더 : 5마일
      (4) 수평 : 5마일(군 적용), 10마일(민 적용)
    나. 레이더 식별된 시계비행(VFR) 항공기의 경우, 5마일

정답  26. ①   27. ③   28. ③

## Ⅲ. 양방향 무선통신 두절(Two-way Radio Communications Failure)

【문제】1. VFR 기상상황에서 IFR 비행계획으로 비행 중 무선통신 장비의 고장 상황에 처했을 때 가장 적절한 조치는?
① VFR 조건에서 계속 비행하고 가능한 한 빨리 착륙한다.
② 지정된 고도와 항로로 계속 비행하고 ETA에 맞추어 접근을 시작한다.
③ 비상사태를 선포하고 즉시 착륙한다.
④ 트랜스폰더 코드를 7600에 맞추고 목적지 공항까지 계속 비행한다.

【문제】2. 시계비행 기상조건 하에서 계기비행 중 통신 두절시 대처 요령은?
① 지정된 고도, 항로에 맞게 비행을 계속하여 도착예정시간에 계기접근을 실시한다.
② 지정된 고도, 항로에 맞게 비행을 계속하여 IAF에서 체공한다.
③ 시계비행 기상조건에 맞추어 가능한 빨리 착륙한다.
④ 통신두절 해당 지역에서 체공한다.

【문제】3. 계기비행 기상상태에서 무선통신 두절시 비행방법으로 맞는 것은?
① 접근예정시간과 도착예정시간 중 더 늦은 시간으로부터 30분 이내에 착륙한다.
② 접근예정시간과 도착예정시간 중 더 빠른 시간으로부터 30분 이후에 착륙한다.
③ 도착예정시간으로부터 30분 이내에 착륙한다.
④ 도착예정시간으로부터 30분 이후에 착륙한다.

【문제】4. 계기비행 기상상태인 항공기가 통신이 두절되어 레이더가 운용되지 않는 공역의 필수 위치통지점에서 위치보고를 할 수 없을 경우 조치사항으로 맞는 것은?
① 비행을 계속하여 도착예정시간에 맞추어 착륙한다.
② 최종적으로 지시받은 고도 중 높은 고도를 유지하고 도착예정시간에 맞추어 착륙한다.
③ 최종적으로 지시받은 속도를 20분간 유지한 후 비행계획에 명시된 고도와 속도로 변경하여 비행한다.
④ 최종적으로 지시받은 속도를 30분간 유지한 후 비행계획에 명시된 고도와 속도로 변경하여 비행한다.

〈해설〉 양방향 무선통신 두절시 조치사항
1. VFR 상태에서 양방향 무선통신이 두절되거나 두절된 이후에 VFR 상태가 된 경우, 조종사는 VFR로 비행을 계속하여 가장 가까운 착륙 가능한 비행장에 착륙한 후 도착사실을 지체 없이 관할 항공교통관제기관에 통보하여야 한다.
2. IFR 상태에서 양방향 무선통신이 두절된 경우, 조종사는 다음과 같이 계속 비행하여야 한다.
　가. 항공교통업무용 레이더가 운용되지 아니하는 공역의 필수 위치통지점에서 위치보고를 할 수 없는 항공기는 해당 비행로의 최저비행고도와 관할 항공교통관제기관으로부터 최종적으로 지시받은 고도 중 높은 고도로 비행하여야 하며, 관할 항공교통관제기관으로부터 최종적으로 지시받은 속도를 20분간 유지한 후 비행계획에 명시된 고도와 속도로 변경하여 비행할 것

정답  1. ①  2. ③  3. ①  4. ③

나. 항공교통업무용 레이더가 운용되는 공역의 필수 위치통지점에서 위치보고를 할 수 없는 항공기는 해당 비행로의 최저비행고도와 관할 항공교통관제기관으로부터 최종적으로 지시받은 고도 중 높은 고도를 유지하고, 관할 항공교통관제기관으로부터 최종적으로 지시받은 속도를 7분간 유지한 후 비행계획에 명시된 고도와 속도로 변경하여 비행할 것

다. 무선통신이 두절되기 전에 관할 항공교통관제기관으로부터 최종적으로 지정받은 접근예정시간과 도착예정시간 중 더 늦은 시간으로부터 30분 이내에 착륙할 것

3. 양방향 무선통신 두절시 트랜스폰더 운영

부호화된 레이더비컨 트랜스폰더(coded radar beacon transponder)를 탑재한 항공기가 양방향 무선통신이 두절되었다면 조종사는 트랜스폰더를 Mode 3/A, Code 7600에 맞추어야 한다.

■ 잠깐! 알고 가세요.
[양방향 무선통신 두절 시 조치사항]

| 기상상태 | | | 조치사항 |
|---|---|---|---|
| VFR | | | VFR로 비행을 계속하여 가장 가까운 착륙 가능한 비행장에 착륙한 후 도착 사실을 지체 없이 관할 ATC에 통보하여야 한다. |
| IFR | 고도 속도 | ATS 레이더가 운용되지 아니하는 공역 | 해당 비행로의 최저비행고도와 ATC로부터 최종적으로 지시받은 고도 중 높은 고도를 유지하고 지시받은 속도를 20분간 유지한 후, 비행계획에 명시된 고도와 속도로 변경하여 비행할 것 |
| | | ATS 레이더가 운용되는 공역 | 해당 비행로의 최저비행고도와 ATC로부터 최종적으로 지시받은 고도 중 높은 고도를 유지하고 지시받은 속도를 7분간 유지한 후, 비행계획에 명시된 고도와 속도로 변경하여 비행할 것 |
| | 항로 | | 레이더에 의하여 유도되고 있거나 허가한계점을 지정받지 아니한 항공기가 지역항법(RNAV)으로 항공로를 이탈하여 비행 중일 때에는 최저비행고도를 고려하여 다음 위치통지점 도달 전에 비행계획에 명시된 비행로로 합류할 것 |
| | 비행 | | ATC로부터 최종적으로 지정받거나 지정 예정을 통보받은 비행로를 따라 목적비행장의 항행안전시설까지 비행한 후 체공할 것 |
| | 접근 | | ATC로부터 최종적으로 지정받은 접근예정시간에 목적비행장의 항행안전시설로부터 강하를 시작하거나, 착륙할 비행장의 계기접근절차에 따라 접근을 시작할 것 |
| | 착륙 | | 접근예정시간과 도착예정시간 중 더 늦은 시간부터 30분 이내에 착륙할 것 |

【문제】5. 시계비행방식에 의해 비행 중 무선통신장비의 고장으로 통신 두절 시 트랜스폰더 코드는?
① 1200　　　② 4000　　　③ 7500　　　④ 7600

【문제】6. Transponder의 사용방법으로 옳은 것은?
① "Stop Squawk" 요청을 받은 경우 트랜스폰더를 Standby 위치로 변경한다.
② 양방향 무선통신이 두절된 경우 트랜스폰더 코드를 7600으로 조정한다.
③ "IDENT" 버튼은 조종사 임의로 누를 수 있다.
④ 착륙 후 바로 Off 또는 Standby 위치로 변경한다.

〈해설〉 부호화된 레이더비컨 트랜스폰더(coded radar beacon transponder)를 탑재한 항공기가 양방향 무선통신이 두절되었다면 조종사는 트랜스폰더를 Mode 3/A, Code 7600에 맞추어야 한다.

[정답] 5. ④　6. ②

항공교통·통신·정보업무

# PART 2
# 항공통신·정보업무

- 항공통신업무
- 항공정보업무

# 1 항공통신업무(Aeronautical Telecommunication Services)

## 제1절 일반운용절차

### 1. 무선통신 기법(Radio technique)

가. 송신하기 전에 청취하라(Listen). 많은 경우 조종사는 ATIS나 교신 주파수의 경청을 통하여 원하는 정보를 얻을 수 있다. 방금 주파수를 변경하였다면 잠시 교신을 멈추고, 청취하여 주파수가 명료한지를 확인한다.

나. 송신키를 누르기 전에 생각하라(Think). 말하고자 하는 것을 잘 알고 있어야 하며 비행계획이나 IFR 위치보고와 같이 내용이 길다면 적어두어야 한다.

다. 마이크로폰(microphone)을 입술에 아주 가까이 대고 마이크 버튼을 누른 후, 첫 단어가 확실히 송신되도록 하기 위하여 잠시 기다릴 필요가 있다. 평상시의 대화 어조(normal conversational tone)로 말하라.

라. 보통의 통화속도는 분당 100 단어를 초과하지 않아야 한다. 전문이 항공기국으로 전송되고 그 내용의 기록이 필요한 경우 통화속도는 받아 적을 수 있는 속도이어야 하며, 숫자 앞뒤에 약간의 간격을 두어 이해하기 쉽게 하여야 한다.

마. 버튼을 놓았을 때는 다시 호출하기 전에 수 초간 기다려라.

바. 수신기에서 나는 소리 또는 소리가 나지 않는 것(lack of sound)에 주의하라. 음량(volume)을 점검하고 주파수를 다시 확인하며, 마이크로폰이 송신 위치에 고착되어 있지 않는 지 확인한다.

사. 무선설비와 지상기지국 장비의 성능범위 내에 있는지를 확인하라. 더 높은 고도가 VHF "가시선(line of sight)" 통신범위를 증가시킨다는 것을 기억하라.

### 2. 무선통신 문구와 의미

무선통신에 사용되는 문구와 의미는 다음과 같다.

| 단어(Word/Phrase) | 의미(Meaning) |
|---|---|
| ACKNOWLEDGE | 이 메시지를 수신하고 이해했는지를 알려 달라. |
| AFFIRM | 예(Yes). |
| APPROVED | 요청사항에 대해 허가한다. |
| BREAK | 메시지 내용이 분리된 것을 표시한다. (메시지와 다른 메시지가 명확히 구분되지 않을 때 사용) |
| BREAK BREAK | 매우 바쁜 상황에서 서로 다른 항공기에게 전달된 메시지가 분리된 것을 의미한다. |
| CANCEL | 이전에 허가했던 것을 취소한다. |
| CHECK | 시스템이나 절차를 확인하라. (다른 맥락에서는 사용되지 않음. 통상 대답은 하지 않음) |
| CLEARED | 특정조건 하에서 진행을 허가한다. |
| CONFIRM | (허가, 지시, 정보 또는 요청발부)에 대한 확인을 요청한다. |
| CONTACT | …와 무선 교신하라. |
| CORRECT | 맞다. 또는 정확하다. |

| 단어(Word/Phrase) | 의미(Meaning) |
|---|---|
| CORRECTION | 통신 내용에 잘못된 부분이 발생되었으며, 수정된 내용은 …이다. |
| DISREGARD | 이 메시지를 무시하라. |
| GO AHEAD | 전할 말을 하라.<br>〔주〕이 표현은 일반적으로 지상이동 통신에는 사용되지 않는다. |
| HOW DO YOU READ | 나의 송신 감도는 어떤지 알려 달라. (이 메시지가 얼마나 잘 수신되고 있는지 알려 달라) |
| I SAY AGAIN | 전달 내용을 분명히 하고 강조하기 위해 반복한다. |
| MONITOR | 주파수를 경청하라. |
| NEGATIVE | NO, 허가 불허, 그것은 정확하지 않다. 혹은 불가능하다. |
| OUT | 송신이 끝났고 대답은 더 이상 필요하지 않다.<br>〔주〕VHF 통신에는 보통 사용하지 않는다. |
| OVER | 내 송신은 끝났으니 그 쪽에서 대답하라.<br>〔주〕VHF 통신에는 보통 사용하지 않는다. |
| READ BACK | 내 메시지의 일부나 전부를 정확하게 반복해 보라. |
| RECLEARED | 이전의 허가사항이 변경되었으니 새로운 허가사항으로 대처하라. |
| REPORT | 다음의 정보를 나에게 전해 달라 |
| REQUEST | …을 알고 싶다. …을 얻고 싶다. |
| ROGER | 당신의 마지막 송신을 모두 받았다.<br>〔주〕"READ BACK"이나 긍정 및 부정으로 대답을 요구하는 질문에 대한 대답으로 사용하여서는 안 된다. |
| SAY AGAIN | 마지막으로 송신한 내용의 전부나 일부를 반복하라. |
| SPEAK SLOWER | 말하는 속도를 천천히 하라. |
| STANDBY | 기다리면 내가 부르겠다.<br>〔주〕호출한 사람은 지연이 길어질 경우 재교신을 하여야 한다. STANDBY는 승인 또는 거부를 의미하는 것은 아니다. |
| VERIFY | 발신자에게 확인 점검하라. |
| WILCO | (WILL COMPLY의 축약형) 당신의 메시지를 알아들었으며 그대로 따르겠다. |
| WORDS TWICE | 1. 요청 시 : 통신 내용이 어려우니 모든 낱말이나 구를 두 번씩 반복해 달라.<br>2. 정보 제공 시 : 통신 내용이 어려우니 이 메시지의 단어나 구를 두 번씩 보낼 것이다. |

### 3. 교신 실패, 정정 및 반복

가. 교신 실패

(1) 만약 항공기국이 지정된 주파수로 항공국과 교신하는데 실패했을 경우에 항공기국은 해당 항공로에 적합한 다른 주파수를 사용하여 교신을 시도해야 한다. 만약 이러한 시도가 실패했을 경우 항공기는 다른 항공기와 교신을 시도하거나 해당 항공로에 적합한 주파수를 사용하여 다른 항공국과의 교신을 시도하여야 한다.

(2) (1)항에 기술된 시도가 실패했을 경우, 해당 항공기는 지정된 주파수로 용어 "TRANSMITTING BLIND" 다음에 전달내용을 2회 송신하고 필요 시 해당 메시지를 보내려고 하는 수신처를 언급한다.

(3) 만약 수신기 고장 때문에 항공기가 통신을 할 수 없을 때에는 송신예정시간 및 지점에서 현재 사용 중인 주파수로 "TRANSMITTING BLIND DUE TO RECEIVER FAILURE"라는 메시지를 보낸 후 내용을 송신한다. 항공기는 위와 같은 방법으로 반복하여 의도한 메시지를 송신하여야 한다. 이와 같은 절차를 수행하는 과정에서 항공기는 다음 송신예정시간 또한 통보하여야 한다.

나. 정정 및 반복
　(1) 송신 중 오류가 발생한 경우, "CORRECTION"이라 말한 후 마지막으로 정확하게 말했던 부분 혹은 어구를 반복한 다음 정정한 내용을 송신하여야 한다.
　(2) 전체 메시지를 반복하는 것이 오류를 정정하는 최선의 방법이라면, 운영자는 메시지를 두 번째로 송신하기 전에 "CORRECTION I SAY AGAIN"을 사용하여야 한다.
　(3) 송신이 정확히 수신되었는지 의문시 된다면 송신의 전부 또는 일부를 반복하도록 요청하여야 한다. 메시지 전체의 반복이 요구될 경우 단어 "SAY AGAIN"을 사용하여야 하며, 일부분의 반복이 요구될 경우에 운용자는 다음과 같이 송신하여야 한다.

표 2-1. 송신 반복요청 관제용어와 의미

| 순번 | 관제용어(Phrase) | 의미(Meaning) |
|---|---|---|
| 1 | Say again | Report entire message. (모든 메시지 전체를 반복하라) |
| 2 | Say again … (item) | Report specific item. (특정 사항을 반복하라) |
| 3 | Say again all before … (수신이 잘된 첫 번째 단어) | Report part of message. (단어 이전 메시지를 반복하라) |
| 4 | Say again all after … (수신이 잘된 마지막 단어) | Report part of message. (단어 이후 메시지를 반복하라) |
| 5 | Say again all between … (수신 못한 부분 앞의 단어) and … (수신 못한 부분 다음 단어) Say again … (수신 못한 부분 앞의 단어) to … (수신 못한 부분 다음 단어) | Report part of message. (단어 사이의 메시지를 반복하라) |

다. 교통정보 메시지(message)는 다음과 같은 관제용어를 사용하여야 한다.
　(1) ATC가 교통정보를 발부할 때
　　(가) Traffic (information)
　　(나) No reported traffic.
　(2) 조종사가 교통정보에 인지 응답할 때
　　(가) Looking out.
　　(나) Traffic in sight.
　　(다) Negative contact (reasons).

3. 항공이동통신업무
　가. 일반사항
　(1) 항공이동통신업무의 국이 호출을 하기 전에 송신기 또는 수신기의 조정을 위하여 시험신호의 발사가 필요한 경우에 시험신호는 10초 이상 계속되지 않아야 하고, 무선전화에서 발성하는 숫자(One, Two, Three 등)와 시험신호를 전송하는 통신국의 무선호출부호로 구성되어야 한다. 시험신호의 전송은 최소한으로 유지하여야 한다.
　(2) 항공국을 호출하는 경우에 첫 호출 후 두 번째 호출은 항공국이 최초 호출에 응답할 수 있도록 최소한 10초의 시간이 경과한 후에 하여야 한다.

나. 시험송신 형식과 응답
  (1) 시험송신 형식
      시험송신의 형식은 다음과 같이 하여야 한다.
    (가) 호출된 항공 무선기지국의 식별부호
    (나) 항공기 호출부호
    (다) 단어 "RADIO CHECK"
    (라) 사용된 주파수
        〔예문(Example)〕
        GIMPO TOWER HL 5101 RADIO CHECK 118.1
  (2) 시험송신 응답
      시험송신에 대한 응답은 다음과 같이 하여야 한다.
    (가) 호출하는 무선기지국의 식별부호
    (나) 응답하는 무선기지국의 식별부호
    (다) 송신에 대한 수신감도 정보
        시험송신을 할 경우에 다음의 수신 감도가 사용되어야 한다.
        1  읽을 수 없음(Unreadable)
        2  가끔씩 읽을 수 있음(Readable now and then)
        3  읽을 수 있으나 어려움(Readable but with difficulty)
        4  읽을 수 있음(Readable)
        5  완벽하게 읽을 수 있음(Perfectly Readable)
    〔예문(Example)〕
    (조종사); JEJU TOWER HL1234 RADIO CHECK 118.7
    (관제사); HL1234 TOWER READING YOU THREE, LOUD BACKGROUND WHISTLE
           또는,
           HL1234 TOWER READING YOU FIVE

## 제2절 교신절차 및 문자/숫자 송신

1. 교신절차(Contact procedures)

 가. 최초교신(Initial Contact)
      용어 최초교신(initial contact) 또는 최초호출(initial callup)이란 정해진 시설과 이루어지는 최초의 무선호출(first radio call), 또는 시설 내의 다른 관제사나 항공교통관제기관 담당자에 대한 최초의 호출을 의미한다. ATC와의 최초교신은 다음과 같은 형식을 사용한다.
  (1) 호출할 시설의 명칭
  (2) 전체 항공기 식별부호(full aircraft identification)
  (3) 공항 지표면에서 운행 중이라면, 위치(position)를 언급한다.
  (4) 내용이 짧은 경우, 전문 내용(type of message) 또는 요구사항
  (5) 필요 시 "Over"라는 용어

나. 연속적인 교신 및 지상시설의 호출에 대한 응답

이전의 송신에서 호출과 함께 언급한 메시지(message)나 요구사항을 제외하고, 최초교신에 사용한 것과 동일한 형식을 사용한다. 메시지에 명백한 응답이 요구되고 잘못 이해할 가능성이 없다면 지상기지국 명칭과 단어 "Over"를 생략할 수 있다.

## 2. 항공기 호출부호(Aircraft call signs)

가. 호출부호 사용 시 주의사항

(1) 부적절한 호출부호의 사용은 조종사가 다른 항공기에 대한 허가를 수행하는 결과를 초래할 수 있다. 최초로 교신할 때 또는 다른 항공기 호출부호의 숫자/발음이나 식별번호/숫자가 유사할 때는 어느 때고 결코 호출부호를 간소화해서는 안 된다.

(2) FAA가 허가한 호출부호를 갖고 있지 않는 air taxi나 그 밖의 사업용항공기 운영자는 음성문자(phonetic word) "Tango"를 정상적인 식별부호 앞에 덧붙여야 한다.

나. 환자수송비행(Air ambulance flight)

ATC 시스템에서 환자수송비행에는 우선권이 부여되므로, 용어 "MEDEVAC"을 사용할 때에는 명확한 판단이 필요하다. 이것은 단지 긴급한 의료상황의 임무 및 신속한 처리가 필요한 비행구간에만 사용하기 위한 것이다.

(1) 응급의료상황으로 인한 민간환자수송비행은 필요시 ATC에 의해 신속하게 처리된다. 신속한 처리가 필요할 경우에는 비행계획서에 단어 "MEDEVAC"을 포함시킨다. 무선통신 시에는 항공기 등록문자/숫자 앞에 호출부호 "MEDEVAC"을 사용한다. (예, MEDEVAC Two Six Four Six.)

(2) 특별요청이 있을 경우에만 우선취급을 받을 수 있는 비행을 제외하고, 환자수송비행(air ambulance flights)에서 "AIR EVAC" 및 "HOSP" 사용을 위한 유사규정이 제정되어 있다.

## 3. 항공국 호출부호(Ground station call signs)

조종사는 항공국을 호출할 때, 호출할 기관명칭 다음에 표 2-2에 제시된 호출할 기관종류(type of the facility)를 사용하여 호출하여야 한다.

표 2-2. 항공국 호출(Calling a ground station)

| 기관 또는 업무 | | 호출부호 |
|---|---|---|
| Area Control Center(ACC) | 지역관제소 | CONTROL |
| Approach Control<br>Terminal Radar Approach Control(TRACON) | 접근관제<br>터미널레이더접근관제소 | APPROACH |
| Approach Control Radar Arrivals | 접근관제레이더 도착 | ARRIVAL |
| Approach Control Radar Departure | 접근관제레이더 출발 | DEPARTURE |
| Aerodrome Control<br>Airport Traffic Control Tower(ATCT) | 비행장관제<br>공항 관제탑 | TOWER |
| Surface Movement Control<br>Ground Control | 지상이동관제<br>지상관제소 | GROUND |
| Clearance Delivery | 관제승인전달 | DELIVERY |
| Flight Information Service | 비행정보업무 | INFORMATION |
| Aeronautical Station<br>Flight Information Station(FIS) | 항공국<br>비행정보소 | RADIO |
| Air Route Traffic Control Center(ARTCC) | 항공로교통관제센터 | CENTER* |

\* 우리나라에서는 사용되지 않는 호출부호 접미사(suffixes)

## 4. 문자/숫자 송신

가. 음성 알파벳(Phonetic alphabet)

음성 알파벳은 국제민간항공기구(ICAO) 문자·숫자 발음법을 사용하여야 한다.

표 2-3. 문자/숫자 음성 알파벳(Phonetic alphabet)

| 문자 | 통신 단어 | 음성(발음) | 문자 | 통신 단어 | 음성(발음) |
|---|---|---|---|---|---|
| A | Alfa | (AL-FAH) | N | November | (NO-VEM-BER) |
| B | Bravo | (BRAH-VOH) | O | Oscar | (OSS-CAH) |
| C | Charlie | (CHAR-LEE) 또는 (SHAR-LEE) | P | Papa | (PAH-PAH) |
| D | Delta | (DELL-TAH) | Q | Quebec | (KEH-BECK) |
| E | Echo | (ECK-OH) | R | Romeo | (ROW-ME-OH) |
| F | Foxtrot | (FOKS-TROT) | S | Sierra | (SEE-AIR-RAH) |
| G | Golf | (GOLF) | T | Tango | (TANG-GO) |
| H | Hotel | (HOH-TELL) | U | Uniform | (YOU-NEE-FORM) 또는 (OO-NEE-FORM) |
| I | India | (IN-DEE-AH) | V | Victor | (VIK-TAH) |
| J | Juliett | (JEW-LEE-ETT) | W | Whiskey | (WISS-KEY) |
| K | Kilo | (KEY-LOH) | X | Xray | (ECKS-RAY) |
| L | Lima | (LEE-MAH) | Y | Yankee | (YANG-KEY) |
| M | Mike | (MIKE) | Z | Zulu | (ZOO-LOO) |

| 숫자 | 통신 단어 | 음성(발음) | 숫자 | 통신 단어 | 음성(발음) |
|---|---|---|---|---|---|
| 1 | One | (WUN) | 6 | Six | (SIX) |
| 2 | Two | (TOO) | 7 | Seven | (SEV-EN) |
| 3 | Three | (TREE) | 8 | Eight | (AIT) |
| 4 | Four | (FOW-ER) | 9 | Nine | (NIN-ER) |
| 5 | Five | (FIFE) | 0 | Zero | (ZE-RO) |

나. 숫자

(1) 일반적인 숫자

고도, 구름 높이, 시정 및 활주로가시거리(RVR) 정보를 전송할 때 사용되는 모든 숫자는 개별적으로 발음하여 송신되어야 한다. 백 또는 천 단위로 떨어지는 숫자를 포함하는 모든 숫자는 백 또는 천 단위 숫자를 각각 발음하고, 그 뒤에 적절하게 단어 "Hundred" 또는 "Thousand"를 붙여 송신하여야 한다.

| 숫 자 | 읽 기 |
|---|---|
| 10 | "One zero" |
| 75 | "Seven five" |
| 300 | "Three hundred" |
| 583 | "Five eight three" |
| 2500 | "Two thousand five hundred" |
| 5000 | "Five thousand" |
| 11000 | "One one thousand" |
| 25300 | "Two five thousand three hundred" |
| 38143 | "Three eight one four three" |
| 122.1 | "One two two point one" |

(2) 주파수(Frequency)

주파수의 각 숫자는 개별적으로 읽으며, 소수점이 있는 주파수의 경우 소수점은 "Point"또는 "Decimal"로 읽는다. ICAO 절차는 소수점을 "Decimal"로 읽도록 규정하고 있다.

| 주파수 | 읽 기 |
|---|---|
| 126.55 MHz | "One two six point five five" 또는 "One two six decimal five five" |
| 369.0 MHz | "Three six niner point zero" 또는 "Three six niner decimal zero" |
| 121.5 MHz | "One two one point five" 또는 "One two one decimal five" |
| 120.375 MHz | "One two zero point three seven five" 또는 "One two zero decimal three seven five" |

(3) 고도와 비행고도(altitudes and flight levels)

(가) 18,000 ft MSL 미만은 100 또는 1,000단위로 "Hundred" 또는 "Thousand"를 적절히 붙여 각각 분리하여 읽는다.

| 고 도 | 읽 기 |
|---|---|
| 10,000 | "One zero thousand" |
| 12,000 | "One two thousand" |
| 12,900 | "One two thousand niner hundred" |

(나) 18,000 ft MSL 이상은 단어 "Flight level" 다음에 비행고도(flight level)의 숫자를 각각 분리하여 읽는다.

| 고 도 | 읽 기 |
|---|---|
| 140 | "Flight level one four zero" |
| 275 | "Flight level two seven five" |

(4) 거리: 마일 표기는 거리를 나타내는 분리된 숫자 다음에 "Mile"을 붙여 읽는다.

　　〔예시〕: "Three zero mile arc east of Gwangju."

　　　　　　"Traffic, one o'clock, two five miles, Northbound, D-C eight, FL270."

(5) 방향(directions)

방위(bearing), 진로(course), 기수방향(heading) 또는 풍향의 세 자리 숫자는 자북을 기준으로 한다. 진북을 기준으로 하였을 때에는 단어 "True"를 붙여야 한다.

| 방 향 | 읽 기 |
|---|---|
| (Magnetic course) 005 | "zero zero five" |
| (True course) 050 | "zero five zero true" |
| (Magnetic bearing) 360 | "three six zero" |
| (Magnetic heading) 100 | "heading one zero zero" |
| (Wind direction) 22 | "wind two two zero" |

(6) 속도(speeds)

속도를 나타내는 개개의 숫자 다음에 단어 "knots"를 붙여 읽는다. 단, 관제사가 속도조절절차를 사용할 때에는 단어 "knots"를 생략하여 "Reduce/increase speed to two five zero"와 같이 읽을 수 있다.

(속도) 250 ................ two five zero knots
(속도) 190 ................ one niner zero knots

마하수(Mach number)를 나타내는 개개의 숫자 앞에 "Mach"를 붙여 읽는다.
(Mach number) 1.5 .......... Mach one point five
(Mach number) 0.64 ......... Mach point six four

(7) 항공로(air route)
항공로 또는 제트비행로 번호는 다음과 같이 송신한다.
V12 ....... Victor Twelve
J533 ....... J Five Thirty-Three

## 제3절 항공통신업무(ATS)

### 1. 일반
가. 정의
(1) "항공통신업무(Aeronautical Telecommunication Service)"란 모든 항행목적을 위해 제공되는 다음의 통신업무를 말한다.
  (가) "항공방송업무(ATS, Aeronautical broadcasting service)"란 항행과 관련된 정보전송을 위한 방송업무를 말한다.
  (나) "항공고정업무(Aeronautical fixed service)"란 효율적이고 경제적인 항공서비스의 운영을 위해, 주로 항행안전에 대비하여 명시된 고정지점들 간에 통신업무를 말한다.
  (다) "항공이동업무(Aeronautical mobile service)"란 지상통신국들과 항공기국들 또는 항공기국들 간의 이동업무를 말한다.
  (라) "항공무선항행업무(Aeronautical radio navigation service)"란 항공기의 편의 및 안전운행을 위한 무선항행업무를 말한다.
(2) 항공통신국
  (가) "항공통신국(Aeronautical telecommunication station)"이란 국제항공통신국 이외의 항공통신업무 수행 통신국을 말한다.
  (나) "항공국(Aeronautical station)"이란 항공이동통신업무를 수행하기 위하여 일정한 장소에 설치된 무선국을 말한다. 육상국을 말하며 경우에 따라 해상의 선박이나 플랫폼 등에 위치할 수도 있다.
  (다) "항공기국(Aircraft station)"이란 항공이동통신업무를 수행하기 위하여 항공기에 설치된 무선국을 말한다.

### 2. 항공고정통신업무(AFS)
가. 일반사항
"항공고정통신업무"라 함은 특정 지점 사이에 항공고정통신망(AFTN) 또는 항공정보교환망(AMHS) 등을 이용하여 항공정보를 제공하거나 교환하는 업무를 말한다.
(1) 전문의 종류
항공고정통신망에서 취급하는 전문의 종류는 다음과 같다.

(가) 조난전문 (우선순위, SS)

조난전문은 이동통신국이 중대하고 급박한 위험에 처해있는 상황을 보고하는 이동통신국에 의해 송신되는 전문과 조난 중에 있는 이동통신국에서 필요로 하는 긴급한 지원에 관련된 기타 모든 전문들로 구성되어야 한다.

(나) 긴급전문 (우선순위, DD)

긴급전문은 선박, 항공기 또는 기타 이동체, 선상 또는 시계 안에 있는 인명의 안전에 관련된 전문들로 구성되어야 한다.

(다) 비행안전전문 (우선순위, FF)

① ICAO PANS-ATM(Doc 4444), Chapter 11에 규정된 이동 및 관제전문
② 비행중이거나 이륙 준비중인 항공기에 대하여 직접 관련된 항공사가 발신하는 전문
③ SIGMET 정보, 특별 비행보고서, AIRMET 전문, 화산재 및 열대성태풍 정보 및 수정예보들로 제한된 기상전문

(라) 기상전문 (우선순위, GG)

① 터미널공항예보(TAFs), 지역 및 항로예보 등과 같은 예보에 관련된 전문
② METAR, SPECI 등과 같은 관측 및 보고에 관련된 전문

(마) 비행규칙전문 (우선순위, GG)

① 중량 배분의 산출에 필요한 항공기 하중 전문
② 항공기 운항 스케쥴 변경에 관련된 전문
③ 항공기 지상조업 업무에 관련된 전문
④ 정상 운항 스케쥴의 변경으로 인한 승객, 승무원 및 화물 등의 집단적인 요구사항에 대한 변경에 관련된 전문
⑤ 비정상적인 착륙에 관련된 전문
⑥ 항공항행업무를 위한 비행전 준비 및 영공통과 허가 요청과 같은 부정기 항공기의 운항을 위한 운영업무에 관련된 전문
⑦ 항공사에서 항공기의 도착 또는 출발보고가 발신되는 전문
⑧ 항공기의 운항을 위하여 긴급하게 요구되는 부품 및 자재 등에 관련된 전문

(바) 항공정보업무(AIS)전문 (우선순위, GG)

① NOTAM에 관련된 전문
② SNOWTAM에 관련된 전문

(사) 항공행정전문 (우선순위, KK)

① 항공기 운항의 안전성 또는 정시성을 위하여 제공되는 항공통신시설의 운영 또는 유지보수에 관련된 전문
② 항공통신업무의 기능에 관련된 전문
③ 항공업무에 관련된 민간항공 기관들 사이에 교환되는 전문

(아) 서비스전문 (적절한 우선순위)

서비스전문은 항공고정통신업무에서 부정확하게 전송함으로써 발생한 전문 및 채널-일련번호의 확인 등에 관한 정보를 얻거나 검증을 하기 위해 항공고정통신국에 의해 발신되는 전문으로 구성되어야 한다.

(2) 허용 문자

AFS 전문의 본문에는 다음의 문자들만이 허용된다. 전문에서 로마 숫자는 사용하지 않아야 한다. 다만, 부득이 한 경우에는 발신자는 아라비아 숫자에 단어 ROMAN을 전치하여 수신자에게 로마 숫자임을 알려야 한다.

(가) 문자: A B C D E F G H I J K L M N O P Q R S T U V W X Y Z

(나) 숫자: 1 2 3 4 5 6 7 8 9 0

(다) 기타부호: - (하이픈)
　　　　　　 ? (물음표)
　　　　　　 : (쌍점)
　　　　　　 ( (열기 소괄호)
　　　　　　 ) (닫기 소괄호)
　　　　　　 . (full stop, 마침표 또는 소수점)
　　　　　　 , (쉼표)
　　　　　　 ' (작은 따옴표)
　　　　　　 = (이중 하이픈 또는 등호)
　　　　　　 / (빗금)
　　　　　　 + (더하기 기호)

나. 항공고정통신망(AFTN; Aeronautical Fixed Telecommunication Network)

"AFTN"이라 함은 항공고정통신업무를 제공하기 위하여 국제민간항공기구(ICAO)의 기술기준에 의거 전 세계적으로 구축된 통신망을 말한다.

(1) 우선순위의 순서

항공고정통신망에서 전문을 전송할 때 우선순위의 순서는 다음과 같다.

| 전송순위 | 우선순위 |
|---|---|
| 1 | SS |
| 2 | DD, FF |
| 3 | GG, KK |

(2) 전문의 길이

(가) AFTN 발신국에서 입력하는 전문은 전문시작신호(ZCZC)부터 전문종료신호(NNNN)까지 모든 인쇄 및 비인쇄 문자들을 포함하여 2,100자를 초과해서는 안 된다.

(나) AFTN 발신국에서 입력하는 전문의 본문은 1,800자를 초과하지 않아야 한다.

(다) 전문 1행의 길이는 스페이스를 포함하여 총 69문자를 초과하지 않아야 한다.

(3) AFTN 통신기록의 장기보존

(가) AFTN 발신국에 의해 전송되는 모든 전문의 사본은 최소한 30일 동안 완전한 형태로 보존하여야 한다.

(나) AFTN 착신국은 수신된 모든 전문 및 이에 따라 취한 조치를 확인하는데 필요한 정보가 들어 있는 기록을 적어도 30일 동안 보존하여야 한다.

(다) AFTN 통신센터들은 중계 또는 재전송된 모든 전문과 그에 따라 취해진 조치를 확인하는데 필요한 정보가 들어 있는 기록을 최소한 30일 동안 보존하여야 한다.

# 출제예상문제

## Ⅰ. 일반운용절차

【문제】1. 라디오 송수신 시 가장 먼저 해야 할 행동은?
　　① 마이크를 입술 가까이 댄다.
　　② 미리 청취한다.
　　③ 말하고자 하는 것을 미리 생각하고 버튼을 누른다.
　　④ 음량을 점검하고 주파수를 확인한다.

【문제】2. 무선통신 요령 중 틀린 것은?
　　① ATIS를 듣거나 다른 무선을 청취한 후 송신한다.
　　② 마이크를 입술에 바짝 대고 버튼을 누른 후 즉시 말한다.
　　③ 버튼을 놓고 난 후 몇 초 후에 재호출한다.
　　④ 말하고자 하는 것을 미리 생각한 후 송신기의 버튼을 누른다.

【문제】3. 무선통화 시 바람직한 통화속도는 1분당 몇 단어인가?
　　① 80 단어　　② 100 단어　　③ 120 단어　　④ 150 단어

〈해설〉 무선통신 기법(Radio Technique)
　　1. 송신하기 전에 청취하라.
　　2. 송신키를 누르기 전에 생각하라.
　　3. 마이크로폰(microphone)을 입술에 아주 가까이 대고 마이크 버튼을 누른 후, 첫 단어가 확실히 송신되도록 하기 위하여 잠시 기다릴 필요가 있다.
　　4. 보통의 통화속도는 분당 100 단어를 초과하지 않아야 한다.
　　5. 버튼을 놓았을 때는 다시 호출하기 전에 수 초간 기다려라.
　　6. 수신기에서 나는 소리 또는 소리가 나지 않는 것(lack of sound)에 주의하라.
　　7. 무선설비와 지상기지국 장비의 성능범위 내에 있는지를 확인하라.

【문제】4. "당신의 마지막 송신을 모두 수신하였다"는 의미의 관제용어는?
　　① Wilco　　② Over　　③ Roger　　④ Out

【문제】5. 관제용어 "Negative"의 의미로 잘못된 것은?
　　① No.　　　　　　　　　　② Cancel.
　　③ That is not correct.　　④ Permission not granted.

【문제】6. "아국의 송신은 끝났으며 당신의 메시지를 기다리지 않겠다"는 의미의 무선통신 용어로 올바른 것은?
　　① Roger　　② Over　　③ Out　　④ Wilco

정답　1. ②　2. ②　3. ②　4. ③　5. ②　6. ③

【문제】 7. "나의 메시지를 수신하였다면 알려달라"는 의미의 항공용어는?
① Read back   ② Wilco
③ Verify   ④ Acknowledge

【문제】 8. 관제용어 "Verify"의 의미는?
① Check and confirm with originator.
② Repeat your last transmission.
③ Read back VDF bearing.
④ Consider that transmission as not sent.

【문제】 9. 무선송신 속도를 줄여 달라는 요청으로 적합한 관제용어는?
① Speak slowly   ② Slowly speak
③ Speak slower   ④ Reduce speaking speed

【문제】 10. 관제용어 "Wilco"의 의미는?
① I have received all of your last transmission.
② Repeat all, or the following part, of your last transmission.
③ As communication is difficult, I will call you later.
④ I understand your message and will comply with it.

【문제】 11. 다음 관제용어의 의미가 틀린 것은?
① Word twice - 통신 내용이 어려우니 모든 낱말이나 구를 두 번 반복해 달라.
② Correction - 틀림없다.
③ Negative - 정확하지 않다.
④ Disregard - 송신을 하지 않은 것으로 간주한다.

〈해설〉 무선통신에 사용되는 문구와 의미는 다음과 같다.

| 단 어 | 의미(Meaning) |
|---|---|
| Acknowledge | 이 메시지를 수신하고 이해했는지를 알려 달라 |
| Affirm | Yes(예). |
| Confirm | (허가, 지시, 정보 또는 요청 발부)에 대한 확인을 요청한다. |
| Correct | 틀림없다. |
| Correction | 통신 내용에 잘못된 부분이 발생되었으며, 수정된 내용은 …이다. |
| Disregard | 송신을 하지 않은 것으로 간주한다. |
| Negative | 아니오, 허가불허, 또는 그것은 정확하지 않다. (No, Permission not granted or That is not correct.) |
| Out | 송신이 끝났고 대답은 더 이상 필요하지 않다. (This exchange of transmissions is ended and no response is expected.) |
| Over | 내 송신은 끝났으니 그 쪽에서 대답하라. |
| Roger | 당신의 마지막 송신을 모두 받았다. (I have received all of your last transmission.) |
| Speak Slower | 말하는 속도를 천천히 하라. |

정답  7. ④   8. ①   9. ③   10. ④   11. ②

| 단어 | 의미(Meaning) |
|---|---|
| Verify | 발신자에게 확인 점검하라.<br>(Check and confirm with originator.) |
| Wilco | (Will Comply의 축약형) 당신의 메시지를 알아들었으며 그대로 따르겠다.<br>(I understand your message and will comply with it.) |
| Words Twice | a) 요청 시: 통신 내용이 어려우니 모든 낱말이나 구를 두 번 반복해 달라.<br>b) 정보 제공 시: 통신 내용이 어려우니 이 메시지의 단어나 구를 두 번 보낼 것이다. |

【문제】12. 조종사가 radio call 시 고도 다음부터 듣지 못한 경우 관제사에게 요구하는 용어로 적합한 것은?

① (Call sign) Say again all.
② (Call sign) Say again flight level 330.
③ (Call sign) Say again after flight level 330.
④ (Call sign) Say again all after flight level 330.

【문제】13. 송신을 반복하도록 요청하는 관제용어 "say again"의 사용 방법으로 맞는 것은?

① Say again all before ~ (수신 못한 부분 앞의 단어)
② Say again all after ~ (수신 못한 부분 마지막 단어)
③ Say again (수신 못한 부분 앞의 단어) ~ to ~ (수신 못한 부분 다음 단어)
④ Say again ~ (수신 못한 부분 앞의 단어)

〈해설〉송신이 정확히 수신되었는지 의문시 된다면 송신의 전부 또는 일부를 반복하도록 요청하여야 한다. 메시지 전체의 반복이 요구될 경우 단어 "Say again"을 사용하여야 하며, 일부분의 반복이 요구될 경우에 운용자는 다음과 같이 송신하여야 한다.

| 관제용어(Phrase) | 의미(Meaning) |
|---|---|
| Say again | Report entire message. (모든 메시지 전체를 반복하라) |
| Say again … (item) | Report specific item. (특정 사항을 반복하라) |
| Say again all before … (수신이 잘된 첫 번째 단어) | Report part of message. (단어 이전 메시지를 반복하라) |
| Say again all after … (수신이 잘된 마지막 단어) | Report part of message. (단어 이후 메시지를 반복하라) |
| Say again all between … (수신 못한 부분 앞의 단어) and … (수신 못한 부분 다음 단어)<br>Say again … (수신 못한 부분 앞의 단어) to … (수신 못한 부분 다음 단어) | Report part of message. (단어 사이의 메시지를 반복하라) |

【문제】14. 교신 중 송신은 정상이나 수신이 되지 않을 때의 교통관제 용어로 알맞은 것은?

① Transmitting only due to receiver failure
② Transmitting blind due to receiver failure
③ Receiving unable due to receiver failure
④ Receiving blind due to receiver failure

정답  12. ④  13. ③  14. ②

**【문제】 15.** 수신기 고장 때문에 송신만 되고 수신이 되지 않을 때의 위치보고로 적합한 것은?

① Transmitting blind (1회), 위치보고
② Transmitting blind (2회), 위치보고
③ Transmitting blind (1회) due to receiver failure, 위치보고
④ Transmitting blind (2회) due to receiver failure, 위치보고

〈해설〉 교신 실패 시 송신
1. 교신 시도가 실패했을 경우 해당 항공기는 지정된 주파수로 용어 "TRANSMITTING BLIND" 다음에 전달내용을 2회 송신하고, 필요 시 해당 메시지를 보내려고 하는 수신처를 언급한다.
2. 만약 수신기 고장 때문에 항공기가 통신을 할 수 없을 때에는 송신예정시간 및 지점에서 현재 사용 중인 주파수로 "TRANSMITTING BLIND DUE TO RECEIVER FAILURE"라는 메시지를 보낸 후 내용을 송신한다.

**【문제】 16.** 이전에 발부받은 traffic information에 대한 응답으로 조종사가 사용하는 관제용어가 아닌 것은?

① Negative contact            ② Traffic in sight
③ Positive in progress        ④ Looking out

〈해설〉 교통정보 message는 다음과 같은 관제용어를 사용하여야 한다.
1. ATC가 교통정보를 발부할 때
 가. Traffic (information)
 나. No reported traffic.
2. 조종사가 교통정보에 인지 응답할 때
 가. Looking out.
 나. Traffic in sight.
 다. Negative contact (reasons).

**【문제】 17.** 호출에 상대방의 응신이 없는 경우 몇 초 뒤에 다시 호출하여야 하는가?

① 5초     ② 10초     ③ 15초     ④ 30초

〈해설〉 항공국을 호출하는 경우에 첫 호출 후 두 번째 호출은 항공국이 최초 호출에 응답할 수 있도록 최소한 10초의 시간이 경과한 후에 하여야 한다.

**【문제】 18.** 시험송신을 수신했으나 알아듣기 힘든 경우의 응답으로 적합한 것은?

① Reading You Two by Three    ② Reading You Three
③ Reading You Four            ④ Reading You Five

〈해설〉 시험송신을 할 경우에 다음의 수신 감도가 사용되어야 한다.
1 읽을 수 없음(Unreadable)
2 가끔씩 읽을 수 있음(Readable now and then)
3 읽을 수 있으나 어려움(Readable but with difficulty)
4 읽을 수 있음(Readable)
5 완벽하게 읽을 수 있음(Perfectly Readable)

정답  15. ③   16. ③   17. ②   18. ②

## Ⅱ. 교신절차 및 문자/숫자 송신

【문제】 1. 항공기와 관제사의 첫 교신 시 포함되는 사항이 아닌 것은?
　① 필요시 "Over"라는 용어　　　　② 전문 내용
　③ 항공사 식별부호　　　　　　　　④ 항공기 식별부호

〈해설〉 ATC와의 최초교신(initial contact)은 다음과 같은 형식을 사용한다.
　1. 호출할 시설의 명칭
　2. 전체 항공기 식별부호(full aircraft identification)
　3. 공항 지표면에서 운행 중이라면, 위치(position)를 언급한다.
　4. 내용이 짧은 경우, 전문 내용(type of message) 또는 요구사항
　5. 필요시 "Over"라는 용어

【문제】 2. 조종사가 무선송신 시 단어 "Over"를 생략할 수 있는 경우는?
　① 교신이 이루어진 경우　　　　　　② 송신 내용이 짧은 경우
　③ 관제사의 명백한 응답이 요구되는 경우　④ 관제사가 확실하게 수신한 경우

〈해설〉 이전의 송신에서 호출과 함께 언급한 메시지(message)나 요구사항을 제외하고, 최초교신에 사용한 것과 동일한 형식을 사용한다. 메시지에 명확한 응답이 요구되고 잘못 이해할 가능성이 없다면 지상기지국 명칭과 단어 "Over"를 생략할 수 있다.

【문제】 3. FAA의 허가된 호출부호를 갖고 있지 않은 Air Taxi 또는 사업용항공기 운용자는 호출부호에 어떤 음성단어를 붙여야 하는가?
　① AIR EVAC　　② TANGO　　③ LIFEGUARD　　④ MARSA

【문제】 4. 민간 의료 수송기의 호출부호는?
　① AIR EVAC　　② HAZMAT　　③ MEDEVAC　　④ TANGO

〈해설〉 항공기 호출부호(Aircraft Call Signs)
　1. FAA가 허가한 호출부호를 갖고 있지 않는 air taxi나 그 밖의 사업용항공기 운영자는 음성문자(phonetic word) "TANGO"를 정상적인 식별부호 앞에 덧붙여야 한다.
　2. 응급의료상황으로 인한 민간환자수송비행(사고현장의 첫 번째 호출, 환자수송, 장기기증자, 인체장기 또는 그 밖에 긴급한 구급의료용품)의 무선통신 시에는 항공기 등록문자/숫자 앞에 호출부호 "MEDEVAC"을 사용한다.

【문제】 5. "LIFEGUARD" 호출부호를 사용할 수 있는 항공기는?
　① 수색구조 민간항공기　　　　　② 군 또는 경찰업무 항공기
　③ 환자후송 항공기　　　　　　　④ 의료기간의 의료활동 항공기

〈해설〉 여객기/소형 환자수송기 및 민간환자 수송기의 무선통신 시에는 호출부호 "LIFEGUARD"를 사용한다.

【문제】 6. 항공무선국(aeronautical station)의 호출부호로 맞는 것은?
　① XX Station　　② XX Control　　③ XX Center　　④ XX Radio

[정답]　1. ③　2. ③　3. ②　4. ③　5. ③　6. ④

【문제】 7. 다음 중 항공교통관제기관의 호출부호로 적절하지 않은 것은?
① 관제탑(ATCT) - "TOWER"
② 항로관제소(ARTCC) - "ARTCC"
③ 접근관제소(TRACON) - "APPROACH"
④ 지상관제소(Ground Control) - "GROUND"

【문제】 8. "Gimpo control"처럼 control이라는 호출부호를 사용할 수 있는 기관은?
① Tower control center  ② Approach control center
③ Aerodrome control center  ④ Area control center

【문제】 9. 항공교통관제기관의 명칭에 대한 설명 중 틀린 것은?
① 비행시 정보를 제공하는 시설은 시설명칭 다음에 "information"을 사용한다. 예) "Seoul information"
② 지역관제센터는 시설명칭 다음에 "control"을 사용한다. 예) "Incheon control"
③ 공항관제시설은 시설명칭 다음에 "tower"를 사용한다. 예) "Gimpo tower"
④ 터미널 지역에서 레이더출발 관제를 하는 시설은 시설명칭 다음에 "departure"를 사용한다. 예) "Seoul departure"

【문제】 10. 항공교통관제시설에 대한 명칭으로 맞는 것은?
① Information; 비행 시 정보제공을 하는 시설, 예) Seoul information
② Control; 지역 항로관제소, 예) Incheon control
③ Tower; 공항관제탑, 예) Gimpo tower
④ Departure; 터미널 지역에서 접근관제업무를 수행하지 않는 레이더시설, 예) Seoul departure

〈해설〉 항공교통관제기관은 다음과 같이 호칭한다.

| 기관 또는 업무 | | 호출부호 |
|---|---|---|
| Area Control Center(ACC) | 지역관제소 | CONTROL |
| Approach Control<br>Terminal Radar Approach Control(TRACON) | 접근관제<br>터미널레이더접근관제소 | APPROACH |
| Approach Control Radar Departure | 접근관제레이더 출발 | DEPARTURE |
| Airport Traffic Control Tower(ATCT) | 공항관제탑 | TOWER |
| Ground Control | 지상관제소 | GROUND |
| Flight Information Service | 비행정보업무 | INFORMATION |
| Aeronautical Station<br>Flight Information Station | 항공국<br>비행정보소 | RADIO |
| Air Route Traffic Control Center(ARTCC) | 항공로교통관제센터 | CENTER |

【문제】 11. 다음 중 음성 알파벳의 발음으로 맞는 것은?
① A: Al-fa  ② T: Tang-go  ③ Y: Yan-kee  ④ X: Ecks-lay

【문제】 12. 알파벳을 읽는 방법 중 틀린 것은?
① B: Brahvoh  ② T: Tanggo  ③ Y: Yankee  ④ X: Ecksray

정답  7. ②  8. ④  9. ①  10. ③  11. ②  12. ③

〈해설〉 문자 음성 알파벳(Phonetic Alphabet)

| 문자 | 음성(발음) | 문자 | 음성(발음) |
|---|---|---|---|
| A | (AL-FAH) | N | (NO-VEM-BER) |
| B | (BRAH-VOH) | O | (OSS-CAH) |
| C | (CHAR-LEE) or (SHAR-LEE) | P | (PAH-PAH) |
| D | (DELL-TAH) | Q | (KEH-BECK) |
| E | (ECK-OH) | R | (ROW-ME-OH) |
| F | (FOKS-TROT) | S | (SEE-AIR-RAH) |
| G | (GOLF) | T | (TANG-GO) |
| H | (HOH-TEL) | U | (YOU-NEE-FORM) or (OO-NEE-FORM) |
| I | (IN-DEE-AH) | V | (VIK-TAH) |
| J | (JEW-LEE-ETT) | W | (WISS-KEY) |
| K | (KEY-LOH) | X | (ECKS-RAY) |
| L | (LEE-MAH) | Y | (YANG-KEY) |
| M | (MIKE) | Z | (ZOO-LOO) |

【문제】13. 숫자 4를 읽는 방법으로 맞는 것은?

① Four   ② Fower   ③ Fo-wer   ④ Fow-er

〈해설〉 숫자 음성 알파벳(Phonetic Alphabet)

| 숫자 | 음성(발음) | 숫자 | 음성(발음) |
|---|---|---|---|
| 1 | (WUN) | 6 | (SIX) |
| 2 | (TOO) | 7 | (SEV-EN) |
| 3 | (TREE) | 8 | (AIT) |
| 4 | (FOW-ER) | 9 | (NIN-ER) |
| 5 | (FIFE) | 0 | (ZEE-RO) |
| F | (FOKS-TROT) | S | (SEE-AIR-RAH) |

【문제】14. 무선 송신 시 숫자 "681"은 어떻게 읽어야 하는가?

① six eighty one   ② sixty eight one
③ six eight one   ④ six hundred eighty one

【문제】15. 주파수 117.1 MHz를 읽는 방법으로 맞는 것은?

① one one seven decimal one
② one hundred seventeen decimal one
③ one seventeen decimal one
④ one hundred seventeen one

【문제】16. 비행 중 조종사가 현재 속도를 말할 때 "Mach point seven seven"이라고 했다면, 정확한 비행속도의 표시는?

① Mach 77   ② Mach number 77
③ Mach number 0.77   ④ 0.77

정답  13. ④   14. ③   15. ①   16. ③

【문제】 17. 비행고도 10,500피트를 ATC 용어로 바르게 읽은 것은?
① "One zero thousand five hundred"
② "Ten thousand five hundred"
③ "One zero five hundred"
④ "One zero five zero zero"

【문제】 18. 비행고도 FL180을 읽는 방법으로 맞는 것은?
① "Flight Level One Hundred Eight Zero"
② "Flight Level One Eight Zero"
③ "Flight Level One Hundred Eighty"
④ "Flight Level One Eighty"

【문제】 19. 항공기 침로(heading) 355°를 관제용어로 바르게 읽은 것은?
① "Heading three hundred fifty five degrees"
② "Heading three five five degrees"
③ "Heading three hundred fifty five"
④ "Heading three five five"

【문제】 20. 다음 중 항공교통관제 목적으로 사용하는 숫자를 읽는 방법으로 틀린 것은?
① V12: Victor twelve
② (Magnetic heading) 090: Heading zero niner zero
③ FL275: Flight level two seven five
④ 250 kts: Two fifty knots

【문제】 21. 항공교통관제를 목적으로 하는 숫자의 사용에 관한 설명으로 틀린 것은?
① 16,000: One six thousand
② MDA 1,320: Minimum descent altitude one three two zero
③ V535: Victor five thirty five
④ 20 miles: Twenty miles

〈해설〉 숫자 송신
1. 숫자 : 모든 숫자는 개별적으로 발음하여 송신되어야 한다. 백 또는 천 단위로 떨어지는 숫자를 포함하는 모든 숫자는 백 또는 천 단위 숫자를 각각 발음하고, 그 뒤에 적절하게 단어 "Hundred" 또는 "Thousand"를 붙여 송신하여야 한다.
2. 주파수 : 소수점이 있는 무선 주파수의 경우, 각 숫자를 따로따로 발음하여 송신해야 하며 소수점은 "Point"또는 "Decimal"로 읽는다. (ICAO 절차는 소수점을 "Decimal"로 읽도록 규정하고 있다)
3. 고도와 비행고도(Altitudes and Flight Levels) 송신
 가. 18,000 ft MSL 미만은 100 또는 1,000단위로 "Hundred" 또는 "Thousand"를 적절히 붙여 각각 분리하여 읽는다.
 나. 18,000 ft MSL 이상은 단어 "flight level" 다음에 비행고도의 숫자를 각각 분리하여 읽는다.
4. 기수방향(Heading) : "Heading" 다음에 각도를 3자리의 분리된 숫자로 읽고 "Degrees"는 생략한다. 북쪽을 표시할 때는 Heading 360로 읽어야 한다.

[정답] 17. ① 18. ② 19. ④ 20. ④ 21. ④

5. 속도(Speeds)
   가. 마하수(Mach number)를 나타내는 개개의 숫자 앞에 "Mach"를 붙여 읽는다.
   나. 속도를 나타내는 개개의 숫자 다음에 단어 "Knots"를 붙여 읽는다.
      예(Example); 250 kts ................ two five zero knots
6. 거리 : 마일 표기는 거리를 나타내는 분리된 숫자 다음에 "Mile"을 붙여 읽는다.
   예(Example); 30 miles ................ three zero miles

## Ⅲ. 항공통신업무

**【문제】1.** 항공국(aeronautical station)이란?
① 항공고정통신업무를 위한 지상국
② 항공고정통신업무를 위한 항공기국
③ 항공이동통신업무를 위한 지상국
④ 항공이동통신업무를 위한 항공기국

〈해설〉 "항공국(Aeronautical station)"이란 항공이동통신업무를 수행하기 위하여 일정한 장소에 설치된 무선국을 말한다. 육상국을 말하며 경우에 따라 해상의 선박이나 플랫폼 등에 위치할 수도 있다.

**【문제】2.** 다음 중 가장 먼저 전송해야 하는 전문의 약어는?
① AA     ② DD     ③ FF     ④ SS

**【문제】3.** 비행기 조난 시 전문의 우선순위는?
① FF     ② GG     ③ SS     ④ DD

**【문제】4.** 긴급 화산활동에 관한 정보를 전파하는 전문의 우선순위는?
① DD     ② SS     ③ FF     ④ GG

**【문제】5.** SNOWTAM에 관련된 전문의 우선순위는?
① SS     ② DD     ③ FF     ④ GG

〈해설〉 항공고정통신망에서 취급하는 전문의 종류는 다음과 같다.

| 전문의 분류 | 우선순위 |
|---|---|
| 1. 조난전문 | SS |
| 2. 긴급전문 | DD |
| 3. 비행안전전문<br>　가. 비행중이거나 이륙 준비중인 항공기에 대하여 직접 관련된 항공사가 발신하는 전문<br>　나. SIGMET 정보, 특별 비행보고서, AIRMET 전문, 화산재 및 열대성태풍 정보 및 수정예보들로 제한된 기상전문 | FF |
| 4. 기상전문, 비행규칙전문, 항공정보업무전문 | GG |
| 5. 항공행정전문 | KK |
| 6. 서비스전문 | 적절하게 |

**【문제】6.** 항공고정통신업무의 전문에 사용하지 않는 것은?
① +, =, .     ② 1, 2, 3     ③ A, B, C     ④ Ⅰ, Ⅱ, Ⅲ

정답  1. ③   2. ④   3. ③   4. ③   5. ④   6. ④

⟨해설⟩ AFS 전문에 로마 숫자는 사용하지 않아야 한다. 다만, 부득이 한 경우에는 발신자는 아라비아 숫자에 단어 ROMAN을 전치하여 수신자에게 로마 숫자임을 알려야 한다.

【문제】 7. AFTN 전문의 길이에 대한 설명으로 맞는 것은?
① 전문 1통의 길이는 2400자를 초과해서는 안 되며, 1통 본문의 길이는 1800자를 초과하지 않아야 한다.
② 전문 1통의 길이는 2100자를 초과해서는 안 되며, 1통 본문의 길이는 1800자를 초과하지 않아야 한다.
③ 전문 1통의 길이는 2400자를 초과해서는 안 되며, 1통 본문의 길이는 1400자를 초과하지 않아야 한다.
④ 전문 1통의 길이는 2100자를 초과해서는 안 되며, 1통 본문의 길이는 1400자를 초과하지 않아야 한다.

【문제】 8. AFTN 전문의 사본은 최소한 며칠 동안 보관하여야 하는가?
① 10일 ② 20일 ③ 30일 ④ 90일

⟨해설⟩ 항공고정통신망(AFTN) 전문
1. 전문의 길이
   가. AFTN 발신국에서 입력하는 전문은 전문시작신호(ZCZC)부터 전문종료신호(NNNN)까지 모든 인쇄 및 비인쇄 문자들을 포함하여 2,100자를 초과해서는 안 된다.
   나. AFTN 발신국에서 입력하는 전문의 본문은 1,800자를 초과하지 않아야 한다.
   다. 전문 1행의 길이는 스페이스를 포함하여 총 69문자를 초과하지 않아야 한다.
2. AFTN 통신기록의 장기보존
   AFTN 발신국에 의해 전송되는 모든 전문의 사본은 최소한 30일 동안 완전한 형태로 보존하여야 한다.

## 2 항공정보업무(Aeronautical Information Services)

### 제1절 항공정보업무(AIS)

#### 1. 일반사항

가. 항공정보업무의 제공

항공정보업무를 하루 24시간 동안 계속하여 제공할 수 없을 경우, 항공정보업무 제공책임이 있는 지역에서 항공기가 비행하는 동안 비행시간 최소 2시간 전후까지는 항공정보업무를 제공하여야 한다.

나. 항공정보의 내용

국토교통부장관이 항공기 운항의 안전성·정규성 및 효율성을 확보하기 위하여 비행정보구역에서 비행하는 사람 등에게 제공하여야 하는 항공정보의 내용은 다음과 같다.
(1) 비행장과 항행안전시설의 공용의 개시, 휴지, 재개(再開) 및 폐지에 관한 사항
(2) 비행장과 항행안전시설의 중요한 변경 및 운용에 관한 사항
(3) 비행장을 이용할 때에 있어 항공기의 운항에 장애가 되는 사항
(4) 비행의 방법, 결심고도, 최저강하고도, 비행장 이륙·착륙 기상 최저치 등의 설정과 변경에 관한 사항
(5) 항공교통업무에 관한 사항
(6) 다음 각 공역에서 하는 로켓·불꽃·레이저광선 또는 그 밖의 물건의 발사, 무인기구(기상관측용 및 완구용은 제외한다)의 계류·부양 및 낙하산 강하에 관한 사항
　(가) 진입표면·수평표면·원추표면 또는 전이표면을 초과하는 높이의 공역
　(나) 항공로 안의 높이 150 m 이상인 공역
　(다) 그 밖에 높이 250 m 이상인 공역
(7) 그 밖에 항공기의 운항에 도움이 될 수 있는 사항

다. 항공정보의 발행

항공정보 등 제공자는 항공정보를 다음과 같은 형태로 제공하여야 한다.
(1) 항공정보간행물, 수정판 및 보충판
(2) 항공정보회람
(3) 항공고시보(항공고시보 개요서 및 항공고시보 점검표)
(4) 비행전 정보게시(PIB)
(5) 항공지도

#### 2. 항공정보간행물(AIP)

"항공정보간행물(Aeronautical Information Publication; AIP)"이라 함은 항공항행에 필수적이고 영구적인 성격의 항공정보를 수록한 간행물을 말한다.

가. 항공정보간행물의 발행

항공정보간행물의 내용 중 운영상 중요한 변경사항에 대해서는 AIRAC 절차에 따라 발간하여야 하며 AIRAC이라는 약어를 명확히 표시하여야 한다.

(1) 항공정보간행물(수정판 포함)은 28일 간격으로 1년에 13회 발간된다. (AIRAC 발효일자 14일 전 일자에 발간)
(2) 항공정보간행물 수정판을 정해진 발간일자에 발간하지 않을 경우, 인쇄형태의 유효 항공고시보 목록을 통하여 NIL(통보내용 없음) 공고를 발행·배포하여야 한다.

나. 항공정보간행물의 구성

일반사항(GEN), 항공로(ENR) 그리고 비행장(AD)의 3부분으로 구성되며, 이들 각각은 여러 형식의 정보를 포함한 구분 또는 소구분으로 나누어진다.

(1) 제1부(Part 1) - 일반사항(GEN)

5개의 절(section)로 구성되며 항공고시보 발행을 요구하지 않는 행정 및 설명에 관한 정보를 포함하고 있다.

GEN 0. 머리말 - 항공정보간행물 수정판 기록철; 항공정보간행물 보충판 기록철; 항공정보간행물 쪽별 대조표; 항공정보간행물 수기교정 기록철; 그리고 제1부의 목차

GEN 1. 국내법 및 구비사항 - 지정 책임기관; 항공기의 도착, 통과 및 출발; 승객 및 승무원의 입국, 통과 및 출발; 화물의 도착, 통과 및 출발; 항공기 계기, 장비 및 비행 시 필요한 서류; 국내법 및 국제협약/협정의 요약; 국제민간항공기구 표준 및 권고방식 이행 및 절차의 차이점

GEN 2. 도표 및 부호 - 측정 단위, 항공기 표식, 공휴일; 항공정보간행물에 사용되는 약어; 지도에 사용되는 부호; 지명약어; 무선항행장비의 목록; 단위환산표; 일출, 일몰 시간표

GEN 3. 업무별 - 항공정보업무; 항공지도; 항공교통업무; 항공통신업무; 항공기상업무; 수색 및 구조업무

GEN 4. 공항 및 항행안전시설의 사용료 - 공항 사용료; 항행안전시설 사용료

(2) 제2부(Part 2) - 항공로(ENR)

7개의 절(section)로 구성되며 공역과 공역의 사용에 관한 정보를 포함한다.

ENR 0. 목차

ENR 1. 일반규칙 및 절차 - 일반규칙; 시계비행규칙; 계기비행규칙; 공역분류; 체공, 접근 및 출발절차; 레이더 업무 및 절차; 고도계 수정절차; 지역보충절차; 항공교통흐름관리; 비행계획서; 비행계획서 주소; 민간항공기의 요격; 불법적 간섭; 항공교통사고

ENR 2. 항공교통업무 공역 - 비행정보구역(FIR); 관제구역(CTA); 접근관제구역(TMA); 및 기타 통제공역

ENR 3. 항공로 - 국제항공로; 국내항공로; 지역항법항공로; 헬기항공로; 기타 항공로 및 항공로 체공

ENR 4. 무선항행장비/체계 - 항공로용 항행안전시설; 특수항행시설, 중요지점 명칭 및 항공로용 지상등화

ENR 5. 항행경고 - 금지, 제한 및 위험구역; 군 훈련공역, 민간훈련구역; 기타 위험구역, 항공로 상의 장애물, 항공스포츠 및 레저구역

ENR 6. 항공로도 -항공로도[국제민간항공기구] 및 색인지도

(3) 제3부(Part 3) - 공항(AD)

3개의 절(section)로 구성되며, 공항/헬기장 및 공항/헬기장의 사용에 관한 정보를 포함한다.

AD 0. 목차
AD 1. 공항소개 - 공항의 처리능력; 구조·구급 업무 및 제설 계획; 비행장 및 헬기장 관련 사항
AD 2. 공항

## 3. 항공고시보(NOTAM)

"항공고시보(Notice to Airman; NOTAM)"라 함은 항공관련시설, 업무, 절차 또는 장애요소, 항공기 운항관련자가 필수적으로 적시에 알아야 할 지식 등의 신설, 상태 또는 변경과 관련된 정보를 포함하는 통신수단을 통해 배포되는 공고문을 말한다.

항공고시보는 직접 비행에 관련 있는 항공정보(일시적인 정보, 사전 통고를 요하는 정보, 항공정보간행물에 수록되어야 할 사항으로서 시급한 전달을 요하는 정보)를 전달하고자 할 때 발행한다.

가. 항공고시보의 발행

항공정보의 발효기간이 일시적이며 단기간이거나 운영상 중요한 사항의 영구적인 변경 또는 장기간의 일시적인 변경사항이 짧은 시간 내에 고시가 이루어 질 때에는 신속히 항공고시보를 작성·발행하여야 한다. 다만, 다음과 같은 경우에는 예외로 한다.
 (1) 항공정보관리절차(AIRAC) 절차에 따라 발간하여야 하는 항공정보
 (2) AIP 보충판으로 발간되는 항공정보

나. 항공고시보의 발행기한(Time limit)
 (1) 이미 설정된 위험구역, 제한구역 또는 금지구역의 운영에 관한 사항과 일시적인 공역제한에 관한 사항은 긴급한 경우를 제외하고는 당해 구역 또는 공역을 운영 또는 제한하고자 하는 날로부터 최소한 7일 이전에 공고하여야 한다. 다만, 대규모 군사훈련 외의 훈련을 위하여 일시적으로 공역을 제한하는 경우에는 최소한 3일(72시간) 전까지 공고하여야 한다.
 (2) 공고된 활동의 취소 또는 활동시간 또는 공역의 규모축소에 관한 사항은 가능한 한 24시간 전에 신속히 공고하여야 한다.

다. 항공고시보의 발행대상
 (1) 항공고시보의 발행대상
    다음에 해당하는 사항이 발생하였을 경우 항공고시보를 발행하여야 한다.
   (가) 비행장(헬기장 포함) 또는 활주로의 설치, 폐쇄 또는 운용상 중요한 변경
   (나) 항공업무(AGA, AIS, ATS, CNS, MET, SAR 등)의 신설, 폐지 및 운영상 중요한 변경
   (다) 무선항행과 공지통신업무의 운영성능의 중요한 변경, 설치 또는 철거
        여기에는 주파수 간섭이나 운영재개와 변경, 공고된 업무시간의 변경, 식별부호 변경, 방위 변경(방향성시설인 경우), 위치 변경, 50% 이상의 출력 증감, 방송 스케줄 또는 내용에 대한 변경, 특정 무선항행 운용 및 공지통신업무 등의 불규칙성 또는 불확실성 등이 포함된다.
   (라) 시각보조시설(visual aids)의 설치, 철거 또는 중요한 변경
   (마) 비행장등화시설 중 주요 구성요소의 운용중지 또는 복구
   (바) 항행업무절차의 신설, 폐지 또는 중요한 변경
   (사) 기동지역내 중요한 결함 또는 장애의 발생 또는 제거
   (아) 연료, 기름 및 산소공급의 변경 또는 제한
   (자) 수색구조시설 및 업무에 대한 중요한 변경

(차) 항행에 중요한 장애물을 표시하는 항공장애등의 설치, 철거 또는 복구
(카) 즉각적인 조치를 필요로 하는 규정변경. 예: 수색 및 구조활동을 위한 비행금지구역 설정
(타) 항행에 영향을 미치는 장애요소의 발생 (공고된 장소 이외에서의 장애물, 군사훈련, 시범비행, 비행경기, 낙하산 강하를 포함)
(파) 이륙/상승지역, 실패접근지역, 접근지역 및 착륙대에 위치한 항공항행에 중요한 장애물의 설치, 제거 또는 변경
(하) 비행금지구역, 비행제한구역 또는 위험구역의 설정, 폐지(발효 또는 해제 포함) 또는 상태의 변경
(거) 요격의 가능성이 상존하여 VHF 비상주파수 121.5 MHz를 지속적으로 감시할 필요가 있는 지역, 항공로, 또는 항공로 일부분에 대한 설정 및 폐지
(너) 지명부호의 부여, 취소 또는 변경
(더) 비행장(헬기장 포함) 소방구조능력 등의 중요한 변경. 항공고시보는 등급 변경 시에만 발행하여야 하며, 등급 변경 사실이 명확히 표시되어야 한다.
(러) 이동지역의 눈, 진창, 얼음, 방사성물질, 독성 화합물, 화산재 퇴적 또는 물로 인한 장애상태의 발생·제거 또는 중요한 변경
(머) 예방접종 및 검역기준의 변경을 필요로 하는 전염병의 발생
(버) 태양우주방사선에 관한 예보(가능한 경우에 한함)
(서) 항공기 운항과 관련된 화산활동의 중대한 변화, 화산분출의 장소, 일시, 이동방향을 포함한 화산재 구름의 수직/수평적인 범위, 영향을 받게 되는 비행고도 및 항공로 또는 항공로의 일부
(어) 핵 또는 화학 사고에 수반되는 방사성 물질 또는 유독 화학물의 공기 중 방출, 사고발생 위치, 일자 및 시간, 영향을 받게 되는 비행고도 및 항공로 또는 그 일부와 이동방향
(저) 항행에 영향을 주는 절차 및 제한사항과 더불어 국제연합(UN)의 원조로 수행되는 구호활동과 같은 인도주의적 구호활동의 전개
(처) 항공교통업무 및 관련 지원업무의 중단 또는 부분적인 중단 시의 단기간의 우발대책의 시행
(2) 항공고시보의 발행금지 대상
비행장 또는 헬기장, 그 인근과 이러한 곳의 운용 상태에 영향을 미치지 않는 다음의 사항에 대해서는 항공고시보로 발행하여서는 안 된다.
(가) 항공기의 안전이동에 영향을 미치지 않는 에이프런 및 유도로의 일상적인 보수작업
(나) 다른 활주로를 이용하여 항공기를 안전하게 운항할 수 있거나 또는 필요한 경우 작업장비를 제거시킬 수 있는 활주로 표지작업
(다) 항공기 안전운항에 영향을 미치지 않는 비행장(헬기장 포함) 주위의 일시적인 장애물
(라) 항공기 운항에 직접적으로 영향을 미치지 않는 비행장(헬기장 포함) 등화시설 등의 부분적인 고장
(마) 사용가능한 대체주파수가 알려져 있고 운용될 수 있는 일부 공지통신의 일시적인 장애
(바) 에이프런 유도업무의 부족 및 도로교통 통제에 관한 사항
(사) 비행장 이동지역내 위치 표지, 행선지 표지 또는 기타 지시 표지등의 고장
(아) 시계비행규칙하에 비관제공역 내에서 실시하는 낙하산 강하로서 관제공역의 경우 공고된 장소 또는 위험구역이나 비행금지구역 내에서 실시하는 낙하산 강하
(자) 기타 이와 유사한 일시적인 상태에 관한 정보

라. 항공고시보 작성요령

그림 2-1. 항공고시보 양식(NOTAM Format)

| Priority indicator | |
|---|---|
| Address | |

| Date and time of filing | |
|---|---|
| Originator's indicator | |

**Message series, number and identifier**

| NOTAM containing new information | ................ NOTAMN<br>(series and number/year) |
|---|---|
| NOTAM replacing a previous NOTAM | ................ NOTAMR................<br>(series and number/year)　　(series and number/year of NOTAM to be replaced) |
| NOTAM cancelling a previous NOTAM | ................ NOTAMC................<br>(series and number/year)　　(series and number/year of NOTAM to be cancelled) |

**Qualifiers**

| Q) | FIR | NOTAM Code | Traffic | Purpose | Scope | Lower limit | Upper limit | Coordinates, Radius |
|---|---|---|---|---|---|---|---|---|

Identification of ICAO Location Indicators in which the facility, airspace or condition reported on is located　A) →

**Period of validity**

| From (date-time group) | B) |
|---|---|
| To (PERM or date-time group) | C)　　EST* PERM* |
| Time schedule (if applicable) | D) |

**Text of NOTAM; Plain-language entry (using ICAO abbreviations)**

E)

| Lower limit | F) |
|---|---|
| Upper limit | G) |
| Signature | |

*Delete as appropriate

(1) 전문 우선순위(Priority indicator)
(2) 항공고시보 수신처 주소(Address)
(3) 작성일시(Date and time of filing)
　　UTC를 사용하여 작성일시(일, 시, 분)를 표기

(4) 항공고시보 발행처(Originator's indicator)
(5) 항공고시보 일련번호 부여(Message Series, Number and Identifier)
"NOTAMN"은 신규, "NOTAMR"은 대체 및 "NOTAMC"는 취소 항공고시보에 사용한다.
(6) 수식어(Qualifiers)
Q항목은 8개의 소항목으로 구성되고, 각 소항목은 사선으로 분리된다.
(가) 비행정보구역(FIR)
해당 비행정보구역의 ICAO 위치부호(location indicator)를 기입하거나, 만일 하나 이상의 비행정보구역이 해당된다면 해당 국가의 ICAO 위치부호 처음 두 문자 다음에 "XX"를 삽입한다.
(나) 항공고시보 부호(NOTAM Code)
모든 항공고시보 부호 집합은 총 5문자로 구성되고 첫 번째 문자는 항상 문자 "Q"이다. 두 번째 및 세 번째 문자는 주어부이며, 네 번째 및 다섯 번째 문자는 서술부로서 주어부의 상태를 의미한다. 두 번째 및 세 번째 문자와 네 번째 및 다섯 번째 문자의 조합은 항공정보업무지침(Doc 8126)의 항공고시보 부호선택기준을 참고하거나, 국제민간항공기구 교범 국제민간항공기구 약어 및 부호(ICAO Doc 8400, PANS-ABC)에 제시된 부호를 기재한다.

〔NOTAM Code 예시(Example)〕; QIGAS

| 부호(Code) | 구 분 | 의미(Signification) |
|---|---|---|
| Q | | NOTAM code group |
| IG | 주어부 | Glide path (ILS) (활주로 명시) |
| AS | 서술부 | 업무 중단(Unserviceable) |

(다) 교통(Traffic)
IFR 비행이면 "I", VFR 비행이면 "V", IFR/VFR 혼합비행이면 "IV"로 기입한다.
(7) 유효기간(Period of validity)
(가) 항목 B): 발효일시(start date and time)
이 항목은 NOTAMN, NOTAMR과 NOTAMC의 효력이 발생하는 일시(date-time)를 나타낸다. 일시는 연, 월, 일, 시간과 분을 10자리의 UTC로 표시하며, 하루가 시작되는 시간은 "0000"으로 작성한다.
〔예문〕 2104030730
〔해석〕 2021년 4월 3일 0730(UTC)에 효력이 발생한다.
(나) 항목 C): 만료일시(finish date and time)
효력이 만료되는 일시(date-time)를 나타낸다. 일시는 연, 월, 일, 시간과 분을 10자리의 UTC로 표시하며, 하루가 종료되는 시간은 예를 들어 "2359"와 같이 작성한다. (예, "2400" 사용 금지)
〔예문〕 2104281500
〔해석〕 2021년 4월 28일 1500(UTC)에 효력이 만료된다.
라. 설빙고시보(SNOWTAM)
"설빙고시보(Snow notice to airmen; SNOWTAM)"라 함은 이동지역 내에 눈, 얼음, 진창 또는 눈, 진창 및 얼음과 결합된 괴어있는 물로 인한 장애상태의 존재 또는 제거에 관한 사항을 일정한 양식을 사용하여 통보하는 특별한 시리즈의 항공고시보를 말한다.

(1) 설빙고시보의 유효기간

설빙고시보의 최대 유효기간은 8시간이다.

(2) 설빙고시보의 발행

활주로 상태에 다음과 같은 중요한 변경이 있을 경우 설빙고시보를 다시 발행해야 한다.

(가) 마찰계수 0.05의 변경

(나) 퇴적물의 깊이가 다음 수치보다 크게 변경되었을 경우: 마른 눈 20 mm, 젖은 눈 10 mm, 진창 3 mm

(다) 사용할 수 있는 활주로의 길이 또는 폭이 10% 이상 변경되었을 경우

(라) 설빙고시보의 F) 또는 T) 항목의 재분류를 필요로 하는 퇴적물의 종류 또는 분류 범위의 변경

(마) 활주로의 한쪽 변 또는 양쪽 변에 위험한 눈 제방이 있을 경우, 이의 높이 또는 활주로 중심선으로부터의 거리에 대한 변경

(바) 활주로등을 가림으로써 발생되는 활주로 등화 식별성의 변경

(사) 기타 경험 또는 지역상황에 따라 중요하다고 판단되는 상태

마. 화산재고시보(ASHTAM)

"화산재고시보(Ash notice to airmen; ASHTAM)"라 함은 항공기 운항에 중대한 영향을 주는 화산활동, 화산분출, 및 화산재 구름의 변화에 관한 사항을 일정한 양식에 따라 고시하는 특정 항공고시보 시리즈를 말한다.

## 4. 항공정보관리절차(AIRAC)

"항공정보관리절차(Aeronautical Information Regulation and Control; AIRAC)"라 함은 항공정보간행물, 지도 등의 수정을 필요로 하는 운영방식에 대한 중요한 변경을 필요로 하는 상황을 국제적으로 합의된 공통의 발효일자를 기준으로 하여 사전에 통보하기 위해 수립된 체제를 말한다.

가. AIRAC의 발행

(1) AIRAC 절차의 적용

(가) AIRAC 절차에 따라 공고된 정보는 발효일자로부터 최소 28일 동안은 변경되어서는 안 된다. AIRAC 정보는 발효일자로부터 최소 28일 전에 수신자에게 도착될 수 있도록 발효일자 42일 전에 발행된다.

(나) 중대한 변경이 계획되고 이를 추가로 공고하는 것이 바람직하고 실용적일 경우 발효일자로부터 최소한 56일 이전의 발간일자를 사용할 수 있다.

(다) 정보가 AIRAC 일자에 제출되지 않을 경우, 관련 AIRAC 발효일자로부터 최소한 28일 이전에 NIL(통보사항 없음) 공고를 항공고시보 또는 기타 적절한 수단을 사용하여 발행·배포하여야 한다.

(2) AIRAC 간행물

(가) 모든 경우에 AIRAC 체제에 의하여 제공되는 정보는 종이형태로 발간하여야 하며 발효일자로부터 최소 28일 전까지 수령인에게 전달되도록 최소 42일 전에 배포되어야 한다. 전자형태로 정보를 제공할 경우 종이형태의 매체로 정보 제공시 사용한 AIRAC 발효일자와 동일한 발효일자를 사용하여야 하며, 발효일자로부터 최소 28일 전까지 수령인에게 전달되도록 작성·배포되어야 한다.

(나) 중대한 변경이 계획되고 이를 사전 공고하는 것이 바람직하고 실용적일 경우 발효일로부터 적어도 56일 전에 배포할 수 있다.

나. AIRAC 발행대상
(1) 다음과 같은 사항의 설정, 폐지 및 사전계획에 의한 중요한 변경(시험운영 포함)이 발생할 경우에는 AIRAC 절차에 따라 공고하여야 한다.
　(가) 다음과 같은 공역의 범위(수평 및 수직), 규칙 및 절차
　　① 비행정보구역
　　② 관제구
　　③ 관제권
　　④ 조언지역
　　⑤ ATS 비행로
　　⑥ 영구적으로 설정된 위험구역, 금지구역 및 제한구역(종류 및 발효기간 포함) 및 방공식별구역
　　⑦ 요격 가능성이 있는 영구적인 공역, 비행로 또는 구역
　(나) 항행안전무선시설 및 통신시설의 위치, 주파수, 호출부호, 운용의 불규칙성 및 정비기간
　(다) 체공절차, 접근절차, 도착·출발절차, 소음감소절차 및 기타 적절한 항공교통업무절차
　(라) 기상시설(기상방송 포함) 및 절차
　(마) 활주로 및 정지로
(2) 다음과 같은 사항의 설정, 폐지 및 사전계획에 의한 중요한 변경이 발생할 경우에는 필요시 AIRAC 절차에 따라 공고할 수 있다.
　(가) 항공장애물의 위치, 높이 및 등화
　(나) 유도로 및 에이프런
　(다) 비행장, 시설 및 업무의 운영시간
　(라) 세관, 입국관리 및 검역업무
　(마) 임시로 설정된 위험구역, 금지구역, 제한구역 및 항행에 대한 장애요소, 군 훈련 및 항공기의 대량이동
　(바) 요격이 가능성이 존재하는 임시로 설정된 구역 또는 비행로 또는 그 일부분

## 5. 항공정보회람(AIC)

"항공정보회람(Aeronautical Information Circular; AIC)"이라 함은 비행안전·항행·기술·행정·규정개정 등에 관한 내용으로써 항공고시보 또는 항공정보간행물에 의한 전파의 대상이 되지 않는 정보를 수록한 공고문을 말한다.

가. 항공정보회람의 발행
　항공정보간행물(AIP) 또는 항공고시보 발간대상이 아닌 항공정보의 공고를 위하여 필요한 경우 항공정보회람(AIC)을 발행하여야 한다.

나. 항공정보회람의 발행대상
　다음에 해당하는 사항에 대하여 항공정보회람(AIC)을 발행하여야 한다.
(1) AIP 또는 항공고시보 발간대상이 아닌 항공정보의 공고를 위하여 다음 사항에 대하여 항공정보회람을 발행하여야 한다.
　(가) 법령, 규정, 절차 또는 시설의 중요한 변경에 대한 장기계획
　(나) 비행안전에 영향을 미칠 수 있는 단순한 설명 또는 조언에 관한 정보

(다) 기술적, 법률적 또는 순수하게 행정적인 사항에 관한 설명 또는 조언의 성격을 띠고 있는 정보 또는 통보
(2) 항공정보회람 발간 시 포함될 세부 내용은 다음과 같다
　(가) 항공항행절차, 업무 및 시설과 관련된 중요한 변경에 대한 예고 (예: 관제구역의 새로운 배치, 레이더망의 실행 계획)
　(나) 새로운 항행체제의 시행에 대한 예고 (예: VOR, DME 등)
　(다) 비행안전에 관련이 있는 항공기 사고조사에 관한 중요한 정보
　(라) 불법간섭행위로부터 국제민간항공을 보호하기 위한 규정에 관한 정보
　(마) 조종사에게 특별히 해당되는 의료 안내
　(바) 물리적 장애사항의 회피에 관한 조종사에 대한 경고
　(사) 특정한 기상현상이 항공기 운항에 미치는 영향
　(아) 항공기 취급기술에 영향을 미치는 새로운 장애에 관한 정보
　(자) 제한품목의 항공운송에 관한 규정
　(차) 국내규정의 기준변경 및 국내규정의 개정에 관한 사항
　(카) 항공기승무원 면허시험계획
　(타) 항공종사자의 훈련
　(파) 국내법에 의한 기준의 적용 또는 면제
　(하) 특정한 종류의 장비의 사용 및 정비에 관한 조언
　(거) 신규 항공지도 또는 항공지도 수정판의 실제 이용여부 및 발간계획에 관한 사항
　(너) 통신장비의 탑재
　(더) 소음감소에 관한 설명
　(러) 선정된 감항성 개선명령
　(머) 항공고시보 시리즈 또는 배포의 변경, 신규 AIP 개정판 또는 AIP의 내용, 범위 또는 형태에 대한 중요한 변경
　(버) 제설계획에 관한 사전 정보
　(서) 기타 이와 유사한 정보

## 제2절 항공지도(Aeronautical Charts)

### 1. 항공지도의 종류

가. 비행장 장애물도 - ICAO 유형 A(Aerodrome Obstacle Chart)
　이륙 비행로 구역의 중요한 장애물 정보를 제공한다.

나. 비행장 장애물도 - ICAO 유형 B(Aerodrome Obstacle Chart)
　선회절차에 관한 최저안전고도를 포함한 최저안전고도/높이의 결정, 이륙 또는 착륙 중 비상사태 발생시 사용절차의 결정, 그리고 장애물 회피 및 표지기준의 적용과 같은 정보를 제공한다. 지도에는 다음과 같은 사항을 표기하여야 한다.
　(1) 비행장 표점과 도, 분, 초로 표시한 지리적 좌표
　(2) 실선으로 표시한 활주로 윤곽
　(3) 활주로의 길이 및 폭

(4) 1도 단위로 표시한 활주로 자방위 및 활주로 번호
(5) 활주로의 시단, 정지로, 각 이륙 및 경로지역의 시작점 및 활주로와 정지로의 경사가 현저하게 변경되는 지점에서의 활주로 중앙선에 대한 표고
(6) 실선으로 표시한 유도로, 계류장(apron) 및 주기지역
(7) 파선으로 표시한 정지로(stopway)
(8) 각 정지로의 길이
(9) 파선으로 표시한 개방로(clearway)
(10) 각 개방로의 길이
(11) 파선으로 표시한 이륙 및 진입표면
(12) 이륙 및 진입구역
(13) 장애물의 정확한 위치
(14) 중요 장애물의 차폐범위 내에 위치하였지만 표기하여야 할 장애물을 포함하여 규정에 의한 기타 장애물

다. 정밀접근지형도(Precision Approach Terrain Chart)
   항공기 운영자가 최종접근의 특정단계에서 무선고도계를 사용하여 결심고도를 결정하는데 미치는 지형의 영향을 평가하기 위하여 필요한 세부적인 지형의 측면정보를 제공한다.

라. 항공로도(Enroute Chart)
   항공교통업무절차를 준수하여 ATS 항공로를 따라 용이하게 항행할 수 있는 정보를 제공한다.

마. 지역도(Area Chart)
   계기비행단계를 용이하게 수행하기 위해 비행의 순항단계와 비행장 접근단계 간의 전환, 이륙/실패접근단계와 순항단계 간의 전환, 그리고 복잡한 항공로 또는 공역의 통과비행 등의 정보를 제공한다.

바. 표준계기출발도(Standard Departure Chart-Instrument)
   이륙단계에서 항공로 비행단계까지 지정된 표준계기출발 비행로를 따라 비행하는데 필요한 정보를 제공한다.

사. 표준계기도착도(Standard Arrival Chart-Instrument)
   항공로 비행단계에서 접근단계까지 지정된 표준계기도착 비행로를 따라 운항하는데 필요한 정보를 제공한다.

아. 계기접근도(Instrument Approach Chart)
   착륙하고자 하는 활주로가 설정되었을 경우, 관련 체공장주까지 실패접근절차를 포함하여 승인된 계기접근절차를 수행하는데 필요한 정보를 제공한다.

자. 시계접근도(Visual Approach Chart)
   항공로 비행/강하단계로부터 시각 참조에 의하여 착륙하고자 하는 활주로에 접근하기 위한 비행단계의 전환 시에 필요한 정보를 제공한다.

차. 비행장/헬기장도(Aerodrome/heliport Chart)
   항공기 주기장과 활주로간 항공기의 지상이동을 용이하게 할 수 있는 정보를 제공한다.

카. 비행장 지상이동도(Aerodrome Ground Movement Chart)
   항공기 주기장으로의 지상이동 및 항공기 주기/접현을 용이하게 수행하기 위한 세부정보를 제공한다.

타. 항공기 주기/접현도(Aircraft Parking/Docking Chart)
유도로와 항공기 주기장간 항공기의 지상이동에 관한 세부정보를 제공한다.

파. 세계항공도(World Aeronautical Chart)
시계항행기준을 충족시키기 위한 정보를 제공한다.

하. 항공도(Aeronautical Chart)
항공도는 고고도 이외의 고도에서 저속으로 단거리 및 중거리 시계항법을 수행할 수 있는 정보를 제공하며, 축척은 1:500,000 이다.

FAA에서 발간하는 구역도(Sectional chart)가 우리나라의 항공도에 해당한다. 이 구역도는 저속 및 중속 항공기의 시계비행을 위해 만들어 진 것이며, 항공도와 동일한 1:500,000 축척의 지도이다. FAA 발간 VFR 터미널지역차트(VFR Terminal Area Charts; TAC)는 구역도와 유사하지만 축척이 커서 더욱 상세하다. TAC에는 B등급 공역으로 지정된 공역을 표기하며, B등급 또는 C등급 공역 내부나 근처의 비행장으로 입출항하는 조종사가 사용할 수 있다. 축척은 1:250,000 이다.

거. 항법도(Aeronautical Navigation Chart)
장거리 비행의 공중항법 지원, 광범위한 지역에 대한 확인지점 제공, 장거리 비행계획 수립 등의 정보를 제공한다.

너. 항행계획도(Plotting Chart)
계획한 비행경로를 유지하기 위하여 다양한 위치결정방법과 추측항법을 통해 항공기의 위치에 대한 지속적인 비행기록을 유지할 수 있는 정보를 제공한다.

## 2. 항공지도의 기호(Chart symbols)

표 2-4. 항공지도 기호(Chart symbols)의 예시

| 구 분 | 표기 대상 | | 기 호 |
|---|---|---|---|
| NAVADIS | Non-directional radio beacon | NDB | ◉ |
| | VHF omnidirectional radio range | VOR | ⬡ |
| | Distance measuring equipment | DME | ▫ |
| | Collocated VOR and DME radio navigation aids | VOR/DME | ⬡ |
| | UHF tactical air navigation aid | TACAN | ⬠ |
| | Collocated VOR and TACAN radio navigation aids | VORTAC | ⬢ |
| Waypoints | RNAV waypoint(Non-compulsory position report) | | ✧ |
| | RNAV waypoint(Compulsory position report) | | ✦ |
| Route (Area Chart) | Departure route | | ⟶ |
| | Arrival route | | --⟶ |

# 출제예상문제

## Ⅰ. 항공정보업무

**【문제】1.** 항공정보업무가 24시간 제공되지 않을 경우, 최소 비행시간 전후 몇 시간까지 항공정보를 제공하여야 하는가?
① 1시간　　② 2시간　　③ 2.5시간　　④ 3시간

**【문제】2.** 국토교통부장관이 제공하는 항공정보의 내용이 아닌 것은?
① 항공교통업무에 관한 사항
② 비행장을 이용할 때 항공기의 운항에 장애가 되는 사항
③ 항행안전시설의 이용 방법
④ 비행장 이착륙 기상최저치 등의 설정과 변경에 관한 사항

〈해설〉 항공정보업무
　1. 항공정보업무의 제공
　　항공정보업무를 하루 24시간 동안 계속하여 제공할 수 없을 경우, 항공정보업무 제공책임이 있는 지역에서 항공기가 비행하는 동안 비행시간 최소 2시간 전후까지는 항공정보업무를 제공하여야 한다.
　2. 항공정보의 내용은 다음과 같다.
　　가. 비행장과 항행안전시설의 공용의 개시, 휴지, 재개(再開) 및 폐지에 관한 사항
　　나. 비행장과 항행안전시설의 중요한 변경 및 운용에 관한 사항
　　다. 비행장을 이용할 때에 있어 항공기의 운항에 장애가 되는 사항
　　라. 비행의 방법, 결심고도, 최저강하고도, 비행장 이륙·착륙 기상 최저치 등의 설정과 변경에 관한 사항
　　마. 항공교통업무에 관한 사항
　　바. 다음 각 공역에서 하는 로켓·불꽃·레이저광선 또는 그 밖의 물건의 발사, 무인기구(기상관측용 및 완구용은 제외한다)의 계류·부양 및 낙하산 강하에 관한 사항
　　　(가) 진입표면·수평표면·원추표면 또는 전이표면을 초과하는 높이의 공역
　　　(나) 항공로 안의 높이 150 m 이상인 공역
　　　(다) 그 밖에 높이 250 m 이상인 공역
　　사. 그 밖에 항공기의 운항에 도움이 될 수 있는 사항

**【문제】3.** 대한민국 내에서 비행할 경우 참고할 수 있는 항공정보업무 출판물이 아닌 것은?
① 항공정보간행물(AIP)　　　　② 항공정보회람(AIC)
③ 항공고시보(NOTAM)　　　　④ 운항정보매뉴얼(AIM)

〈해설〉 항공정보 등 제공자는 항공정보를 다음과 같은 형태로 제공하여야 한다.
　1. 항공정보간행물, 수정판 및 보충판
　2. 항공정보회람
　3. 항공고시보(항공고시보 개요서 및 항공고시보 점검표)
　4. 비행전 정보게시(PIB)
　5. 항공지도

**정답**　1. ②　　2. ③　　3. ④

【문제】 4. 통제구역, 제한구역 또는 위험구역을 새롭게 설정할 때 어떤 방식으로 전파하는가?
　① 항공고시보(NOTAM) 또는 항공정보간행물(AIP)로 배포한다.
　② 항공정보관리절차(AIRAC)로 배포한다.
　③ 항공정보회람(AIC)으로 배포한다.
　④ 운항정보매뉴얼(AIM)로 배포한다.
〈해설〉 공역 지정 내용의 공고는 항공정보간행물(AIP) 또는 항공고시보(NOTAM)에 따른다.

【문제】 5. 항공기 항행에 필요한 정보 중 영속적인 성격의 항공정보를 수록한 간행물은?
　① AIRAC　　② AIC　　③ AIP　　④ ATP

【문제】 6. AIP에 대한 설명으로 맞는 것은?
　① 항공고시보 또는 항공정보간행물에 의한 전파의 대상이 되지 않는 정보를 수록한 간행물로서 국가에서 발행한다.
　② 운항에 관련된 영속적인 성격의 항공정보를 수록한 간행물로서 국가 혹은 국가의 인가를 받은 기구에서 발행한다.
　③ 항공기 운항 관련자가 필수적으로 적시에 알아야 할 지식 등의 신설, 상태 또는 변경과 관련된 정보를 포함하며 통신수단을 통해 배포되는 공고문을 말한다.
　④ 비행에 관련이 있는 일시적인 정보, 사전 통고를 요하는 정보 또는 시급히 전달을 요하는 정보 등을 전달하는 간행물로서 국가 혹은 국가의 인가를 받은 기구에서 발생한다.

【문제】 7. 항공정보간행물(AIP) 정기 수정판의 발간주기는?
　① 14일　　② 20일　　③ 28일　　④ 30일
〈해설〉 "항공정보간행물(Aeronautical Information Publication; AIP)"이라 함은 항공항행에 필수적이고 영구적인 성격의 항공정보를 수록한 간행물을 말한다. 항공정보간행물(수정판 포함)은 28일 간격으로 1년에 13회 발간된다.

【문제】 8. AIP GEN에 포함되어 있는 내용이 아닌 것은?
　① 국가 규정 및 기준　　② 도표 및 부호
　③ 업무 별　　　　　　　④ 일반 규칙 및 절차

【문제】 9. AIP 중 고도계 Setting에 관한 내용은 어디에 수록되어 있는가?
　① GEN　　② AD　　③ RAC　　④ ENR

【문제】 10. AIP에서 계기접근절차가 수록되어 있는 Part는?
　① GEN　　② ENR　　③ ATS　　④ AD
〈해설〉 항공정보간행물(AIP)의 구성
　1. 제1부(Part 1) - 일반사항(GEN)
　　GEN 0. 머리말

[정답] 4. ①　5. ③　6. ②　7. ③　8. ④　9. ④　10. ②

　　　　GEN 1. 국내법 및 구비사항
　　　　GEN 2. 도표 및 부호
　　　　GEN 3. 업무별
　　　　GEN 4. 공항 및 항행안전시설의 사용료
　　2. 제2부(Part 2) - 항공로(ENR)
　　　　7개의 절(section)로 구성되며 일반 규칙 및 절차, 항공교통업무 공역, 항공로, 무선항행장비/체계, 항행경고, 항공로도에 관한 정보를 포함한다.
　　3. 제3부(Part 3) - 공항(AD)
　　　　3개의 절(section)로 구성되며, 공항/헬기장 및 공항/헬기장의 사용에 관한 정보를 포함한다.

【문제】11. 비행에 관련이 있는 일시적인 정보, 사전통고를 요하는 정보 또는 시급히 전달을 요하는 정보 등을 전달하는 것은?
　　① 항공정보간행물(AIP)　　　　② 항공정보회람(AIC)
　　③ 항공고시보(NOTAM)　　　　④ 항공정보관리절차(AIRAC)

【문제】12. 새롭게 설정한 위험구역, 제한구역 또는 금지구역을 NOTAM으로 전파할 때 긴급한 경우를 제외하고 운영 또는 제한하고자 하는 날로부터 최소한 며칠 전에 공고하여야 하는가?
　　① 5일 전　　　② 7일 전　　　③ 10일 전　　　④ 13일 전

〈해설〉 항공고시보(NOTAM)
　　1. 항공고시보의 발행
　　　항공정보의 발효기간이 일시적이며 단기간이거나 운영상 중요한 사항의 영구적인 변경 또는 장기간의 일시적인 변경사항이 짧은 시간 내에 고시가 이루어 질 때에는 신속히 항공고시보를 작성·발행하여야 한다.
　　2. 항공고시보의 발행기한(time limit)
　　　이미 설정된 위험구역, 제한구역 또는 금지구역의 운영에 관한 사항과 일시적인 공역제한에 관한 사항은 긴급한 경우를 제외하고는 당해 구역 또는 공역을 운영 또는 제한하고자 하는 날로부터 최소한 7일 이전에 공고하여야 한다. 다만, 대규모 군사훈련 외의 훈련을 위하여 일시적으로 공역을 제한하는 경우에는 최소한 3일(72시간) 전까지 공고하여야 한다.

【문제】13. NOTAM에 포함되는 사항이 아닌 것은?
　　① 비행장 폐쇄　　　　　　　② 항행안전시설 신설 및 변경
　　③ 항공기 사고　　　　　　　④ 항공교통업무 중단

【문제】14. 항행안전시설의 출력이 몇 % 이상 변경 시에 NOTAM에 고시하여야 하는가?
　　① 10%　　　② 20%　　　③ 30%　　　④ 50%

〈해설〉 항공고시보(NOTAM)의 발행대상 중 주요 내용은 다음과 같다.
　　1. 비행장(헬기장 포함) 또는 활주로의 설치, 폐쇄 또는 운용상 중요한 변경
　　2. 항공업무(AGA, AIS, ATS, CNS, MET, SAR 등)의 신설, 폐지 및 운영상 중요한 변경
　　3. 무선항행과 공지통신업무의 운영성능의 중요한 변경, 설치 또는 철거(50% 이상의 출력 증감)
　　4. 시각보조시설(visual aids)의 설치, 철거 또는 중요한 변경
　　5. 비행장등화시설 중 주요 구성요소의 운용중지 또는 복구

정답　11. ③　　12. ②　　13. ③　　14. ④

6. 항행업무절차의 신설, 폐지 또는 중요한 변경
7. 수색구조시설 및 업무에 대한 중요한 변경
8. 항행에 중요한 장애물을 표시하는 항공장애등의 설치, 철거 또는 복구
9. 즉각적인 조치를 필요로 하는 규정변경. 예: 수색 및 구조활동을 위한 비행금지구역 설정
10. 비행금지구역, 비행제한구역 또는 위험구역의 설정, 폐지(발효 또는 해제 포함) 또는 상태의 변경
11. 비행장(헬기장 포함) 소방구조능력 등의 중요한 변경
12. 이동지역의 눈, 진창, 얼음, 방사성물질, 독성 화합물, 화산재 퇴적 또는 물로 인한 장애상태의 발생·제거 또는 중요한 변경

【문제】15. ILS Glide slope out 시 발행되는 NOTAM 전문은?
① QIGDA   ② QICAL   ③ QIGCA   ④ QIGAS

〈해설〉 모든 항공고시보 부호(NOTAM Code) 집합은 총 5문자로 구성되고 첫 번째 문자는 항상 문자 "Q"이다. 두 번째 및 세 번째 문자는 주어부이며, 네 번째 및 다섯 번째 문자는 서술부로서 주어부의 상태를 의미한다.

〔NOTAM Code 예시(Example)〕: QIGAS

| 부호(Code) | 구 분 | 의미(Signification) |
|---|---|---|
| Q | | NOTAM code group |
| IG | 주어부 | Glide path (ILS) (활주로 명시) |
| AS | 서술부 | 업무 중단(Unserviceable) |

【문제】16. NOTAM에 사용되는 시간은?
① LMT   ② GMT   ③ UTC   ④ MMT

【문제】17. NOTAM 항목 B)에서 숫자 "1507301030"이 의미하는 것은?
① 2015년 7월 30일 10시 30분에 발부
② 2015년 7월 30일 10시 30분에 시작
③ 2015년 7월 30일 10시 30분에 종료
④ 2015년 7월 30일 10시 30분에 취소

〈해설〉 항공고시보의 유효기간(Period of validity)은 다음과 같이 표기한다.
  1. 항목 B) : 발효일시(start date and time)
     이 항목은 NOTAMN, NOTAMR과 NOTAMC의 효력이 발생하는 일시(date-time)를 나타낸다. 일시는 연, 월, 일, 시간과 분을 10자리의 UTC로 표시하며, 하루가 시작되는 시간은 "0000"으로 작성한다.
     〔예문〕 2104030730
     〔해석〕 2021년 4월 3일 0730(UTC)에 효력이 발생한다.
  2. 항목 C) : 만료일시(finish date and time)
     효력이 만료되는 일시(date-time)를 나타낸다. 일시는 연, 월, 일, 시간과 분을 10자리의 UTC로 표시하며, 하루가 종료되는 시간은 예를 들어 "2359"와 같이 작성한다. (예, "2400" 사용 금지)
     〔예문〕 2104281500
     〔해석〕 2021년 4월 28일 1500(UTC)에 효력이 만료된다.

【문제】18. 설빙고시보(SNOWTAM)의 유효기간은?
① 발행 후 6시간   ② 발행 후 8시간   ③ 발행 후 12시간   ④ 발행 후 24시간

〔정답〕 15. ④   16. ③   17. ②   18. ②

【문제】19. 다음 중 SNOWTAM에 대한 내용 중 틀린 것은?
  ① 8시간 예보이다.
  ② 활주로 주변의 10% 이상 눈이 쌓여 주변의 분간이 어려울 때 발행한다.
  ③ 사용할 수 있는 활주로의 길이가 10% 이상 변경되었을 경우 발행한다.
  ④ 마른 눈이 20 mm 이상 쌓이고 진창 들이 생겼을 때 발행한다.

【문제】20. 사용할 수 있는 활주로의 길이 또는 폭이 몇 % 이상 변경되었을 경우, SNOWTAM을 다시 발행해야 하는가?
  ① 5%    ② 10%    ③ 15%    ④ 20%

〈해설〉 "설빙고시보(Snow notice to airmen; SNOWTAM)"라 함은 이동지역 내에 눈, 얼음, 진창 또는 눈, 진창 및 얼음과 결합된 괴어있는 물로 인한 장애상태의 존재 또는 제거에 관한 사항을 일정한 양식을 사용하여 통보하는 특별한 시리즈의 항공고시보를 말한다.
  1. 설빙고시의 유효기간
     설빙고시보의 최대 유효기간은 8시간이다.
  2. 활주로 상태에 다음과 같은 중요한 변경이 있을 경우 설빙고시보를 다시 발행해야 한다.
     가. 마찰계수 0.05의 변경
     나. 퇴적물의 깊이가 다음 수치보다 크게 변경되었을 경우 : 마른 눈 20 mm, 젖은 눈 10 mm, 진창 3 mm
     다. 사용할 수 있는 활주로의 길이 또는 폭이 10% 이상 변경되었을 경우
     라. 설빙고시보의 F) 또는 T) 항목의 재분류를 필요로 하는 퇴적물의 종류 또는 분류 범위의 변경
     마. 활주로의 한쪽 변 또는 양쪽 변에 위험한 눈 제방이 있을 경우, 이의 높이 또는 활주로 중심선으로부터의 거리에 대한 변경
     바. 활주로등을 가림으로써 발생되는 활주로 등화 식별성의 변경
     사. 기타 경험 또는 지역상황에 따라 중요하다고 판단되는 상태
  3. 활주로 폭의 중심 쪽 절반구간 내에 물(수분)이 있는 경우 표면상태에 대한 정보를 다음의 용어를 사용하여 표기하여야 한다.
     가. 습기(Damp) : 습기에 의한 표면상태의 변화가 감지됨
     나. 습윤(Wet) : 표면이 젖어 있지만 웅덩이는 감지되지 않음
     다. 웅덩이(Water Patches) : 상당한 웅덩이가 여러 곳에 감지됨
     라. 범람(Flooded) : 광범위한 웅덩이가 감지됨

【문제】21. 운영방식에 대한 중요한 변경을 필요로 하는 상황을 발효일 사전에 통보하기 위해 수립된 체제는?
  ① AIP    ② NOTAM    ③ AIC    ④ AIRAC

【문제】22. AIRAC는 발효일로부터 최소 며칠 전까지 사용자가 수신할 수 있도록 통보하여야 하는가?
  ① 7일    ② 28일    ③ 42일    ④ 56일

〈해설〉 "항공정보관리절차(Aeronautical Information Regulation and Control; AIRAC)"라 함은 운영방식에 대한 중요한 변경을 필요로 하는 상황을 국제적으로 합의된 공통의 발효일자를 기준으로 하여 사전에 통보하기 위해 수립된 체제를 말한다.

정답  19. ②   20. ②   21. ④   22. ②

AIRAC 정보는 발효일자로부터 최소 28일 전에 수신자에게 도착될 수 있도록 발효일자 42일 전에 발행된다.

**【문제】23.** 항공고시보를 발행하거나 또는 항공정보간행물에 수록할 정도의 정보는 아니지만 비행안전, 항공항행, 기술, 행정사항 또는 규정제정 등에 관한 정보의 공고를 위하여 발행하는 것은?
① AIRAC ② AIC ③ AIP ④ AIP Supplement

**【문제】24.** 항공정보간행물(AIP) 또는 항공고시보(NOTAM)에 수록되지 않은 항공정보는 무엇으로 공고하는가?
① AIP ② AIRAC ③ AIC ④ NOTAM

**【문제】25.** AIC의 수록 내용이 아닌 것은?
① VOLMET 정보
② 항공기 운항에 영향을 주는 특별한 기상현상
③ 무선통신장비의 탑재
④ 제설계획에 관한 사전 정보

〈해설〉 항공정보회람(AIC)
1. 항공정보회람의 발행
   항공정보간행물(AIP) 또는 항공고시보 발간대상이 아닌 항공정보의 공고를 위하여 필요한 경우 항공정보회람(AIC)을 발행하여야 한다.
2. 항공정보회람의 발행대상
   다음에 해당하는 사항에 대하여 항공정보회람(AIC)을 발행하여야 한다.
   가. AIP 또는 항공고시보 발간대상이 아닌 항공정보의 공고를 위하여 다음 사항에 대하여 항공정보회람을 발행하여야 한다.
   (1) 법령, 규정, 절차 또는 시설의 중요한 변경에 대한 장기계획
   (2) 비행안전에 영향을 미칠 수 있는 단순한 설명 또는 조언에 관한 정보
   (3) 기술적, 법률적 또는 순수하게 행정적인 사항에 관한 설명 또는 조언의 성격을 띠고 있는 정보 또는 통보
   나. 항공정보회람 발간 시 포함될 세부 내용은 다음과 같다
   (1) 항공항행절차, 업무 및 시설과 관련된 중요한 변경에 대한 예고 (예: 관제구역의 새로운 배치, 레이더망의 실행 계획)
   (2) 새로운 항행체제의 시행에 대한 예고 (예: VOR, DME 등)
   (3) 비행안전에 관련이 있는 항공기 사고조사에 관한 중요한 정보
   (4) 불법간섭행위로부터 국제민간항공을 보호하기 위한 규정에 관한 정보
   (5) 조종사에게 특별히 해당되는 의료 안내
   (6) 물리적 장애사항의 회피에 관한 조종사에 대한 경고
   (7) 특정한 기상현상이 항공기 운항에 미치는 영향
   (8) 항공기취급기술에 영향을 미치는 새로운 장애에 관한 정보
   (9) 제한품목의 항공운송에 관한 규정
   (10) 국내규정의 기준변경 및 국내규정의 개정에 관한 사항
   (11) 항공기승무원 면허시험계획
   (12) 항공종사자의 훈련
   (13) 국내법에 의한 기준의 적용 또는 면제

**정답** 23. ② 24. ③ 25. ①

(14) 특정한 종류의 장비의 사용 및 정비에 관한 조언
(15) 신규 항공지도 또는 항공지도 수정판의 실제 이용여부 및 발간계획에 관한 사항
(16) 통신장비의 탑재
(17) 소음감소에 관한 설명
(18) 선정된 감항성 개선명령
(19) 항공고시보 시리즈 또는 배포의 변경, 신규 AIP 개정판 또는 AIP의 내용, 범위 또는 형태에 대한 중요한 변경
(20) 제설계획에 관한 사전 정보
(21) 기타 이와 유사한 정보

■ 잠깐! 알고 가세요.
[항공정보의 구분]

| 구 분 | 내 용 |
|---|---|
| 항공정보간행물 (AIP) | 항공항행에 필수적이고 영구적인 성격의 항공정보를 수록한 간행물 |
| 항공고시보 (NOTAM) | 항공관련시설, 업무, 절차 또는 장애요소, 항공기 운항관련자가 필수적으로 적시에 알아야 할 지식 등의 신설, 상태 또는 변경과 관련된 정보를 포함하는 통신수단을 통해 배포되는 공고문 (항공정보의 발효기간이 일시적이며 단기간이거나 운영상 중요한 사항의 영구적인 변경 또는 장기간의 일시적인 변경사항이 짧은 시간 내에 고시가 이루어 질 때에는 신속히 항공고시보를 작성·발행하여야 한다.) |
| 항공정보관리절차(AIRAC) | 운영방식에 대한 중요한 변경을 필요로 하는 상황을 국제적으로 합의된 공통의 발효일자를 기준으로 하여 사전에 통보하기 위해 수립된 체제 |
| 항공정보회람 (AIC) | 비행안전·항행·기술·행정·규정개정 등에 관한 내용으로써 항공고시보 또는 항공정보간행물에 의한 전파의 대상이 되지 않는 정보를 수록한 공고문 |

【문제】 26. 국제민간항공협약 Annex 13에서 규정하고 있는 내용은?
① 항공기의 운항　　　　　② 항공기상
③ 항공정보업무　　　　　④ 항공기 사고조사

〈해설〉 국제표준 및 권고된 방식을 정하는 사항의 범위는 조약 제37조에 명시되어 있다. 국제민간항공기구에 의해 채택된 조약 부속서는 19개 부속서로 되어 있으며, 현재 부속서로서 채택된 국제 표준 및 권고된 방식은 다음과 같다.
• 제 1 부속서(Annex 1) : 항공종사자 면허(Personnel Licensing)
• 제 2 부속서(Annex 2) : 항공규칙(Rules of the Air)
• 제 3 부속서(Annex 3) : 항공기상(Meteorological Service)
• 제 4 부속서(Annex 4) : 항공지도(Aeronautical Charts)
• 제 5 부속서(Annex 5) : 공지통신에 사용되는 측정단위(Units of Measurement)
• 제 6 부속서(Annex 6) : 항공기의 운항(Operation of Aircraft)
• 제 7 부속서(Annex 7) : 항공기 국적 및 등록기호(Nationality and Registration Marks)
• 제 8 부속서(Annex 8) : 항공기의 감항성(Airworthiness of Aircraft)
• 제 9 부속서(Annex 9) : 출입국의 간소화(Facilitation)
• 제 10 부속서(Annex 10) : 항공통신(Aeronautical Telecommunications)
• 제 11 부속서(Annex 11) : 항공교통업무(Air Traffic Services)

정답　26. ④

- 제 12 부속서(Annex 12) : 수색과 구조(Search and Rescue)
- 제 13 부속서(Annex 13) : 항공기 사고조사(Aircraft Accident Investigation)
- 제 14 부속서(Annex 14) : 비행장(Aerodrome)
- 제 15 부속서(Annex 15) : 항공정보업무(Aeronautical Information Services)
- 제 16 부속서(Annex 16) : 환경보호(Environmental Protection)
  - Volume I  항공기 소음(Aircraft Noise)
  - Volume II  항공기 기관 배출물질(Aircraft Engine Emissions)
- 제 17 부속서(Annex 17) : 보안-불법방해 행위에 대한 국제민간항공의 보호(Security)
- 제 18 부속서(Annex 18) : 위험물의 안전수송(The Safe Transport)
- 제 19 부속서(Annex 19) : 안전관리(Safety Management)

## II. 항공지도

【문제】1. VFR 비행을 위한 sectional aeronautical chart의 축척은?
① 1 : 125,000　② 1 : 50,000　③ 1 : 500,000　④ 1 : 1,000,000

【문제】2. 야외시계비행을 위한 지도의 축척은?
① 1 : 250,000　② 1 : 500,000　③ 1 : 1,000,000　④ 1 : 1,500,000

【문제】3. 저속 및 중속 비행기의 시계비행을 위한 축척 1 : 500,000의 chart는?
① Charted VFR Flyway Planning Chart
② VFR Terminal Area Chart
③ VFR Enroute Low Altitude Chart
④ Sectional Chart

【문제】4. B등급 또는 C등급 공역 내부 또는 주변의 비행장으로 접근하는 시계비행 조종사가 보아야 할 차트는?
① Sectional aeronautical chart　② Enroute chart
③ VFR terminal area chart　④ Standard terminal arrival chart

【문제】5. B등급 공역으로 지정된 공역을 수록하고 있는 VFR Terminal Area Chart의 축척은?
① 1 : 125,000　② 1 : 100,000　③ 1 : 250,000　④ 1 : 500,000

【문제】6. 고고도 장거리 비행에 적합한 chart는?
① Aeronautical chart　② World aeronautical chart
③ Aeronautical navigation chart　④ Sectional aeronautical chart

〈해설〉 Chart 구분
　1. 구역도(Sectional Chart) : 저속 및 중속 항공기의 시계비행을 위해 만들어 진 것이며, 축척은 1 : 500,000 이다.

정답　1. ③　2. ②　3. ④　4. ③　5. ③　6. ③

2. VFR 터미널지역차트(VFR Terminal Area Charts; TAC) : TAC에는 B등급 공역으로 지정된 공역을 표기한다. 구역도와 유사하지만 축척이 커서 더욱 상세하다. TAC는 B등급 또는 C등급 공역 내부나 근처의 비행장으로 입출항하는 조종사가 사용할 수 있으며, 축척은 1:250,000 이다.
3. 항법도(Aeronautical Navigation Chart) : 장거리 비행의 공중항법 지원, 광범위한 지역에 대한 확인지점 제공, 장거리 비행계획 수립 등의 정보를 제공한다.

【문제】7. En-route chart, Terminal area chart, Approach chart에 사용되는 거리의 단위는?
① Statute mile
② Nautical mile
③ Mile
④ Feet

〈해설〉 Chart에서 거리(distance)는 최단거리로 kilometers 또는 nautical miles 단위를 사용하여 표기하여야 하며, 각 단위가 명확히 구분될 수 있을 경우에는 두 단위 모두를 사용할 수 있다.

【문제】8. Enroute chart에서 symbol의 의미가 잘못된 것은?
① (RJ) - Japan
② (P) - Prohibited
③ (W) - Warning
④ (A) - Advised

〈해설〉 Enroute Chart에서 symbol "(A)"는 경계구역(Alert area)을 나타낸다.

【문제】9. 아래 기호가 의미하는 navigation aid는?

① VORTAC
② VOR
③ DME
④ ADF

【문제】10. Enroute chart에서 아래 그림과 같은 부호의 의미는?
① Basic radio navigation symbol
② RNAV waypoint compulsory position report
③ RNAV waypoint non-compulsory position report
④ Collocated VOR and DME radio navigation aids

【문제】11. Chart에서 RNAV Waypoint를 나타내는 기호는?

① 　　② 　　③ 　　④

【문제】12. Area chart에서 기호 "────▶"이 의미하는 것은?
① Departure route
② Arrival route
③ RNAV route
④ Diversionary Route

〈해설〉 Chart 기호를 예시로 들면 다음과 같다.

정답　7. ②　8. ④　9. ①　10. ③　11. ②　12. ①

| 구 분 | 표기 대상 | 기 호 |
|---|---|---|
| NAVADIS | Collocated VOR and TACAN radio navigation aids; VORTAC | ⬡ |
| Waypoints | RNAV waypoint(Non-compulsory position report) | ◇ |
|  | RNAV waypoint(Compulsory position report) | ◆ |
| Route (Area Chart) | Departure route | ──▶ |
|  | Arrival route | ── ▶ |

【문제】 13. 항공도의 표기 방법으로 틀린 것은?
① 유도로, 계류장, 주기장 - 실선
② Stopway - 점선
③ Clearway - 점선
④ Arrival route - 실선

〈해설〉 비행장 장애물도의 표기 방법은 다음과 같다.
   1. 개방로(clearway), 정지로(stopway) : 점선
   2. 이륙 및 수평표면 등과 같은 장애물제한구역의 외곽선 : 점선
   3. 유도로, 계류장(apron) 및 주기지역 : 실선

【문제】 14. 다음 그림과 같은 Enroute chart에서 MEA는?

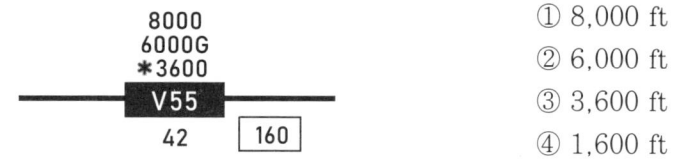

① 8,000 ft
② 6,000 ft
③ 3,600 ft
④ 1,600 ft

〈해설〉 문제의 그림에서 8000은 MEA(최저항공로고도, minimum enroute altitude), 6000G는 GPS MEA, *3600은 MOCA(최저장애물회피고도, minimum obstruction clearance altitude)를 나타낸다. Enroute chart에서 MEA, MOCA 및 GPS MEA 표기 방법의 예를 들면 아래 그림과 같다.

항공교통·통신·정보업무

# PART 3

## 모의고사

- 항공교통·통신·정보업무 제1회 모의고사
- 항공교통·통신·정보업무 제2회 모의고사
- 항공교통·통신·정보업무 제3회 모의고사
- 항공교통·통신·정보업무 제4회 모의고사
- 항공교통·통신·정보업무 제5회 모의고사
- 항공교통·통신·정보업무 제6회 모의고사
- 항공교통·통신·정보업무 제7회 모의고사
- 항공교통·통신·정보업무 제8회 모의고사
- 항공교통·통신·정보업무 제9회 모의고사
- 항공교통·통신·정보업무 제10회 모의고사
- 항공교통·통신·정보업무 제11회 모의고사
- 항공교통·통신·정보업무 제12회 모의고사
- 항공교통·통신·정보업무 제13회 모의고사
- 항공교통·통신·정보업무 제14회 모의고사
- 항공교통·통신·정보업무 제15회 모의고사

모의고사는 실제시험같이, *실제시험은 모의고사같이!*

| NOTICE | 점수별 추천 방안 |

| 합격 점수는 70점입니다. 따라서 18문제 이상을 맞추어야 합격입니다. 모든 분들의 합격을 진심으로 기원 드리며, 모의고사 점수별 추천 방안은 다음과 같습니다. ||
|---|---|
| 나의 점수 | 점수별 추천 방안 |
| 100점 | 축하합니~다. 축하합니~다. 당신의 합격을 축하합니다. ♪<br>이제 누가 나를 막을 수 있겠는가! 두 손을 높이 들고 만세를 3번 외친 다음, 자기 자신에게 수고했다고 큰 소리로 박수를 쳐준다. 모든 책을 덮고 3박 4일 동안 푹 쉰다. (잊을 뻔 했다!) 혹시 숨겨놓은 비상금이 있다면 복권을 산다. |
| 80/90점 대 | 합격은 하긴 했는데 왠지 허전한 것은 무엇 때문일까? 만족하지 말고 100점을 목표로 삼고 다시 시작한다. 이왕 공부하는 것 100점도 한번 맞아 보자.<br>■ 틀린 문제 위주로 다시 한 번 살펴본다. |
| 70점 대 | 애초 목표는 합격(70점 이상)이었다. "70점이나 100점이나 어차피 똑 같이 합격이다. 100점 맞는다고 자격증 2개 주는 것 아니다~"라고 위안을 하고, 80/90점 대를 목표로 다시 시작한다.<br>■ 기출문제 위주로 공부한다. 틀린 문제는 해설을 참고하여 관련 내용을 숙지한다. |
| 60점 대 | 집중만이 살 길이다. 대부분 한 두 문제 차이로 불합격한다는 것을 잊지 말자. 불합격과 합격의 차이는 조금 더 집중하느냐? 아니면 집중하지 않고, 이것인가 보다 하고 대충 지나가느냐에 따라 달라진다. 정말 종이 한 장 차이다.<br>한 두 문제 때문에 떨어져서 다시 시험을 봐야 하다니 수수료가 아깝지 않은가! 잊지 말자, 아까운 내 돈~~<br>■ 출제예상문제부터 다시 시작한다. 특히 해설을 정독하여 관련 내용을 숙지한다. |
| 50점 이하 | 포기할 것인가? 계속할 것인가? 심사숙고하여 결정한다. 선택은 당신의 몫이다. 포기하기에는 그 동안의 노력이 너무 아깝다. 나의 피가 끓는다.<br>계속 도전하기로 작정을 하였다면 각서를 쓰고 도장을 찍어서 책상 앞에 붙여 둔다. 다시 1일차이다. 마음을 다잡고 날밤을 새운다. 느슨해질 때 마다 각서를 쳐다보고 큰 소리로 외친다. 나도 할 수 있다. **나도 날 수 있다!**<br>■ 출제예상문제부터 다시 시작한다. 이해되지 않는 부분은 본문의 내용을 살펴보고, 관련 내용을 숙지한다. |

### 항공종사자 자격증명시험 제1회 모의고사

| 자격분류명 | 자격명 | 과목명 | 시험시간 | 문제수 | 성 명 | 점 수 |
|---|---|---|---|---|---|---|
| 항공종사자 자격증명 | 조종사 | 항공교통·통신·정보업무 | 30분 | 25문항 | | |

1. 다음 중 가장 낮은 주파수대에서 운용되는 시설은?
   ① VOR  ② NDB
   ③ DME  ④ LOC

2. ILS Localizer 신호의 통달범위로 맞는 것은?
   ① 안테나로부터 반경 18마일 이내에서는 활주로 중심선으로부터 양쪽으로 10도까지
   ② 안테나로부터 반경 18마일 이내에서는 활주로 중심선으로부터 양쪽으로 15도까지
   ③ 안테나로부터 반경 25마일 이내에서는 활주로 중심선으로부터 양쪽으로 25도까지
   ④ 안테나로부터 반경 25마일 이내에서는 활주로 중심선으로부터 양쪽으로 35도까지

3. 위성항법 시스템(GPS)에 대한 설명으로 틀린 것은?
   ① 기상의 영향을 받지 않는다.
   ② Precise positioning service(PPS)의 오차는 100 m 이다.
   ③ 전리층에 의한 지연 또는 위성의 원자시계와 GPS 기준시간과의 불일치로 오차가 발생한다.
   ④ 위치정보를 얻기 위해서는 3개의 위성, 3차원 정보와 시간을 얻기 위해서는 4개의 위성을 필요로 한다.

4. 활주로 종단으로부터 3,000 ft에서 1,000 ft까지의 활주로중심선등의 색깔은?
   ① 백색  ② 적색
   ③ 백색, 적색  ④ 황색

5. 대규모 조종사의 훈련이나 비정상 형태의 항공활동이 주로 수행되는 공역은?
   ① Restricted area
   ② Prohibited area
   ③ Warning area
   ④ Alert area

6. 수색 및 구조를 필요로 하는 항공기에 관한 사항을 관계 부서에 통보하고 필요 시 관계 부서를 돕는 항공교통업무는?
   ① 항공교통관제업무  ② 비행정보업무
   ③ 경보업무  ④ 조언업무

7. 항로 명칭이 "U"로 시작하는 항로는?
   ① 초음속 비행 항로  ② 고고도 항로
   ③ VOR 항로  ④ UHF 기밀 항로

8. 반드시 계기비행을 실시해야 하는 조건이 아닌 것은?
   ① 초음속으로 비행하는 경우
   ② 천음속으로 비행하는 경우
   ③ B등급 공역 내에서 비행하는 경우
   ④ 평균해면으로부터 6,100 m를 초과하는 고도로 비행하는 경우

9. 접근차트의 MSA에 대한 설명 중 맞는 것은?
   ① 필요할 경우 범위는 반경 40 NM까지 늘어날 수 있다.
   ② 가장 높은 장애물로부터 1,500 ft의 통과고도를 제공한다.
   ③ 4~5개의 구역(sector)으로 분할할 수 있다.
   ④ VOR과 같은 시설이 없어도 설정할 수 있다.

10. Squawk 코드를 2700에서 7200으로 변경하는 방법으로 맞는 것은?
    ① 먼저 0000을 기입한 후에 7200으로 변경한다.
    ② 먼저 2200을 기입한 후에 7200으로 변경한다.
    ③ 먼저 7000을 기입한 후에 7200으로 변경한다.
    ④ 먼저 7700을 기입한 후에 7200으로 변경한다.

**11.** ATIS 방송을 통해 "Braking action advisories is in effect"라는 정보를 받은 경우, 이의 의미는?
① 활주로 제동상태가 Medium, Poor 또는 Nil 상태이므로 유의하라.
② 활주로 착륙 후 관제사에게 활주로의 제동상태를 보고하라.
③ 활주로 착륙 후 활주로의 최근상태에 대한 정보를 관제사에게 요청하라.
④ 항공기나 차량은 지정된 지점에서 대기하라.

**12.** ATC 기관이 아닌 곳에서 비행허가나 조종사에게 필요한 정보를 중계하거나, 조종사의 질문에 대하여 응답할 때 사용하는 용어가 아닌 것은?
① ATC requests   ② ATC broadcasts
③ ATC clears   ④ ATC advises

**13.** 동일 고도에 있는 항공기 간의 분리에 레이더를 사용할 때 분리 최저치로 맞는 것은?
① 안테나로부터 40마일 미만 - 2마일
② 안테나로부터 40마일 미만 - 4마일
③ 안테나로부터 40마일 이상 - 3마일
④ 안테나로부터 40마일 이상 - 5마일

**14.** Side-step maneuver에서 인접 활주로로의 기동은 언제 시작하여야 하는가?
① 활주로 또는 활주로 주변시설을 확인한 후
② Minimum descent altitude/Decision height에 도달한 후
③ Missed approach point에 도달한 후
④ Final approach fix를 지난 후

**15.** 요격 초기단계에서 요격기가 피요격기로 접근하는 방법으로 맞는 것은?
① 요격기: 2대, 접근위치: 후방
② 요격기: 2대, 접근위치: 양옆
③ 요격기: 4대, 접근위치: 후방
④ 요격기: 4대, 접근위치: 양옆

**16.** ATC로부터 fix 이후에 대한 허가를 받지 못한 경우, fix 도착 몇 분 전까지 체공속도로 감속하여야 하는가?
① 3분   ② 5분
③ 7분   ④ 10분

**17.** 약어 ATIS의 의미는?
① Automatic terminal information system
② Air traffic information service
③ Automatic terminal information service
④ Airport terminal information service

**18.** 인천 FIR로 진입하려는 VFR 비행기는 경계선 통과 몇 분 전까지 통과예정시간을 통보하여야 하는가?
① 10분   ② 15분
③ 20분   ④ 30분

**19.** 의무보고지점(compulsory reporting point)에서 위치보고를 하지 않아도 되는 경우는?
① ATC와 교신중이고 radar vector 중일 때
② VFR로 비행중일 때
③ VFR on top 비행중일 때
④ 특별 VFR 비행중일 때

**20.** ELT(Emergency Locator Transmitter) test 요령으로 틀린 것은?
① 공중점검(airborne test)은 허용되지 않는다.
② 매 시간 처음 10분간만 실시하여야 한다.
③ 가청음(audible sweep)은 3회 이내로 하여야 한다.
④ 안테나를 분리할 수 있다면 분리하고 모형 안테나를 대신 사용한다.

**21.** FAA의 허가된 호출부호를 갖고 있지 않은 air taxi 또는 사업용항공기 운용자는 호출부호에 어떤 음성단어를 붙여야 하는가?
① AIR EVAC   ② TANGO
③ LIFEGUARD   ④ MARSA

22. 재난과 긴급통신에 대한 설명 중 틀린 것은?
   ① 재난통신은 다른 모든 통신보다 절대적인 우선권을 가진다.
   ② "MAYDAY"는 무선침묵을 명령하는 것이다.
   ③ "PAN PAN"은 긴급송신에 간섭하지 말 것을 다른 기지국에 경고하는 것이다.
   ④ 비상 주파수는 민간 항공기만 이용하는 주파수이다.

23. 통제구역, 제한구역 또는 위험구역을 새롭게 설정할 때 어떤 방식으로 전파하는가?
   ① 항공고시보(NOTAM) 또는 항공정보간행물(AIP)로 배포한다.
   ② 항공정보관리절차(AIRAC)로 배포한다.
   ③ 항공정보회람(AIC)으로 배포한다.
   ④ 운항정보매뉴얼(AIM)로 배포한다.

24. 항공정보업무가 24시간 제공되지 않는 공항에서는 비행시간 최소 몇 시간 전후까지는 항공정보를 제공하여야 하는가?
   ① 1시간   ② 2시간
   ③ 2.5시간  ④ 3시간

25. Enroute chart에서 아래 그림과 같은 부호의 의미는?

   ① Basic radio navigation symbol
   ② RNAV waypoint compulsory position report
   ③ Collocated VOR and DME radio navigation aids
   ④ RNAV waypoint non-compulsory position report

## 제1회 정답 및 해설

| 문제 | 1 | 2 | 3 | 4 | 5 |
|---|---|---|---|---|---|
| 정답 | ❷ | ❶ | ❷ | ❸ | ❹ |
| 문제 | 6 | 7 | 8 | 9 | 10 |
| 정답 | ❸ | ❷ | ❸ | ❹ | ❷ |
| 문제 | 11 | 12 | 13 | 14 | 15 |
| 정답 | ❶ | ❷ | ❹ | ❶ | ❶ |
| 문제 | 16 | 17 | 18 | 19 | 20 |
| 정답 | ❶ | ❸ | ❸ | ❶ | ❷ |
| 문제 | 21 | 22 | 23 | 24 | 25 |
| 정답 | ❷ | ❹ | ❶ | ❷ | ❹ |

1. ②

   각 항행안전시설의 운용 주파수는 다음과 같다.

   | 시 설 | 주파수 |
   |---|---|
   | 무지향표지시설(NDB) | 190~535 kHz |
   | 전방향표지시설(VOR) | 108.0~117.95 MHz |
   | 거리측정시설(DME) | 960~1,215 MHz |
   | ILS Localizer | 108.10~111.95 MHz |

2. ①

   ILS 로컬라이저는 다음과 같은 통달범위 구역에 적절한 진로이탈 지시를 제공한다.
   1. 안테나로부터 반경 18 NM 이내에서 진로의 양쪽 측면 10° 까지
   2. 반경 10 NM 이내에서 진로의 양쪽 측면 10°부터 35° 까지

3. ②

   GPS 서비스는 민간용의 SPS(standard positioning system) 및 군사용의 PPS(precise positioning system)로 구분되어 있으며, 일반적으로 SPS의 정확도는 수평으로 약 100 m 이다. PPS는 군사용으로 SPS 보다 매우 정밀하나, 제한된 사용자 이외에는 사용이 허가되지 않고 있으며 정확도는 약 21 m 이다.

4. ③

   착륙활주로 시단(landing threshold)에서 보았을 때 활주로 마지막 3,000 ft까지의 활주로중

심선등은 백색이다. 다음 2,000 ft 구간에서 백색등은 적색등과 교대로 설치되고, 활주로의 마지막 1,000 ft 구간의 경우 모든 중심선등은 적색이다.

5. ④

특수사용공역(Special Use Airspace)

| 구 분 | 내 용 |
|---|---|
| 비행금지구역 (P) | 안전, 국방상, 그 밖의 이유로 항공기의 비행을 금지하는 공역 |
| 비행제한구역 (R) | 항공사격·대공사격 등으로 인한 위험으로부터 항공기의 안전을 보호하거나 그 밖의 이유로 비행허가를 받지 않은 항공기의 비행을 제한하는 공역 |
| 훈련구역 (CATA) | 민간항공기의 훈련공역으로서 계기비행 항공기로부터 분리를 유지할 필요가 있는 공역 |
| 위험구역 (D) | 항공기의 비행시 항공기 또는 지상시설물에 대한 위험이 예상되는 공역 |
| 경계구역 (A) | 대규모 조종사의 훈련이나 비정상 형태의 항공활동이 수행되는 공역 |

6. ③

항공교통업무는 다음과 같이 구분한다.
1. 항공교통관제업무: 항공기 간의 충돌 방지, 기동지역 안에서 항공기와 장애물 간의 충돌 방지, 항공교통흐름의 질서를 유지하고 촉진하기 위한 업무
2. 비행정보업무: 항공기의 안전하고 효율적인 운항을 위하여 필요한 조언 및 정보를 제공하는 업무
3. 경보업무: 수색·구조를 필요로 하는 항공기에 대한 관계기관에의 정보 제공 및 협조

7. ②

항공로(ATS route)의 기본명칭은 1개의 알파벳 문자에 1부터 999까지의 숫자를 덧붙여 구성한다. 필요한 경우, 다음과 같이 1개의 보충문자를 기본명칭에 대한 접두문자로 추가한다.
1. K: 헬리콥터용으로 설정된 저고도 항공로를 표시
2. U: 고고도 공역에 설정된 항공로 또는 비행로의 일부를 표시
3. S: 초음속 항공기가 가속, 감속 및 초음속 비행 중에 독점적으로 이용하기 위하여 설정한 항공로를 표시

8. ③

항공기는 다음의 어느 하나에 해당되는 경우에는 기상상태에 관계없이 계기비행방식에 따라 비행하여야 한다. 다만, 관할 항공교통관제기관의 허가를 받은 경우에는 그렇지 않다.
1. 평균해면으로부터 6,100 m(2만피트)를 초과하는 고도로 비행하는 경우
2. 천음속(遷音速) 또는 초음속(超音速)으로 비행하는 경우

9. ②

최저안전고도(MSA; Minimum Safe/Sector Altitudes)
1. 최저안전고도는 긴급한 경우에 사용하기 위하여 IAP 차트에 게재되며, 모든 장애물로부터 상공 1,000 ft의 회피를 제공하지만 허용 항법신호 통달범위를 반드시 보장하지는 않는다.
2. 기존 항법시스템에서 MSA는 일반적으로 IAP에 입각한 일차 전방향성시설을 기반으로 하지만, 이용할 수 있는 적합한 시설이 없다면 공항표점을 기반으로 할 수도 있다.
3. MSA는 보통 반경 25 NM 이지만, 기존 항법시스템의 경우 공항의 착륙구역을 포함하기 위하여 필요하면 30 NM까지 반경을 확장할 수 있다.
4. 일반적으로 하나의 안전고도가 설정되지만, MSA가 시설을 기반으로 하고 장애물 회피를 위하여 필요한 경우 4개 구역까지 MSA를 설정할 수 있다.

10. ②

일상적인 트랜스폰더 코드 변경 수행 시, 조종사는 부주의로 code 7500, 7600 또는 7700을 선택하여 지상자동화시설에 순간적으로 허위경보가 발령되지 않도록 하여야 한다.
예를 들어 code 2700에서 code 7200으로 변

경할 경우 먼저 2200으로 변경한 다음에 7200으로 맞추어야 하며, 7700으로 변경한 다음에 7200으로 맞추어서는 안 된다.

**11.** ①

관제탑 관제사가 medium, poor 또는 nil의 용어가 포함된 활주로 제동상태(braking action)의 보고를 접수한 경우, 또는 기상상태가 악화되거나 활주로 제동상태가 빠르게 변할 경우에는 언제든지 ATIS 방송에 "Braking action advisories are in effect."라는 문구를 포함시켜야 한다.

**12.** ②

항공관제시설이 아닌 시설을 통하여 항공기에게 중계되는 비행허가, 비행정보 또는 정보의 요구에 대한 응답에는 서두에 "ATC clears", "ATC advises" 또는 "ATC requests"를 사용한다.

**13.** ④

동일한 고도에 있는 항공기의 분리에 레이더가 사용될 때 레이더 안테나로부터 40 mile 이내에서 운항하는 항공기 간에는 최소 3 mile의 분리가 제공되고, 안테나로부터 40 mile 밖에서 운항하는 항공기 간에는 최소 5 mile의 분리가 제공된다.

**14.** ①

조종사는 활주로 또는 활주로 환경을 육안으로 확인한 후 가능한 빨리 측면이동접근(side-step maneuver)을 시작하여야 한다.

**15.** ①

표준절차에서 요격기는 피요격기의 후미로 접근한다. 통상적으로 요격기는 두 대가 투입되지만 한 대의 항공기가 요격임무를 수행하는 것이 드문 일은 아니다.

**16.** ①

항공기가 허가한계점으로부터 3분 이내의 거리에 있고 fix 다음 구간에 대한 비행허가를 받지 못했을 경우, 조종사는 항공기가 처음부터 최대 체공속도 이하로 fix를 통과하도록 속도를 줄이기 시작하여야 한다.

**17.** ③

공항정보자동방송업무(Automatic Terminal Information Service; ATIS)는 빈번한 비행활동이 이루어지는 선정된 터미널 지역에서 녹음된 비관제정보(noncontrol information)를 계속해서 방송하는 것이다. 이의 목적은 필수적이지만 일상적인 정보를 반복적으로 자동 송신함으로써 관제사의 업무효율을 증가시키고, 주파수의 혼잡을 줄이기 위한 것이다.

**18.** ③

인천비행정보구역(FIR)으로 입항하는 시계비행 항공기는 경계선 통과 예정 20분 전까지 통과예정시간을 보고해야 한다.

**19.** ①

레이더 관제상황에서 조종사는 ATC로부터 항공기가 "Radar contact" 되었다는 통보를 받은 경우에는 지정된 보고지점 상공에서 위치보고를 하지 않아도 된다. ATC가 "Radar contact lost" 또는 "Radar service terminated"라고 통보한 경우에는 다시 정상적인 위치보고를 하여야 한다.

**20.** ②

비상위치지시용 무선표지설비(ELT; Emergency Locator Transmitter) 시험운영
1. ELT는 매시 처음 5분 동안에만 시험운영해야 한다. 실제경보와 시험운영과의 혼동을 방지하기 위하여 시험운영은 3회 신호(audible sweep) 이내로 하여야 한다. 안테나를 제거할 수 있다면 제거하고, 시험절차 동안에는 의사부하(dummy load, 모형 안테나)를 대신 사용해야 한다.
2. 공중시험(airborne test)은 승인되지 않는다.

**21.** ②

　FAA가 허가한 호출부호를 갖고 있지 않는 air taxi나 그 밖의 사업용항공기 운영자는 음성문자(phonetic word) "Tango"를 정상적인 식별부호 앞에 덧붙여야 한다.

**22.** ④

　조난에 처한 모든 항공기의 조종사는 현재 사용 중인 주파수나 ATC에 의해 배정된 다른 주파수를 조난 또는 긴급통신에 사용하는 것이 바람직하지만, 필요하거나 원한다면 비상 주파수를 조난 또는 긴급통신에 사용할 수 있다.

**23.** ①

　공역 지정 내용의 공고는 항공정보간행물(AIP) 또는 항공고시보(NOTAM)에 따른다.

**24.** ②

　항공정보업무를 하루 24시간 동안 계속하여 제공할 수 없을 경우, 항공정보업무 제공책임이 있는 지역에서 항공기가 비행하는 동안 비행시간 최소 2시간 전후까지는 항공정보업무를 제공하여야 한다.

**25.** ④

　문제 그림의 부호는 RNAV waypoint(non-compulsory position report) fix를 나타낸다. Chart에서 RNAV Waypoint를 나타내는 기호는 다음과 같다.

 RNAV Waypoint (Compulsory)

 RNAV Waypoint (Non-Compulsory)

| 자격분류명 | 자격명 | 과목명 | 시험시간 | 문제수 | 성 명 | 점 수 |
|---|---|---|---|---|---|---|
| 항공종사자 자격증명 | 조종사 | 항공교통·통신·정보업무 | 30분 | 25문항 | | |

1. ILS Localizer에 대한 설명으로 틀린 것은?
   ① 운용 주파수 범위는 108.1~111.95 MHz 이다.
   ② 안테나로부터 반경 18 NM 내에서는 중심선으로부터 양쪽 10°까지 지시가 제공된다.
   ③ Localizer 신호는 활주로 시단 좌우 200 ft 내에서 수신이 가능하다.
   ④ 식별신호는 로컬라이저 주파수로 송신되는 문자 I 다음에 3자리의 식별문자로 구성된다.

2. 비행장등대에 대한 설명 중 틀린 것은?
   ① 모든 비행장에 설치하여야 한다.
   ② 1분간의 섬광 횟수는 30~40회로 한다.
   ③ 비행장 내 또는 비행장 인근의 어두운 지역에 설치한다.
   ④ 불빛은 녹색과 백색의 섬교광 또는 백색의 섬광으로 한다.

3. 활주로 표지(runway marking)의 색은?
   ① White    ② Black
   ③ Yellow   ④ Red

4. 항공교통업무의 목적이 아닌 것은?
   ① 항공기 간의 충돌 방지
   ② 항공교통흐름의 촉진 및 질서 유지
   ③ 활주로, 유도로에서 항공기와 장애물 간의 충돌 방지
   ④ 계류장에서 항공기와 장애물 간의 충돌 방지

5. B등급 공역에서 VFR 운항을 하는 항공기가 갖추어야 할 필수 장비가 아닌 것은?
   ① 쌍방향 무선통신 무전기
   ② 자동 고도보고장치를 갖춘 Mode C 트랜스폰더
   ③ IFR 운용을 위한 경우, VOR 또는 TACAN 수신기
   ④ DME

6. 관제권 내 비행장 중심으로부터 확장 가능한 관제구역의 범위는?
   ① 수평으로 3마일    ② 수평으로 5마일
   ③ 수평으로 12마일   ④ 수평으로 15마일

7. 동일한 주파수를 사용하는 VOR은 최소 몇 마일의 간격을 두고 설치하여야 하는가?
   ① 400 NM    ② 600 NM
   ③ 800 NM    ④ 1,000 NM

8. ATIS에 대한 설명 중 틀린 것은?
   ① 중요한 사항 변경 시 즉시 갱신한다.
   ② 복잡한 공항에서는 도착 및 출발정보가 따로 방송되기도 한다.
   ③ 반복적으로 정보를 제공한다.
   ④ ILS 음성채널을 사용한다.

9. 비행고도 29,000 ft 이상에서 자방위 160°로 VFR 비행 시 어느 고도를 선정하여 비행하여야 하는가?
   ① FL290    ② FL300
   ③ FL310    ④ FL320

10. Transponder의 "자동고도 보고기능을 작동시켜라"는 의미의 관제용어는?
    ① Squawk Ident
    ② Squawk Standby
    ③ Squawk Altitude
    ④ Squawk Mode C

11. ATC clearance에 해당되지 않는 것은?
    ① Clearance limit
    ② Altitude
    ③ Aircraft call sign
    ④ Weather of destination

**12.** 관제탑이 운영되는 공항에서 착륙 후 지상관제 (ground control) 주파수로 변경해야 하는 시기는?
① 착륙 후 활주로를 개방하기 직전에
② 착륙 후 활주로정지선을 벗어나면 언제든지
③ 계류장으로 들어서는 유도로에 도착했을 때
④ 관제탑 관제사의 지시가 있을 때

**13.** FL290 이하의 고도에서 계기비행 시 고도 분리 간격은?
① 500 ft  ② 1,000 ft
③ 2,000 ft  ④ 4,000 ft

**14.** Wake turbulence category 중 Heavy의 기준은?
① 최대이륙중량 136,000 lbs 이상인 항공기
② 최대이륙중량 136,000 kg 이상인 항공기
③ 최대착륙중량 136,000 lbs 이상인 항공기
④ 최대착륙중량 136,000 kg 이상인 항공기

**15.** 동일 활주로 상에서 CAT Ⅱ 항공기 출항 시 뒤 따라 이륙하는 CAT Ⅰ 항공기 간의 분리거리는?
① 2,000피트  ② 3,000피트
③ 4,000피트  ④ 5,000피트

**16.** MEA 또는 그 이하의 고도로 비행 시 적용해야 하는 고도는?
① Maximum altitude
② Minimum altitude
③ Recommended altitude
④ Mandatory altitude

**17.** Vso의 1.3배 속도가 151 kts인 항공기의 approach category는?
① Category B  ② Category C
③ Category D  ④ Category E

**18.** Contact approach는 누가 요구할 수 있는가?
① 조종사  ② 관제사
③ 조종사, 관제사  ④ 접근관제소 관제사

**19.** 불시착 항공기의 위치가 확인된 경우, 해당 장소의 표식으로 맞는 것은?
① Red cross  ② Yellow cross
③ Red 사각형  ④ Yellow 사각형

**20.** 야간에 "당신은 요격을 당하고 있으니 따라오라"는 요격항공기의 지시에 동의할 때, 피요격항공기의 응신으로 맞는 것은?
① 날개를 흔들고 항행등을 불규칙적으로 점멸한 후 뒤에서 요격기를 따라간다.
② 날개를 흔들고 항행등을 켠 후 뒤에서 요격기를 따라간다.
③ 항행등을 불규칙적으로 점멸한 후 뒤에서 요격기를 따라간다.
④ 착륙등을 불규칙적으로 점멸한 후 뒤에서 요격기를 따라간다.

**21.** Fuel dumping에 관한 설명 중 틀린 것은?
① 해당 조종사는 fuel dumping 할 내용을 즉시 관제사에게 보고해야 한다.
② 보고를 받은 관제사는 3분마다 조언방송을 하여야 한다.
③ 해당 항로를 비행할 항공기의 조종사는 즉시 고도 및 항로를 변경하여야 한다.
④ 관제사는 Special VFR 및 IFR 항공기를 해당 항공기와 분리하여야 한다.

**22.** "나의 메시지를 수신하였고 이해했는지를 알려달라"는 의미의 항공용어는?
① Read back  ② Acknowledge
③ Wilco  ④ Verify

**23.** AIP 또는 NOTAM 발간대상이 아닌 항공정보의 공고를 위하여 발행하는 것은?
① AIC  ② AIRAC
③ AIP  ④ NOTAM

**24.** AIP GEN에 포함되지 않는 내용은?
① 국내법 및 구비사항
② 도표 및 부호

③ 일반 규칙 및 절차
④ 공항 항행안전시설 사용료

25. 긴급 화산활동에 관한 정보를 전파하는 전문의 우선순위는?
① DD  ② SS
③ FF  ④ GG

### 제2회 정답 및 해설

| 문제 | 1 | 2 | 3 | 4 | 5 |
|---|---|---|---|---|---|
| 정답 | ❸ | ❷ | ❶ | ❹ | ❹ |
| 문제 | 6 | 7 | 8 | 9 | 10 |
| 정답 | ❷ | ❷ | ❹ | ❷ | ❸ |
| 문제 | 11 | 12 | 13 | 14 | 15 |
| 정답 | ❹ | ❹ | ❷ | ❷ | ❷ |
| 문제 | 16 | 17 | 18 | 19 | 20 |
| 정답 | ❶ | ❸ | ❶ | ❷ | ❶ |
| 문제 | 21 | 22 | 23 | 24 | 25 |
| 정답 | ❸ | ❷ | ❶ | ❸ | ❸ |

1. ③

로컬라이저(Localizer) 신호는 활주로시단에서 700 ft의 진로 폭이 되도록 조절된다.

2. ②

비행장등대의 1분간 섬광횟수는 20회 내지 30회로 한다.

3. ①

활주로표지(runway marking)는 백색이다. 유도로, 항공기가 사용하지 않는 지역(폐쇄지역 및 위험지역) 및 정지위치(활주로 상에 있다 하더라도)의 표지는 황색이다.

4. ④

항공교통업무의 목적은 다음과 같으며, 주요 목적은 항공기 간의 충돌 방지에 있다.

1. 항공기 간의 충돌 방지
2. 기동지역(maneuvering area, 계류장을 제외한 활주로 및 유도로 지역) 안에서 항공기와 장애물 간의 충돌 방지
3. 항공교통흐름의 질서유지 및 촉진
4. 항공기의 안전하고 효율적인 운항을 위하여 필요한 조언 및 정보의 제공
5. 수색·구조를 필요로 하는 항공기에 대한 관계기관에의 정보 제공 및 협조

5. ④

B등급 공역을 비행하고자 하는 항공기는 관할 항공교통관제(ATC) 기관의 허가가 없는 한, 송수신무선통신기 및 자동고도 보고장치를 갖춘 트랜스폰더를 구비해야 한다.

IFR 운항의 경우에는 VOR이나 TACAN 수신기, 또는 RNAV 시스템을 갖추어야 한다.

6. ②

관제권(control zones)의 수평범위는 비행장의 중심으로부터 접근 방향으로 최소한 9.3 km (5 NM)까지 연장되도록 설정하여야 한다. 두 개 이상의 비행장이 서로 인접한 경우 하나의 관제권으로 설정이 가능하다.

7. ②

항행안전무선시설의 위치에 있는 중요지점의 부호명칭은 항행안전무선시설의 식별부호와 동일하여야 하며, 가능하면 동지점의 평문명칭의 연상이 용이하도록 구성하여야 한다.

두 개의 항행안전무선시설이 동일위치에서 서로 다른 주파수대로 운용될 경우를 제외하고, 부호명칭은 항행안전무선시설로부터 1,100 km(600 NM) 이내에서 중복 사용되어서는 안 된다.

8. ②

공항정보자동방송업무(ATIS)는 계기착륙시설(ILS) 음성채널로 방송되어서는 안 된다.

**9.** ②

자방위 000°에서 179°로 비행하는 항공기의 순항고도는 다음과 같다.

| 비행방식 | 순항고도 | |
|---|---|---|
| | 29,000 ft 미만 | 29,000 ft 이상 |
| 계기비행 | 1,000 ft의 홀수배 | 29,000 ft 또는 29,000 ft+4,000 ft의 배수 |
| 시계비행 | 1,000 ft의 홀수배 +500 ft | 30,000 ft 또는 30,000 ft+4,000 ft의 배수 |

**10.** ③

레이더비컨 관제용어(phraseology)

| 관제용어 | 의 미 |
|---|---|
| Ident | 트랜스폰더의 "Ident" 기능(군항공기는 I/P)을 작동시켜라. |
| Squawk Standby | 트랜스폰더를 standby 위치로 변경하라. |
| Squawk Altitude | Mode C 자동고도보고기능을 작동시켜라. |
| Squawk (number) | Mode 3/A에 지정된 code로 레이더비컨 트랜스폰더를 작동시켜라. |

**11.** ④

일반적으로 ATC 허가에 포함되는 항목은 다음과 같다.
1. 비행계획서상의 항공기 호출부호
2. 허가한계점(clearance limit)
3. 표준계기출발절차(SID)
4. 적용될 경우, PDR/PDAR/PAR을 포함하는 비행경로
5. 비행고도/고도의 변경사항
6. 체공지시(holding instruction)
7. 기타 특별한 정보
8. 주파수 및 비컨코드(beacon code) 정보

**12.** ④

지상관제 주파수는 관제탑(국지관제) 주파수의 혼잡을 제거하기 위하여 마련되었으며 지상활주 정보, 허가의 발부, 그리고 관제탑과 항공기 또는 공항에서 운용되는 그 외의 차량 간에 필요한 그 밖의 교신에 사용된다. 방금 착륙한 조종사는 관제사로부터 주파수 변경을 지시 받을 때까지 관제탑 주파수에서 지상관제 주파수로 변경해서는 안 된다.

**13.** ②

계기비행(IFR) 항공기는 다음과 같은 수직분리 최저치를 적용하여 분리한다.
1. FL290 이하: 1,000피트
2. FL290 초과: 2,000피트

**14.** ②

항공기의 후류요란 등급(wake turbulence category)은 다음과 같다.

| 등급 | 항공기 형식 |
|---|---|
| H (Heavy) | 최대인가이륙중량 300,000 lbs(136,000 kg) 이상 |
| M (Medium) | 최대인가이륙중량 300,000 lbs(136,000 kg) 미만, 15,000 lbs(7,000 kg) 초과 |
| L (Light) | 최대인가이륙중량 15,000 lbs(7,000 kg) 이하 |

**15.** ②

동일 활주로 상에서 두 항공기 간 다음의 최저거리가 유지될 때 선행 항공기가 이륙 후 뒤따라 출발하는 항공기를 활주시킬 수 있다.
1. CAT Ⅰ 항공기 간: 3,000 ft
2. CAT Ⅱ 항공기가 CAT Ⅰ 항공기에 앞서 비행할 때: 3,000 ft
3. 뒤따르는 항공기 또는 둘 다 CAT Ⅱ 항공기일 때: 4,500 ft
4. 둘 중의 하나가 CAT Ⅲ 항공기일 때: 6,000 ft (다만, 민간 전용공항인 경우 8,000 ft 적용)
5. 뒤따르는 항공기가 헬리콥터일 때: 거리최저치 사용 대신 시계(visual) 분리를 적용

**16.** ①

규정된 고도는 계기접근절차차트에 다음과 같은 네 가지의 다른 형태로 표기될 수 있다.
1. 최저고도(minimum altitude): 고도치에 밑

줄을 그어 표기한다. 항공기는 표기된 값 이상의 고도를 유지하여야 한다.
2. 최대고도(maximum altitude) : 고도치에 윗줄을 그어 표기한다. 항공기는 표기된 값 이하의 고도를 유지하여야 한다.
3. 의무고도(mandatory altitude) : 고도치에 밑줄 및 윗줄 모두를 그어 표기한다. 항공기는 표기된 값의 고도를 유지하여야 한다.
4. 권고고도(recommended altitude) : 밑줄이나 윗줄이 없는 채로 표기한다. 이 고도는 강하 계획수립에 사용하기 위해 표기된다.

## 17. ③

항공기 접근범주(approach category)란 $V_{REF}$ 속도가 명시되어 있는 경우 $V_{REF}$ 속도를 기준으로, $V_{REF}$가 명시되어 있지 않는 경우에는 최대인가착륙중량에서 $V_{SO}$의 1.3배 속도를 기준으로 항공기를 분류한 것을 의미한다. 접근범주의 범위(category limit)는 다음과 같다.

| 접근범주 | 접근속도 |
|---|---|
| Category A | 91 knot 미만 |
| Category B | 91 knot 이상, 121 knot 미만 |
| Category C | 121 knot 이상, 141 knot 미만 |
| Category D | 141 knot 이상, 166 knot 미만 |
| Category E | 166 knot 이상 |

## 18. ①

IFR 비행계획에 의하여 운항을 하는 조종사는 구름으로부터 벗어나서 비행시정 최소 1 mile의 기상상태에서 목적지 공항까지 계속 비행할 수 있을 것이라고 합리적으로 예상할 수 있는 경우, contact 접근을 위한 ATC 허가를 요구할 수 있다. ATC는 이 접근을 제안할 수 없다.

## 19. ②

추락현장에 황색 십자(yellow cross) 표시가 되어 있다면, 이미 추락은 보고되었으며 위치가 식별된 것이다.

## 20. ①

"당신은 요격을 당하고 있으니 따라오라"는 의미의 요격신호는 다음과 같다.

| 구분 | 요격신호 | 의 미 |
|---|---|---|
| 요격기 | 피요격항공기의 약간 위쪽 전방 좌측에서 날개를 흔들고 항행등을 불규칙적으로 점멸시킨 후 응답을 확인하고, 통상 좌측으로 완만하게 선회하여 원하는 방향으로 향한다. | 당신은 요격을 당하고 있으니 나를 따라오라. |
| 피요격기 | 날개를 흔들고, 항행등을 불규칙적으로 점멸시킨 후 요격항공기의 뒤를 따라간다. | 알았다. 지시를 따르겠다. |

## 21. ③

연료투하(Fuel dumping)
1. 항공기가 연료를 투하해야 할 필요가 있을 때 조종사는 이를 즉시 ATC에 통보하여야 한다. 항공기가 연료를 투하할 것이라는 정보를 받은 경우, ATC는 연료투하를 중단할 때 까지 3분 간격으로 적절한 무선 주파수로 조언방송을 한다.
2. 이러한 방송을 청취한 경우, 영향을 받는 구역의 IFR 비행계획이나 특별 VFR로 비행하지 않는 항공기의 조종사는 조언방송에서 명시한 구역을 벗어나야 한다. IFR 비행계획이나 특별 VFR 허가를 받은 항공기는 ATC에 의해 일정한 분리가 제공된다.

## 22. ②

무선통신에 사용되는 다음 문구의 의미는 다음과 같다.

| 단 어 | 의미(Meaning) |
|---|---|
| Read back | 내 메시지의 일부나 전부를 정확하게 반복해 보라. |
| Acknowledge | 이 메시지를 수신하고 이해했는지를 알려 달라 |
| Wilco | 당신의 메시지를 알아들었으며 그대로 따르겠다. |
| Verify | 발신자에게 확인 점검하라 |

## 23. ①

항공정보간행물(AIP) 또는 항공고시보 발간대상이 아닌 항공정보의 공고를 위하여 필요한 경우 항공정보회람(AIC)을 발행하여야 한다.

**24.** ③

항공정보간행물(AIP)의 제1부(Part 1) 일반사항(GEN)에 포함되는 내용은 다음과 같다.

| 목 차 | 내 용 |
|---|---|
| GEN 0 | 머리말 |
| GEN 1 | 국내법 및 구비사항 |
| GEN 2 | 도표 및 부호 |
| GEN 3 | 업무별 |
| GEN 4 | 공항 및 항행안전시설의 사용료 |

**25.** ③

전문의 우선순위는 다음과 같다.

| 전문의 분류 | 우선순위 |
|---|---|
| 1. 조난전문 | SS |
| 2. 긴급전문 | DD |
| 3. 비행안전전문<br> 가. 비행중이거나 이륙 준비 중인 항공기에 대하여 직접 관련된 항공사가 발신하는 전문<br> 나. SIGMET 정보, AIRMET 전문, 특별비행보고서, 화산재 및 열대성태풍 정보 및 수정예보들로 제한된 기상전문 | FF |
| 4. 기상전문, 비행규칙전문, 항공정보업무전문 | GG |
| 5. 항공행정전문 | KK |
| 6. 서비스전문 | 적절하게 |

✓ **긴급**이라는 용어에 속지 말자.

| 항공종사자 자격증명시험 제3회 모의고사 | | | | | 성 명 | 점 수 |
|---|---|---|---|---|---|---|
| 자격분류명 | 자격명 | 과목명 | 시험시간 | 문제수 | | |
| 항공종사자 자격증명 | 조종사 | 항공교통·통신·정보업무 | 30분 | 25문항 | | |

1. Localizer 신호의 runway threshold에서의 폭은?
   ① 400 ft ② 500 ft
   ③ 600 ft ④ 700 ft

2. 군 공항의 비행장등대를 식별하는 불빛 색상은?
   ① 녹색 섬광 사이에 두 번의 백색 섬광
   ② 백색 섬광 사이에 두 번의 녹색 섬광
   ③ 황색 섬광 사이에 두 번의 백색 섬광
   ④ 백색 섬광 사이에 두 번의 황색 섬광

3. 활주로 명칭표지에 대한 설명 중 틀린 것은?
   ① 활주로 명칭표지의 색상은 백색이다.
   ② 활주로 명칭표지는 활주로 양 시단지역에 표시한다.
   ③ 진입방향에서 볼 때 자방위를 10으로 나눈 값에서 가장 가까운 정수가 활주로 지정번호가 된다.
   ④ 활주로가 040°이면 활주로 번호는 4로 표시한다.

4. 항공교통관제업무의 종류가 아닌 것은?
   ① 지역관제업무 ② 접근관제업무
   ③ 항공정보업무 ④ 비행장관제업무

5. 공역에 대한 설명 중 틀린 것은?
   ① 관제공역: 항공교통의 안전을 위하여 항공기의 비행순서, 시기 및 방법 등에 관하여 국토교통부장관의 지시를 받아야 할 필요가 있는 공역으로서 관제권 및 관제구를 포함하는 공역
   ② 비관제공역: 관제공역 외의 공역으로서 항공기에게 비행에 필요한 조언, 비행정보 등을 제공할 필요가 있는 공역
   ③ 통제공역: 항공교통의 안전을 위하여 항공기의 비행을 금지 또는 제한할 필요가 있는 공역
   ④ 경계공역: 항공기의 비행 시 조종사의 특별한 주의, 경계, 식별 등이 필요한 공역

6. 항공기의 UTC는 어디에 맞추어야 하는가?
   ① 무선국(radio station)
   ② GPS
   ③ 항공교통관제센터
   ④ 기상대

7. 필수보고지점 설정 조건이 아닌 것은?
   ① 비행정보구역 또는 관제구역 경계선에 꼭 설정해야 할 필요는 없다.
   ② 보고지점의 명칭은 반드시 그곳의 특색을 나타낼 수 있는 명확한 지명으로 부여하여야 한다.
   ③ 필수보고지점은 비행중인 항공기의 진행에 관한 정보를 항공교통업무기관에 일상적으로 통보하는데 필요한 최소한으로 제한하여야 한다.
   ④ 어떤 위치에 항행안전무선시설이 있다고 하여 이를 꼭 필수보고지점으로 지정할 필요는 없다.

8. 교통량이 많은 공항에서 녹음된 비관제정보가 계속해서 맹목 방송되는 것은?
   ① TDAS(Terminal Data Link System)
   ② FISB(Flight Information Service Broadcast)
   ③ ATIS(Automatic Terminal Information Service)
   ④ ARTS(Automated Radar Terminal Systems)

9. 관제탑이 운영되고 있는 공항에 착륙을 위해 진입 시, 최초 무선호출은 공항으로부터 몇 마일 밖에서 이루어져야 하는가?
   ① 5 NM ② 10 NM
   ③ 15 NM ④ 20 NM

10. 공항으로부터 20마일 밖에서 10,000피트 미만의 고도로 접근하는 터보제트 항공기의 간격분리를 위한 최소속도는?
    ① 190 kts ② 200 kts
    ③ 210 kts ④ 220 kts

**11.** 특별시계비행에 대한 설명 중 틀린 것은?
① 비행시정을 2,000 m 이상 유지해야 한다.
② 지상이나 수면을 계속 볼 수 있어야 한다.
③ 구름을 피하여 비행해야 한다.
④ 계기비행자격이 없으면 주간에만 비행할 수 있다.

**12.** 다음 중 taxi 지시 관련 용어가 아닌 것은?
① "Taxi on taxiway charlie, hold short of runway two eight."
② "Proceed straight to holding point runway two eight right."
③ "Taxi to holding point runway two eight via taxiway charlie."
④ "Cross runway two eight left, hold short of runway two eight right."

**13.** Pre-taxi IFR clearance procedure에 대한 설명 중 틀린 것은?
① 관제사가 pre-taxi clearance procedure를 제안하면 조종사는 반드시 받아들여야 한다.
② 최소한 지상활주 예정시간 10분 이전에 clearance를 요청하여야 한다.
③ 최초교신 시 IFR 허가가 발부되며, 허가할 수 없는 경우에는 지연정보가 된다.
④ 허가중계주파수로 IFR 허가를 받았다면 지상 활주 준비가 완료되었을 때 지상관제소를 호출하여야 한다.

**14.** 방공식별구역(ADIZ) 통과 시 항공기 위치 오차허용 범위로 맞는 것은?
① 육지: 예정 시간 ±3분 이내, 계획 경로 10 NM 이내
② 해상: 예정 시간 ±5분 이내, 계획 경로 10 NM 이내
③ 육지: 예정 시간 ±3분 이내, 계획 경로 20 NM 이내
④ 해상: 예정 시간 ±5분 이내, 계획 경로 20 NM 이내

**15.** 마하수(Mach number)로 비행 시 비행계획서에 기입하는 순항속도는?
① 0.01 단위의 마하수
② 0.1 단위의 마하수
③ 10 kt 단위의 TAS
④ 5 kt 단위의 TAS

**16.** Holding 시 허가한계점에서 보고하여야 할 사항이 아닌 것은?
① 조종사 및 승무원 인원
② 도착 시간
③ 고도
④ 허가한계점을 떠날 때

**17.** 최저레이더유도고도(MVA)에 대한 설명으로 틀린 것은?
① 높이는 장애물로부터 평지에서 1,000 ft, 산악지역에서 2,000 ft 이상이다.
② 표면으로부터 300 m 이상의 공역에 대한 레이더 유도를 제공한다.
③ MVA는 MOCA 또는 MEA보다 낮을 수 있다.
④ 레이더 항공교통관제 하에서 운영된다.

**18.** 평행 활주로에 ILS 접근을 할 때 final monitor controller가 필요 없는 접근 방식은?
① Independent parallel approach
② Independent simultaneous parallel approach
③ Independent simultaneous close parallel approach
④ Simultaneous dependent parallel approach

**19.** 다음 중 경보단계(alert phase)에 해당되지 않는 것은?
① 불확실 상황에서의 항공기와의 교신시도 또는 관계 부서의 조회로도 해당 항공기의 위치를 확인하기 곤란한 경우
② 항공기가 요격테러 등 불법간섭을 받는 것으로 인지된 경우

③ 항공기가 착륙허가를 받고도 착륙 예정시간부터 5분 이내에 착륙하지 아니한 상태에서 그 항공기와의 무선교신이 되지 아니할 경우
④ 항공기 탑재연료가 고갈되어 항공기의 안전을 유지하기가 곤란한 경우

**20.** 안전을 고려하여 활주로 끝단 표고보다 몇 ft 이상 상승한 후 선회하여야 하는가?
① 300 ft  ② 400 ft
③ 500 ft  ④ 600 ft

**21.** 재난(distress) 상황에서 사용하는 radio call 은?
① SOS  ② Mayday
③ Emergency  ④ Pan-Pan

**22.** VFR 기상상황에서 IFR 비행계획으로 비행 중 무선통신의 고장 상황에 처했을 때 가장 적절한 조치는?
① 지정된 고도와 항로로 계속 비행하고 ETA에 맞추어 접근을 시작한다.
② 비상사태를 선포하고 즉시 착륙한다.
③ VFR 조건에서 계속 비행하고 가능한 한 빨리 착륙한다.
④ 트랜스폰더 코드를 7600에 맞추고 목적지 공항까지 계속 비행한다.

**23.** 무선 송신 시 숫자 "681"은 어떻게 읽어야 하는가?
① six eighty one
② sixty eight one
③ six eight one
④ six hundred eighty one

**24.** 항공도의 표기 방법으로 틀린 것은?
① Clearway - 점선
② Stopway - 점선
③ 이륙표면, 수평표면 - 실선
④ 유도로, 계류장, 주기장 - 실선

**25.** 항행안전시설의 출력이 몇 % 이상 변경 시에 NOTAM에 고시하는가?
① 10%  ② 20%
③ 30%  ④ 50%

### 제3회 정답 및 해설

| 문제 | 1 | 2 | 3 | 4 | 5 |
|---|---|---|---|---|---|
| 정답 | ④ | ① | ④ | ③ | ④ |
| 문제 | 6 | 7 | 8 | 9 | 10 |
| 정답 | ③ | ② | ③ | ③ | ③ |
| 문제 | 11 | 12 | 13 | 14 | 15 |
| 정답 | ① | ② | ① | ④ | ① |
| 문제 | 16 | 17 | 18 | 19 | 20 |
| 정답 | ① | ② | ④ | ④ | ② |
| 문제 | 21 | 22 | 23 | 24 | 25 |
| 정답 | ② | ③ | ③ | ③ | ④ |

**1.** ④
로컬라이저(Localizer) 신호는 활주로 시단(threshold)에서 700 ft의 진로 폭이 되도록 조절된다.

**2.** ①
군 비행장등대는 백색과 녹색이 교대로 섬광되지만, 녹색섬광 사이에 백색이 두 번 섬광된다는 점이 민간 비행장등대와 다르다.

**3.** ④
활주로 표지(runway marking)는 두 자리 숫자로 되어 있으며, 이 활주로 번호는 자북에서부터 시계방향으로 측정한 활주로중심선 자방위(magnetic azimuth)의 10분의 1에 가장 가까운 정수이다. 예를 들어 자방위가 183°인 곳의 활주로 명칭은 18이 되고, 자방위가 40°인 경우에는 "0"을 숫자 앞에 붙여 활주로의 명칭은 04가 된다.

**4.** ③
항공교통관제업무는 다음과 같은 업무로 구분

한다.
1. 접근관제업무
2. 비행장관제업무
3. 지역관제업무

**5.** ④

"경계구역(alert area)"이란 대규모 조종사의 훈련이나 비정상 형태의 항공활동이 수행되는 공역을 말한다.

**6.** ③

조종사가 다른 방법으로 시간정보를 획득할 수 있는 별도의 절차가 없다면, 관제탑은 항공기가 이륙을 위하여 지상이동(taxi)을 시작하기 전에 조종사에게 정확한 시간을 제공하여야 한다. 항공교통업무시설은 부가적으로 조종사 요구 시 정확한 시간을 제공하여야 한다.

**7.** ②

필수(compulsory) 보고지점 설정
1. 필수보고지점은 조종사 및 관제사의 업무 부담 및 공지통신 부담을 최소한으로 유지할 필요성을 명심하여, 비행중인 항공기의 진행에 관한 정보를 항공교통업무기관에 일상적으로 통보하는데 필요한 최소한으로 제한하여야 한다.
2. 어떤 위치에 항행안전무선시설이 있다고 하여 이를 꼭 필수보고지점으로 지정할 필요는 없다.
3. 비행정보구역 또는 관제구역 경계선에 꼭 필수보고지점을 설정해야 할 필요는 없다.

**8.** ③

공항정보자동방송업무(Automatic Terminal Information Service; ATIS)는 빈번한 비행활동이 이루어지는 선정된 터미널 지역에서 녹음된 비관제정보(noncontrol information)를 계속해서 방송하는 것이다. 이의 목적은 필수적이지만 일상적인 정보를 반복적으로 자동 송신함으로써 관제사의 업무효율을 증가시키고, 주파수의 혼잡을 줄이기 위한 것이다.

**9.** ③

관제탑에 의해 교통관제가 이루어지는 공항에서 운항할 때, 조종사는 B등급, C등급과 D등급 공항교통구역(surface area) 내에서 운항 중에는 관제탑이 달리 허가하지 않은 한 관제탑과 양방향 무선교신을 유지하여야 한다. 최초의 무선호출(initial callup)은 공항으로부터 약 15 mile 지점에서 이루어져야 한다.

**10.** ③

10,000 ft 미만의 고도로 비행하는 도착항공기는 다음의 속도를 준수하여야 한다.
1. 210 knot를 최저속도로 한다.
2. 단, 착륙하고자 하는 공항의 활주로 시단으로부터 비행거리 20 mile 이내에서는 170 knot를 최저속도로 한다.

**11.** ①

예측할 수 없는 급격한 기상의 악화 등 부득이한 사유로 관할 항공교통관제기관으로부터 특별시계비행허가를 받은 항공기의 조종사는 다음의 기준에 따라 비행하여야 한다.
1. 허가받은 관제권 안을 비행할 것
2. 구름을 피하여 비행할 것
3. 비행시정을 1 SM(1,500 m) 이상 유지하며 비행할 것
4. 지표 또는 수면을 계속하여 볼 수 있는 상태로 비행할 것
5. 조종사가 계기비행을 할 수 있는 자격이 없거나, 계기비행을 위한 항공계기를 갖추지 아니한 항공기로 비행하는 경우에는 주간에만 비행할 것

**12.** ②

용어 "Proceed"를 사용하여 이동에 관한 허가 시에는 다음과 같이 taxi 지시를 발부한다.
1. 〔예시〕 "Proceed to holding point runway two eight right."
2. 〔예시〕 "Proceed straight ahead then via ramp to the hangar."

## 13. ①

지상활주전 허가절차(Pre-taxi Clearance Procedure)
1. 조종사의 참여는 의무사항이 아니다.
2. 참여하는 조종사는 지상활주 예정시간으로부터 최소 10분 전까지 허가중계소(clearance delivery) 또는 지상관제소를 호출한다.
3. 최초교신 시 IFR 허가(허가할 수 없는 경우에는 지연정보)가 발부된다.
4. 허가중계주파수로 IFR 허가를 받았다면, 조종사는 지상활주를 위한 준비가 완료되었을 때 지상관제소를 호출한다.
5. 일반적으로 조종사는 허가중계주파수로 IFR 허가를 받았다는 것을 지상관제소에 통보할 필요는 없다.

## 14. ④

방공식별구역(ADIZ) 통과 시 항공기 위치 오차허용(Tolerance)
1. 육상: 보고지점 또는 진입지점 상공의 예정시간으로부터 ±5분 이내, 예정보고지점 또는 진입지점의 계획된 항적(track)의 중앙선으로부터 10 NM 이내
2. 해상: 보고지점 또는 진입지점 상공의 예정시간으로부터 ±5분 이내, 예정보고지점 또는 진입지점의 계획된 항적(track)의 중앙선으로부터 20 NM 이내

## 15. ①

비행계획서 항목 15의 순항속도를 마하수로 기입할 때는 M과 100분의 1 단위(0.01 단위)의 마하수에 가장 가까운 3자리 숫자로 표현한다. (예, M082)

## 16. ①

체공(holding) 시 조종사는 항공기가 허가한계점에 도착한 시간과 고도/비행고도를 ATC에 보고하여야 하며, 또한 허가한계점을 떠난다는 것을 보고하여야 한다.

## 17. ②

각 구역의 최저레이더유도고도(MVA)는 비산악지역에서는 가장 높은 장애물로부터 상공 1,000 ft로 되어 있으며, 지정된 산악지역에서는 가장 높은 장애물로부터 상공 2,000 ft로 되어 있다. 최저레이더유도고도는 관제공역의 하한고도(floor)로부터 최소한 상공 300 ft로 되어 있다.

## 18. ④

동시(평행) 종속〔simultaneous (parallel) dependent〕 접근은 평행활주로 중심선 간의 최소거리가 감소되었고, 레이더감시나 조언이 필요하지 않으며 인접 최종접근진로 상의 항공기와 엇갈린 분리(staggered separation)가 필요하다는 점이 동시(평행)독립〔simultaneous (parallel) independent〕 접근과 다르다.
따라서 Simultaneous dependent parallel ILS/RNAV/GLS 접근에는 최종감시관제사(final monitor controller)의 개입이 필요 없다.

## 19. ④

비상 단계 중 경보 단계(alert phase)에 해당되는 상황은 다음과 같다.
1. 불확실 상황에서의 항공기와의 교신시도 또는 관계 부서의 조회로도 해당 항공기의 위치를 확인하기 곤란한 경우
2. 항공기가 착륙허가를 받고도 착륙예정시간부터 5분 이내에 착륙하지 아니한 상태에서 그 항공기와의 무선교신이 되지 아니할 경우
3. 항공기의 비행능력이 상실되었으나 불시착할 가능성이 없음을 나타내는 정보를 입수한 경우. 다만, 항공기 및 탑승자의 안전에 우려가 없다는 명백한 증거가 있는 경우는 제외한다.
4. 항공기가 요격테러 등 불법간섭을 받는 것으로 인지된 경우

## 20. ②

달리 지정되지 않은 한 임의출발을 포함한 모든 출발 시에 필요한 장애물 회피는 조종사가 이

륙활주로종단을 최소한 이륙활주로종단 표고보다 35 ft 이상의 높이로 통과하고, 최초로 선회하기 전에 이륙활주로종단 표고보다 400 ft 이상의 높이까지 상승하여야 한다.

**21.** ②

조난(재난, distress) 상황에 처한 항공기의 조종사는 충분히 고려하여 필요하다면 최초교신과 이후의 송신을 신호 MAYDAY로 시작하여야 하며, 되도록이면 3회 반복한다. 신호 PAN-PAN은 같은 방법으로 긴급한 상황(urgency condition)에서 사용한다.

**22.** ③

VFR 상태에서 양방향 무선통신이 두절되거나 두절된 이후에 VFR 상태가 된 경우, 조종사는 VFR로 비행을 계속하여 가장 가까운 착륙 가능한 비행장에 착륙한 후 도착사실을 지체 없이 관할 항공교통관제기관에 통보하여야 한다.

**23.** ③

주파수의 경우 각 숫자를 따로따로 발음하여 송신해야 한다.

**24.** ③

비행장 장애물도의 표기 방법은 다음과 같다.
1. 개방로(clearway), 정지로(stopway) : 점선
2. 이륙 및 수평표면 등과 같은 장애물제한구역의 외곽선 : 점선
3. 유도로, 계류장(apron) 및 주기지역 : 실선

**25.** ④

항공고시보(NOTAM)의 발행대상에는 무선항행과 공지통신업무의 운영성능의 중요한 변경과 이로 인한 주파수 간섭이나 운영재개와 변경, 공고된 업무시간의 변경, 식별부호 변경, 방위 변경, 위치 변경, 50% 이상의 출력 증감, 방송 스케줄 또는 내용에 대한 변경, 특정 무선항행 운용 및 공지통신업무 등의 불규칙성 또는 불확실성 등이 포함된다.

| 항공종사자 자격증명시험 제4회 모의고사 | | | | | 성 명 | 점 수 |
|---|---|---|---|---|---|---|
| 자격분류명 | 자격명 | 과목명 | 시험시간 | 문제수 | | |
| 항공종사자 자격증명 | 조종사 | 항공교통·통신· 정보업무 | 30분 | 25문항 | | |

1. Outer marker 통과 시 등화의 색상은?
   ① 황색  ② 청색
   ③ 적색  ④ 백색

2. VASI가 보장하는 유효범위와 길이는?
   ① 좌우 8°, 3마일  ② 좌우 9°, 4마일
   ③ 좌우 10°, 4마일  ④ 좌우 12°, 5마일

3. 유도로중앙선(taxiway centerline)의 색상은?
   ① White  ② Yellow
   ③ Red  ④ Black

4. 우리나라 A등급 공역의 고도범위는?
   ① 평균해면 18,000 ft 초과 40,000 ft 이하의 항로
   ② 평균해면 18,000 ft 초과 60,000 ft 이하의 항로
   ③ 평균해면 20,000 ft 초과 40,000 ft 이하의 항로
   ④ 평균해면 20,000 ft 초과 60,000 ft 이하의 항로

5. 대규모 조종사의 훈련이나 비정상 형태의 항공활동이 이루어지는 공역은?
   ① 경계공역  ② 훈련공역
   ③ 위험공역  ④ 군작전공역

6. ICAO 기준 탑재시계의 최대 허용오차는?
   ① 5초  ② 10초
   ③ 20초  ④ 30초

7. 민간 항공기가 절대 set 해서는 안 되는 transponder code는?
   ① 1200  ② 4000
   ③ 7500  ④ 7777

8. ATIS 방송은 가능한 얼마 이내로 제한하는가?
   ① 30초  ② 1분
   ③ 80초  ④ 2분

9. Flight visibility는 어디에서 측정하는가?
   ① 비행 중 항공기  ② 기상대
   ③ 운항실  ④ 관제탑

10. 비행중인 항공기에게 보내는 점멸 녹색등의 의미는?
    ① 착륙을 허가함
    ② 착륙하지 말 것
    ③ 착륙을 준비할 것
    ④ 다른 항공기에게 진로를 양보할 것

11. 게이트 접현 시 marshaller가 팔을 수평으로 들어 가슴 부분에서 손을 움켜지는 것의 의미는?
    ① 엔진을 꺼라.
    ② Gate에 접현이 완료되었다.
    ③ 브레이크를 밟아라.
    ④ Rotating beacon을 꺼라.

12. Radar 관제 제공 유무에 관계없이 항상 보고해야 할 사항이 아닌 것은?
    ① VFR-on-top 비행 중 고도변경을 할 때
    ② 최종 접근로 상의 최종접근픽스(FAF) 또는 outer marker를 떠날 때
    ③ Missed approach를 할 때
    ④ 지정받은 holding fix를 떠날 때

13. 시계비행으로 출항하여 비행 중 어느 지점에서 계기비행으로 전환하고자 하는 경우, 비행계획서의 flight rule에 기입하여야 할 문자는?
    ① I  ② V
    ③ Y  ④ Z

**14.** 비행 시 시각경계절차에 대한 설명으로 틀린 것은?
① 유도로에서 활주로로 진입하기 전에 최종접근 중인 항공기를 경계하여야 한다.
② 이륙 및 착륙 시에는 항공기 구조물로 인한 사각지대의 주변을 계속 경계하여야 한다.
③ 교통장주에 진입할 때는 시야를 좋게 하기 위해 강하하면서 진입한다.
④ 기동 전에 clearing turn을 수행하여 다른 항공기와 장애물을 탐색하여야 한다.

**15.** 계기비행출발절차에서 최저 IFR 고도까지 NM당 표준상승률은?
① 120 fpnm    ② 180 fpnm
③ 200 fpnm    ④ 250 fpnm

**16.** 다음 중 조종사에게 lateral 및 vertical navigation의 인가가 모두 난 것은?
① "Cleared Bulls One arrival."
② "Cleared Bulls One arrival, descend and maintain FL160."
③ "Cleared Bulls One arrival, descend at pilot's discretion, maintain FL160."
④ "Descend via the Bulls One arrival."

**17.** 요격기의 지시를 거절할 때의 응신방법으로 적합한 것은?
① 날개를 좌우로 흔든다.
② 착륙등을 켠다.
③ 모든 등화를 규칙적으로 on/off 한다.
④ 모든 등화를 불규칙적으로 점멸한다.

**18.** Visual approach를 수행하기 위한 최저 기상조건은?
① Visibility 2 SM 이상, Ceiling 1,000 ft 이상
② Visibility 2 SM 이상, Ceiling 1,500 ft 이상
③ Visibility 3 SM 이상, Ceiling 1,000 ft 이상
④ Visibility 3 SM 이상, Ceiling 1,500 ft 이상

**19.** Final approach gate에 대한 설명으로 틀린 것은?
① Radar vector 시 사용된다.
② Final approach fix로부터 1 NM 지점에 설정된다.
③ Landing threshold로부터 5 NM을 초과한다.
④ 식별하였을 때 강하를 시작하여야 하는 지점이다.

**20.** 조난 시 의사소통을 위해 사용되는 언어는?
① 영어, 프랑스어, 스페인어
② 영어, 독일어, 러시아어
③ 영어, 프랑스어, 독일어
④ 영어, 러시아어, 한국어

**21.** 무선통신 요령으로 틀린 것은?
① 교신 전 다른 항공기의 교신 내용이나 ATIS를 청취한다.
② 교신 전 말하고자 하는 것을 미리 생각해 둔다.
③ 마이크를 입술에 바짝 붙이고 버튼을 누르자마자 말한다.
④ 교신을 마치고 다시 교신할 때는 몇 초간 기다린다.

**22.** 지상 무선통신시설 중 사용 활주로를 제외한 이동지역을 관장하는 시설의 호출부호는?
① Tower        ② Ground
③ Departure    ④ Approach

**23.** 항행에 필수적이고 영속적인 성격의 항공정보를 수록한 간행물은?
① AIC     ② AIP
③ AIRAC   ④ NOTAM

**24.** NOTAM에 포함되는 사항이 아닌 것은?
① 항공교통업무의 중단
② 비행금지구역의 설정 또는 폐지
③ 수색구조시설 및 업무에 대한 중요한 변경
④ 항공기 사고

25. 1:500,000의 축척으로 발행되는 저속 및 중속 항공기를 위한 항공도는?
① World aeronautical chart
② Enroute chart
③ Sectional chart
④ Planning chart

### 제4회 정답 및 해설

| 문제 | 1 | 2 | 3 | 4 | 5 |
|---|---|---|---|---|---|
| 정답 | ② | ③ | ② | ④ | ① |
| 문제 | 6 | 7 | 8 | 9 | 10 |
| 정답 | ④ | ④ | ① | ① | ③ |
| 문제 | 11 | 12 | 13 | 14 | 15 |
| 정답 | ③ | ② | ④ | ③ | ③ |
| 문제 | 16 | 17 | 18 | 19 | 20 |
| 정답 | ④ | ③ | ③ | ④ | ① |
| 문제 | 21 | 22 | 23 | 24 | 25 |
| 정답 | ③ | ② | ② | ④ | ③ |

1. ②

항공기가 마커(marker) 상공을 통과할 때 이를 지시하는 등화의 색상은 다음과 같다.

| 마커(Marker) | 등화(Light) |
|---|---|
| Outer marker(OM) | 청색(Blue) |
| Middle marker(MM) | 황색(Amber) |
| Inner marker(IM) | 백색(White) |

2. ③

시각진입각지시등(VASI; Visual Approach Slope Indicator)의 시각적인 활주로(glide path)는 활주로중심선의 연장선 ±10° 이내에서 활주로시단으로부터 4 NM까지 안전한 장애물 회피를 제공한다.

3. ②

유도로중심선(taxiway centerline)은 폭이 6~12 in(15~30 cm)인 한 줄의 황색 실선이다.

4. ④

우리나라의 A등급 공역은 인천비행정보구역(FIR) 내의 평균해면(MSL) 20,000 ft 초과 평균해면 60,000 ft 이하의 항공로(airways)로서 국토교통부장관이 공고한 공역이다.

5. ①

주의공역을 구분하면 다음과 같다.

| 구 분 | 내 용 |
|---|---|
| 훈련구역 (CATA) | 민간항공기의 훈련공역으로서 계기비행 항공기로부터 분리를 유지할 필요가 있는 공역 |
| 군작전구역 (MOA) | 군사작전을 위하여 설정된 공역으로서 계기비행 항공기로부터 분리를 유지할 필요가 있는 공역 |
| 위험구역 (D) | 항공기의 비행시 항공기 또는 지상시설물에 대한 위험이 예상되는 공역 |
| 경계구역 (A) | 대규모 조종사의 훈련이나 비정상 형태의 항공활동이 수행되는 공역 |

6. ④

항공교통업무시설의 시계 및 다른 시간기록장치는 국제표준시간(UTC)으로부터 30초 이내의 정확한 시간이 유지되도록 점검하여야 하고, 데이터링크 통신을 사용하는 경우에는 UTC로부터 1초 이내의 정확한 시간이 유지되도록 점검하여야 한다.

7. ④

여하한 경우에도 민간항공기의 조종사는 트랜스폰더를 code 7777로 운용해서는 안 된다. 이 code는 군요격작전에 배정되어 있다.

8. ①

ATIS 메시지는 송신속도 또는 ATIS 송신에 사용되는 항행안전시설의 식별신호에 의해 저해되지 않도록 가능한 30초를 초과하지 않아야 한다.

9. ①

비행시정(flight visibility)이란 비행 중 항공기의 조종석에서 주간에는 뚜렷한 비발광대상물을 야간에는 뚜렷한 발광대상물을 보고 식별할 수 있는 전방의 평균 수평거리를 말한다.

**10.** ③

무선통신 두절 시 비행중인 항공기에 보내는 빛 총신호(light gun signal)의 종류와 의미는 다음과 같다.

| 신호의 종류 | 의미(Meaning) |
|---|---|
| 연속되는 녹색 | 착륙을 허가함 |
| 깜박이는 녹색 | 착륙을 준비할 것 |
| 연속되는 적색 | 다른 항공기에게 진로를 양보하고 계속 선회할 것 |
| 깜박이는 적색 | 비행장이 불안전하니 착륙하지 말 것 |
| 깜박이는 백색 | 착륙하여 계류장으로 갈 것 |

**11.** ③

조종사에 대한 유도원(marshaller)의 브레이크에 대한 신호는 다음과 같다.
1. 브레이크를 걸 것: 손가락을 펴고 한쪽 팔을 들어 가슴 앞을 수평으로 가로지르게 한 다음 주먹을 쥔다.
2. 브레이크를 풀 것: 주먹을 쥐고 한쪽 팔을 들어 가슴 앞을 수평으로 가로지르게 한 다음 손가락을 편다.

**12.** ②

ATC의 특별한 요청이 없어도 다음의 경우에는 ATC 또는 FSS 시설에 항상 보고해야 한다.
1. 새로 배정받은 고도 또는 비행고도로 비행하기 위하여 이전에 배정된 고도 또는 비행고도를 떠날 때
2. VFR-on-top 허가를 받고 운항중이라면, 고도변경을 할 때
3. 최소한 분당 500 ft의 비율로 상승/강하할 수 없을 때
4. 접근에 실패하였을 때
5. 비행계획서에 제출한 진대기속도보다 순항고도에서의 평균 진대기속도가 5% 또는 10 knot의 변화(어느 것이든 큰 것)가 있을 때
6. 허가받은 체공 fix 또는 체공지점에 도착한 경우, 시간 및 고도 또는 비행고도
7. 지정받은 체공 fix 또는 체공지점을 떠날 때
8. 관제공역에서의 VOR, TACAN, ADF, 저주파수 항법수신기의 기능상실, 장착된 IFR-인가 GPS/GNSS 수신기를 사용하는 동안 GPS의 이상현상(anomaly), ILS 수신기 전체 또는 부분적인 기능상실이나 공지통신 기능의 장애
9. 비행안전과 관련된 모든 정보

**13.** ④

비행계획서의 비행규칙(flight rule)은 IFR을 나타내기 위해서 문자 "I", VFR을 나타내기 위해서 문자 "V", 비행의 첫 부분이 IFR인 경우 문자 "Y", 비행의 첫 부분이 VFR인 경우 문자 "Z"를 기입한다.

**14.** ③

강하하면서 교통장주(traffic pattern)로 진입하는 것은 특정한 충돌위험을 초래할 수 있으므로 피해야 한다.

**15.** ③

달리 지정되지 않은 한 임의출발을 포함한 모든 출발 시에 필요한 장애물 회피는 통과제한에 의해 고도이탈(level off)이 필요하지 않는 경우, 최저 IFR 고도까지 NM 당 최소 200 ft의 상승률(FPNM)을 유지하는 것을 기반으로 한다.

**16.** ④

관제용어 "Descend via"가 포함된 허가는 조종사에게 발간된 제한사항과 STAR에 의한 횡적항행(lateral navigation)을 이행하기 위한 조종사 임의의 수직항행(lateral navigation)을 허가하는 것이다.

**17.** ③

피요격항공기가 요격항공기의 지시를 따를 수 없을 경우에는 점멸하는 등화와는 명확히 구분할 수 있는 방법으로 사용가능한 모든 등화의 스위치를 규칙적으로 개폐하여야 한다.

**18.** ③

시각접근은 IFR 비행계획에 의해 수행되며, 조종사가 구름으로부터 벗어난 상태에서 공항까지 육안으로 비행하는 것을 허가한다. 조종사는 공항 또는 식별된 선행 항공기를 시야에 두어야 한다. 공항의 보고된 기상은 1,000 ft 이상의 운고(ceiling) 및 3 mile 이상의 시정을 가져야 한다.

**19.** ④

Approach gate는 최종접근진로로 항공기를 레이더 유도(vector)하기 위해 ATC에 의해 사용되는 가상의 지점이다. Approach gate는 공항에서 멀리 떨어진 최종접근 fix(FAF)로부터 최종접근진로 상의 1 NM에 설정되며, 착륙 시단으로부터 5 NM보다 더 근접하게 위치하지는 않는다.

**20.** ①

각 수색 및 구조 항공기는 해양구역에서의 수색 및 구조 시 선박과의 의사소통에서 처할 수 있는 언어문제를 극복할 수 있도록 국제신호서(International Code of Signals)의 복사본을 소지하여야 한다. 국제신호서는 영어, 프랑스어 및 스페인어로 발간된다.

**21.** ③

무선통신 시 마이크로폰(microphone)을 입술에 아주 가까이 대고 마이크 버튼을 누른 후, 첫 단어가 확실히 송신되도록 하기 위하여 잠시 기다릴 필요가 있다.

**22.** ②

사용 활주로를 제외한 이동지역을 관장하는 지상관제소(ground control)의 호출부호는 "Ground"이다.

**23.** ②

"항공정보간행물(Aeronautical Information Publication; AIP)"이라 함은 항공항행에 필수적이고 영구적인 성격의 항공정보를 수록한 간행물을 말한다.

**24.** ④

항공고시보(NOTAM)의 발행대상 중 주요 내용은 다음과 같다.
1. 비행장(헬기장 포함) 또는 활주로의 설치, 폐쇄 또는 운용상 중요한 변경
2. 항공업무(AGA, AIS, ATS, CNS, MET, SAR 등)의 신설, 폐지 및 운영상 중요한 변경
3. 무선항행과 공지통신업무의 운영성능의 중요한 변경, 설치 또는 철거
4. 시각보조시설(visual aids)의 설치, 철거 또는 중요한 변경
5. 비행장등화시설 중 주요 구성요소의 운용중지 또는 복구
6. 항행업무절차의 신설, 폐지 또는 중요한 변경
7. 수색구조시설 및 업무에 대한 중요한 변경
8. 항행에 중요한 장애물을 표시하는 항공장애등의 설치, 철거 또는 복구
9. 즉각적인 조치를 필요로 하는 규정변경. 예: 수색 및 구조활동을 위한 비행금지구역 설정
10. 비행금지구역, 비행제한구역 또는 위험구역의 설정, 폐지(발효 또는 해제 포함) 또는 상태의 변경
11. 비행장(헬기장 포함) 소방구조능력 등의 중요한 변경
12. 이동지역의 눈, 진창, 얼음, 방사성물질, 독성 화합물, 화산재 퇴적 또는 물로 인한 장애상태의 발생·제거 또는 중요한 변경

**25.** ③

구역도(sectional chart)는 저속 및 중속 항공기의 시계비행을 위해 만들어 진 것이며, 축척은 1:500,000 이다.

## 항공종사자 자격증명시험 제5회 모의고사

| 자격분류명 | 자격명 | 과목명 | 시험시간 | 문제수 | 성 명 | 점 수 |
|---|---|---|---|---|---|---|
| 항공종사자 자격증명 | 조종사 | 항공교통·통신·정보업무 | 30분 | 25문항 | | |

1. DME에 대한 설명 중 틀린 것은?
   ① DME 장비로부터 수신되는 거리는 slant range 이다.
   ② 가시고도에서 신뢰할 수 있는 신호의 수신거리는 199 NM까지이다.
   ③ 운용주파수는 960~1,215 MHz의 UHF 주파수 범위이다.
   ④ 오류는 1/3마일 또는 3% 가운데 더 큰 것보다 작아야 한다.

2. 12,000 ft 이하의 고도에서 Terminal VOR의 운용 반경 범위는?
   ① 20 NM    ② 25 NM
   ③ 30 NM    ④ 35 NM

3. Taxiway Edge Light의 색깔은?
   ① 청색    ② 녹색
   ③ 백색    ④ 적색

4. 위치 표시 부판(location sign)의 색깔은?
   ① 검은색 바탕에 백색 글자
   ② 백색 바탕에 검은색 글자
   ③ 검은색 바탕에 황색 글자
   ④ 황색 바탕에 검은색 글자

5. 우리나라의 공역에 조언구역은 몇 개나 존재하는가?
   ① 하나도 없다.
   ② 항공로 상에 1개가 존재한다.
   ③ 항공로 상에 2개가 존재한다.
   ④ 항공로 상에 3개가 존재한다.

6. ATIS에 포함되는 사항이 아닌 것은?
   ① 공항시설명    ② 알파벳 부호
   ③ 관측소    ④ 발부시각(UTC)

7. 관제사가 불러주는 바람정보는 활주로 상공 몇 m 높이에서 측정하는가?
   ① 3 m    ② 5 m
   ③ 7 m    ④ 10 m

8. 항로 명칭이 "U"로 시작하는 항로는?
   ① 저고도 항로
   ② 고고도 항로
   ③ 초음속 항공기용 항로
   ④ 헬리콥터용 항로

9. 관제사가 "SQUAWK MAYDAY"라고 하면 set 하여야 하는 트랜스폰더 code는?
   ① Mode A 7500    ② Mode A 7700
   ③ Mode C 7500    ④ Mode C 7700

10. Minimum safe altitude(MSA)에 대한 설명으로 틀린 것은?
    ① MSA는 NAVAID와는 관계가 없다.
    ② 비상 시에만 사용한다.
    ③ 항법시설을 중심으로 보통 25 NM, 최대 30 NM 반경 내에서 장애물 회피를 제공한다.
    ④ 항법신호의 수신을 보장하지는 않는다.

11. Airport Surveillance Radar(ASR)에 대한 설명으로 틀린 것은?
    ① 일반적인 통달거리는 레이더로부터 반경 60 NM 이다.
    ② 계기접근 보조시설로도 활용할 수 있다.
    ③ Range와 Azimuth 정보 및 Elevation Data 를 제공한다.
    ④ Terminal Area의 항공기 위치를 탐지하여 교통의 신속한 처리를 위해 사용되는 접근관제 레이더이다.

12. Radar에 contact 되지 않았을 때, ATC에 보고하여야 할 경우가 아닌 것은?
① 이전에 배정받은 고도를 떠날 때
② VFR on Top 시 고도변경을 할 때
③ Missed approach를 수행할 때
④ 상승률이 300 fpm이 되지 않을 때

13. TCAS RA 기동을 실시하면 관제기구의 감시기능이 중단된다. 다음 중 감시기능이 다시 회복되는 경우가 아닌 것은?
① 회피한 항공기가 원래의 방위와 속도로 돌아온 경우
② 기동완료를 보고하고 관제기구가 감시기능을 회복했음을 알린 경우
③ 회피 항공기가 원래 고도로 돌아왔을 때
④ 회피한 항공기가 대체허가를 수행하고, 관제기구가 감시기능이 회복된 것을 확인한 경우

14. Clearance void time 내에 이륙하지 못했을 경우 몇 분 이내에 ATC에 통보해야 하는가?
① 10분  ② 15분
③ 30분  ④ 60분

15. 동일 고도에 있는 IFR 항공기의 분리에 레이더를 사용할 때, Radar 안테나로부터 40 NM 이내에 있는 항공기 간의 최소 분리간격은?
① 2마일  ② 3마일
③ 5마일  ④ 7마일

16. 항공기가 holding fix 진입 시, 최소한 허가한 계점 도착 몇 분 전에 비행인가를 통보해야 하는가?
① 2분  ② 3분
③ 5분  ④ 7분

17. High speed taxiway에서 주행할 수 있는 최대속도는?
① 40 kts  ② 50 kts
③ 60 kts  ④ 70 kts

18. 비행 중 121.5 MHz를 계속 모니터하지 않아도 되는 경우는?
① 다른 VHF channel로 통신 중일 때
② 항공기의 요격 가능성이 있는 지역에서
③ 적절한 당국에 의해 요구조건이 수립되었을 때
④ 위험한 상황이 존재하는 항로상에서

19. Final approach course 상에서 missed approach를 하는 방법으로 올바른 것은?
① 실패접근진로 우측 또는 좌측으로 180° 선회하여 반대방향으로 실패접근을 실시한다.
② MDA 또는 DH 이상의 고도로 MAP를 지난 다음 ATC의 지시를 받고 실패접근을 실시한다.
③ 실패접근을 결심한 즉시 바로 실패접근을 실시한다.
④ 경로를 따라 MDA 또는 DH 이상의 고도를 유지한 후 MAP에서 실패접근을 실시한다.

20. 항공기 요격 시 "요격기의 내용을 모두 알아들었으며 그대로 따르겠다"는 의미의 용어는?
① Roger  ② Copy
③ Over   ④ Wilco

21. 지상에서 구조 요청 시 "Require assistance"를 의미하는 code는?
① L  ② V
③ X  ④ Y

22. 관제용어 "Roger"의 의미는?
① My transmission is ended and I expect a response from you.
② I have received all of your last transmission.
③ I understand your message and will comply with it.
④ This exchange of transmissions is ended and no response is expected.

23. 수신기 고장 때문에 송신만 되고 수신이 되지 않을 때의 위치보고로 적합한 것은?
① Transmitting blind (1회), 위치보고
② Transmitting blind (2회), 위치보고
③ Transmitting blind (1회) due to receiver failure, 위치보고
④ Transmitting blind (2회) due to receiver failure, 위치보고

24. 항공정보간행물(AIP) 정기 수정판의 발간주기는?
① 14일    ② 20일
③ 28일    ④ 30일

25. SNOWTAM의 유효시간은?
① 발행 후 4시간    ② 발행 후 6시간
③ 발행 후 8시간    ④ 발행 후 12시간

## 제5회 정답 및 해설

| 문제 | 1 | 2 | 3 | 4 | 5 |
|---|---|---|---|---|---|
| 정답 | ④ | ② | ① | ③ | ① |
| 문제 | 6 | 7 | 8 | 9 | 10 |
| 정답 | ③ | ④ | ② | ② | ① |
| 문제 | 11 | 12 | 13 | 14 | 15 |
| 정답 | ③ | ④ | ① | ③ | ② |
| 문제 | 16 | 17 | 18 | 19 | 20 |
| 정답 | ③ | ③ | ① | ④ | ④ |
| 문제 | 21 | 22 | 23 | 24 | 25 |
| 정답 | ② | ② | ③ | ③ | ③ |

1. ④

DME는 지상의 기준점으로부터 항공기까지의 거리정보를 해리(NM) 단위로 제공하는 시설로서 운용주파수 범위는 960~1,215 MHz 이다. DME는 가시고도(line-of-sight altitude) 199 NM까지의 거리에서 1/2 mile 또는 거리의 3% 가운데 더 큰 수치 이내의 정확성을 가진 신뢰할 수 있는 신호를 수신할 수 있다.

2. ②

VOR/DME/TACAN의 표준 서비스 범위는 다음과 같다.

| 등급 | 고도 및 거리범위 |
|---|---|
| T (터미널) | 1,000 ft AGL 초과 12,000 ft AGL 이하의 고도에서 25 NM까지의 반경거리 |
| L (저고도) | 1,000 ft AGL 초과 18,000 ft AGL 이하의 고도에서 40 NM까지의 반경거리 |
| H (고고도) | 1,000 ft AGL 초과 14,500 ft AGL 이하의 고도에서 40 NM까지의 반경거리<br>14,500 ft AGL 초과 60,000 ft 이하의 고도에서 100 NM까지의 반경거리<br>18,000 ft AGL 초과 45,000 ft AGL 이하의 고도에서 130 NM까지의 반경거리 |

3. ①

유도로등(taxiway edge light)은 어두울 때나 시정이 제한된 상태에서 유도로의 가장자리(edge)를 나타내기 위해 사용된다. 이 시설은 청색 불빛을 비춘다.

4. ③

위치표지판(location sign)은 황색 테두리의 흑색 바탕에 황색 문자로 구성하여야 한다.

5. ①

조언구역은 항공교통조언업무가 제공되도록 지정된 비관제공역으로 F등급에 해당한다. 우리나라에는 F등급이 없으므로 조언구역이 존재하지 않는다.

6. ③

ATIS 정보에 포함되는 사항은 다음과 같다.
1. 공항/시설 명칭(airport/facility name)
2. 음성문자코드(phonetic letter code)
3. 최근 기상전문의 시간(UTC)
4. 풍향과 풍속 등을 포함하는 기상정보
5. 계기접근 및 사용활주로(runway in use)

7. ④

지상풍 관측은 활주로 위 10±1 m(30±3 ft) 높이의 상태를 대표하는 것이어야 한다.

**8.** ②

항공로(ATS route)의 기본명칭은 1개의 알파벳 문자에 1부터 999까지의 숫자를 덧붙여 구성한다. 필요한 경우, 다음과 같이 1개의 보충문자를 기본명칭에 대한 접두문자로 추가한다.
1. K: 헬리콥터용으로 설정된 저고도 항공로를 표시
2. U: 고고도 공역에 설정된 항공로 또는 비행로의 일부를 표시
3. S: 초음속 항공기가 가속, 감속 및 초음속 비행 중에 독점적으로 이용하기 위하여 설정한 항공로를 표시

**9.** ②

관제용어 "Squawk Mayday"는 "트랜스폰더를 비상위치로 작동시켜라"는 의미이다. 조종사는 민간용 트랜스폰더는 Mode A Code 7700, 군용 트랜스폰더는 Mode 3 Code 7700으로 설정하여야 한다.

**10.** ①

최저안전고도(MSA; Minimum Safe/Sector Altitudes)는 긴급한 경우에 사용하기 위하여 IAP 차트에 게재된다. 기존 항법시스템에서 MSA는 일반적으로 IAP에 입각한 일차 전방향성시설을 기반으로 하지만, 이용할 수 있는 적합한 시설이 없다면 공항표점을 기반으로 할 수도 있다.

**11.** ③

공항감시레이더(Airport Surveillance Radar; ASR)는 거리(range) 및 방위(azimuth) 정보를 제공하지만 고도자료는 제공하지 않는다.

**12.** ④

ATC의 특별한 요청이 없어도 다음의 경우에는 ATC 또는 FSS 시설에 항상 보고해야 한다.
1. 새로 배정받은 고도 또는 비행고도로 비행하기 위하여 이전에 배정된 고도 또는 비행고도를 떠날 때
2. VFR-on-top 허가를 받고 운항중이라면, 고도변경을 할 때
3. 최소한 분당 500 ft의 비율로 상승/강하할 수 없을 때
4. 접근에 실패하였을 때
5. 비행계획서에 제출한 진대기속도보다 순항고도에서의 평균 진대기속도가 5% 또는 10 knot의 변화(어느 것이든 큰 것)가 있을 때
6. 허가받은 체공 fix 또는 체공지점에 도착한 경우, 시간 및 고도 또는 비행고도
7. 지정받은 체공 fix 또는 체공지점을 떠날 때
8. 관제공역에서의 VOR, TACAN, ADF, 저주파수 항법수신기의 기능상실, 장착된 IFR-인가 GPS/GNSS 수신기를 사용하는 동안 GPS의 이상현상(anomaly), ILS 수신기 전체 또는 부분적인 기능상실이나 공지통신 기능의 장애
9. 비행안전과 관련된 모든 정보

**13.** ①

항공기가 TCAS RA 경고에 대한 대응절차를 시작한 경우, 관제사는 표준분리를 취하여야 할 책임이 없다. 표준분리에 대한 책임은 다음 상황 중 하나와 일치할 때 다시 재개된다.
1. 회피 기동한 항공기가 배정된 고도로 다시 복귀한 경우
2. 운항승무원이 TCAS 기동을 완료하였음을 관제사에게 통보하고 관제사가 표준분리가 다시 취해진 것을 확인한 경우
3. 회피 기동한 항공기가 대체허가를 수행하였고 관제사가 표준분리가 다시 취해진 것을 확인한 경우

**14.** ③

조종사는 관제탑이 운영되지 않는 공항에서 출발할 때 일정 시간까지 이륙하지 않으면 그 허가는 무효라는 단서가 포함된 허가를 받을 수 있다. 보통 ATC는 항공기가 허가무효시간(clearance void time) 전에 출발하지 않았다는 것을 ATC에 통보해야 하는 시간을 지정하여 조종사에게 통보

한다. 이 시간은 30분을 초과하지 않아야 한다.

## 15. ②
동일한 고도에 있는 항공기의 분리에 레이더가 사용될 때 레이더 안테나로부터 40 mile 이내에서 운항하는 항공기 간에는 최소 3 mile의 분리가 제공되고, 안테나로부터 40 mile 밖에서 운항하는 항공기 간에는 최소 5 mile의 분리가 제공된다.

## 16. ③
체공(Holding)
1. 항공기가 holding fix 진입 시 지연이 예상될 때, 항공기가 허가한계점에 도착하기 적어도 5분 전에 허가한계점과 체공지시를 발부하여야 한다.
2. 지연이 예상되지 않는 경우, 관제사는 가능한 빨리 그리고 가능하다면 항공기가 허가한계점에 도착하기 최소한 5분 전에 fix 이후에 대한 허가를 발부하여야 한다.

## 17. ③
고속이탈 유도로(high speed taxiway)는 활주로 중앙에서 유도로 중앙 지점까지 항공기의 경로를 나타내기 위한 등화와 표지를 갖추고 항공기가 고속(60 knot 까지)으로 주행할 수 있도록 설계된 반경(radius)이 큰 유도로이다. 고속이탈 유도로는 항공기가 착륙 후에 활주로를 신속히 빠져나갈 수 있도록 설계되며, 따라서 활주로 점유시간을 단축시킬 수 있다.

## 18. ①
조종사는 다른 VHF 채널로 통신 중인 경우, 또는 장비의 제한사항이나 조종실의 업무상 두 채널을 동시에 청취할 수 없는 경우를 제외하고 장거리 해상비행 중에는 VHF 비상주파수 121.5 MHz를 계속해서 청취할 필요가 있다는 것을 잊지 말아야 한다.

## 19. ④
조기 실패접근(missed approach)을 할 경우, ATC에 의해 달리 허가되지 않은 한 조종사는 선회조작을 하기 전에 MAP 또는 DH 이상으로 실패접근지점까지 접근 plate의 지정된 IAP에 따라 비행하여야 한다.

## 20. ④
요격항공기와 통신이 이루어졌으나 통상의 언어로 사용할 수 없을 경우에 사용하는 다음 관제용어의 의미는 다음과 같다.

| 용어(Phrase) | 의미(Meaning) |
|---|---|
| WILCO | Understood, will comply |
| AM LOST | Position unknown |

## 21. ②
생존자가 사용하는 지대공 시각기호(visual code)의 의미는 다음과 같다.

| 의미(Message) | 기호(Code) |
|---|---|
| 도움이 필요함(Require assistance) | V |
| 의료도움이 필요함(Require medical assistance) | X |
| 아니오 또는 부정(No or Negative) | N |
| 예 또는 긍정(Yes or Affirmative) | Y |
| 화살표 방향으로 진행(Proceeding in this direction) | ↑ |

## 22. ②
무선통신에 사용되는 관제용어 "Roger"는 "당신의 마지막 송신을 모두 받았다(I have received all of your last transmission)"는 의미이다.

## 23. ③
수신기 고장 때문에 항공기가 통신을 할 수 없을 때에는 송신예정시간 및 지점에서 현재 사용 중인 주파수로 "TRANSMITTING BLIND DUE TO RECEIVER FAILURE"라는 메시지를 보낸 후 내용을 송신한다.

## 24. ③
"항공정보간행물(Aeronautical Information

Publication; AIP)"이라 함은 항공항행에 필수적이고 영구적인 성격의 항공정보를 수록한 간행물을 말한다. 항공정보간행물(수정판 포함)은 28일 간격으로 1년에 13회 발간된다.

**25.** ③

설빙고시보(SNOWTAM)의 최대 유효기간은 8시간이다.

## 항공종사자 자격증명시험 제6회 모의고사

| 자격분류명 | 자격명 | 과목명 | 시험시간 | 문제수 | 성 명 | 점 수 |
|---|---|---|---|---|---|---|
| 항공종사자 자격증명 | 조종사 | 항공교통·통신·정보업무 | 30분 | 25문항 | | |

1. ILS 식별부호가 "ISEL"일 때, "I" 다음의 첫 두 자리 문자가 의미하는 시설은?
   ① Compass locator   ② Inner locator
   ③ Middle locator    ④ Outer locator

2. 활주로 시단(threshold)의 시작지점을 알려주기 위하여 활주로의 양 시단에 설치하는 활주로시단등의 색깔은?
   ① 적색     ② 녹색
   ③ 황색     ④ 백색

3. On glide path인 경우, PAPI 표시는?
   ① 2개 White, 2개 Red
   ② 3개 White, 1개 Red
   ③ 4개 White
   ④ 4개 Red

4. Displaced threshold에 대한 설명 중 틀린 것은?
   ① 활주로를 가로지르는 백색 줄무늬(stripe)로 표시된다.
   ② Taxi와 Take-off가 가능하다.
   ③ 반대 방향으로 착륙 후 taxi가 가능하다.
   ④ Take-off에는 이용할 수 없다.

5. RNAV Departure procedure의 요구되는 RNP는?
   ① RNP 0.3   ② RNP 1
   ③ RNP 2     ④ RNP 3

6. 약어 MSAW의 의미는?
   ① Minimum Sector Alert Warning
   ② Minimum Safe Awareness Warning
   ③ Minimum Sector Awareness Warning
   ④ Minimum Safe Altitude Warning

7. 다음 중 항공교통업무가 아닌 것은?
   ① 항공교통관제업무   ② 경보업무
   ③ 비행정보업무       ④ 수색구조업무

8. 다음 중 주의공역에 포함되지 않는 것은?
   ① 훈련구역   ② 군작전구역
   ③ 위험구역   ④ 제한구역

9. 불법간섭이나 폭발물 위협을 받는 항공기를 격리된 주기장에 주기할 때 다른 주기장이나 건물로부터의 최소거리는?
   ① 50 m    ② 100 m
   ③ 150 m   ④ 200 m

10. ATIS에 대한 설명 중 틀린 것은?
    ① Automatic Terminal Information Service의 약어이다.
    ② 풍향과 풍속, 기압 수정치 및 사용 활주로 등의 정보를 제공한다.
    ③ 운고 5,000 ft, 시정 5 km를 초과하면 생략할 수 있다.
    ④ 최대 60 NM의 거리와 25,000 ft AGL의 고도에서 수신 가능하다.

11. Squawk code를 4000으로 설정해야 하는 항공기는?
    ① 불법간섭을 받고 있는 항공기
    ② 요격작전을 수행하는 군 비행기
    ③ 제한구역이나 경고구역에서 비행하는 군 비행기
    ④ 무선통신이 두절된 항공기

12. Flight plan은 최소한 출발 몇 분 전에 제출하여야 하는가? (ICAO 기준)
    ① 15분   ② 30분
    ③ 45분   ④ 60분

13. 비행허가에 포함되지 않는 내용은?
    ① 항공기 식별부호   ② 허가한계점
    ③ 항로              ④ 전이고도

14. 무선통신에 관한 설명 중 틀린 것은?
    ① 특수 목적으로 배정된 주파수를 사용하여야 한다.
    ② 관제탑에 배정된 지상관제 주파수를 비행 중인 항공기와 교신용으로 사용해서는 안 된다.
    ③ 하나의 주파수를 한 가지 기능 이상의 목적으로 사용해서는 안 된다.
    ④ ATIS에 교신할 주파수를 명시할 수 있다.

15. 비행계획서에 비행고도를 표기하는 방법으로 맞는 것은?
    ① F300              ② FL300
    ③ 300F              ④ 300FL

16. Wake turbulence 분리에 대한 설명 중 틀린 것은?
    ① 뒤따르는 항공기가 헬리콥터일 때는 visual 분리를 적용한다.
    ② 레이더 분리를 할 때에는 모든 비행기에 2분 분리기준을 적용한다.
    ③ CAT Ⅰ 항공기 간에는 3,000피트 분리를 적용한다.
    ④ CAT Ⅱ 항공기 간에는 4,500피트 분리를 적용한다.

17. 계기접근절차의 도면 상에 "RNAV Z Rwy 04 or RNAV Y Rwy 04"와 같이 식별된 절차의 명칭이 나타내는 것은?
    ① 서로 다른 항행안전시설을 사용하는 동일 활주로에 대한 다른 직진입 절차
    ② 동일 항행안전시설을 사용하는 동일 활주로에 대한 다른 직진입 절차
    ③ 직진입 착륙최저치 인가기준을 충족하는 절차
    ④ 직진입 착륙최저치 인가기준을 충족하지 않는 절차

18. STAR 절차에 관한 설명 중 틀린 것은?
    ① VFR/IFR 항공기의 접근절차를 간소화한다.
    ② 항공로와 계기접근절차 간의 전환을 용이하게 한다.
    ③ 비행인가 전달절차를 간소화한다.
    ④ ATC와 조종사 간의 통신을 간소화한다.

19. Contact approach에 관한 설명 중 맞는 것은?
    ① 조종사가 요청할 수 있다.
    ② 계기접근절차가 수립되어 있지 않는 공항에서 허가되는 절차이다.
    ③ 목적지 공항의 지상시정이 1마일을 초과하여야 한다.
    ④ 장애물 회피에 대한 책임은 관제사에게 있다.

20. Emergency Locator Transmitter(ELT)의 작동 주파수가 아닌 것은?
    ① 121.5 MHz         ② 243.0 MHz
    ③ 406.0 MHz         ④ 500.0 MHz

21. 계기비행 중 무선통신이 두절된 경우 올바른 조치는?
    ① 계기비행방식을 유지하여 최단시간에 최단거리 공항에 착륙한 후 즉시 관제기관에 통보한다.
    ② 계기비행 기상상태에서는 목적지비행장까지 비행을 계속하여 착륙한 후 즉시 관제기관에 통보한다.
    ③ 시계비행 기상상태에서는 시계비행방식으로 최단시간에 최단거리 공항에 착륙한 후 즉시 관제기관에 통보한다.
    ④ 바로 회항하여 공항에 착륙한 후 도착사실을 즉시 관제기관에 통보한다.

22. AIP General에 있는 내용이 아닌 것은?
    ① 국내 규정 및 기준
    ② 일반 규칙 및 절차
    ③ 공항 항공항행업무 사용료
    ④ 도표 및 부호

**23.** 무선통화 시 통화속도는 분당 몇 단어를 초과하지 않아야 하는가?
① 60 단어   ② 80 단어
③ 100 단어  ④ 120 단어

**24.** 긴급 호출 시 사용하는 radio call은?
① pan pan   ② mayday
③ emergency ④ urgent

**25.** AIRAC의 발행주기는?
① 10일  ② 14일
③ 28일  ④ 30일

### 제6회 정답 및 해설

| 문제 | 1 | 2 | 3 | 4 | 5 |
|---|---|---|---|---|---|
| 정답 | ④ | ② | ① | ④ | ② |
| 문제 | 6 | 7 | 8 | 9 | 10 |
| 정답 | ④ | ④ | ④ | ② | ③ |
| 문제 | 11 | 12 | 13 | 14 | 15 |
| 정답 | ③ | ④ | ④ | ③ | ① |
| 문제 | 16 | 17 | 18 | 19 | 20 |
| 정답 | ② | ② | ① | ① | ④ |
| 문제 | 21 | 22 | 23 | 24 | 25 |
| 정답 | ③ | ② | ③ | ① | ③ |

**1.** ④

컴퍼스 로케이터는 2자리 문자의 식별부호 group을 송신한다. 외측 로케이터(LOM; outer marker compass locator)는 로케이터 식별부호 group의 첫 2자리 문자를 송신하고, 중간 로케이터(LMM; middle marker compass locator)는 로케이터 식별부호 group의 마지막 2자리 문자를 송신한다.

**2.** ②

활주로시단등(runway threshold light)은 착륙항공기에게 시단(threshold)을 나타내기 위하여 활주로 바깥쪽으로 녹색을 비춘다.

**3.** ①

진입각에 따른 정밀진입각지시등(Precision Approach Path Indicator; PAPI)의 색상은 다음과 같다.

| 진입각 | High | Slightly High | On Glide | Slightly Low | Low |
|---|---|---|---|---|---|
| 색상 | ○○○○ | ○○○● | ○○●● | ○●●● | ●●●● |

○ White, ● Red

**4.** ④

이설시단(displaced threshold)은 활주로의 지정된 시작지점 이외에 다른 활주로 상의 지점에 위치한 시단이다. 활주로의 이러한 부분은 착륙에는 사용할 수 없지만 지상활주(taxing), 이륙 또는 착륙활주(landing rollout)에는 이용할 수도 있다.

**5.** ②

RNP(Required Navigation Performance, 필수항행성능) 및 RNAV(Area Navigation) 항행요건 지시자의 경우, 숫자 지시자는 공역, 비행로 또는 절차 내에서 운항하는 항공기들이 비행시간의 최소 95% 동안 달성할 것으로 예상되는 nautical mile 단위의 횡적 항행 정확도를 나타낸다.

통상적으로 RNAV 1/RNP 1은 DP 및 STAR에 사용되며, 차트에 제시된다.

**6.** ④

최저안전고도경고(Minimum Safe Altitude Warning; MSAW) 기능은 지형/장애물에 근접하여 잠재적으로 불안전한 항공기를 탐지하는 데 있어서 전적으로 관제사를 보조하기 위한 시설로 설계되었다.

**7.** ④

항공교통업무는 다음과 같은 업무로 구분한다.
1. 항공교통관제업무
2. 비행정보업무
3. 경보업무

**8.** ④

주의공역을 구분하면 다음과 같다.

| 구 분 | 내 용 |
|---|---|
| 훈련구역 (CATA) | 민간항공기의 훈련공역으로서 계기비행 항공기로부터 분리를 유지할 필요가 있는 공역 |
| 군작전구역 (MOA) | 군사작전을 위하여 설정된 공역으로서 계기비행 항공기로부터 분리를 유지할 필요가 있는 공역 |
| 위험구역 (D) | 항공기의 비행시 항공기 또는 지상시설물에 대한 위험이 예상되는 공역 |
| 경계구역 (A) | 대규모 조종사의 훈련이나 비정상 형태의 항공활동이 수행되는 공역 |

**9.** ②

항공기의 피랍 등 불법간섭행위, 폭발물 위협을 받거나 그러한 우려가 있는 것으로 판단되는 항공기의 처리 등 비상시 사용하기 위한 격리주기 위치 또는 구역은 주변 주기장, 건물 및 기타 사람이 많은 장소로부터 최소한 100 m 이상 안전거리를 확보하여야 한다.

**10.** ③

하늘상태 또는 운고(ceiling)가 5,000 ft를 초과하고 시정이 5 mile을 초과하면, ATIS에 하늘상태나 운고(ceiling) 또는 시정에 대한 정보를 생략할 수 있다.

**11.** ③

군작전구역 또는 제한구역이나 경고구역 내에서 VFR 또는 IFR로 운항중인 군조종사는 ATC가 별도의 코드를 배정하지 않는 한 트랜스폰더를 code 4000으로 맞추어야 한다.

**12.** ④

인천 FIR 내에서 출발하는 항공기는 출발예정시간으로부터 최소 1시간 전에 비행계획을 인근 공항 항공정보실 또는 군 기지운항실에 제출하여야 하며, 접수된 비행계획은 항공교통본부(대구 또는 인천비행정보실)에 통보하여야 한다.

**13.** ④

일반적으로 ATC 허가에 포함되는 항목은 다음과 같다.
1. 비행계획서상의 항공기 호출부호
2. 허가한계점(clearance limit)
3. 표준계기출발절차(SID)
4. 적용될 경우, PDR/PDAR/PAR을 포함하는 비행경로
5. 비행고도/고도의 변경사항
6. 체공지시(holding instruction)
7. 기타 특별한 정보
8. 주파수 및 비컨코드(beacon code) 정보

**14.** ③

무선통신(Radio Communications)
1. 지상관제 주파수는 특수한 목적으로 배정된 무선 주파수를 사용하여야 한다. 단일 주파수가 한 가지 기능 이상의 목적으로 사용될 수 있다. 터미널(terminal) 관제탑이 근무좌석을 통합 운영할 때 지상관제 주파수를 비행 중인 항공기와 교신용으로 사용하여서는 안 된다.
2. ATIS에 교신할 주파수를 명시할 수 있다.

**15.** ①

비행계획서에 비행고도(Flight level)는 F와 3자리 숫자로 표현한다. 〔예: F085, F330〕

**16.** ②

동일 활주로 상에서 두 항공기 간 다음의 최저 거리가 유지될 때 선행 항공기가 이륙 후 뒤따라 출발하는 항공기를 활주시킬 수 있다.
1. CAT Ⅰ 항공기 간: 3,000 ft
2. CAT Ⅱ 항공기가 CAT Ⅰ 항공기에 앞서 비행할 때: 3,000 ft
3. 뒤따르는 항공기 또는 둘 다 CAT Ⅱ 항공기일 때: 4,500 ft
4. 둘 중의 하나가 CAT Ⅲ 항공기일 때: 6,000 ft
5. 뒤따르는 항공기가 헬리콥터일 때, 거리최저치 사용 대신 시계(visual) 분리를 적용한다.

**17.** ②

"HI TACAN 1 RWY 6L or HI TACAN 2 RWY 6L, 또는 "RNAV(GPS) Z RWY 04 or RNAV(GPS) Y RWY 04"처럼 절차의 명칭 식별을 위한 숫자 또는 Z, Y, X와 같이 알파벳의 끝으로부터 시작되는 알파벳 접미어 사용은 동일 항행안전시설을 사용한 동일 활주로에 대한 여러 개의 직진입 절차를 표시한다. A, B, C와 같이 알파벳의 처음부터 시작되는 알파벳 접미어는 직진입 착륙최저치 인가기준을 충족하지 않는 절차를 나타낸다.

**18.** ①

표준터미널도착절차(STAR, Standard Terminal Arrival Procedure)는 어떤 공항에 도착하는 IFR 항공기에 적용하기 위하여 ATC가 설정한 문자 및 그림 형식의 IFR 도착 비행로(coded IFR arrival route)이다.

**19.** ①

IFR 비행계획에 의하여 운항을 하는 조종사는 구름으로부터 벗어나서 비행시정 최소 1 mile의 기상상태에서 목적지 공항까지 계속 비행할 수 있을 것이라고 합리적으로 예상할 수 있는 경우, contact 접근을 위한 ATC 허가를 요구할 수 있다. ATC는 이 접근을 제안할 수 없다.

**20.** ④

비상위치지시용 무선표지설비(ELT, Emergency Locator Transmitter)는 3개 주파수 중에 하나의 주파수로 운용된다. 작동주파수는 121.5 MHz, 243.0 MHz 및 최근의 406 MHz이다.

**21.** ③

VFR 상태에서 양방향 무선통신이 두절되거나 두절된 이후에 VFR 상태가 된 경우, 조종사는 VFR로 비행을 계속하여 가장 가까운 착륙 가능한 비행장에 착륙한 후 도착사실을 지체 없이 관할 항공교통관제기관에 통보하여야 한다.

**22.** ②

항공정보간행물(AIP)의 제1부(Part 1) 일반사항(GEN)에 포함되는 내용은 다음과 같다.

| 목 차 | 내 용 |
|---|---|
| GEN 0 | 머리말 |
| GEN 1 | 국내법 및 구비사항 |
| GEN 2 | 도표 및 부호 |
| GEN 3 | 업무별 |
| GEN 4 | 공항 및 항행안전시설의 사용료 |

**23.** ③

무선통신 시 보통의 통화속도는 분당 100 단어를 초과하지 않아야 한다.

**24.** ①

조난(distress)에 처한 항공기의 조종사는 충분히 고려하여 필요하다면 최초교신과 이후의 송신을 신호 MAYDAY로 시작하여야 하며, 되도록이면 3회 반복한다. 신호 PAN-PAN은 같은 방법으로 긴급한 상황(urgency condition)에서 사용한다.

**25.** ③

"항공정보관리절차(Aeronautical Information Regulation and Control; AIRAC)"라 함은 운영방식에 대한 중요한 변경을 필요로 하는 상황을 국제적으로 합의된 공통의 발효일자를 기준으로 하여 사전에 통보하기 위해 수립된 체제를 말한다.

AIRAC 정보는 발효일자로부터 최소 28일 전에 수신자에게 도착될 수 있도록 발효일자 42일 전에 발행된다.

| 항공종사자 자격증명시험 제7회 모의고사 | | | | | 성 명 | 점 수 |
|---|---|---|---|---|---|---|
| 자격분류명 | 자격명 | 과목명 | 시험시간 | 문제수 | | |
| 항공종사자 자격증명 | 조종사 | 항공교통·통신·정보업무 | 30분 | 25문항 | | |

1. GPS가 정상 작동하기 위해 필요한 위성의 수는?
   ① 2개    ② 3개
   ③ 4개    ④ 5개

2. 항행 중인 항공기에 비행장의 위치를 알려주기 위하여 모스 부호로서 명멸하는 등화는?
   ① 비행장등대    ② 비행장식별등대
   ③ 위험항공등대   ④ 신호항공등대

3. Runway hold short line의 색상과 형태를 바르게 설명한 것은?
   ① 흰색으로 두 줄의 실선으로 되어 있다.
   ② 노란색으로 두 줄의 실선으로 되어 있다.
   ③ 노란색으로 한 줄의 점선과 한 줄의 실선으로 되어 있다.
   ④ 노란색으로 두 줄의 실선과 두 줄의 점선으로 되어 있다.

4. 명령지시 표지판(mandatory instruction sign)에 대한 설명 중 맞는 것은?
   ① 항공기가 활주로를 빠져나가는 출구 및 유도로로 진입하기 위한 입구의 위치 표시
   ② 항공기나 차량이 관제사 허가가 있어야 진입할 수 있는 구역의 위치 표시
   ③ 활주로를 이탈하는 교차지점에 설치
   ④ 특정 위치 또는 경로를 나타내는 것이 운항상 필요한 곳에 설치

5. Squawk change 요구에 대한 조종사의 응답으로 적합한 관제용어는?
   ① "Confirm squawk three/alpha, two one zero five."
   ② "Squawking three/alpha, two one zero five."
   ③ "Changing three/alpha, two one zero five."
   ④ "Resetting three/alpha, two one zero five."

6. 항공교통관제업무의 우선순위에 대한 설명 중 틀린 것은?
   ① 계기비행(IFR) 항공기는 특별시계비행(SVFR) 항공기보다 우선권을 가진다.
   ② 조난 항공기는 다른 항공기보다 최우선권을 부여한다.
   ③ 민간환자 수송 항공기는 우선권을 갖는다.
   ④ 수색구조 활동 항공기에게 가급적 우선권을 부여한다.

7. ATIS에 하늘상태와 시정에 관한 내용이 없다면?
   ① 운고 최저 3,000피트, 시정 3마일 이상이다.
   ② 운고 최저 5,000피트, 시정 5마일 이상이다.
   ③ 기상이 VFR minimum 이상이다.
   ④ 하늘상태 SKC, 시정 7마일 이상이다.

8. Unlawful interference 시 squawk code는?
   ① 7500    ② 7600
   ③ 7700    ④ 7777

9. 이륙공항 altimeter가 29.91 inHg 이었다. 비행 후 altimeter를 수정하지 않고 활주로 표고가 1,500 ft인 공항에 표준 대기압 상태에서 착륙 시 고도계가 지시하는 고도는?
   ① 1,480 ft    ② 1,490 ft
   ③ 1,500 ft    ④ 1,510 ft

10. 관제탑과 비행중인 항공기 간의 무선통신이 두절된 경우, 연속되는 적색등의 의미는?
    ① 공항이 불안전하니 주의하라.
    ② 공항이 위험하니 착륙하지 마라.
    ③ 추후 지시가 있을 때 까지 대기하라.
    ④ 다른 항공기에게 진로를 양보하고 계속 선회하라.

**11.** ATC 기관이 아닌 곳에서 항공기에게 중계되는 비행허가, 비행정보 또는 정보의 요구에 대한 응답에 사용하는 용어는?
① ATC broadcasts, ATC advises, ATC requests
② ATC clears, ATC instructions, ATC requests
③ ATC clears, ATC advises, ATC broadcasts
④ ATC clears, ATC advises, ATC requests

**12.** 공항으로부터 20마일 밖에서 10,000피트 미만의 고도로 접근하는 터보제트 항공기의 간격분리를 위한 최소속도는?
① 190 kts   ② 200 kts
③ 210 kts   ④ 220 kts

**13.** 터미널 절차 간행물 중 이륙단계에서 원하는 항로까지 전환을 용이하게 하는 것은?
① IAP   ② TPP
③ SID   ④ STAR

**14.** 항로 상에서 장애물 회피와 항법신호의 수신이 보장되는 고도는?
① MEA   ② MRCA
③ MCA   ④ MOCA

**15.** 14,000 ft 이상의 고도에서 holding leg time은?
① 1분   ② 1.5분
③ 2분   ④ 2.5분

**16.** 접근 항공기가 최종접근진로로 유도되는 동안 radio fail 시 조치사항으로 틀린 것은?
① 예비 주파수나 관제탑 주파수로 교신을 시도한다.
② D등급 공역 내에서 교통정보(traffic)를 확인한다.
③ 허가되어 있는 비레이더 접근절차를 따라 비행한다.
④ 가능하면 시계비행(VFR) 규칙에 따라 비행한다.

**17.** B등급 또는 C등급 공역에서 사용되는 chart는?
① VFR terminal area chart
② Enroute chart
③ Aeronautical chart
④ Sectional chart

**18.** CAT Ⅱ ILS의 DH 및 RVR 범위는?
① DH: 30 m 이상 50 m 미만, RVR: 350 m 이상 500 m 미만
② DH: 30 m 이상 50 m 미만, RVR: 300 m 이상 550 m 미만
③ DH: 30 m 이상 60 m 미만, RVR: 350 m 이상 500 m 미만
④ DH: 30 m 이상 60 m 미만, RVR: 300 m 이상 550 m 미만

**19.** Minimum fuel에 대한 설명 중 옳지 않은 것은?
① 항공기가 목적지에 도착하기 전에 중간 지연이 발생 시 비상 상황이 야기될 수 있다는 의미이다.
② 최초교신 시 호출부호 다음에 "minimum fuel"이라고 말한다.
③ Minimum fuel을 선포한 경우 목적지까지 우선권이 부여된다.
④ 비상을 선언한 경우, 남은 연료량을 분 단위로 환산하여 ATC에 보고한다.

**20.** Hijack 항공기의 트랜스폰더 code는?
① 7500   ② 7600
③ 7700   ④ 7777

**21.** 항공국(aeronautical station)이란?
① 항공고정통신업무를 위한 지상국
② 항공고정통신업무를 위한 항공기국
③ 항공이동통신업무를 위한 지상국
④ 항공이동통신업무를 위한 항공기국

22. 송신을 반복하도록 요청하는 관제용어 "say again"의 사용 방법으로 맞는 것은?
① Say again all before ~ (수신 못한 부분 앞의 단어)
② Say again all after ~ (수신 못한 부분 마지막 단어)
③ Say again (수신 못한 부분 앞의 단어) ~ to ~ (수신 못한 부분 다음 단어)
④ Say again ~ (수신 못한 부분 앞의 단어)

23. 항공정보업무를 24시간 동안 계속하여 제공할 수 없을 경우 최소 비행 몇 시간 전에는 항공정보를 제공하여야 하는가?
① 1시간    ② 2시간
③ 2.5시간  ④ 3시간

24. 계기비행출발절차의 출항경로에서 장애물로 식별되는 경우는?
① 활주로 끝 상단 25 ft에서 152 FPNM의 경사면을 침범하는 장애물
② 활주로 끝 상단 25 ft에서 182 FPNM의 경사면을 침범하는 장애물
③ 활주로 끝 상단 35 ft에서 152 FPNM의 경사면을 침범하는 장애물
④ 활주로 끝 상단 35 ft에서 182 FPNM의 경사면을 침범하는 장애물

25. AIC에 포함되지 않는 정보는?
① 항공기 운항에 영향을 주는 특별한 기상현상
② 제설계획에 관한 사전 정보
③ 무선통신장비의 탑재
④ VOLMET 정보

## 제7회 정답 및 해설

| 문제 | 1 | 2 | 3 | 4 | 5 |
|---|---|---|---|---|---|
| 정답 | ❸ | ❷ | ❹ | ❷ | ❹ |
| 문제 | 6 | 7 | 8 | 9 | 10 |
| 정답 | ❹ | ❷ | ❶ | ❷ | ❹ |
| 문제 | 11 | 12 | 13 | 14 | 15 |
| 정답 | ❹ | ❸ | ❸ | ❶ | ❷ |
| 문제 | 16 | 17 | 18 | 19 | 20 |
| 정답 | ❷ | ❶ | ❹ | ❸ | ❶ |
| 문제 | 21 | 22 | 23 | 24 | 25 |
| 정답 | ❸ | ❸ | ❷ | ❸ | ❹ |

1. ③

GPS 수신기는 3차원 위치(위도, 경도 및 고도)와 시간을 얻기 위해 적어도 4개의 위성을 필요로 한다.

2. ②

"비행장식별등대(Aerodrome Identification Beacon)"란 항행 중인 항공기에 공항·비행장의 위치를 알려주기 위해 모스 부호(morse code)에 따라 명멸하는 등화를 말한다.

3. ④

활주로정지위치표지(runway holding position markings)는 항공기가 활주로에 접근할 때 정지해야 하는 지점을 나타낸다. 이 표지는 두 줄의 실선과 두 줄의 점선으로 된 네 줄의 황색선으로 이루어지며, 유도로 또는 활주로를 가로질러 설치된다. 실선은 항상 항공기가 정지해야 하는 쪽에 위치한다.

4. ②

명령지시표지판(mandatory instruction sign)은 적색 바탕에 백색 문자로 되어 있으며, 다음을 나타내기 위하여 사용된다.
 1. 활주로 또는 보호구역(critical area)으로의 진입
 2. 항공기의 진입이 금지된 구역

**5.** ③

배정된 mode와 code의 재선정(reselection)을 요구할 때의 관제용어는 다음과 같다.
〔관제사〕; Reset squawk (mode) (code)
〔조종사〕; Resetting (mode) (code)

**6.** ④

항공교통관제사는 다음의 경우를 제외하고 상황이 허락하는 한 "First Come, First Served" 원칙에 의거 항공교통관제업무를 제공하여야 한다.
1. 조난 항공기는 다른 모든 항공기보다 통행 우선권을 갖는다.
2. 민간항공구급비행(호출부호 "MEDEVAC")에게 우선권을 부여하여야 한다.
3. 수색구조업무를 수행하는 항공기에게 최대한 편의를 제공하여야 한다.
4. 비행점검 항공기의 신속한 업무수행을 위하여 특별취급을 하여야 한다.
5. 계기비행(IFR) 항공기는 특별시계비행(SVFR) 항공기보다 우선권을 가진다.

**7.** ②

하늘상태 또는 운고(ceiling)가 5,000 ft를 초과하고 시정이 5 mile을 초과하면, ATIS에 하늘상태나 운고(ceiling) 또는 시정에 대한 정보를 생략할 수 있다.

**8.** ①

탑승객에 의한 공중납치(hijack) 또는 적대행위로 인하여 항공기 또는 승객의 안전을 위협하는 불법간섭(unlawful interference)을 받고 있는 항공기의 기장은 트랜스폰더를 Mode 3/A Code 7500으로 조정하도록 노력하여야 한다.

**9.** ②

표준 대기압은 29.92 inHg 이므로, 기압 차이는 $29.91 - 29.92 = -0.01$ inHg 이다.
- 1 inHg의 기압 차이는 1,000 ft의 고도 차이를 발생시키므로, 고도 차이는
$-0.01 \times 1,000 = -10$ ft 이다.
- 따라서 고도계는 실제 활주로 표고보다 10 ft 낮게 지시하므로, 고도계가 지시하는 고도는
∴ $1,500 - 10 = 1,490$ ft

**10.** ④

무선통신 두절 시 비행중인 항공기에 보내는 빛 총신호(light gun signal)의 종류와 의미는 다음과 같다.

| 신호의 종류 | 의미(Meaning) |
|---|---|
| 연속되는 녹색 | 착륙을 허가함 |
| 깜박이는 녹색 | 착륙을 준비할 것 |
| 연속되는 적색 | 다른 항공기에게 진로를 양보하고 계속 선회할 것 |
| 깜박이는 적색 | 비행장이 불안전하니 착륙하지 말 것 |
| 깜박이는 백색 | 착륙하여 계류장으로 갈 것 |

**11.** ④

항공관제시설이 아닌 시설을 통하여 항공기에게 중계되는 비행허가, 비행정보 또는 정보의 요구에 대한 응답에는 서두에 "ATC clears", "ATC advises" 또는 "ATC requests"를 사용한다.

**12.** ③

10,000 ft 미만의 고도로 비행하는 도착항공기는 다음의 속도를 준수하여야 한다.
1. 210 knot를 최저속도로 한다.
2. 단, 착륙하고자 하는 공항의 활주로 시단으로부터 비행거리 20 mile 이내에서는 170 knot를 최저속도로 한다.

**13.** ③

표준계기출발절차(SID)는 조종사/관제사에 의해 사용되며, 터미널 지역으로부터 해당하는 항공로 구조까지의 장애물 회피와 전환을 제공하기 위하여 발간되는 그림 형식의 항공교통관제(ATC) 절차이다. SID는 우선적으로 시스템 능력을 증진시키고, 조종사/관제사의 업무부담을 줄이기 위

하여 설계된다.

**14.** ①

항로 상에서 최저항공로고도(Minimum En Route IFR Altitude; MEA)는 무선 fix 간 항행안전시설 신호를 수신할 수 있고, 이들 fix 간 장애물 회피 요건을 충족하는 발간된 최저고도이다.

**15.** ②

체공(holding) 시 inbound leg에서 holding leg time은 다음과 같다.
1. 14,000 ft MSL 이하 : 1분
2. 14,000 ft MSL 초과 : 1분 30초

**16.** ②

접근 항공기가 최종접근진로로 유도되는 동안 특정시간(1분을 초과하지 못함)동안 통신두절시 다음과 같이 lost communications procedure를 수행하여야 한다.
1. 예비 주파수나 관제탑 주파수로 교신을 시도할 것
2. 가능하면 시계비행(VFR) 규칙에 따라 비행할 것
3. 허가되어 있는 비레이더 접근절차를 따라 비행하거나, 이용하고 있는 레이더 접근절차 상에 설정되어 있는 통신두절 시의 절차에 따라 비행할 것

**17.** ①

VFR 터미널지역차트(VFR Terminal Area Charts; TAC)는 B등급 공역으로 지정된 공역을 표기한다. 구역도와 유사하지만 축척이 커서 더욱 상세하다. TAC는 B등급 또는 C등급 공역 내부나 근처의 비행장으로 입출항하는 조종사가 사용할 수 있으며, 축척은 1 : 250,000 이다.

**18.** ④

계기접근절차에 사용되는 정밀접근활주로는 결심고도와 시정 또는 활주로가시범위(RVR)에 따라 다음과 같이 구분한다.

| 종류 Category | 결심고도(DH) | 시정 또는 활주로 가시거리(RVR) |
|---|---|---|
| I | 60 m 이상 75 m 미만 | 시정 800 m 또는 RVR 550 m 이상 |
| II | 30 m 이상 60 m 미만 | RVR 300 m 이상 550 m 미만 |
| III | 30 m 미만 또는 No DH | RVR 300 m 미만 또는 No RVR |

**19.** ②

최소연료 통보(Minimum Fuel Advisory)
1. 목적지에 도착할 때의 연료 공급량이 어떤 과도한 지연도 받아들일 수 없는 상태에 도달한 경우, 최소연료(minimum fuel) 상태를 ATC에 통보한다.
2. 이것은 비상상황은 아니며, 단지 어떤 과도한 지연이 발생하면 비상상황이 될 수 있다는 것을 나타내는 조언이라는 점을 인식하여야 한다.
3. 최소연료 통보가 교통상의 우선권을 요구한다는 의미는 아니라는 것을 인식하여야 한다.
4. 사용할 수 있는 잔여 연료 공급량으로 안전하게 착륙하기 위하여 교통상의 우선권이 필요하다고 판단한 경우, 조종사는 저연료로 인한 비상을 선언하고 분 단위로 잔여 연료량을 보고하여야 한다.

**20.** ①

특별비상상황(special emergency)이란 항공기 탑승객에 의한 공중납치(hijack) 또는 적대행위로 인하여 항공기 또는 승객의 안전을 위협하는 상태를 말한다.
특별비상상황 시 항공기 조종사는 트랜스폰더를 Mode 3/A, Code 7500으로 설정한다.

**21.** ③

"항공국(Aeronautical Station)"이란 항공이동통신업무를 수행하기 위하여 일정한 장소에 설치된 무선국을 말한다. 육상국을 말하며 경우에 따라 해상의 선박이나 플랫폼 등에 위치할 수도 있다.

## 22. ③

메시지 전체의 반복이 요구될 경우 단어 "Say again"을 사용하여야 하며, 일부분의 반복이 요구될 경우에는 다음과 같이 송신하여야 한다.

| 관제용어(Phrase) | 의미(Meaning) |
|---|---|
| Say again | 모든 메시지 전체를 반복하라 |
| Say again … (item) | 특정 사항을 반복하라 |
| Say again all before … (수신이 잘된 첫 번째 단어) | 단어 이전 메시지를 반복하라 |
| Say again all after … (수신이 잘된 마지막 단어) | 단어 이후 메시지를 반복하라 |
| Say again … (수신 못한 부분 앞의 단어) to … (수신 못한 부분 다음 단어) | 단어 사이의 메시지를 반복하라 |

## 23. ②

항공정보업무를 하루 24시간 동안 계속하여 제공할 수 없을 경우, 항공정보업무 제공책임이 있는 지역에서 항공기가 비행하는 동안 비행시간 최소 2시간 전후까지는 항공정보업무를 제공하여야 한다.

## 24. ③

출발 중 장애물 회피 제공 기준
1. 달리 지정되지 않은 한 임의출발을 포함한 모든 출발 시에 필요한 장애물 회피는 조종사가 이륙활주로종단을 최소한 이륙활주로종단 표고보다 35 ft 이상의 높이로 통과하는 것을 기반으로 한다.
2. 40:1 장애물식별표면(OIS)은 이륙활주로종단(DER)에서 시작되며, 최저 IFR 고도에 도달하거나 항공로 구조로 진입하기 전까지 상방 152 FPNM의 경사도로 경사져 있다.

## 25. ④

다음에 해당하는 사항에 대하여 항공정보회람(AIC)을 발행하여야 한다.
1. AIP 또는 항공고시보 발간대상이 아닌 항공정보의 공고를 위하여 다음 사항에 대하여 항공정보회람을 발행하여야 한다.
   가. 법령, 규정, 절차 또는 시설의 중요한 변경에 대한 장기계획
   나. 비행안전에 영향을 미칠 수 있는 단순한 설명 또는 조언에 관한 정보
   다. 기술적, 법률적 또는 순수하게 행정적인 사항에 관한 설명 또는 조언의 성격을 띠고 있는 정보 또는 통보
2. 항공정보회람 발간 시 포함될 세부 내용은 다음과 같다
   가. 항공항행절차, 업무 및 시설과 관련된 중요한 변경에 대한 예고
   나. 새로운 항행체제의 시행에 대한 예고
   다. 비행안전에 관련이 있는 항공기 사고조사에 관한 중요한 정보
   라. 불법간섭행위로부터 국제민간항공을 보호하기 위한 규정에 관한 정보
   마. 조종사에게 특별히 해당되는 의료 안내
   바. 물리적 장애사항의 회피에 관한 조종사에 대한 경고
   사. 특정한 기상현상이 항공기 운항에 미치는 영향
   아. 항공기취급기술에 영향을 미치는 새로운 장애에 관한 정보
   자. 제한품목의 항공운송에 관한 규정
   차. 국내규정의 기준변경 및 국내규정의 개정에 관한 사항
   카. 항공기승무원 면허시험계획
   타. 항공종사자의 훈련
   파. 국내법에 의한 기준의 적용 또는 면제
   하. 특정한 종류의 장비의 사용 및 정비에 관한 조언
   거. 신규 항공지도 또는 항공지도 수정판의 실제 이용여부 및 발간계획에 관한 사항
   너. 통신장비의 탑재
   더. 소음감소에 관한 설명
   러. 선정된 감항성 개선명령
   머. 항공고시보 시리즈 또는 배포의 변경, 신규 AIP 개정판 또는 AIP의 내용, 범위 또는 형태에 대한 중요한 변경
   버. 제설계획에 관한 사전 정보

| 항공종사자 자격증명시험 제8회 모의고사 | | | | | 성 명 | 점 수 |
|---|---|---|---|---|---|---|
| 자격분류명 | 자격명 | 과목명 | 시험시간 | 문제수 | | |
| 항공종사자 자격증명 | 조종사 | 항공교통·통신·정보업무 | 30분 | 25문항 | | |

1. DME의 특징에 대한 설명 중 틀린 것은?
   ① 항공기에서 펄스를 지상 송신소에 발사하고, 항공기 탑재 DME 장비는 왕복한 펄스 소요시간을 측정한다.
   ② 지상 기지국까지의 거리는 전파가 사물을 향해 발사되어 안테나에 수신되기까지의 시간(광속)을 측정함으로써 결정된다.
   ③ 가시선의 영향을 받지 않는다.
   ④ VOR을 장착한 항공기는 별도의 DME 장비를 갖추어야 한다.

2. 공항등대의 색깔로 맞는 것은?
   ① 녹색과 백색 - 육상공항
   ② 녹색과 황색 - 수상공항
   ③ 녹색, 적색과 황색 - 헬기장
   ④ 백색과 두 번의 녹색 - 군 공항

3. 다음 중 항공교통관제업무가 아닌 것은?
   ① 비행장관제업무  ② 비행정보업무
   ③ 접근관제업무   ④ 지역관제업무

4. 비행장의 maneuvering area란?
   ① 공항에 이착륙하는 항공기가 당해 공항 부근의 공역 내에서 일정한 방향으로 비행하도록 설정되어 있는 지역
   ② 항공기의 이착륙 및 지상유도를 위해 사용되는 비행장의 일부분으로서 계류장을 제외한 지역
   ③ 항공교통의 안전을 위하여 비행장 및 그 주변의 위쪽으로 설정되어 있는 지역
   ④ 활주로 시단 또는 착륙대 끝의 앞에 있는 경사도를 갖는 지역

5. 항공기 시계의 시간은 어디에 맞추어야 하는가?
   ① 천문기상대     ② 방송국
   ③ 항공교통센터   ④ GPS

6. 주간에 공중에서 빛총신호를 받았을 때 이해했음을 의미하는 항공기의 응답방법은?
   ① 날개를 흔든다.
   ② 날개 및 보조익을 움직인다.
   ③ 날개를 흔들고 착륙등을 점멸한다.
   ④ 착륙등 또는 항법등을 점멸한다.

7. ATC가 090°의 기수(heading)로 비행하고 있는 항공기에게 다음과 같이 교통조언을 했다면, 조종사는 공중경계를 위하여 어느 방향을 주시하여야 하는가?
   "Traffic 3 o'clock, 3 miles, westbound …"
   ① 동쪽    ② 남쪽
   ③ 서쪽    ④ 북쪽

8. Transponder는 언제 켜야 하는가?
   ① 이륙 전 가능한 늦게
   ② 이륙 대기지점에 도착하여
   ③ Taxi 전
   ④ 이륙 후 최대한 천천히

9. 반복비행계획서에 포함되어야 할 사항이 아닌 것은?
   ① 순항고도     ② 항공기 식별부호
   ③ 유효기간     ④ 교체공항

10. "Cleared for the option" 절차에 대한 설명 중 틀린 것은?
    ① 조종사는 접근방법을 임의로 선택할 수 있다.
    ② 관제탑이 운용되는 곳에서만 사용할 수 있으며, 관제기관의 허가를 받아야 한다.
    ③ 계기접근에서는 inbound 최종접근픽스를 통과할 때 요청하여야 한다.
    ④ 조종연습생의 조종수행 능력을 평가하기 위하여 훈련 시에 사용된다.

**11.** 동일 순항고도에 있는 항공기 간의 시간에 의한 종적 간격분리에 대한 설명 중 틀린 것은?
 ① 일반적으로 15분 간격으로 한다.
 ② 확실한 정보가 있을 경우에는 10분 간격으로 한다.
 ③ 전방 항공기가 후방 항공기보다 20 kts 이상 빠른 경우에는 5분 간격으로 한다.
 ④ 전방 항공기가 후방 항공기보다 30 kts 이상 빠른 경우에는 3분 간격으로 한다.

**12.** 항공기 이착륙 시 관제탑의 관제사가 통보해주는 바람 방향의 기준은?
 ① 진북 기준
 ② 자북 기준
 ③ 활주로 방향 기준
 ④ 항공기 heading 기준

**13.** 최저레이더유도고도(MVA)에 대한 설명으로 틀린 것은?
 ① 각 섹터는 장애물로부터 3 NM 이상 떨어져 있다.
 ② 섹터 내에서 산악지역은 2,000 ft, 비산악지역은 1,000 ft의 고도 분리를 제공한다.
 ③ 관제공역의 표면으로부터 300 ft 이상 공역에 대한 장애물 회피를 제공한다.
 ④ 레이더 관제 하에서 조종사가 활용할 수 있다.

**14.** 비행 중 조종사가 ATC에 레이더 서비스를 요청하였을 때, "Radar Contact"이라는 통보를 받았다. 이는 무슨 의미인가?
 ① ATC 레이더에 항적이 식별되었고 식별이 종료될 때 까지 서비스가 제공될 것이다.
 ② 레이더스코프 상에 2대 이상의 항공기가 동시에 근접하고 있다.
 ③ ATC 레이더에 식별되었으니 IFR 비행을 시작하여도 좋다.
 ④ ATC 레이더에 항공기가 식별되었으니 안심하고 비행하라. 충돌회피에 대한 것은 ATC가 책임진다.

**15.** ATC가 복잡한 공항에서 출발 항공기를 다른 항공기와 분리시키기 위해 사용하는 용어는?
 ① Clearance void time
 ② Departure time
 ③ Take-off time
 ④ Release time

**16.** 연료 dumping에 관한 설명 중 틀린 것은?
 ① 해당 조종사는 연료 dumping 할 내용을 즉시 관제사에게 보고해야 한다.
 ② 보고를 받은 관제사는 3분마다 조언방송을 하여야 한다.
 ③ IFR 항공기는 즉시 해당구역을 회피하여야 한다.
 ④ 연료 dumping이 끝나면 조종사는 관제사에 통보하여야 한다.

**17.** Chart에 위, 아래, 아무 표시 없이 2300이라고 기재되어 있다면 이 숫자가 나타내는 고도는?
 ① Minimum altitude
 ② Maximum altitude
 ③ Mandatory altitude
 ④ Recommended altitude

**18.** 수렴활주로가 교차하는 경우 교차활주로에 동시계기접근을 허가할 수 있는 최저 기상 요구치는?
 ① 시정 2 SM, 운고 700 ft
 ② 시정 1 SM, 운고 800 ft
 ③ 시정 1/2 SM, 운고 800 ft
 ④ 시정 2 SM, 운고 1,000 ft

**19.** 요격을 당했을 때 피요격항공기의 대처방법으로 맞는 것은?
 ① 요격항공기가 접근하지 못하도록 날개를 좌우로 흔든다.
 ② 요격항공기의 교신 요구를 거부한다.
 ③ 요격기의 신호와 지시사항을 거부하고 관제기관의 지시를 기다린다.
 ④ 별도의 지시가 없는 경우, transponder를 7700에 맞춘다.

20. 항적정보 또는 항적조언에 대한 설명 중 틀린 내용은?
① 관제사는 항상 항적조언을 제공해야 할 책임이 있다.
② 조종사는 항적을 확인하면 관제사에게 통보해야 한다.
③ 조종사는 항적조언을 받았다는 것을 관제사에게 통보해야 한다.
④ 만일 항적을 피하기 위한 vector가 필요하면 항공관제기관에 통보한다.

21. 무선통신 요령 중 틀린 것은?
① 버튼을 놓고 난 후 몇 초 후에 재 호출한다.
② 말하고자 하는 것을 미리 생각한 후 송신기의 버튼을 누른다.
③ ATIS를 듣거나 다른 무선을 청취한 후 송신한다.
④ 마이크를 입술에 바짝 대고 버튼을 누른 후 즉시 말한다.

22. 시험송신을 수신했으나 알아듣기 힘든 경우의 응답으로 적합한 것은?
① Reading You Two by Three
② Reading You Three
③ Reading You Four
④ Reading You Five

23. AFTN 전문의 사본은 최소한 며칠 동안 보관하여야 하는가?
① 10일   ② 20일
③ 30일   ④ 90일

24. Chart에서 RNAV Waypoint를 나타내는 기호는?
①    ②
③    ④

25. NOTAM에 포함되지 않는 내용은?
① 활주로의 운용상 중요한 변경
② 시각보조시설의 설치, 철거
③ 소방업무절차의 변경
④ 즉각적인 조치를 필요로 하는 규정 변경

### 제8회 정답 및 해설

| 문제 | 1 | 2 | 3 | 4 | 5 |
|---|---|---|---|---|---|
| 정답 | ❸ | ❶ | ❷ | ❷ | ❸ |
| 문제 | 6 | 7 | 8 | 9 | 10 |
| 정답 | ❶ | ❷ | ❶ | ❹ | ❶ |
| 문제 | 11 | 12 | 13 | 14 | 15 |
| 정답 | ❹ | ❷ | ❹ | ❶ | ❹ |
| 문제 | 16 | 17 | 18 | 19 | 20 |
| 정답 | ❸ | ❹ | ❶ | ❹ | ❶ |
| 문제 | 21 | 22 | 23 | 24 | 25 |
| 정답 | ❹ | ❷ | ❸ | ❷ | ❸ |

1. ①
거리측정시설(DME)은 가시선(line-of-sight) 원칙에 따라 작동하기 때문에 매우 높은 정확도의 거리정보를 제공한다. DME 장비로부터 수신되는 거리정보는 경사거리(slant range distance)이며 실제 수평거리는 아니다.
[참고] TACAN 장비를 갖춘 항공기는 VORTAC으로부터 자동으로 거리정보를 수신하지만, VOR을 갖춘 항공기는 별도의 DME 항공기 탑재장비가 있어야 한다.

2. ①
공항등대의 불빛 색상은 다음과 같다.
1. 육상 비행장: 백색과 녹색
2. 수상 비행장: 백색과 황색
3. 헬기장(heliport): 녹색, 황색과 백색
4. 군 비행장등대: 백색과 녹색이 교대로 섬광되지만, 녹색섬광 사이에 백색이 두 번 섬광된다는 점이 민간 비행장등대와 다르다.

3. ②

항공교통관제업무는 다음과 같은 업무로 구분한다.
1. 접근관제업무
2. 비행장관제업무
3. 지역관제업무

4. ②

비행장의 "기동지역(Maneuvering Area)"이란 항공기의 이·착륙 및 지상유도(taxiing)를 위해 사용되는 비행장의 일부분으로서 계류장을 제외한 활주로 및 유도로 지역을 말한다.

5. ②

조종사가 다른 방법으로 시간정보를 획득할 수 있는 별도의 절차가 없다면, 관제탑은 항공기가 이륙을 위하여 지상이동(taxi)을 시작하기 전에 조종사에게 정확한 시간을 제공하여야 한다. 항공교통업무시설은 부가적으로 조종사 요구 시 정확한 시간을 제공하여야 하며 시간점검은 가까운 30초를 기준으로 분 단위로 하여야 한다.

6. ①

비행 중 무선통신 두절시 항공기의 응신 방법은 다음과 같다.
1. 주간: 날개를 흔든다.
2. 야간: 착륙등이 장착된 경우에는 착륙등을 2회 점멸하고, 착륙등이 장착되지 않은 경우에는 항행등(navigation light)을 2회 점멸한다.

7. ②

Heading 90°로 비행하고 있는 (B) 항공기의 조종사에게 3시로 교통정보가 발부되었다면, (B) 항공기의 조종사에게 보이는 (A) 항공기의 위치는 3시 방향, 즉 90°(1시간 당 3°) 오른쪽 방향인 남쪽이 된다.

8. ①

트랜스폰더(transponder)는 이륙하기 전에 가능한 한 늦게 "on" 또는 정상 작동위치로 조정하여야 하며, 착륙활주를 종료한 후 ATC의 요청에 의해 사전에 "standby" 위치로 변경되어 있는 경우 이외에는 가능한 한 빨리 "off" 또는 "standby" 위치로 변경하여야 한다.

9. ④

반복비행계획서의 이용은 국내선에 한하며 반복비행계획에는 다음 각 호의 사항이 포함되어야 한다.
1. 비행계획의 유효기간
2. 운항 일수(days of operation)
3. 항공기 식별부호(aircraft identification)
4. 항공기 형식 및 후방난기류 범주
5. 출발비행장 및 출발예정시간
6. 순항속도, 순항고도, 비행로
7. 목적비행장 및 총예상소요비행시간
8. 비고(remarks)

10. ①

"선택허가(Cleared for the option)" 절차는 교관조종사, 평가관조종사 또는 그 밖의 조종사에게 접지후이륙(touch-and-go), 저고도접근, 실패접근, 정지후이륙(stop-and-go) 또는 착륙(full stop landing) 중에서 선택할 수 있도록 허가하는 것이다.

11. ④

동일한 고도에 있는 동일 진로 상의 항공기 간의 시간에 의한 종적분리 최저치는 다음과 같다.
1. 일반적으로 15분
2. 항행안전시설을 이용하여 위치 및 속도의 판단을 하는 경우: 10분
3. 선행 항공기가 뒤따라가는 항공기보다 37 km/h (20 kt) 이상 빠른 경우: 5분
4. 선행 항공기가 뒤따라가는 항공기보다 74 km/h (40 kt) 이상 빠른 경우: 3분

12. ②

항공기 이착륙 시 관제탑에 의해 발부되는 풍향은 자방위이다.

**13.** ④

최저레이더유도고도(Minimum Vectoring Altitudes; MVA)는 레이더접근, 출발, 실패접근을 위하여 허가된 고도를 제외한 계기비행 항공기가 레이더 관제사에 의하여 유도될 수 있는 최저 해면고도이다. 이 고도는 관제를 받고 있는 항공기로부터 반사되는 레이더에 의하여 측정된 고도를 가지고 관제사가 레이더 유도 시, 유용한 참조고도이다. 차트에 명시된 최저안전고도는 통상 조종사가 아닌 관제사에게 유용하다.

**14.** ①

ATC는 다음과 같은 경우에 "레이더 포착(radar contact)" 사실을 조종사에게 통보한다.
1. ATC 시스템에 처음으로 항공기가 식별되었을 때
2. 레이더 업무가 종료되거나 레이더 포착이 상실된 이후에 레이더 식별이 다시 이루어졌을 때

**15.** ④

"출발유보해제시간(Release time)"은 항공기가 출발할 수 있는 가장 빠른 시간을 명시할 필요가 있는 경우, ATC가 조종사에게 발부하는 출발제한이다. ATC는 출발 항공기를 다른 항공기와 분리하거나, 교통관리절차와 관련하여 "출발유보해제시간"을 사용한다.

**16.** ③

연료투하(fuel dumping) 방송을 청취한 경우, 영향을 받는 구역의 IFR 비행계획이나 특별 VFR로 비행하지 않는 항공기의 조종사는 조언방송에서 명시한 구역을 벗어나야 한다. IFR 비행계획이나 특별 VFR 허가를 받은 항공기는 ATC에 의해 일정한 분리가 제공된다.

**17.** ④

규정된 고도는 계기접근절차차트에 다음과 같은 네 가지의 다른 형태로 표기될 수 있다.
1. 최저고도(minimum altitude) : 고도치에 밑줄을 그어 표기한다. 항공기는 표기된 값 이상의 고도를 유지하여야 한다.
2. 최대고도(maximum altitude) : 고도치에 윗줄을 그어 표기한다. 항공기는 표기된 값 이하의 고도를 유지하여야 한다.
3. 의무고도(mandatory altitude) : 고도치에 밑줄 및 윗줄 모두를 그어 표기한다. 항공기는 표기된 값의 고도를 유지하여야 한다.
4. 권고고도(recommended altitude) : 밑줄이나 윗줄이 없는 채로 표기한다. 이 고도는 강하계획수립에 사용하기 위해 표기된다.

**18.** ①

동시수렴계기접근(simultaneous converging instrument approaches)을 허가하기 위한 교차 활주로는 최소한 운고 700 ft와 시정 2 mile의 최저치를 필요로 한다.

**19.** ④

요격을 당했을 때 피요격기는 지체 없이 다음과 같이 조치하여야 한다.
1. 시각신호를 이해하고 응답하며 요격기의 지시를 따른다.
2. 가능한 경우에는 관할 항공교통업무기관에 피요격 중임을 통보한다.
3. 항공비상주파수 121.5 MHz나 243.0 MHz로 호출하여 요격기 또는 요격 관계기관과 연락하도록 노력하고 해당 항공기의 식별부호 및 위치와 비행내용을 통보한다.
4. 트랜스폰더 SSR을 장착하였을 경우에는 항공교통관제기관으로부터 다른 지시가 있는 경우를 제외하고는 Mode A Code 7700으로 맞춘다.

**20.** ①

관제사가 우선순위가 더 높은 업무에 종사하고 있거나, 여러 가지 이유로 인하여 교통정보를 발

부하지 못할 수도 있다는 것을 인식하고 있어야 한다. 어느 경우에 관제사가 정보를 제공할 수 있을 것인가, 또는 계속 정보를 제공할 것인가를 결심하기 위한 자유재량은 관제사가 가지고 있다.

**21.** ④

무선통신 시 마이크로폰(microphone)을 입술에 아주 가까이 대고 마이크 버튼을 누른 후, 첫 단어가 확실히 송신되도록 하기 위하여 잠시 기다릴 필요가 있다.

**22.** ②

시험송신을 할 경우에 다음의 수신 감도가 사용되어야 한다.
1 읽을 수 없음(Unreadable)
2 가끔씩 읽을 수 있음(Readable now and then)
3 읽을 수 있으나 어려움(Readable but with difficulty)
4 읽을 수 있음(Readable)
5 완벽하게 읽을 수 있음(Perfectly Readable)

**23.** ③

AFTN 발신국에 의해 전송되는 모든 전문의 사본은 최소한 30일 동안 완전한 형태로 보존하여야 한다.

**24.** ②

Chart에서 RNAV Waypoint를 나타내는 기호는 다음과 같다.

 RNAV Waypoint (Compulsory)

 RNAV Waypoint (Non-Compulsory)

**25.** ③

항공고시보(NOTAM)의 발행대상 중 주요 내용은 다음과 같다.
1. 비행장(헬기장 포함) 또는 활주로의 설치, 폐쇄 또는 운용상 중요한 변경
2. 항공업무(AGA, AIS, ATS, CNS, MET, SAR 등)의 신설, 폐지 및 운영상 중요한 변경
3. 무선항행과 공지통신업무의 운영성능의 중요한 변경, 설치 또는 철거
4. 시각보조시설(visual aids)의 설치, 철거 또는 중요한 변경
5. 비행장등화시설 중 주요 구성요소의 운용중지 또는 복구
6. 항행업무절차의 신설, 폐지 또는 중요한 변경
7. 수색구조시설 및 업무에 대한 중요한 변경
8. 항행에 중요한 장애물을 표시하는 항공장애등의 설치, 철거 또는 복구
9. 즉각적인 조치를 필요로 하는 규정변경. 예: 수색 및 구조활동을 위한 비행금지구역 설정
10. 비행금지구역, 비행제한구역 또는 위험구역의 설정, 폐지(발효 또는 해제 포함) 또는 상태의 변경
11. 비행장(헬기장 포함) 소방구조능력 등의 중요한 변경
12. 이동지역의 눈, 진창, 얼음, 방사성물질, 독성 화합물, 화산재 퇴적 또는 물로 인한 장애상태의 발생·제거 또는 중요한 변경

| 항공종사자 자격증명시험 제9회 모의고사 | | | | | 성 명 | 점 수 |
|---|---|---|---|---|---|---|
| 자격분류명 | 자격명 | 과목명 | 시험시간 | 문제수 | | |
| 항공종사자 자격증명 | 조종사 | 항공교통·통신· 정보업무 | 30분 | 25문항 | | |

1. Outer marker 통과를 나타내는 색깔은?
   ① Amber   ② Blue
   ③ Yellow   ④ White

2. 로컬라이저 식별부호 중 뒤의 두 자리 문자가 나타내는 시설은?
   ① Outer marker
   ② Middle marker
   ③ Outer compass locator
   ④ Middle compass locator

3. ATIS에서 시정에 대한 정보를 생략할 수 있는 경우는?
   ① 시정의 관측이 불가능할 경우
   ② 시정이 3마일을 초과하는 경우
   ③ 시정이 5마일을 초과하는 경우
   ④ 시정이 7마일을 초과하는 경우

4. 모든 항공기가 IFR로 비행해야 하는 공역은?
   ① A등급 공역   ② B등급 공역
   ③ C등급 공역   ④ D등급 공역

5. 사용목적에 따른 공역의 구분에 대한 다음 설명 중 틀린 것은?
   ① 비행금지공역 : 안전, 국방상 그 밖의 이유로 항공기의 비행을 금지하는 공역
   ② 비행제한공역 : 항공사격, 대공사격 등으로 인한 위험으로부터 항공기의 안전을 보호하거나 그 밖의 이유로 비행허가를 받지 아니한 항공기의 비행을 제한하는 공역
   ③ 위험공역 : 대규모의 조종사의 훈련이나 비정상 형태의 항공활동이 수행되는 공역
   ④ 군작전공역 : 군사작전을 위하여 설정된 공역으로서 계기비행 항공기로부터 분리를 유지할 필요가 있는 공역

6. 이륙교체비행장의 선정 요건으로 맞는 것은?
   ① 쌍발비행기의 경우 1개의 발동기가 작동하지 아니할 때의 순항속도로 출발비행장으로부터 1시간 이내의 지역에 있을 것
   ② 쌍발비행기의 경우 모든 비행기가 작동할 때의 순항속도로 출발비행장으로부터 2시간 이내의 지역에 있을 것
   ③ 3발 이상 비행기의 경우 1개의 발동기가 작동하지 아니할 때의 순항속도로 출발비행장으로부터 1시간 이내의 지역에 있을 것
   ④ 3발 이상 비행기의 경우 모든 비행기가 작동할 때의 순항속도로 출발비행장으로부터 1시간 이내의 지역에 있을 것

7. 바람의 측정 및 보고방법으로 잘못된 것은?
   ① 활주로 10 m 위에서 측정하고, 풍향은 10° 단위, 풍속은 1 kt 단위로 표기한다.
   ② 100 kt 이상의 gust는 문자 M 다음에 99KT로 보고한다.
   ③ 측정 바로 전 10분 동안 순간 최대풍속이 평균 풍속의 10 kt 이상일 경우, 문자 G 다음에 최대풍속을 표기한다.
   ④ Wind calm은 00000 다음에 KT로 보고한다.

8. 조종사가 활주로에 접지하거나 유도로에서 이동할 때, 활주로 또는 계류장의 출입경로를 알려주는 유도로중심선등은 무슨 색인가?
   ① 녹색   ② 청색
   ③ 황색   ④ 백색

9. Holding fix 진입 시, 항공기가 허가한계점에 도착하기 최소한 몇 분 전에 비행인가를 통보해야 하는가?
   ① 3분   ② 5분
   ③ 7분   ④ 10분

**10.** 게이트 접현 시 marshaller가 팔을 수평으로 들어 가슴 부분에서 주먹을 펴는 것의 의미는?
① Rotating beacon을 켜라.
② Gate에 접현되었다.
③ 엔진을 작동하라.
④ 브레이크를 풀어라.

**11.** 특별시계비행에 대한 설명 중 틀린 것은?
① B등급 공역에서는 특별시계비행이 허용되지 않는다.
② 구름을 피하여 비행해야 하며, 최저 비행시정은 1SM 이다.
③ 계기비행 자격증명이 없으면 야간비행은 허용되지 않는다.
④ 야간에 비행하려면 조종사는 계기비행 자격증명이 있어야 하고, 항공기는 IFR 비행을 위한 장비를 구비해야 한다.

**12.** 정밀접근레이더(PAR)의 유효거리와 범위는?
① 거리(range) 10 NM, 방위각(azimuth) 20°, 경사각(elevation) 5°
② 거리(range) 10 NM, 방위각(azimuth) 20°, 경사각(elevation) 7°
③ 거리(range) 15 NM, 방위각(azimuth) 20°, 경사각(elevation) 5°
④ 거리(range) 15 NM, 방위각(azimuth) 20°, 경사각(elevation) 7°

**13.** 비행계획서에서 비행방식(type of flight)의 부호 "S"의 의미는?
① 정기 항공    ② 부정기 항공
③ 일반 항공    ④ 군 항공

**14.** Squawk code를 4000으로 설정해야 하는 항공기는?
① 불법간섭을 받고 있는 항공기
② 요격작전을 수행하는 군 비행기
③ 제한구역이나 경고구역에서 비행하는 군 비행기
④ 무선통신이 두절된 항공기

**15.** 조종사가 필수보고지점 외에서 관제사에게 보고해야 하는 사항이 아닌 것은?
① 비행계획서에 제출한 진대기속도보다 5% 또는 10 kts의 변화가 있을 때
② 새로 배정된 고도로 비행하기 위하여 이전에 배정받은 고도를 떠날 때
③ VFR-on-top 허가를 받고 운항 중 고도변경을 할 때
④ 최소한 분당 700 ft의 상승률 또는 강하율을 유지할 수 없을 때

**16.** 대한민국 내에서 요격 중 피요격기의 행동으로 틀린 것은?
① 해당 ATC 기관에 피요격 중임을 통보한다.
② 121.5 MHz의 비상주파수를 이용해 ATC 기관과 무선 교신하도록 노력한다.
③ 트랜스폰더를 장착했을 경우, ATC로부터 지시된 경우를 제외하고 Mode A Code 7500으로 맞춘다.
④ 요격기의 지시에 따른다.

**17.** Approach speed에 따른 approach category의 구분으로 잘못된 것은?
① Category A: 90 kts 이하
② Category B: 91~110 kts
③ Category D: 141~165 kts
④ Category E: 166 kts 이상

**18.** 조종사에게 제공하는 교통조언(traffic advisory)에 대한 설명 중 틀린 것은?
① 조종사는 교통조언을 확인하였다면 ATC에 받았다는 것을 응답하여야 한다.
② 관제사로부터 교통조언을 항상 받을 수 있을 것으로 기대해서는 안 된다.
③ 교통조언이 필요하지 않으면 주파수 감청만 한다.
④ 교통조언을 받은 항공기를 육안 확인하였다면 ATC에 통보한다.

19. ATC와 사전 협의되지 않은 경우, 비상위치송신기(ELT)의 시험방송은 언제 하여야 하는가?
① 매 시간 처음 3분
② 매 시간 마지막 3분
③ 매 시간 처음 5분
④ 매 시간 마지막 5분

20. 생존자용 공지 가시기호 중 "require medical assistance"의 code로 맞는 것은?
① V
② Y
③ N
④ X

21. 말하는 속도를 줄여 달라는 의미의 관제용어는?
① SPEAK SLOWLY
② REDUCE SPEAK SPEED
③ SPEAK SLOWER
④ SLOWLY SPEAK

22. 주파수 120.8 MHz를 읽는 방법으로 맞는 것은?
① one twenty point eight
② one hundred twenty point eight
③ one two oh point eight
④ one two zero point eight

23. 항공기 항행에 필요한 영속적인 성격의 항공정보를 수록한 간행물은?
① AIP
② AIRAC
③ AIC
④ ATP

24. SNOWTAM의 유효시간은?
① 발행 후 4시간
② 발행 후 6시간
③ 발행 후 8시간
④ 발행 후 12시간

25. Area chart에서 기호 "⎯⎯→"가 의미하는 것은?
① Departure route
② Arrival route
③ RNAV route
④ Diversionary Route

### 제9회 정답 및 해설

| 문제 | 1 | 2 | 3 | 4 | 5 |
|---|---|---|---|---|---|
| 정답 | ❷ | ❹ | ❸ | ❶ | ❸ |
| 문제 | 6 | 7 | 8 | 9 | 10 |
| 정답 | ❶ | ❷ | ❶ | ❷ | ❹ |
| 문제 | 11 | 12 | 13 | 14 | 15 |
| 정답 | ❶ | ❷ | ❶ | ❸ | ❹ |
| 문제 | 16 | 17 | 18 | 19 | 20 |
| 정답 | ❸ | ❷ | ❸ | ❸ | ❹ |
| 문제 | 21 | 22 | 23 | 24 | 25 |
| 정답 | ❸ | ❹ | ❶ | ❸ | ❶ |

1. ③

항공기가 마커(marker) 상공을 통과할 때 이를 지시하는 등화의 색상은 다음과 같다.

| 마커(Marker) | 등화(Light) |
|---|---|
| Outer marker(OM) | 청색(Blue) |
| Middle marker(MM) | 황색(Amber) |
| Inner marker(IM) | 백색(White) |

2. ④

컴퍼스 로케이터는 2자리 문자의 식별부호 group을 송신한다. 외측 로케이터(LOM; outer marker compass locator)는 로케이터 식별부호 group의 첫 2자리 문자를 송신하고, 중간 로케이터(LMM; middle marker compass locator)는 로케이터 식별부호 group의 마지막 2자리 문자를 송신한다.

3. ③

하늘상태 또는 운고(ceiling)가 5,000 ft를 초과하고 시정이 5 mile을 초과하면, ATIS에 하늘상태나 운고(ceiling) 또는 시정에 대한 정보를 생략할 수 있다.

4. ①

A등급 공역에서는 국토교통부장관의 허가가 없는 한 계기비행규칙(IFR)에 의하여 비행하여야 하며, 조종사는 계기비행면허/자격을 소지하여야 한다.

**5.** ③

특수사용공역(Special Use Airspace)

| 구 분 | 내 용 |
|---|---|
| 비행금지구역 (P) | 안전, 국방상, 그 밖의 이유로 항공기의 비행을 금지하는 공역 |
| 비행제한구역 (R) | 항공사격·대공사격 등으로 인한 위험으로부터 항공기의 안전을 보호하거나 그 밖의 이유로 비행허가를 받지 않은 항공기의 비행을 제한하는 공역 |
| 군작전구역 (MOA) | 군사작전을 위하여 설정된 공역으로서 계기비행 항공기로부터 분리를 유지할 필요가 있는 공역 |
| 위험구역 (D) | 항공기의 비행시 항공기 또는 지상시설물에 대한 위험이 예상되는 공역 |

**6.** ①

항공운송사업에 사용되는 비행기를 운항 시 출발비행장의 기상상태가 비행장 운영 최저치 이하이거나 그 밖의 다른 이유로 출발비행장으로 되돌아 올 수 없는 경우에는 다음과 같은 요건을 갖춘 이륙교체비행장(take-off alternate aerodrome)을 지정하여야 한다.
1. 2개의 발동기를 가진 비행기의 경우: 1개의 발동기가 작동하지 아니할 때의 순항속도로 출발비행장으로부터 1시간의 비행거리 이내인 지역에 있을 것
2. 3개 이상의 발동기를 가진 비행기의 경우: 모든 발동기가 작동할 때의 순항속도로 출발비행장으로부터 2시간의 비행거리 이내인 지역에 있을 것

**7.** ②

공항예보에서는 최대순간풍속(돌풍, gust)이 평균풍속보다 10 kt 이상 불 것으로 예상되면 평균풍속 뒤에 문자 G를 붙이고 최대순간풍속을 표시한다. 풍속이 100 kt 이상으로 예상될 때는 문자 P 뒤에 99KT를 사용하여 표시해야 한다.

**8.** ①

유도로중심선등(taxiway centerline light)은 저시정 상태에서 지상교통을 돕기 위해 사용된다. 유도로중심선등은 고정등이며 녹색 불빛을 비춘다.

**9.** ②

체공(Holding)
1. 항공기가 holding fix 진입 시 지연이 예상될 때, 항공기가 허가한계점에 도착하기 적어도 5분 전에 허가한계점과 체공지시를 발부하여야 한다.
2. 지연이 예상되지 않는 경우, 관제사는 가능한 빨리 그리고 가능하다면 항공기가 허가한계점에 도착하기 최소한 5분 전에 fix 이후에 대한 허가를 발부하여야 한다.

**10.** ④

조종사에 대한 유도원(marshaller)의 브레이크에 대한 신호는 다음과 같다.
1. 브레이크를 걸 것: 손가락을 펴고 한쪽 팔을 들어 가슴 앞을 수평으로 가로지르게 한 다음 주먹을 쥔다.
2. 브레이크를 풀 것: 주먹을 쥐고 한쪽 팔을 들어 가슴 앞을 수평으로 가로지르게 한 다음 손가락을 편다.

**11.** ①

특별시계비행(SVFR) 허가는 B등급, C등급, D등급 및 E등급 공항교통구역 내에서만 유효하다.

**12.** ②

정밀접근레이더(PAR)의 통달범위는 거리 10 mile, 방위각 20° 그리고 경사각 7°로 제한된다.

**13.** ①

비행계획서의 항목 8 비행형식(type of flight)은 다음과 같이 기입한다.
1. S: 정기 항공업무인 경우
2. N: 부정기 항공운송 운항인 경우
3. G: 일반항공인 경우
4. M: 군용기인 경우
5. X: 위에서 규정된 종류 이외인 경우

**14.** ③

군작전구역 또는 제한구역이나 경고구역 내에서 VFR 또는 IFR로 운항중인 군조종사는 ATC가 별도의 코드를 배정하지 않는 한 트랜스폰더를 code 4000으로 맞추어야 한다.

**15.** ④

ATC의 특별한 요청이 없어도 다음의 경우에는 ATC 또는 FSS 시설에 항상 보고해야 한다.
1. 새로 배정받은 고도 또는 비행고도로 비행하기 위하여 이전에 배정된 고도 또는 비행고도를 떠날 때
2. VFR-on-top 허가를 받고 운항중이라면, 고도변경을 할 때
3. 최소한 분당 500 ft의 비율로 상승/강하할 수 없을 때
4. 접근에 실패하였을 때
5. 비행계획서에 제출한 진대기속도보다 순항고도에서의 평균 진대기속도가 5% 또는 10 knot의 변화(어느 것이든 큰 것)가 있을 때
6. 허가받은 체공 fix 또는 체공지점에 도착한 경우, 시간 및 고도 또는 비행고도
7. 지정받은 체공 fix 또는 체공지점을 떠날 때
8. 관제공역에서의 VOR, TACAN, ADF, 저주파수 항법수신기의 기능상실, 장착된 IFR-인가 GPS/GNSS 수신기를 사용하는 동안 GPS의 이상현상(anomaly), ILS 수신기 전체 또는 부분적인 기능상실이나 공지통신 기능의 장애
9. 비행안전과 관련된 모든 정보

**16.** ③

트랜스폰더를 장착하였을 경우, 피요격기는 항공교통관제기관으로부터 다른 지시가 있는 경우를 제외하고 Mode A Code 7700으로 맞추어야 한다.

**17.** ②

항공기 접근속도(approach speed)에 따른 접근범주(approach category)의 범위는 다음과 같다.

| 접근범주 | 접근속도 |
|---|---|
| Category A | 91 knot 미만 |
| Category B | 91 knot 이상, 121 knot 미만 |
| Category C | 121 knot 이상, 141 knot 미만 |
| Category D | 141 knot 이상, 166 knot 미만 |
| Category E | 166 knot 이상 |

**18.** ③

조종사는 교통조언(traffic advisory)이 필요하지 않으면 관제사에게 통보하여야 한다.

**19.** ③

ATC와 사전 협의되지 않은 경우, 비상위치지시용 무선표지설비(ELT)는 매시 처음 5분 동안에만 시험운영해야 한다.

**20.** ④

생존자가 사용하는 지대공 시각기호(visual code)의 의미는 다음과 같다.

| 의미(Message) | 기호(Code) |
|---|---|
| 도움이 필요함(Require assistance) | V |
| 의료도움이 필요함(Require medical assistance) | X |
| 아니오 또는 부정(No or Negative) | N |
| 예 또는 긍정(Yes or Affirmative) | Y |
| 화살표 방향으로 진행(Proceeding in this direction) | ↑ |

**21.** ③

말하는 속도를 천천히 하라는 의미의 무선통신에 사용되는 관제용어는 "Speak Slower"이다.

**22.** ③

소수점이 있는 무선 주파수의 경우 각 숫자를 따로따로 발음하여 송신해야 하며, 소수점은 "Point" 또는 "Decimal"로 읽는다. (ICAO 절차는 소수점을 "Decimal"로 읽도록 규정하고 있다)

**23.** ①

"항공정보간행물(Aeronautical Information Publication; AIP)"이라 함은 항공항행에 필수적이고 영구적인 성격의 항공정보를 수록한 간행

물을 말한다.

**24.** ③

"설빙고시보(SNOWTAM; Snow Notice to Airmen)"의 최대 유효기간은 8시간이다.

**25.** ①

Area chart에서 기호 "———▶"는 Departure route, 기호 "— —▶"는 Arrival route를 나타낸다.

| 항공종사자 자격증명시험 제10회 모의고사 | | | | | 성 명 | 점 수 |
|---|---|---|---|---|---|---|
| 자격분류명 | 자격명 | 과목명 | 시험시간 | 문제수 | | |
| 항공종사자 자격증명 | 조종사 | 항공교통·통신·정보업무 | 30분 | 25문항 | | |

1. 다음 중 운용 주파수가 가장 낮은 것은?
   ① VOR  ② DME
   ③ LOC  ④ NDB

2. VOR "L" 등급의 운용 반경은?
   ① 25 NM  ② 40 NM
   ③ 55 NM  ④ 80 NM

3. Runway heading이 147°인 경우, runway marking은?
   ① 14  ② 15
   ③ 147  ④ 150

4. 다음 중 항공등화가 아닌 것은?
   ① 비행장등대  ② 활주로경계등
   ③ 금지구역등  ④ 접현지역등

5. 항공교통관제업무의 목적은?
   ① 항공기 간의 충돌 방지
   ② 이착륙 항공기의 통제
   ③ 계류장에서 항공기와 장애물 간의 충돌 방지
   ④ 시계비행규칙, 계기비행규칙 적용의 통제

6. 지상 활주 중 백색 점멸신호의 의미는?
   ① 통과하거나 진행할 것
   ② 진행할 것
   ③ 활주로 또는 유도로에서 벗어날 것
   ④ 공항의 출발지점으로 돌아갈 것

7. 눈이 와서 시정이 불량할 때, 눈의 등급 분류에 대한 설명으로 틀린 것은?
   ① Light: 시정 1/2마일 초과
   ② Medium: 시정 3/4마일 초과
   ③ Moderate: 시정 1/2~1/4마일
   ④ Heavy: 시정 1/4마일 이하

8. 관제공역에 대한 설명으로 틀린 것은?
   ① 관제권이 관제공역 바깥에 있다면 상부한계를 제한할 필요가 없다.
   ② 하나의 관제권 내에 두 개의 비행장이 있을 수 있다.
   ③ 항공교통의 안전을 위하여 항공기의 비행순서, 시기 및 방법 등에 관하여 항공당국의 지시를 받아야 할 필요가 있는 공역이다.
   ④ 관제권이 관제공역 수평범위 내에 있으면 지표면으로부터 하부한계까지 연장되어야 한다.

9. 동일 고도에 있는 IFR 항공기의 분리에 레이더를 사용할 때, Radar 안테나로부터 40 NM 이내에 있는 항공기 간의 최소 분리간격은?
   ① 2마일  ② 3마일
   ③ 5마일  ④ 7마일

10. 비행장 또는 그 주변에서의 비행방법으로 틀린 것은?
    ① 해당 비행장의 이륙기상최저치 미만의 기상상태에서는 이륙해서는 안 된다.
    ② 이륙하려는 항공기는 안전고도 미만의 고도 또는 안전속도 미만의 속도에서는 선회를 하면 안 된다.
    ③ 터빈발동기를 장착한 이륙항공기는 지표 또는 수면으로부터 1,500미터의 고도까지 신속히 상승해야 한다.
    ④ 해당 비행장을 관할하는 항공교통관제기관과 무선통신을 유지해야 한다.

11. 착륙하고자 하는 공항의 활주로 시단으로부터 20 NM 이내에서 10,000 ft 미만의 고도로 운항하는 터보제트 항공기의 최소속도는?
    ① 150 kts  ② 170 kts
    ③ 210 kts  ④ 230 kts

12. 동일한 부호명칭을 사용하는 VOR 간의 최소 분리간격은?
   ① 100 NM   ② 200 NM
   ③ 400 NM   ④ 600 NM

13. ATIS 방송은 가능한 몇 초를 초과하지 않아야 하는가?
   ① 30초   ② 40초
   ③ 50초   ④ 60초

14. Pre-taxi IFR clearance procedure 설명 중 맞는 것은?
   ① Taxing 준비 완료 후 10분 뒤에 clearance delivery에 clearance를 요청한다.
   ② 조종사는 의무적으로 Pre-taxi clearance procedure에 참여해야 한다.
   ③ 최소한 taxing 예상시간 10분 전에 clearance delivery에 clearance를 요청해야 한다.
   ④ Clearance delivery에 taxing을 요청하고 인가를 받아 taxing 하는 중에 clearance를 요청해야 한다.

15. SID에 대한 설명 중 옳지 않은 것은?
   ① SID를 이용하여 상승 시 MEA까지 장애물 회피가 보장된다.
   ② SID로 비행하기 전에 ATC의 허가를 받아야 한다.
   ③ SID의 표준 상승률은 200 ft/NM 이다.
   ④ 기호 "▼"는 표준 이륙최저치가 설정된 공항에서 사용되는 기호이다.

16. 서로 마주보고 오는 항공기 분리를 위해 ATC가 몇 분 전부터 몇 분 후까지 각기 다른 고도를 배정하여 수직 분리를 하여야 하는가?
   ① 3분 전부터 3분 후까지
   ② 5분 전부터 5분 후까지
   ③ 10분 전부터 10분 후까지
   ④ 20분 전부터 20분 후까지

17. MSA에 대한 설명 중 틀린 것은?
   ① 항법시설을 중심으로 25 NM 반경 내에서 장애물 회피를 제공한다.
   ② 비상상황 시에만 사용한다.
   ③ 5개의 구역(sector)으로 분할할 수 있다.
   ④ 구역 내에 있는 가장 높은 장애물로부터 최소 1,000 ft의 간격을 둔 안전고도이다.

18. Visual approach에 대한 설명으로 틀린 것은?
   ① Ceiling은 1,000 ft 이상, visibility는 3 mile 이상 되어야 한다.
   ② 계기접근절차가 아니므로 missed approach point가 없다.
   ③ 조종사는 공항이나 선행 항공기를 육안으로 확인하여야 한다.
   ④ 시계비행 기상상태에서 VFR 절차에 의하여 수행되는 VFR 비행이다.

19. 피요격기가 날개를 흔드는 것은 "알았다. 지시를 따르겠다."라는 응신이다. 이러한 응신에 대한 그 전의 요격기의 행동으로 맞는 것은?
   ① 피요격항공기의 진로를 가로질러 180도 이상의 상승선회를 하며 피요격항공기로부터 급속히 이탈한다.
   ② 피요격항공기의 진로를 가로질러 90도 이상의 상승선회를 하며 피요격항공기로부터 급속히 이탈한다.
   ③ 피요격항공기의 진로를 가로지르지 않고 180도 이상의 상승선회를 하며 피요격항공기로부터 급속히 이탈한다.
   ④ 피요격항공기의 진로를 가로지르지 않고 90도 이상의 상승선회를 하며 피요격항공기로부터 급속히 이탈한다.

20. IFR 비행을 마친 항공기의 트랜스폰더 code는?
   ① 1000   ② 1200
   ③ 2200   ④ 4000

21. 비행 중 ELT 가청음을 수신하였을 때 항공교통관제기관에 보고해야 할 내용이 아닌 것은?
① 수신 감도가 가장 약했던 위치
② 수신 감도가 가장 강했던 위치
③ 최초 수신하였던 위치
④ 최종 수신하였던 위치

22. 계기비행 기상상태인 항공기가 통신이 두절되어 레이더가 운용되지 않는 공역의 필수 위치통지점에서 위치보고를 할 수 없을 경우 조치사항으로 맞는 것은?
① 비행을 계속하여 도착예정시간에 맞추어 착륙한다.
② 최종적으로 지시받은 고도 중 높은 고도를 유지하고 도착예정시간에 맞추어 착륙한다.
③ 최종적으로 지시받은 속도를 20분간 유지한 후 비행계획에 명시된 고도와 속도로 변경하여 비행한다.
④ 최종적으로 지시받은 속도를 30분간 유지한 후 비행계획에 명시된 고도와 속도로 변경하여 비행한다.

23. 송신 시에 call sign "MEDEVAC"을 사용할 수 있는 경우는?
① 항행안전시설 점검 비행
② 화재진압 업무 비행
③ 위험물질 운송 비행
④ 응급의료환자 수송 비행

24. 항공정보간행물(AIP)의 발간주기는?
① 20일   ② 28일
③ 30일   ④ 56일

25. NOTAM 항목 B)에서 숫자 "1507301030"이 의미하는 것은?
① 2015년 7월 30일 10시 30분에 시작
② 2015년 7월 30일 10시 30분에 발부
③ 2015년 7월 30일 10시 30분에 종료
④ 2015년 7월 30일 10시 30분에 취소

## 제10회 정답 및 해설

| 문제 | 1 | 2 | 3 | 4 | 5 |
|---|---|---|---|---|---|
| 정답 | ❹ | ❷ | ❷ | ❹ | ❶ |
| 문제 | 6 | 7 | 8 | 9 | 10 |
| 정답 | ❹ | ❷ | ❶ | ❷ | ❸ |
| 문제 | 11 | 12 | 13 | 14 | 15 |
| 정답 | ❷ | ❹ | ❶ | ❸ | ❹ |
| 문제 | 16 | 17 | 18 | 19 | 20 |
| 정답 | ❸ | ❸ | ❹ | ❹ | ❷ |
| 문제 | 21 | 22 | 23 | 24 | 25 |
| 정답 | ❶ | ❸ | ❹ | ❷ | ❶ |

1. ④
각 항행안전시설의 운용 주파수는 다음과 같다.

| 시 설 | 주파수 |
|---|---|
| 무지향표지시설(NDB) | 190~535 kHz |
| 전방향표지시설(VOR) | 108.0~117.95 MHz |
| 거리측정시설(DME) | 960~1,215 MHz |
| ILS Localizer | 108.10~111.95 MHz |

2. ②
VOR/DME/TACAN의 표준 서비스 범위는 다음과 같다.

| 등 급 | 고도 및 거리범위 |
|---|---|
| T (터미널) | 1,000 ft AGL 초과 12,000 ft AGL 이하의 고도에서 25 NM까지의 반경거리 |
| L (저고도) | 1,000 ft AGL 초과 18,000 ft AGL 이하의 고도에서 40 NM까지의 반경거리 |
| H (고고도) | 1,000 ft AGL 초과 14,500 ft AGL 이하의 고도에서 40 NM까지의 반경거리  14,500 ft AGL 초과 60,000 ft 이하의 고도에서 100 NM까지의 반경거리  18,000 ft AGL 초과 45,000 ft AGL 이하의 고도에서 130 NM까지의 반경거리 |

3. ②
활주로 표지(runway marking)는 두 자리 숫자로 되어 있으며, 이 활주로 번호는 자북에서부터 시계방향으로 측정한 활주로중심선 자방위(magnetic azimuth)의 10분의 1에 가장 가까운 정수이다. 예를 들어 자방위가 183°인 곳의 활주로 명칭은 18이 되고, 자방위가 40°인 경우에는 "0"

을 숫자 앞에 붙여 활주로의 명칭은 04가 된다.

4. ④

각 보기의 항공등화에 대한 설명은 다음과 같다.

| 종류 | 설명 |
|---|---|
| 비행장등대 | 항행 중인 항공기에 공항·비행장의 위치를 알려주기 위해 공항·비행장 또는 그 주변에 설치하는 등화 |
| 활주로경계등 | 활주로에 진입하기 전에 멈추어야 할 위치를 알려주기 위해 설치하는 등화 |
| 금지구역등 | 항공기에 비행장 안의 사용금지구역을 알려주기 위해 설치하는 등화 |

5. ①

항공교통업무의 목적은 다음과 같으며, 주요 목적은 항공기 간의 충돌 방지에 있다.
1. 항공기 간의 충돌 방지
2. 기동지역(maneuvering area) 안에서 항공기와 장애물 간의 충돌 방지
3. 항공교통흐름의 질서유지 및 촉진

6. ④

무선통신 두절 시 지상에 있는 항공기에 보내는 빛총신호(light gun signal)의 종류와 의미는 다음과 같다.

| 신호의 종류 | 의미(Meaning) |
|---|---|
| 연속되는 녹색 | 이륙을 허가함 |
| 깜박이는 녹색 | 지상 이동을 허가함 |
| 연속되는 적색 | 정지할 것 |
| 깜박이는 적색 | 사용 중인 착륙지역으로부터 벗어날 것 |
| 깜박이는 백색 | 비행장 안의 출발지점으로 돌아갈 것 |

7. ②

시정에 의거한 눈 또는 이슬비의 강도는 다음과 같이 구분한다.
1. 약함(Light): 1/2 SM 초과 시정
2. 보통(Moderate): 1/4 SM 초과 1/2 SM 이하 시정
3. 강함(Heavy): 1/4 SM 이하 시정

8. ①

관제권(control zones) 설정기준
1. 관제권의 수평범위는 최소한 계기비행 기상상태에서 비행장에 입·출항하는 IFR 항공기의 비행경로를 포함하는 공역으로서 관제구역이 아닌 공역을 말한다.
2. 관제권의 수평범위는 비행장의 중심으로부터 접근 방향으로 최소한 9.3 km(5 NM)까지 연장되도록 설정하여야 한다. 두 개 이상의 비행장이 서로 인접한 경우 하나의 관제권으로 설정이 가능하다.
3. 관제권이 관제구역의 수평범위 내에 위치할 경우 지표면으로부터 관제구역의 하부한계까지 연장되어야 한다.
4. 관제권이 관제구역의 수평범위 바깥에 위치할 경우 상부한계를 설정하여야 한다.

9. ②

동일한 고도에 있는 항공기의 분리에 레이더가 사용될 때 레이더 안테나로부터 40 mile 이내에서 운항하는 항공기 간에는 최소 3 mile의 분리가 제공되고, 안테나로부터 40 mile 밖에서 운항하는 항공기 간에는 최소 5 mile의 분리가 제공된다.

10. ③

터빈발동기를 장착한 이륙항공기는 지표 또는 수면으로부터 450 m(1,500 ft)의 고도까지 가능한 한 신속히 상승하여야 한다. 다만, 소음감소를 위하여 국토교통부장관이 달리 비행방법을 정한 경우에는 그렇지 않다.

11. ②

10,000 ft 미만의 고도로 비행하는 도착항공기는 다음의 속도를 준수하여야 한다.
1. 210 knot를 최저속도로 한다.
2. 단, 착륙하고자 하는 공항의 활주로 시단으로부터 비행거리 20 mile 이내에서는 170 knot를 최저속도로 한다.

## 12. ④

　항행안전무선시설의 위치에 있는 중요지점의 부호명칭은 항행안전무선시설의 식별부호와 동일하여야 하며, 가능하면 동지점의 평문명칭의 연상이 용이하도록 구성하여야 한다.
　두 개의 항행안전무선시설이 동일위치에서 서로 다른 주파수대로 운용될 경우를 제외하고, 부호명칭은 항행안전무선시설로부터 1,100 km(600 NM) 이내에서 중복 사용되어서는 안 된다.

## 13. ①

　ATIS 메시지는 송신속도 또는 ATIS 송신에 사용되는 항행안전시설의 식별신호에 의해 저해되지 않도록 가능한 30초를 초과하지 않아야 하며, 인적수행능력(human performance)을 고려하여야 한다.

## 14. ③

　지상활주전 허가절차(Pre-taxi clearance procedure)
1. 조종사의 참여는 의무사항이 아니다.
2. 참여하는 조종사는 지상활주 예정시간으로부터 최소 10분 전까지 허가중계소(clearance delivery) 또는 지상관제소를 호출한다.
3. 최초교신 시 IFR 허가(허가할 수 없는 경우에는 지연정보)가 발부된다.
4. 허가중계주파수로 IFR 허가를 받았다면, 조종사는 지상활주를 위한 준비가 완료되었을 때 지상관제소를 호출한다.
5. 일반적으로 조종사는 허가중계주파수로 IFR 허가를 받았다는 것을 지상관제소에 통보할 필요는 없다.

## 15. ④

　"T"를 포함하고 있는 삼각형(▼)이 note section에 제시되는 경우, 이는 비표준 IFR 이륙 최저치가 적용되는 공항이라는 것을 나타낸다.

## 16. ③

　상호 반대진로로 비행하는 두 항공기 간에는 두 항공기가 상호 통과할 것으로 예상되는 시각 10분 전부터 10분 후까지 각기 다른 고도를 배정하여 수직 분리를 취하여야 한다.

## 17. ③

　일반적으로 하나의 안전고도가 설정되지만, 최저안전고도(MSA; Minimum Safe/Sector Altitudes)가 시설을 기반으로 하고 장애물 회피를 위하여 필요한 경우 4개 구역까지 MSA를 설정할 수 있다.

## 18. ④

　시각접근(visual approach)은 시계비행 기상상태에서 IFR에 의하여 수행되는 IFR 절차이다.

## 19. ④

　비행기의 경우 요격신호는 다음과 같다.

| 구분 | 신 호 | 의 미 |
|---|---|---|
| 요격기 | 피요격항공기의 진로를 가로지르지 않고 90° 이상의 상승 선회를 하며, 피요격항공기로부터 급속히 이탈한다. | 그냥 가도 좋다. |
| 피요격기 | 날개를 흔든다. | 알았다. 지시를 따르겠다. |

## 20. ②

　IFR 비행을 마친 항공기는 VFR 운항에 맞도록 고도에 관계없이 Mode 3/A code 1200으로 트랜스폰더를 조정하여야 한다.

## 21. ①

　조종사가 비행 중 ELT 신호를 청취하였다면 즉시 가장 인접한 항공교통시설에 다음 사항을 통보하여야 한다.
1. 최초로 신호를 청취했을 때의 항공기 위치 및 시간
2. 마지막으로 신호를 청취했을 때의 항공기 위치 및 시간
3. 최대강도 신호(maximum signal strength)에서의 항공기 위치

4. 비행고도 및 비상신호를 수신한 주파수

**22.** ③

IFR 상태에서 양방향 무선통신이 두절된 경우 항공교통업무용 레이더가 운용되지 아니하는 공역의 필수 위치통지점에서 위치보고를 할 수 없는 항공기는 다음과 같이 비행하여야 한다.
1. 해당 비행로의 최저비행고도와 관할 항공교통관제기관으로부터 최종적으로 지시받은 고도 중 높은 고도로 비행할 것
2. 관할 항공교통관제기관으로부터 최종적으로 지시받은 속도를 20분간 유지한 후 비행계획에 명시된 고도와 속도로 변경하여 비행할 것

**23.** ④

응급의료상황으로 인한 민간환자수송비행(사고현장의 첫 번째 호출, 환자수송, 장기기증자, 인체장기 또는 그 밖에 긴급한 구급의료용품)의 무선통신 시에는 항공기 등록문자/숫자 앞에 호출부호 "MEDEVAC"을 사용한다.

**24.** ②

"항공정보간행물(Aeronautical Information Publication; AIP)"이라 함은 항공항행에 필수적이고 영구적인 성격의 항공정보를 수록한 간행물을 말한다. 항공정보간행물(수정판 포함)은 28일 간격으로 1년에 13회 발간된다.

**25.** ①

NOTAM 항목 B)는 NOTAM의 효력이 발생하는 일시(date-time)를 나타낸다. 일시는 연, 월, 일, 시간과 분을 10자리의 UTC로 표시한다.
〔예문〕 2104030730
〔해석〕 2021년 4월 3일 0730(UTC)에 효력이 발생한다.
〔참고〕 항목 C)는 효력이 만료되는 일시(date-time)를 나타낸다.

| 항공종사자 자격증명시험 제11회 모의고사 | | | | | 성 명 | 점 수 |
|---|---|---|---|---|---|---|
| 자격분류명 | 자격명 | 과목명 | 시험시간 | 문제수 | | |
| 항공종사자 자격증명 | 조종사 | 항공교통·통신·정보업무 | 30분 | 25문항 | | |

1. ILS Localizer 안테나로부터 18 NM 이내에서 localizer 신호의 투사각은?
   ① 10°  ② 15°
   ③ 20°  ④ 30°

2. 민간 육상 비행장등대의 색깔은?
   ① 백색과 녹색  ② 백색과 황색
   ③ 녹색과 황색  ④ 녹색과 적색

3. Runway threshold 전에 표시된 갈매기 모양 표지(chevron marking)의 의미는?
   ① 항공기가 이륙하여 일정고도까지 초기 상승하는데 지장이 없도록 하기 위하여 활주로 종단 이후에 설정된 장방형의 구역을 나타낸다.
   ② 시단이 이설된 활주로를 활주로 앞쪽에 있는 제트분사대, 정지로, 유도로와 구별해 주기 위해 설치된다.
   ③ 이륙 시에는 양방향에서, 착륙 시에는 반대방향에서만 사용할 수 있다.
   ④ 착륙, 이륙 및 지상활주에 사용할 수 없는 활주로와 정대된 포장지역을 나타낸다.

4. VOR Receiver checkpoint 표지판 글자의 색은?
   ① 적색 바탕에 백색 글자
   ② 백색 바탕에 적색 글자
   ③ 황색 바탕에 흑색 글자
   ④ 흑색 바탕에 황색 글자

5. 관제탑과 교신할 때 조종사가 "Have Numbers"라고 말한 경우 관제사가 생략할 수 있는 정보는?
   ① 활주로 방향, 바람, 고도계수정치
   ② 활주로 방향, 운고, 시정, 바람
   ③ 활주로 방향, 시정, 바람
   ④ 활주로 방향, 운고, 고도계수정치

6. 다음 공역 중 주의공역에 속하지 않는 것은?
   ① 군작전공역
   ② 민간항공기 훈련공역
   ③ 비행제한공역
   ④ 위험공역

7. 저고도에서 운용되는 헬리콥터의 비행로를 뜻하는 기호는?
   ① K  ② L
   ③ H  ④ M

8. 레이더비컨 관제 용어에 대한 의미로 틀린 것은?
   ① SQUAWK ALTITUDE: Mode C 자동보고 기능을 작동시켜라.
   ② STOP SQUAWK: 트랜스폰더를 꺼라.
   ③ SQUAWK MAYDAY: 트랜스폰더를 7500으로 설정하라.
   ④ SQUAWK LOW/HIGH: 트랜스폰더를 지시한 감도로 조절하라.

9. 다음 중 taxi 지시 관련 용어로 잘못된 것은?
   ① "Continue taxiing to the hangar."
   ② "Proceed on taxiway charlie, hold short of runway two seven."
   ③ "Follow boeing 757, cross runway two-seven right, at taxiway whiskey"
   ④ "Hold present position, line up and wait behind landing traffic."

10. 동일 고도에 있는 IFR 항공기의 분리에 레이더를 사용할 때, Radar 안테나로부터 40 NM 이내에 있는 항공기 간의 최소 분리간격은?
    ① 2마일  ② 3마일
    ③ 5마일  ④ 7마일

**11.** FL290 이하의 고도에서 계기비행 시 고도 분리간격은?
① 500 ft   ② 1,000 ft
③ 2,000 ft   ④ 4,000 ft

**12.** 조종사가 TCAS로부터 RA를 들은 경우 ATC에 알려야 할 관제용어는?
① TCAS CLIMB   ② TCAS CLEAR
③ TCAS RA   ④ TCAS DESCENT

**13.** SID에 특별한 언급이 없는 경우, 이륙 시 장애물 회피를 위한 minimum climb gradient는?
① 150 ft/NM   ② 200 ft/NM
③ 300 ft/NM   ④ 330 ft/NM

**14.** 비행 시 위치보고 항목에 포함되지 않는 것은?
① 항공기 식별부호
② 통과시간과 고도
③ 다음 보고지점의 명칭
④ 목적지 도착예정시간

**15.** 다음 중 조종사에게 lateral 및 vertical navigation의 인가가 모두 난 것은?
① "Cleared Bulls One arrival."
② "Descend via the Bulls One arrival."
③ "Cleared Bulls One arrival, descend and maintain FL160."
④ "Cleared Bulls One arrival, at pilot's discretion descent FL160."

**16.** Visual Descent Point(VDP)에 대한 설명으로 맞는 것은?
① 정밀접근절차에 사용된다.
② VOR, LOC 접근 시 DME 정보로 표시되며, 차트에 "V"로 식별된다.
③ NDB, VOR 접근에 사용된다.
④ 활주로에서 확인하였다면 이 지점에 도착하기 전에 강하할 수 있다.

**17.** ADIZ 진입 시 잘못된 것은?
① 2차 감시 레이더용 트랜스폰더와 송수신무선통신기를 갖추어야 한다.
② ADIZ에서는 30분마다 위치보고를 하여야 한다.
③ 비행 중 비행시간의 오차허용 범위는 통과예정시간에서 5분이다.
④ 육상에서의 오차허용 범위는 예정경로의 중심선에서 20 NM 이내이다.

**18.** ELT의 시험 운영은 얼마 이내로 하여야 하는가?
① 5초   ② 10초
③ 15초   ④ 20초

**19.** 다음 중 emergency frequency가 아닌 것은?
① 500.0 MHz   ② 121.5 MHz
③ 243.0 MHz   ④ 2182 kHz

**20.** 공중피랍 시 squawk code는?
① 7500   ② 7600
③ 7700   ④ 7777

**21.** "Message를 수신하였으며 지시에 따르겠다."는 의미의 관제용어는?
① Wilco   ② Roger
③ Over   ④ Out

**22.** 일시적인 정보 또는 항공차트나 간행물에 미리 알려지지 않은 즉시 전파되어야 하는 중요한 항공정보의 경우 무엇을 통하여 배포하는가?
① AIP   ② AIRAC
③ AIC   ④ NOTAM

**23.** AIRAC는 발효일로부터 최소 며칠 전까지 사용자가 수신할 수 있도록 통보하여야 하는가?
① 7일   ② 28일
③ 42일   ④ 56일

24. 수신기 고장으로 인하여 라디오 송신만 되고 수신이 되지 않을 때의 조치사항으로 적합한 것은?
① 다른 주파수로 교신을 시도한다.
② 예정된 도착예정시간에 착륙한다.
③ "Transmitting blind due to receiver failure"라는 메시지 다음에 전달내용을 송신한다.
④ "Transmitting blind"라는 메시지 다음에 전달내용을 2회 송신한다.

25. 다음 그림과 같은 Enroute chart에서 MEA는?

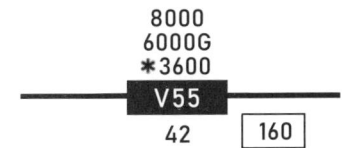

① 8,000 ft　　② 6,000 ft
③ 3,600 ft　　④ 1,600 ft

| 문제 | 1 | 2 | 3 | 4 | 5 |
|---|---|---|---|---|---|
| 정답 | ❶ | ❶ | ❹ | ❸ | ❶ |
| 문제 | 6 | 7 | 8 | 9 | 10 |
| 정답 | ❸ | ❶ | ❸ | ❹ | ❷ |
| 문제 | 11 | 12 | 13 | 14 | 15 |
| 정답 | ❷ | ❸ | ❷ | ❹ | ❷ |
| 문제 | 16 | 17 | 18 | 19 | 20 |
| 정답 | ❷ | ❹ | ❶ | ❶ | ❶ |
| 문제 | 21 | 22 | 23 | 24 | 25 |
| 정답 | ❶ | ❹ | ❷ | ❸ | ❶ |

1. ①
로컬라이저(localizer)는 다음과 같은 통달범위 구역에 적절한 진로이탈(off-course) 지시를 제공한다.
1. 안테나로부터 반경 18 NM 이내에서 진로(course)의 양쪽 측면 10° 까지
2. 반경 10 NM 이내에서 진로(course)의 양쪽 측면 10°부터 35° 까지

2. ①
민간 비행장등대(beacon)의 불빛 색상은 다음과 같다.
1. 육상 비행장: 백색과 녹색
2. 수상 비행장: 백색과 황색
3. 헬기장(heliport): 녹색, 황색과 백색

3. ④
갈매기형(chevron) 표지는 착륙, 이륙과 지상활주에 사용할 수 없는 활주로와 일직선인 포장 구역을 나타내기 위하여 사용된다. 비상 시를 제외하고 어떠한 경우라도 항공기는 이곳을 사용할 수 없다.

4. ③
VOR 공항 점검지점 표지판(VOR aerodrome checkpoint sign)은 황색 바탕에 흑색으로 표기된다.

5. ①
조종사가 관제탑과 교신 시에 "have numbers"라고 말하면 바람, 활주로 그리고 고도계 정보를 수신했다는 것을 의미하며 관제탑은 이 정보를 생략할 수 있다. 조종사의 "have numbers" 용어 사용이 ATIS 방송을 수신하였음을 의미하는 것은 아니며, 절대 이러한 목적으로 사용해서는 안 된다.

6. ③
주의공역을 구분하면 다음과 같다.

| 구 분 | 내 용 |
|---|---|
| 훈련구역 (CATA) | 민간항공기의 훈련공역으로서 계기비행 항공기로부터 분리를 유지할 필요가 있는 공역 |
| 군작전구역 (MOA) | 군사작전을 위하여 설정된 공역으로서 계기비행 항공기로부터 분리를 유지할 필요가 있는 공역 |
| 위험구역 (D) | 항공기의 비행시 항공기 또는 지상시설물에 대한 위험이 예상되는 공역 |
| 경계구역 (A) | 대규모 조종사의 훈련이나 비정상 형태의 항공활동이 수행되는 공역 |

## 7. ①

항공로(ATS route)의 기본명칭은 1개의 알파벳 문자에 1부터 999까지의 숫자를 덧붙여 구성한다. 필요한 경우, 다음과 같이 1개의 보충문자를 기본명칭에 대한 접두문자로 추가한다.
1. K: 헬리콥터용으로 설정된 저고도 항공로를 표시
2. U: 고고도 공역에 설정된 항공로 또는 비행로의 일부를 표시
3. S: 초음속 항공기가 가속, 감속 및 초음속 비행 중에 독점적으로 이용하기 위하여 설정한 항공로를 표시

## 8. ③

레이더비컨 관제용어(Phraseology)

| 관제용어 | 의미 |
|---|---|
| Squawk Altitude | Mode C 자동고도보고기능을 작동시켜라. |
| Stop Squawk | 트랜스폰더를 꺼라. |
| Squawk Mayday | 트랜스폰더를 비상위치로 작동시켜라. |
| Squawk Low/High | 지시한 대로 트랜스폰더를 저(low) 또는 고(high) 감도로 작동시켜라. |

## 9. ④

도착 항공기가 활주로 상에서 이동 중에 있거나 활주로 상으로 접근 중일 때, 또는 이륙 항공기가 이륙 활주 중에 있을 때 "line up and wait behind landing traffic" 또는 "taxi/proceed across runway 36 behind departing/landing jetstar"와 같은 조건부 지시를 발부해서는 안 된다.

## 10. ②

동일한 고도에 있는 항공기의 분리에 레이더가 사용될 때 레이더 안테나로부터 40 mile 이내에서 운항하는 항공기 간에는 최소 3 mile의 분리가 제공되고, 안테나로부터 40 mile 밖에서 운항하는 항공기 간에는 최소 5 mile의 분리가 제공된다.

## 11. ②

계기비행(IFR) 항공기는 다음과 같은 수직분리 최저치를 적용하여 분리한다.
1. FL290 이하: 1,000피트
2. FL290 초과: 2,000피트

## 12. ③

조종사가 TCAS RA 경고에 대한 대응절차를 시작하여 항공교통관제 지시로부터 벗어나거나, 또는 TCAS RA 준수 지시를 하지 않기 시작한 후의 관제용어는 다음과 같다.
(조종사): TCAS RA
(관제사): ROGER

## 13. ②

달리 지정되지 않은 한 임의출발을 포함한 모든 출발 시에 필요한 장애물 회피는 통과제한에 의해 고도이탈(level off)이 필요하지 않는 경우, 최저 IFR 고도까지 NM 당 최소 200 ft의 상승률(FPNM)을 유지하는 것을 기반으로 한다.

## 14. ④

위치보고 항목(Position report item)
1. 항공기의 식별부호(identification)
2. 위치(position)
3. 시간(time)
4. 고도 또는 비행고도
5. 비행계획의 방식
6. 다음 보고지점의 ETA 및 명칭
7. 비행경로에서 이어지는 다음 보고지점의 명칭
8. 관련사항

## 15. ②

관제용어 "Descend via"가 포함된 허가는 조종사에게 발간된 제한사항과 STAR에 의한 횡적항행(lateral navigation)을 이행하기 위한 조종사 임의의 수직항행(lateral navigation)을 허가하는 것이다.

**16.** ②

시각강하지점(Visual Descent Point; VDP)은 MDA로부터 활주로접지점까지 안정된 시각강하를 시작할 수 있는 비정밀접근절차의 최종접근진로 상에 정해진 지점이다. 조종사는 VDP에 도달하기 전에 MDA 아래로 강하해서는 안 된다. VDP는 일반적으로 VOR과 LOC 절차에서는 DME 정보로 표시되며, 접근차트의 측면도에 부호(symbol) "V"로 식별된다.

**17.** ④

방공식별구역(ADIZ) 통과 시 항공기 위치오차 허용(tolerance)
1. 육상: 보고지점 또는 진입지점 상공의 예정시간으로부터 ±5분 이내, 예정보고지점 또는 진입지점의 계획된 항적(track)의 중앙선으로부터 10 NM 이내
2. 해상: 보고지점 또는 진입지점 상공의 예정시간으로부터 ±5분 이내, 예정보고지점 또는 진입지점의 계획된 항적(track)의 중앙선으로부터 20 NM 이내

**18.** ①

Emergency Locator Transmitters(ELTs)의 시험운영 시에는 구역 내의 항공기 또는 그 밖의 VHF 수신기를 121.5 MHz에 맞춘 후, 5초 이내로 ELT를 작동시킨다. 약 3번의 ELT 가청음(audible sweep)을 들을 수 있을 것이다.

**19.** ①

현재 사용 중인 주파수나 ATC에 의해 배정된 다른 주파수가 바람직하지만, 필요하거나 원한다면 다음의 비상주파수를 조난 또는 긴급통신에 사용할 수 있다.
1. 121.5 MHz 및 243.0 MHz
2. 2182 kHz

**20.** ①

특별비상상황(special emergency)이란 항공기 탑승객에 의한 공중납치(hijack) 또는 적대행위로 인하여 항공기 또는 승객의 안전을 위협하는 상태를 말한다. 조종사는 특별비상상황 시 트랜스폰더를 Mode 3/A, Code 7500으로 설정한다.

**21.** ①

무선통신에 사용되는 문구와 의미는 다음과 같다.

| 단어 | 의미(Meaning) |
|---|---|
| Wilco | 당신의 메시지를 알아들었으며 그대로 따르겠다. |
| Roger | 당신의 마지막 송신을 모두 받았다. |
| Over | 내 송신은 끝났으니 그 쪽에서 대답하라 |
| Out | 송신이 끝났고 대답은 더 이상 필요하지 않다. |

**22.** ④

항공정보의 발효기간이 일시적이며 단기간이거나 운영상 중요한 사항의 영구적인 변경 또는 장기간의 일시적인 변경사항이 짧은 시간 내에 고시가 이루어 질 때에는 신속히 항공고시보(NOTAM)를 작성·발행하여야 한다.

**23.** ②

AIRAC 정보는 발효일자로부터 최소 28일 전에 수신자에게 도착될 수 있도록 발효일자 42일 전에 발행된다.

**24.** ③

수신기 고장 때문에 항공기가 통신을 할 수 없을 때에는 송신예정시간 및 지점에서 현재 사용 중인 주파수로 "TRANSMITTING BLIND DUE TO RECEIVER FAILURE"라는 메시지를 보낸 후 내용을 송신한다.

**25.** ①

문제의 그림에서 8000은 MEA(최저항공로고도, minimum enroute altitude), 6000G는 GPS MEA, ＊3600은 MOCA(최저장애물회피고도, minimum obstruction clearance altitude)를 나타낸다.

## 항공종사자 자격증명시험 제12회 모의고사

| 자격분류명 | 자격명 | 과목명 | 시험시간 | 문제수 | 성 명 | 점 수 |
|---|---|---|---|---|---|---|
| 항공종사자 자격증명 | 조종사 | 항공교통·통신·정보업무 | 30분 | 25문항 | | |

1. Compass locator의 최소 유효거리는?
   ① 10 NM      ② 15 NM
   ③ 20 NM      ④ 30 NM

2. 주간에 IFR 기상상태에서 비행장등대를 점등해야 하는 경우는?
   ① 지상시정이 2 SM 미만이거나 운고가 1,000 ft 미만인 경우
   ② 지상시정이 3 SM 미만이거나 운고가 1,000 ft 미만인 경우
   ③ 지상시정이 2 SM 미만이거나 운고가 1,200 ft 미만인 경우
   ④ 지상시정이 3 SM 미만이거나 운고가 1,200 ft 미만인 경우

3. 지상 이동시 활주로의 정지대기선에서 정지하는 방법으로 맞는 것은?
   ① 항공기 전체 중 일부분이라도 정지대기선 밖으로 나가면 안 된다.
   ② 항공기 동체 모든 부분 중에서 일부라도 정지대기선 안에 들어가 있으면 된다.
   ③ 항공기 모든 부분이 정지대기선을 넘어가도록 정지하여야 한다.
   ④ 항공기 동체의 전방 부분이 정지대기선 안에 들어가 있으면 된다.

4. 항공교통업무기관이 항공기에 제공하는 비행정보업무에 해당되지 않는 것은?
   ① SIGMET 및 AIRMET 정보
   ② 항행안전시설의 운영변경에 관한 정보
   ③ 이동지역 내의 상태 정보
   ④ 교체 공항의 관제탑 운영시간

5. Category Ⅲ 정밀접근활주로의 결심고도는?
   ① 50피트 미만      ② 100피트 미만
   ③ 125피트 미만     ④ 150피트 미만

6. 약어 RNP의 의미는?
   ① Required Navigation Precision
   ② Requested Navigation Position
   ③ Required Navigation Performance
   ④ Required Navigation Point

7. 관제사가 조종사에게 "Traffic 12 o'clock, 2 miles northbound"와 같이 traffic 정보를 제공할 때 방향의 기준은?
   ① True heading
   ② Compass heading
   ③ Magnetic heading
   ④ Actual ground track

8. 양방향 무선통신 두절 시 transponder code는?
   ① 7500      ② 7600
   ③ 7700      ④ 7777

9. 요격을 당하고 있을 때의 트랜스폰더 코드 설정은?
   ① Mode A, code 7500
   ② Mode A, code 7700
   ③ Mode C, code 7500
   ④ Mode C, code 7700

10. 관제용어 "ATC advises"를 사용하는 경우는?
    ① 공지통신을 경유하여 ATC가 비행인가를 조종사에게 전달할 때
    ② 공지통신을 경유하여 조종사가 비행인가를 ATC에 요청할 때
    ③ 공지통신을 경유하여 ATC가 비행정보를 조종사에게 전달할 때
    ④ 공지통신을 경유하여 조종사가 비행정보를 ATC에 요청할 때

11. Radar 관제 시 항공기에게 속도조절을 지시하지 못하는 경우는?
   ① 활주로 threshold로부터 5마일 이내에 있는 경우
   ② B등급 공역 내 설정된 시계비행로에 있는 경우
   ③ 초음속으로 비행하는 경우
   ④ 최종접근진로와 중간접근진로 상에 있는 경우

12. 연안이나 ADIZ 내에서 비행하는 VFR 항공기가 제출해야 하는 Flight plan은?
   ① DVFR      ② CVFR
   ③ NVFR      ④ SVFR

13. Wake turbulence Category 별 final에서의 간격분리로 틀린 것은?
   ① Heavy 뒤에 Heavy: 4 NM
   ② Heavy 뒤에 Medium: 5 NM
   ③ Heavy 뒤에 Light: 6 NM
   ④ Medium 뒤에 Light: 4 NM

14. Wake Turbulence Category에 대한 설명 중 틀린 것은?
   ① H: 최대이륙중량이 136,000 kg 이상인 항공기
   ② L: 최대이륙중량이 7,000 kg 이하인 항공기
   ③ M: 최대이륙중량이 7,000 kg 초과, 136,000 kg 미만인 항공기
   ④ U: 최대이륙중량이 Unknown인 항공기

15. 비행계획서에 제출한 진대기속도보다 순항고도에서 평균 진대기속도의 변화가 있는 경우 ATC에 보고해야 하는 것은?
   ① 항공기 속도(TAS)의 5% 또는 ±10 KT 변화 중 적은 것
   ② 항공기 속도(TAS)의 5% 또는 ±10 KT 변화 중 많은 것
   ③ 항공기 속도(TAS)의 10% 또는 ±5 KT 변화 중 적은 것
   ④ 항공기 속도(TAS)의 10% 또는 ±5 KT 변화 중 많은 것

16. 공역에 관한 다음 설명 중 틀린 것은?
   ① A등급 공역에서는 모든 항공기 간에 분리업무가 제공된다.
   ② C등급 공역에서는 계기비행과 시계비행 운항이 모두 가능하며, 조종사에게 특별한 자격이 요구되지는 않는다.
   ③ D등급 공역은 관제탑이 운영되는 공항 반경 5 NM 이내, 지표면으로부터 공항 표고 3,000 ft까지의 공역이다.
   ④ E등급 공역은 영공에서는 해면 또는 지표면으로부터 1,000 ft 이상 평균해면 60,000 ft 이하의 공역이다.

17. FL290 이상의 고도에서 IFR 비행 시 수직분리 최저치는?
   ① 1,000 ft      ② 1,200 ft
   ③ 2,000 ft      ④ 2,500 ft

18. Parallel 활주로에서 side step maneuver가 가능한 활주로 간의 분리거리는?
   ① 800 ft 이하      ② 1,000 ft 이하
   ③ 1,200 ft 이하    ④ 1,500 ft 이하

19. Brake action을 보고할 때 사용하지 않는 것은?
   ① Medium      ② Poor
   ③ Good        ④ Normal

20. 항공교통관제시설의 호출방법으로 잘못된 것은?
   ① 공항 관제탑은 시설명칭 뒤에 "Tower"를 붙인다. 예) "Seoul tower"
   ② 지역관제소는 시설명칭 뒤에 "Control"을 붙인다. 예) "Seoul control"
   ③ 비행정보센터는 시설명칭 뒤에 "Information"을 붙인다. 예) "Seoul information"
   ④ 터미널(terminal) 시설은 시설명칭 다음에 기능명칭을 붙인다. 예) "Seoul departure"

**21.** ICAO 기준 비상 단계의 순서로 맞는 것은?
① INCERFA - ALERFA - DETRESFA
② INCERFA - DETRESFA - ALERFA
③ ALERFA - INCERFA - DETRESFA
④ ALERFA - DETRESFA - INCERFA

**22.** 숫자 4를 읽는 방법으로 맞는 것은?
① Fower  ② Four
③ For    ④ Foer

**23.** 고고도 장거리 비행에 적합한 Chart는?
① Aeronautical chart
② World aeronautical chart
③ Aeronautical navigation chart
④ Sectional aeronautical chart

**24.** 국토교통부장관이 제공하는 항공정보의 내용이 아닌 것은?
① 항공교통업무에 관한 사항
② 비행장을 이용할 때 항공기의 운항에 장애가 되는 사항
③ 항행안전시설의 이용 방법
④ 비행장 이착륙 기상최저치 등의 설정과 변경에 관한 사항

**25.** 다음 중 SNOWTAM에 대한 내용 중 틀린 것은?
① 8시간 예보이다.
② 활주로 주변의 10% 이상 눈이 쌓여 주변의 분간이 어려울 때 발행한다.
③ 사용할 수 있는 활주로의 길이가 10% 이상 변경되었을 경우 발행한다.
④ 마른 눈이 20 mm 이상 쌓이고 진창 등이 생겼을 때 발행한다.

---

### 제12회 정답 및 해설

| 문제 | 1 | 2 | 3 | 4 | 5 |
|---|---|---|---|---|---|
| 정답 | ❷ | ❷ | ❶ | ❹ | ❷ |
| 문제 | 6 | 7 | 8 | 9 | 10 |
| 정답 | ❸ | ❹ | ❷ | ❷ | ❸ |
| 문제 | 11 | 12 | 13 | 14 | 15 |
| 정답 | ❶ | ❶ | ❹ | ❹ | ❷ |
| 문제 | 16 | 17 | 18 | 19 | 20 |
| 정답 | ❸ | ❸ | ❸ | ❹ | ❸ |
| 문제 | 21 | 22 | 23 | 24 | 25 |
| 정답 | ❶ | ❶ | ❸ | ❸ | ❷ |

**1.** ②
컴퍼스 로케이터 송신기(compass locator transmitter)는 최소 15 mile의 통달범위를 가진다.

**2.** ②
B등급, C등급, D등급 및 E등급 공항교통구역(surface area)에서 주간에 비행장등대를 운영하는 것은 대개의 경우 지상시정이 3 mile 미만이거나 운고(ceiling)가 1,000 ft 미만이라는 것을 나타낸다.

**3.** ①
ATC가 "Hold short of runway XX"를 지시하면, 조종사는 항공기의 어느 부분도 활주로정지위치표지(runway holding position marking)를 넘지 않도록 정지대기선에서 정지하여야 한다.

**4.** ④
항공교통업무기관에서 항공기에 제공하는 비행정보는 다음과 같다.
1. 중요기상정보(SIGMET) 및 저고도항공기상정보(AIRMET)
2. 화산활동·화산폭발·화산재에 관한 정보
3. 방사능 또는 독성화학물질의 대기 중 유포에 관한 사항
4. 항행안전시설의 운영 변경에 관한 정보

5. 이동지역 내의 눈·결빙·침수에 관한 정보
6. 비행장시설의 변경에 관한 정보
7. 무인자유기구에 관한 정보
9. 해당 항공로에 관한 교통정보 및 기상상태에 관한 정보
9. 출발·목적·교체비행장의 기상상태 또는 예보
10. 공역등급 C, D, E, F 및 G 공역 내에서 비행하는 항공기에 대한 충돌위험
11. 수면을 항해 중인 선박의 호출부호·위치·진행방향·속도 등에 관한 정보(정보입수가 가능한 경우에 한한다)
12. 그 밖에 항공안전에 영향을 미치는 사항

**5.** ②

계기접근절차에 사용되는 정밀접근활주로는 결심고도와 시정 또는 활주로가시범위(RVR)에 따라 다음과 같이 구분한다.

| 종류<br>Category | 결심고도(DH) | 시정 또는 활주로<br>가시거리(RVR) |
|---|---|---|
| I | 200 ft(60 m) 이상<br>250 ft(75 m) 미만 | 시정 800 m 또는<br>RVR 550 m 이상 |
| II | 100 ft(30 m) 이상<br>200 ft(60 m) 미만 | RVR 300 m 이상<br>550 m 미만 |
| III | 100 ft(30 m) 미만<br>또는 No DH | RVR 300 m 미만<br>또는 No RVR |

**6.** ③

RNP(Required Navigation Performance, 필수항행성능)란 항공기가 일정 공역 또는 항공로의 운항을 위해 필요한 항행성능의 정확도를 표시하는 것이다.

**7.** ④

레이더 관제사는 레이더 display 상에 나타난 항공기 항적(track) 만을 관찰할 수 있으며 교통정보는 이에 따라 발부되므로, 조종사는 통보된 항공기를 찾을 때에 이러한 사실을 감안하여야 한다.

**8.** ②

레이더비컨 트랜스폰더(coded radar beacon transponder)를 탑재한 항공기가 양방향 무선통신이 두절되었다면 조종사는 트랜스폰더를 Mode 3/A, Code 7600에 맞추어야 한다.

**9.** ②

트랜스폰더를 장착하였을 경우, 피요격기는 항공교통관제기관으로부터 다른 지시가 있는 경우를 제외하고 Mode A Code 7700으로 맞추어야 한다.

**10.** ③

항공관제시설이 아닌 시설을 통하여 항공기에게 중계되는 비행허가, 비행정보 또는 정보의 요구에 대한 응답에는 서두에 "ATC clears", "ATC advises" 또는 "ATC requests"를 사용한다.

**11.** ②

다음 항공기에게는 속도조절을 지시해서는 안 된다.
1. FL390 이상의 고도에서 조종사 동의가 없는 경우
2. 발간된 고고도 계기접근절차를 수행중인 항공기
3. 체공장주에 있는 항공기
4. 최종접근진로 상의 최종접근픽스 또는 활주로로부터 5 mile 되는 지점 중 활주로로부터 가까운 지점에 있는 항공기

**12.** ②

방공식별구역(ADIZ) 경계선을 통과하는 시계비행을 방어시계비행(Defense VFR; DVFR)이라 하며, 비행계획서에는 한국방공식별구역 내의 경로, 고도와 경계선 예정시간이 포함되어야 한다.

**13.** ④

접근 및 출발단계에 있는 항공기가 동일 고도 또는 300 m(1,000 ft) 미만의 고도 차이로 앞선 항공기 뒤를 운항하는 경우, 다음 기준과 같이 항적난기류 레이더분리 최저치를 적용한다.

| 구 분 | 레이더분리 최저치 |
|---|---|
| 대형(heavy) 항공기 뒤에 비행하는 대형(heavy) 항공기 | 7.4 km(4마일) |
| 대형(heavy) 항공기 뒤에 비행하는 중형(medium) 항공기 | 9.3 km(5마일) |
| 대형(heavy) 항공기 뒤에 비행하는 소형(light) 항공기 | 11.1 km(6마일) |
| 중형(medium) 항공기 뒤에 비행하는 소형(light) 항공기 | 9.3 km(5마일) |

**14.** ④

  항공기의 후류요란 등급(wake turbulence category)은 다음과 같다.

| 등급 | 항공기 형식 |
|---|---|
| H (Heavy) | 최대인가이륙중량 300,000 lbs(136,000 kg) 이상 |
| M (Medium) | 최대인가이륙중량 300,000 lbs(136,000 kg) 미만, 15,000 lbs(7,000 kg) 초과 |
| L (Light) | 최대인가이륙중량 15,000 lbs(7,000 kg) 이하 |

**15.** ②

  비행계획서에 제출한 진대기속도보다 순항고도에서의 평균 진대기속도가 5% 또는 10 knot의 변화(어느 것이든 큰 것)가 있을 경우에는 ATC 시설에 항상 보고해야 한다.

**16.** ③

  D등급 공역은 관제탑이 운영되는 공항 반경 5 NM(9.3 km) 이내, 지표면으로부터 공항 표고 5,000 ft 이하의 각 공항별로 설정된 관제권 상한고도까지의 공역으로서 인천비행정보구역 중 국토교통부장관이 공고한 공역이다.

**17.** ③

  계기비행(IFR) 항공기는 다음과 같은 수직분리 최저치를 적용하여 분리한다.
  1. FL290 이하: 1,000피트
  2. FL290 초과: 2,000피트

**18.** ③

  ATC는 간격이 1,200 ft 이하인 평행활주로(parallel runway) 중 하나의 활주로에 접근한 다음 인접활주로에 직진입착륙을 하는 측면이동접근(side-step maneuver)을 허가할 수 있다.

**19.** ③

  제동상태(braking action)의 강도는 용어 "good", "good to medium", "medium", "medium to poor", "poor" 및 "nil"로 나타낸다.

**20.** ③

  비행정보센터(flight information center)의 호출부호는 시설명칭 다음에 "Radio"를 사용한다. 〔예; "Seoul Radio"〕

**21.** ①

  비상 단계(phases of emergency)의 순서는 다음과 같다.

| 단 계 | 내 용 |
|---|---|
| 1. 불확실 단계 (INCERFA: Uncertainty phase) | 항공기 및 탑승자의 안전이 불확실한 상황 |
| 2. 경보 단계 (ALERFA: Alert phase) | 항공기 및 탑승자의 안전이 염려되는 비상상황 |
| 3. 조난 단계 (DETRESFA: Distress phase) | 항공기 및 탑승자가 중대하고 절박한 위험에 처해 있으며 긴급한 도움이 필요하다는 상당한 확신이 있는 상황 |

**22.** ②

  숫자 음성 알파벳(Phonetic Alphabet)

| 숫자 | 음성(발음) | 숫자 | 음성(발음) |
|---|---|---|---|
| 1 | WUN | 6 | SIX |
| 2 | TOO | 7 | SEV-EN |
| 3 | TREE | 8 | AIT |
| 4 | FOW-ER | 9 | NIN-ER |
| 5 | FIFE | 0 | ZEE-RO |

**23.** ③

  항법도(Aeronautical Navigation Chart)는 장거리 비행의 공중항법 지원, 광범위한 지역에 대한 확인지점 제공, 장거리 비행계획 수립 등의 정보를 제공한다.

## 24. ③

국토교통부장관이 제공하는 항공정보의 내용은 다음과 같다.
1. 비행장과 항행안전시설의 공용의 개시, 휴지, 재개(再開) 및 폐지에 관한 사항
2. 비행장과 항행안전시설의 중요한 변경 및 운용에 관한 사항
3. 비행장을 이용할 때에 있어 항공기의 운항에 장애가 되는 사항
4. 비행의 방법, 결심고도, 최저강하고도, 비행장 이륙·착륙 기상 최저치 등의 설정과 변경에 관한 사항
5. 항공교통업무에 관한 사항
6. 다음 각 공역에서 하는 로켓·불꽃·레이저광선 또는 그 밖의 물건의 발사, 무인기구(기상관측용 및 완구용은 제외한다)의 계류·부양 및 낙하산 강하에 관한 사항
   가. 진입표면·수평표면·원추표면 또는 전이표면을 초과하는 높이의 공역
   나. 항공로 안의 높이 150 m 이상인 공역
   다. 그 밖에 높이 250 m 이상인 공역
7. 그 밖에 항공기의 운항에 도움이 될 수 있는 사항

## 25. ②

활주로 상태에 다음과 같은 중요한 변경이 있을 경우 설빙고시보를 다시 발행해야 한다.
1. 마찰계수 0.05의 변경
2. 퇴적물의 깊이가 다음 수치보다 크게 변경되었을 경우: 마른 눈 20 mm, 젖은 눈 10 mm, 진창 3 mm
3. 사용할 수 있는 활주로의 길이 또는 폭이 10% 이상 변경되었을 경우
4. 설빙고시보의 F) 또는 T) 항목의 재분류를 필요로 하는 퇴적물의 종류 또는 분류 범위의 변경
5. 활주로의 한쪽 변 또는 양쪽 변에 위험한 눈 제방이 있을 경우, 이의 높이 또는 활주로 중심선으로부터의 거리에 대한 변경
6. 활주로 등을 가림으로써 발생되는 활주로 등화 식별성의 변경
7. 기타 경험 또는 지역상황에 따라 중요하다고 판단되는 상태

## 항공종사자 자격증명시험 제13회 모의고사

| 자격분류명 | 자격명 | 과목명 | 시험시간 | 문제수 | 성 명 | 점 수 |
|---|---|---|---|---|---|---|
| 항공종사자 자격증명 | 조종사 | 항공교통·통신·정보업무 | 30분 | 25문항 | | |

**1.** 다음 중 운용 주파수가 가장 높은 것은?
① DME  ② VOR
③ NDB  ④ LOC

**2.** Heliport 공항등대의 색은 어떻게 조화되는가?
① 백색과 초록색
② 백색과 노란색
③ 초록색, 노란색, 백색
④ 초록색 섬광 사이에 두 번의 백색 섬광

**3.** 유도로중심선등의 색은?
① 백색  ② 녹색
③ 청색  ④ 황색

**4.** Airport 표식 중 mandatory 표시의 목적은?
① 특정 위치 또는 경로를 나타내는 것이 운항상 필요한 경우에 설치
② 항공기가 활주로를 빠져나가는 출구 및 유도로로 진입하기 위한 입구의 위치 표시
③ 항공기가 잠시 대기하여야 할 교차지점을 나타내기 위해 설치
④ 항공기나 차량이 관제탑의 허가 없이 지나가지 못하도록 하기 위해 설치

**5.** 항공교통 조언업무만 제공되는 항로를 나타내는 접미문자는?
① G  ② F
③ V  ④ D

**6.** Radar에 식별된 표적에 제공하는 항공정보에 포함되지 않는 것은?
① 참조지점으로부터의 거리 및 방향
② 항공기로부터의 방위
③ 표적의 진행방향
④ 항공기의 기종 및 고도

**7.** B747-400 항공기가 인천공항에서 나리타공항으로 비행하는데 인천에서 이륙시 기상상태가 착륙기상 최저치 미만이고 나리타는 CAVOK일 경우 비행계획서에 포함해야 하는 교체공항은?
① 1개의 엔진이 작동하지 않을 때의 순항속도로 출발공항으로부터 1시간 비행거리 이내의 이륙 교체공항 선정
② 1개의 엔진이 작동하지 않을 때의 순항속도로 출발공항으로부터 1시간 비행거리 이내의 목적지교체공항 선정
③ 모든 엔진이 작동할 때의 순항속도로 출발공항으로부터 2시간 비행거리 이내의 이륙교체공항 선정
④ 모든 엔진이 작동할 때의 순항속도로 출발공항으로부터 2시간 비행거리 이내의 목적지교체공항 선정

**8.** 조종사가 관제탑과 교신할 때 "Have numbers"라고 말한 경우, 조종사가 수신하였다는 것을 의미하는 정보가 아닌 것은?
① 사용 활주로  ② 고도계 수정치
③ 풍향, 풍속   ④ 시정

**9.** 폭발물 위협 항공기 주기 시 다른 항공기와의 최소 분리거리는?
① 50 m   ② 100 m
③ 200 m  ④ 300 m

**10.** 통신 두절 시 비행중인 항공기에게 보내는 light gun의 색깔에 따른 의미로 틀린 것은?
① 지속 녹색 - 착륙을 허가한다.
② 지속 빨간색 - 다른 항공기에게 착륙을 양보하고 계속 선회할 것
③ 점멸 녹색 - 착륙해서 유도로로 갈 것
④ 점멸 빨간색 - 착륙하지 말 것

11. 조종사 임의대로 상승 또는 강하할 수 있는 결정권을 ATC가 제공한다는 의미의 관제용어는?
① Proceed as requested
② Descend/climb via
③ At pilot's discretion
④ Resume own navigation

12. 레이더 운용지역에서 레이더 교통업무를 제공하는 관제사의 조언 능력이 제한될 수 있는 경우가 아닌 것은?
① 미확인 항공기가 레이더에 관측되지 않았을 때
② 비행계획 정보가 없을 때
③ 다수의 교통량과 과다한 업무로 교통정보를 발부하는 데 어려움이 있을 때
④ 다른 항공기 간에 레이더 분리를 제공하고 있을 때

13. VFR 항공기가 도착예정시간(ETA)으로부터 몇 분 이내에 착륙하지 않으면 수색활동을 시작하는가?
① 30분  ② 45분
③ 60분  ④ 90분

14. 요격기의 지시를 거절할 때의 응신방법으로 적합한 것은?
① 날개를 좌우로 흔든다.
② 착륙등을 켠다.
③ 모든 등화를 규칙적으로 on/off 한다.
④ 모든 등화를 불규칙적으로 점멸한다.

15. Holding 지시는 항공기가 fix에 도착하기 최소한 몇 분 전에 발부하여야 하는가?
① 1분  ② 2분
③ 3분  ④ 5분

16. 호출에 상대방의 응신이 없는 경우 몇 초 뒤에 다시 호출하여야 하는가?
① 5초  ② 10초
③ 15초  ④ 30초

17. Contact approach와 Visual approach에 대한 설명 중 옳은 것은?
① Visual approach는 조종사로부터 Contact approach는 ATC로부터 시작되는 접근이다.
② Contact approach는 표준/특수 계기접근절차가 있는 공항에서 시정이 1 SM 이상이어야 한다.
③ Visual approach는 공항기상이 시정 5 SM, 운고 3,000 ft 이상이어야 한다.
④ Contact approach 시 장애물 회피에 대한 책임은 관제사에게 있다.

18. Control zone 내에서 IFR 비행 중 비상시 가장 적합한 contact 주파수는?
① 현재 사용 중인 주파수
② 121.5 MHz
③ 가까운 tower 주파수
④ ATC 지정 주파수

19. 최저레이더유도고도(MVA)에 대한 설명으로 틀린 것은?
① 각 구역의 경계선은 장애물로부터 3마일의 거리에 있다.
② MVA는 MEA, MOCA 또는 주어진 장소의 차트에 표기된 다른 최저안전고도보다 높아야 한다.
③ 가장 높은 장애물로부터 산악지역에서는 2,000피트, 비산악지역에서는 1,000피트의 높이이다.
④ 관제공역에서는 최하위층 고도로부터 300피트의 높이이다.

20. 언제 transponder code를 7600으로 set 하여야 하는가?
① An emergency
② Unlawful interference with the planned operation of the flight
③ Transponder malfunction
④ Radio communication failure

**21.** Airport elevation의 기준이 되는 것은?
① 사용 활주로의 가장 높은 지점을 기준으로 한다.
② 공항 지표면의 평균 높이를 기준으로 한다.
③ 공항의 reference point를 기준으로 한다.
④ 착륙대 중심의 높이를 기준으로 한다.

**22.** AIP에 대한 설명으로 맞는 것은?
① 항공고시보 또는 항공정보간행물에 의한 전파의 대상이 되지 않는 정보를 수록한 간행물로서 국가에서 발행한다.
② 운항에 관련된 영속적인 성격의 항공정보를 수록한 간행물로서 국가 혹은 국가의 인가를 받은 기구에서 발행한다.
③ 항공기 운항 관련자가 필수적으로 적시에 알아야 할 지식 등의 신설, 상태 또는 변경과 관련된 정보를 포함하며 통신수단을 통해 배포되는 공고문을 말한다.
④ 비행에 관련이 있는 일시적인 정보, 사전 통고를 요하는 정보 또는 시급히 전달을 요하는 정보 등을 전달하는 간행물로서 국가 혹은 국가의 인가를 받은 기구에서 발생한다.

**23.** 알파벳을 읽는 방법 중 틀린 것은?
① B: Brahvoh   ② T: Tanggo
③ Y: Yankee    ④ X: Ecksray

**24.** AIP나 NOTAM에 수록되지 않은 항공정보는 무엇으로 배포하는가?
① AIP        ② AIC
③ NOTAM    ④ AIRAC

**25.** SNOWTAM에 대한 설명 중 틀린 것은?
① 최대 유효기간은 8시간이다.
② 사용 가능 활주로의 길이나 폭이 10% 이상 변경되었을 경우 SNOWTAM을 다시 발행해야 한다.
③ 이동지역 내의 눈, 진창, 얼음 또는 물로 인한 위험조건 내에서 현 상황, 장애상태의 제거 또는 중요한 변화에 대한 고시이다.
④ "Water Paches"는 광범위한 웅덩이가 감지되었다는 뜻이다.

### 제13회 정답 및 해설

| 문제 | 1 | 2 | 3 | 4 | 5 |
|---|---|---|---|---|---|
| 정답 | ❶ | ❸ | ❷ | ❹ | ❷ |
| 문제 | 6 | 7 | 8 | 9 | 10 |
| 정답 | ❶ | ❸ | ❹ | ❷ | ❸ |
| 문제 | 11 | 12 | 13 | 14 | 15 |
| 정답 | ❸ | ❹ | ❶ | ❸ | ❹ |
| 문제 | 16 | 17 | 18 | 19 | 20 |
| 정답 | ❷ | ❷ | ❶ | ❷ | ❹ |
| 문제 | 21 | 22 | 23 | 24 | 25 |
| 정답 | ❶ | ❷ | ❸ | ❷ | ❹ |

**1.** ③

각 항행안전시설의 운용 주파수는 다음과 같다.

| 시 설 | 주파수 |
|---|---|
| 무지향표지시설(NDB) | 190~535 kHz |
| 전방향표지시설(VOR) | 108.0~117.95 MHz |
| 거리측정시설(DME) | 960~1,215 MHz |
| ILS Localizer | 108.10~111.95 MHz |

**2.** ③

비행장 등대(beacon)의 불빛 색상은 다음과 같다.
1. 육상 비행장: 백색과 녹색
2. 수상 비행장: 백색과 황색
3. 헬기장(heliport): 녹색, 황색과 백색

**3.** ②

유도로중심선등(taxiway centerline light)은 저시정 상태에서 지상교통을 돕기 위해 사용된다. 유도로중심선등은 고정등이며 녹색 불빛을 비춘다.

**4.** ④

명령지시표지판(mandatory instruction sign)은 다음을 나타내기 위하여 사용된다.

1. 활주로 또는 보호구역(critical area)으로의 진입
2. 항공기의 진입이 금지된 구역

**5.** ②

제공되는 업무의 종류를 나타내기 위하여 해당 ATS 항로의 명칭 다음에 보충문자가 추가될 수 있다.
1. 문자 F: 항공로 또는 항공로의 일부에는 조언업무만 제공되고 있음을 표시
2. 문자 G: 동 항공로에는 비행정보업무만 제공되고 있음을 표시

**6.** ③

레이더 식별된 항공기에게 다음과 같은 사항이 포함된 교통조언을 발부한다.
1. 항공기로부터의 방위(azimuth)
2. 해상마일(nautical mile) 단위의 항공기로부터의 거리
3. 항공기(target)의 진행방향 또는 항공기의 상대적인 움직임
4. 인지한 경우, 항공기의 기종 및 고도

**7.** ③

항공운송사업에 사용되는 비행기를 운항 시 출발비행장의 기상상태가 비행장 운영 최저치 이하이거나 그 밖의 다른 이유로 출발비행장으로 되돌아 올 수 없는 경우에는 다음과 같은 요건을 갖춘 이륙교체비행장(take-off alternate aerodrome)을 지정하여야 한다.
1. 2개의 발동기를 가진 비행기의 경우: 1개의 발동기가 작동하지 아니할 때의 순항속도로 출발비행장으로부터 1시간의 비행거리 이내인 지역에 있을 것
2. 3개 이상의 발동기를 가진 비행기의 경우: 모든 발동기가 작동할 때의 순항속도로 출발비행장으로부터 2시간의 비행거리 이내인 지역에 있을 것

〔참고〕 B747-400 항공기의 발동기는 4개이다.

**8.** ③

조종사가 관제탑과 교신 시에 "have numbers"라고 말하면 바람, 활주로 그리고 고도계 정보를 수신했다는 것을 의미하며 관제탑은 이 정보를 생략할 수 있다. 조종사의 "have numbers" 용어 사용이 ATIS 방송을 수신하였음을 의미하는 것은 아니며, 절대 이러한 목적으로 사용해서는 안 된다.

**9.** ②

폭발물 위협 항공기가 지상 계류 중인 경우에는 인접 항공기와 인원을 가급적 100 m 이상 격리토록 조치하여야 한다.

**10.** ③

무선통신 두절 시 비행중인 항공기에 보내는 빛 총신호(light gun signal)의 종류와 의미는 다음과 같다.

| 신호의 종류 | 의미(Meaning) |
|---|---|
| 연속되는 녹색 | 착륙을 허가함 |
| 깜박이는 녹색 | 착륙을 준비할 것 |
| 연속되는 적색 | 다른 항공기에게 진로를 양보하고 계속 선회할 것 |
| 깜박이는 적색 | 비행장이 불안전하니 착륙하지 말 것 |
| 깜박이는 백색 | 착륙하여 계류장으로 갈 것 |

**11.** ③

ATC 허가의 고도정보에 포함되는 용어 "조종사의 판단에 따라(at pilot's discretion)"는 조종사가 필요할 때 상승 또는 강하할 수 있는 선택권을 ATC가 조종사에게 제공한다는 의미이다. 필요한 경우 어떠한 상승률 또는 강하율로도 상승 또는 강하할 수 있으며, 어떠한 중간고도에서나 일시적으로 수평비행(level off)을 할 수 있도록 허가하는 것이다. 그러나 항공기가 고도를 떠났다면 그 고도로 다시 돌아갈 수는 없다.

**12.** ④

계기비행 또는 시계비행상태로 비행하는 조종

사에게 다른 항공기와의 근접을 조언할 수 있는 관제사의 능력은 미확인항공기가 레이더에 관측되지 않거나, 비행계획 정보를 이용할 수 없거나 또는 교통량과 업무량이 많아서 교통정보를 발부하는데 어려움이 있다면 제한될 수 있다.

**13.** ①

VFR 또는 DVFR 비행계획이 취소되었는가를 확인하는 것은 조종사의 책임이다. 조종사는 가장 인접한 FSS에 비행계획의 종료를 통보하여야 하며, 만약 통보할 수 없는 상황이라면 비행계획의 종료를 FSS에 중계해 줄 것을 ATC 기관에 요청할 수 있다. 조종사가 도착예정시간(ETA) 이후 30분 이내에 비행계획을 보고하지 않았거나 종료하지 않았다면 수색 및 구조절차가 시작된다.

**14.** ③

피요격항공기가 요격항공기의 지시를 따를 수 없을 경우에는 점멸하는 등화와는 명확히 구분할 수 있는 방법으로 사용가능한 모든 등화의 스위치를 규칙적으로 개폐하여야 한다.

**15.** ④

체공(Holding)
1. 지연이 예상될 때, 항공기가 허가한계점에 도착하기 적어도 5분 전에 허가한계점과 체공지시를 발부하여야 한다.
2. 지연이 예상되지 않는 경우, 관제사는 가능한 빨리 그리고 가능하다면 항공기가 허가한계점에 도착하기 최소한 5분 전에 fix 이후에 대한 허가를 발부하여야 한다.

**16.** ②

항공국을 호출하는 경우에 첫 호출 후 두 번째 호출은 항공국이 최초 호출에 응답할 수 있도록 최소한 10초의 시간이 경과한 후에 하여야 한다.

**17.** ②

관제사는 다음과 같은 경우 contact 접근을 허가할 수 있다.
1. Contact 접근이 분명히 조종사에 의해 요구되었다. ATC는 이 접근을 제안할 수 없다.
2. 목적지 공항의 보고된 지상시정이 최소 1 SM 이다.
3. Contact 접근은 표준계기접근절차 또는 특별계기접근절차가 수립되어 있는 공항에서 이루어질 수 있다.
4. Contact 접근을 할 때 장애물 회피에 대한 책임은 조종사에게 있다.

**18.** ①

조난 및 긴급통신 시 현재 사용 중인 주파수가 가장 바람직하지만, ATC에 의해 배정된 다른 주파수나 비상주파수를 사용할 수 있다.

**19.** ②

최저레이더유도고도(MVA, minimum vectoring altitudes)를 고려해야 할 구역의 다양성, 이러한 구역에 적용되는 서로 다른 최저고도, 그리고 특정 장애물을 격리할 수 있는 기능으로 인하여 일부 MVA는 비레이더 최저항공로고도(MEA), 최저장애물회피고도(MOCA) 또는 주어진 장소의 차트에 표기된 다른 최저고도보다 낮을 수도 있다.

**20.** ④

레이더비컨 트랜스폰더를 탑재한 항공기가 양방향 무선통신이 두절(radio communications failure)되었다면 조종사는 트랜스폰더를 Mode 3/A, Code 7600에 맞추어야 한다.

**21.** ①

"Airport Elevation(공항표고)"이란 평균해면고도로부터 측정된 공항의 사용 활주로(비행장의 경우 착륙지역)의 가장 높은 지점의 고도를 말한다.

**22.** ②

"항공정보간행물(Aeronautical Information Publication; AIP)"이라 함은 항공항행에 필수적이고 영구적인 성격의 항공정보를 수록한 간행물을 말한다.

**23.** ③

알파벳 Y는 "Yang-key"로 읽는다.

**24.** ②

항공정보간행물(AIP) 또는 항공고시보 발간대상이 아닌 항공정보의 공고를 위하여 필요한 경우 항공정보회람(AIC)을 발행하여야 한다.

**25.** ④

활주로 폭의 중심 쪽 절반구간 내에 물(수분)이 있는 경우 표면상태를 나타내는 용어는 다음과 같다.
1. 습기(damp): 습기에 의한 표면상태의 변화가 감지됨
2. 습윤(wet): 표면이 젖어 있지만 웅덩이는 감지되지 않음
3. 웅덩이(water patches): 상당한 웅덩이가 여러 곳에 감지됨
4. 범람(flooded): 광범위한 웅덩이가 감지됨

### 항공종사자 자격증명시험 제14회 모의고사

| 자격분류명 | 자격명 | 과목명 | 시험시간 | 문제수 | 성 명 | 점 수 |
|---|---|---|---|---|---|---|
| 항공종사자 자격증명 | 조종사 | 항공교통·통신·정보업무 | 30분 | 25문항 | | |

1. Localizer 식별부호 중 뒤의 두 자리 identifier를 송신하는 것은?
   ① MM
   ② OM
   ③ LMM
   ④ LOM

2. VOR "H" 등급의 1,000 ft 초과 14,500 ft 이하의 고도에서 유효반경은?
   ① 25 NM
   ② 40 NM
   ③ 80 NM
   ④ 100 NM

3. 특수사용공역에 대한 다음 설명 중 틀린 것은?
   ① 비행금지공역은 안전, 국방상 그 밖의 이유로 항공기의 비행을 금지하는 공역이다.
   ② 경계공역은 대규모 조종사의 훈련이나 비정상 형태의 항공활동이 수행되는 공역이다.
   ③ 위험공역을 나타내는 문자는 영문자 D로 시작한다.
   ④ 제한공역을 나타내는 문자는 영문자 L로 시작한다.

4. 모든 조종사가 IFR로 비행을 해야 하는 공역은?
   ① A 공역
   ② B 공역
   ③ C 공역
   ④ D 공역

5. 활주로 번호를 지정하는 기준은?
   ① 활주로중심선의 진북 방위각의 전체 숫자
   ② 활주로중심선의 진북 방위각의 백과 십 단위의 숫자
   ③ 활주로중심선의 자북 방위각의 백과 십 단위의 숫자
   ④ 활주로중심선의 자북 방위각의 전체 숫자

6. 자방위 160°로 계기비행하는 항공기의 순항고도로 적합한 것은?
   ① 16,000피트
   ② 17,500피트
   ③ 21,000피트
   ④ 26,500피트

7. 29.92 inHg로 set하고 비행 후 QNH가 30.16 inHg이고 field elevation이 300 ft인 비행장에 고도계 수정 없이 착륙했다. 고도계는 얼마를 지시하는가?
   ① 60 ft
   ② 240 ft
   ③ 300 ft
   ④ 540 ft

8. IFR 비행방식으로 비행 중 목적지에 도착하기 전에 VFR 비행방식으로 변경하였을 경우 transponder code를 어떻게 하여야 하는가?
   ① IFR 비행에 따르는 transponder를 그대로 유지한다.
   ② VFR code로 transponder를 변경한다.
   ③ Transponder를 "standby" 위치에 놓는다.
   ④ Transponder 전원을 off 한다.

9. 긴급한 상태일 때 이를 선언하는 방법으로 맞는 것은?
   ① "MAYDAY"를 3회 반복한다.
   ② "URGENCY"를 3회 반복한다.
   ③ "DISTRESS"를 3회 반복한다.
   ④ "PAN PAN"을 3회 반복한다.

10. 조종사가 ground signalman에게 보내는 insert chocks 수신호로 맞는 것은?
    ① 손가락을 펴고 양팔과 손을 얼굴 앞에 수평으로 올린 후 주먹을 쥔다.
    ② 주먹을 쥐고 팔을 얼굴 앞에 수평으로 올린 후 손가락을 편다.
    ③ 팔을 뻗고 손바닥을 바깥쪽으로 향하게 하며, 두 손을 안쪽으로 이동시켜 얼굴 앞에서 교차되게 한다.
    ④ 두 손을 얼굴 앞에서 교차시키고 손바닥을 바깥쪽으로 향하게 하며, 두 팔을 바깥쪽으로 이동시킨다.

**11.** 레이더 안테나로부터 40마일 밖에 있을 때, 동일 고도에 있는 IFR 항공기 간 최소 분리간격은?
① 3 NM   ② 5 NM
③ 7 NM   ④ 10 NM

**12.** 비행계획서는 최소한 출발 몇 분 전까지 제출하여야 하는가?
① 10분 전   ② 20분 전
③ 30분 전   ④ 60분 전

**13.** 비행계획서상의 탑재장비 기호 중 "O"가 의미하는 것은?
① LORAN C   ② VOR
③ SATCOM   ④ DME

**14.** Radar 관제 하에서 initial contact 시 관제사에게 통보하는 용어로 가장 적절한 것은?
① "XXX Center, Kexxx, Altitude"
② "XXX Center, Kexxx, Altitude, Position"
③ "XXX Center, Kexxx, Altitude, Speed"
④ "XXX Center, Kexxx, Position, Flight direction"

**15.** ATC는 STAR를 언제 발부하는가?
① 관제사가 필요할 때 발부한다.
② 조종사 요청 시 발부한다.
③ 우선 순위에 있을 때 발부한다.
④ 공항으로부터 50마일 이내에 있을 때 발부한다.

**16.** Charted visual approach에 대한 설명 중 맞는 것은?
① 인구밀집지역에서 터빈 항공기의 소음경감을 위해 사용된다.
② 계기접근이 아니며 실패접근구간이 없다.
③ 조종사가 공항을 육안으로 확인하지 못하면 접근은 허가되지 않는다.
④ 관제탑이 운영되지 않는 공항에서도 보고된 지상시정이 3마일 이상인 경우 접근이 허가된다.

**17.** Procedure turn의 종류가 아닌 것은?
① Base track pattern
② Teardrop pattern
③ 45°/180° procedure turn
④ 80°/260° course reversal

**18.** ELT(Emergency Locator Transmitter)에 대한 설명으로 틀린 것은?
① 매 시 처음 10분 내에만 시험 운영해야 한다.
② 최소 48시간 동안 작동된다.
③ Battery로 작동하고, 일반항공용 항공기에는 ELT를 장착해야 한다.
④ 아날로그 장치의 주파수는 121.5 MHz, 243.0 MHz이고 디지털 신호는 406.0 MHz이다.

**19.** 지상에 표시하는 구조신호의 의미로 틀린 것은?
① V: Require assistance
② M: Require medical assistance
③ N: No or Negative
④ Y: Yes or Affirmative

**20.** 공중피랍 시 조종사에게 피랍여부를 확인하기 위한 관제용어로 적합한 것은?
① (항공기 호출부호) (Station) Confirm Squawking 7500.
② (항공기 호출부호) (Station) Verify Squawking 7500.
③ (항공기 호출부호) (Station) Acknowledge Squawking 7500.
④ (항공기 호출부호) (Station) Squawking 7500.

**21.** 다음 중 관제용어의 의미가 옳지 않은 것은?
① Affirm - 허가한다.
② Acknowledge - 이 메시지를 수신하고 이해했는지를 알려 달라.
③ Negative - 정확하지 않다.
④ Disregard - 송신을 하지 않은 것으로 간주한다.

22. 금지구역의 운영에 관한 사항과 일시적인 공역 제한에 관한 NOTAM은 운영하고자 하는 날로부터 최소한 며칠 전에 공고해야 하는가?
   ① 3일 전   ② 5일 전
   ③ 7일 전   ④ 14일 전

23. ILS Glide slope 고장(unserviceable) 시 발행되는 NOTAM 전문은?
   ① QIGDA   ② QICAL
   ③ QIGCA   ④ QIGAS

24. 항공기 사고조사에 관한 국제민간항공협약 Annex는?
   ① Annex 3   ② Annex 9
   ③ Annex 13  ④ Annex 16

25. Enroute Chart에서 symbol의 의미가 잘못된 것은?
   ① (RJ) - Japan
   ② (P) - Prohibited
   ③ (W) - Warning
   ④ (A) - Advised

## 제14회 정답 및 해설

| 문제 | 1 | 2 | 3 | 4 | 5 |
|---|---|---|---|---|---|
| 정답 | ③ | ② | ④ | ① | ③ |
| 문제 | 6 | 7 | 8 | 9 | 10 |
| 정답 | ③ | ① | ② | ④ | ③ |
| 문제 | 11 | 12 | 13 | 14 | 15 |
| 정답 | ② | ④ | ② | ① | ① |
| 문제 | 16 | 17 | 18 | 19 | 20 |
| 정답 | ② | ① | ① | ② | ② |
| 문제 | 21 | 22 | 23 | 24 | 25 |
| 정답 | ① | ③ | ④ | ③ | ④ |

1. ③

   컴퍼스 로케이터는 2자리 문자의 식별부호 group을 송신한다. 외측 로케이터(LOM; outer marker compass locator)는 로케이터 식별부호 group의 첫 2자리 문자를 송신하고, 중간 로케이터(LMM; middle marker compass locator)는 로케이터 식별부호 group의 마지막 2자리 문자를 송신한다.

2. ②

   VOR/DME/TACAN의 표준 서비스 범위는 다음과 같다.

   | 등급 | 고도 및 거리범위 |
   |---|---|
   | T (터미널) | 1,000 ft AGL 초과 12,000 ft AGL 이하의 고도에서 25 NM까지의 반경거리 |
   | L (저고도) | 1,000 ft AGL 초과 18,000 ft AGL 이하의 고도에서 40 NM까지의 반경거리 |
   | H (고고도) | 1,000 ft AGL 초과 14,500 ft AGL 이하의 고도에서 40 NM까지의 반경거리<br>14,500 ft AGL 초과 60,000 ft 이하의 고도에서 100 NM까지의 반경거리<br>18,000 ft AGL 초과 45,000 ft AGL 이하의 고도에서 130 NM까지의 반경거리 |

3. ③

   특수사용공역(Special Use Airspace)

   | 구분 | 내용 |
   |---|---|
   | 비행금지구역 (P) | 안전, 국방상, 그 밖의 이유로 항공기의 비행을 금지하는 공역 |
   | 비행제한구역 (R) | 항공사격·대공사격 등으로 인한 위험으로부터 항공기의 안전을 보호하거나 그 밖의 이유로 비행허가를 받지 않은 항공기의 비행을 제한하는 공역 |
   | 위험구역 (D) | 항공기의 비행시 항공기 또는 지상시설물에 대한 위험이 예상되는 공역 |
   | 경계구역 (A) | 대규모 조종사의 훈련이나 비정상 형태의 항공활동이 수행되는 공역 |

4. ①

   국토교통부장관의 허가가 없는 한 A등급 공역에서는 계기비행규칙(IFR)에 의하여 비행하여야 하며, 조종사는 계기비행면허/자격을 소지하여야 한다.

5. ③

   활주로 표지(runway marking)는 두 자리 숫자로 되어 있으며, 이 활주로 번호는 진입방향에 의해 정해진다. 활주로 번호는 자북에서부터 시계방향으로 측정한 활주로중심선 자방위(magnetic azimuth)의 10분의 1에 가장 가까운 정수이다. 예를 들어 자방위(magnetic azimuth)가 183°인 곳의 활주로 명칭(runway designation)은 18이 되고, 자방위가 87°이면 활주로의 명칭은 09가 된다.

6. ③

자방위 000°에서 179°로 비행하는 항공기의 순항고도는 다음과 같다.

| 비행 방식 | 순항고도 | |
|---|---|---|
| | 29,000 ft 미만 | 29,000 ft 이상 |
| 계기 비행 | 1,000 ft의 홀수배 | 29,000 ft 또는 29,000 ft+4,000 ft의 배수 |
| 시계 비행 | 1,000 ft의 홀수배 +500 ft | 30,000 ft 또는 30,000 ft+4,000 ft의 배수 |

7. ①

표준 대기압은 29.92 inHg 이므로, 기압 차이는 29.91−30.16=−0.24 inHg 이다.
- 1 inHg의 기압 차이는 1,000 ft의 고도 차이를 발생시키므로, 고도 차이는
  −0.24×1,000=−240 ft 이다.
- 따라서 고도계는 실제 활주로 표고보다 240 ft 낮게 지시하므로, 고도계가 지시하는 고도는
  ∴ 300−240=60 ft

8. ②

목적지에 도착하기 전에 IFR 비행계획을 취소하기로 결정한 IFR 비행 조종사는 VFR 운항에 맞도록 트랜스폰더를 조정하여야 한다.

9. ④

조난(distress)에 처한 항공기의 조종사는 충분히 고려하여 필요하다면 최초교신과 이후의 송신을 신호 MAYDAY로 시작하여야 하며, 되도록이면 3회 반복한다. 신호 PAN-PAN은 같은 방법으로 긴급한 상황(urgency condition)에서 사용한다.

10. ③

유도원에 대한 조종사의 고임목(chocks)에 대한 신호는 다음과 같다.
1. 고임목을 끼울 것(insert chocks): 팔을 뻗고 손바닥을 바깥쪽으로 향하게 하며, 두 손을 안쪽으로 이동시켜 얼굴 앞에서 교차되게 한다.
2. 고임목을 뺄 것(remove chocks): 두 손을 얼굴 앞에서 교차시키고 손바닥을 바깥쪽으로 향하게 하며, 두 팔을 바깥쪽으로 이동시킨다.

11. ②

동일한 고도에 있는 항공기의 분리에 레이더가 사용될 때 레이더 안테나로부터 40 mile 이내에서 운항하는 항공기 간에는 최소 3 mile의 분리가 제공되고, 안테나로부터 40 mile 밖에서 운항하는 항공기 간에는 최소 5 mile의 분리가 제공된다.

12. ④

인천 FIR 내에서 출발하는 항공기는 출발예정시간으로부터 최소 1시간 전에 비행계획을 인근 공항 항공정보실 또는 군 기지운항실에 제출하여야 하며, 접수된 비행계획은 항공교통본부(대구 또는 인천비행정보실)에 통보하여야 한다.

13. ②

비행계획서 상의 탑재장비 부호 중 일부의 예를 들면 다음과 같다.

| 부호 | 탑재장비 | 부호 | 탑재장비 |
|---|---|---|---|
| C | LORAN C | L | ILS |
| D | DME | O | VOR |
| F | ADF | T | TACAN |

14. ①

레이더 관제상황에서 운항 중일 때, 조종사는 최초교신 시 적절한 용어 "level", "climbing to" 또는 "descending to" 다음에 배정받은 고도를,

그리고 해당하는 경우 현재 항공기가 떠나는 고도를 관제사에게 통보하여야 한다.

**15.** ①

표준터미널도착절차〔Standard Terminal Arrival(STAR) Procedure〕가 발간된 지역까지 비행하려는 IFR 항공기의 조종사는 ATC가 적합하다고 판단하면 언제든지 STAR가 포함된 허가를 받을 수 있다.

**16.** ②

발간된 시계비행 절차(Charted Visual Flight Procedure; CVFP)
1. CVFP는 환경과 소음을 고려하고, 안전하고 효율적인 항공교통 운항을 위하여 필요한 경우 설정하는 발간된 시각접근절차이다. CVFP는 원래 터보제트 항공기에 사용하기 위하여 설계되었다.
2. 이 절차는 관제탑이 운영되는 공항에서만 사용되며, 일반적으로 공항으로부터 20 mile 이내에서 시작된다.
4. CVFP는 계기접근이 아니며 실패접근구간이 없다.
5. ATC는 기상이 공고된 최저치 미만일 때는 CVFP 허가를 발부하지 않는다.

**17.** ①

절차선회(procedure turn)는 항공기가 중간 또는 최종접근진로의 inbound로 진입하기 위하여 방향을 역으로 해야 할 필요가 있을 경우 규정된 기동이다. 선택할 수 있는 절차선회의 유형에는 45°/180° 절차선회, racetrack 장주, teardrop 절차선회 또는 80°/260° course reversal이 있다.

**18.** ①

비상위치지시용 무선표지설비(Emergency Locator Transmitter; ELT)는 매시 처음 5분 동안에만 시험운영해야 한다. 실제경보와 시험운영과의 혼동을 방지하기 위하여 시험운영은 3회 신호(audible sweep) 이내로 하여야 한다.

**19.** ②

생존자가 사용하는 지대공 시각기호(visual code)의 의미는 다음과 같다.

| 의미(Message) | 기호(Code) |
|---|---|
| 도움이 필요함(Require assistance) | V |
| 의료도움이 필요함(Require medical assistance) | X |
| 아니오 또는 부정(No or Negative) | N |
| 예 또는 긍정(Yes or Affirmative) | Y |
| 화살표 방향으로 진행(Proceeding in this direction) | ↑ |

**20.** ②

공중납치(hijack) 또는 적대행위로 인하여 항공기 또는 승객의 안전을 위협하는 특별비상상황을 확인하기 위하여 항공교통관제기관은 다음과 같은 관제용어를 사용하여야 한다.
〔관제용어〕: (항공기 호출부호) (시설 명칭)
　VERIFY SQUAWKING 7500.

**21.** ①

무선통신에 사용되는 관제용어 Affirm의 의미는 "예(Yes)"이다. 요청사항에 대해 허가한다는 의미의 관제용어는 "Approved"이다.

**22.** ③

항공고시보(NOTAM)는 이미 설정된 위험구역, 제한구역 또는 금지구역의 운영에 관한 사항과 일시적인 공역제한에 관한 사항은 긴급한 경우를 제외하고는 당해 구역 또는 공역을 운영 또는 제한하고자 하는 날로부터 최소한 7일 이전에 공고하여야 한다. 다만, 대규모 군사훈련 외의 훈련을 위하여 일시적으로 공역을 제한하는 경우에는 최소한 3일(72시간) 전까지 공고하여야 한다.

**23.** ④

모든 항공고시보 부호(NOTAM Code) 집합은 총 5문자로 구성되고 첫 번째 문자는 항상 문자 "Q"이다. 두 번째 및 세 번째 문자는 주어부이며,

네 번째 및 다섯 번째 문자는 서술부로서 주어부의 상태를 의미한다.

예를 들어 항공고시보 부호(NOTAM Code)가 "QIGAS"인 경우, 첫 번째 문자는 항공고시보를 의미하는 "Q"이다. 두 번째 문자 "IG"는 항행안전시설 Glide path(ILS)를 나타내며, 세 번째 문자 "AS"는 서술부로써 해당 시설의 업무 중단(unserviceable) 상태를 나타낸다.

## 24. ③

국제민간항공기구에 의해 채택된 조약 부속서는 19개 부속서로 되어 있으며, 현재 부속서로서 채택된 국제 표준 및 권고된 방식은 다음과 같다.

| 부속서 번호 | 부 속 서 명 |
|---|---|
| Annex 1 | 항공종사자 면허 |
| Annex 2 | 항공규칙 |
| Annex 3 | 항공기상 |
| Annex 4 | 항공지도 |
| Annex 5 | 공지통신에 사용되는 측정단위 |
| Annex 6 | 항공기의 운항 |
| Annex 7 | 항공기 국적 및 등록기호 |
| Annex 8 | 항공기의 감항성 |
| Annex 9 | 출입국의 간소화 |
| Annex 10 | 항공통신 |
| Annex 11 | 항공교통업무 |
| Annex 12 | 수색과 구조 |
| Annex 13 | 항공기 사고조사 |
| Annex 14 | 비행장 |
| Annex 15 | 항공정보업무 |
| Annex 16 | 환경보호 |
| Annex 17 | 보안 |
| Annex 18 | 위험물의 안전수송 |
| Annex 19 | 안전관리 |

## 25. ④

Enroute chart에서 symbol "(A)"는 경계구역(alert area)을 나타낸다.

# 항공종사자 자격증명시험 제15회 모의고사

| 자격분류명 | 자격명 | 과목명 | 시험시간 | 문제수 | 성 명 | 점 수 |
|---|---|---|---|---|---|---|
| 항공종사자 자격증명 | 조종사 | 항공교통·통신· 정보업무 | 30분 | 25문항 | | |

1. Tri-color VASI에서 Above glide slope의 지시 색깔은?
  ① Red   ② Amber
  ③ Green   ④ White

2. Airport beacon이 on되어 있는 공항의 의미로 알맞은 것은?
  ① VFR 최저치 미만의 공항이다.
  ② IFR 최저치 미만의 공항이다.
  ③ 착륙이 불가능한 공항이다.
  ④ 주간 및 야간에 착륙이 가능한 공항이다.

3. 관제사로부터 "Maintain Runway HDG"을 지시받았을 경우 올바른 절차는?
  ① 활주로 연장선상의 방향을 유지한다.
  ② 활주로 방향과 관계없이 자방위 360°를 유지한다.
  ③ 활주로 방향과 관계없이 진방위 360°를 유지한다.
  ④ 활주로 방향과 일치되는 자방위를 유지한다.

4. 출항하는 항공기는 최소 몇 Knot의 속도를 유지할 것이라고 ATC는 기대하는가?
  ① 200 KTS   ② 210 KTS
  ③ 230 KTS   ④ 250 KTS

5. Physical Emergency의 Squawk Code는?
  ① 1234   ② 2100
  ③ 3100   ④ 4100

6. 정밀접근레이더(PAR)의 운영범위는? 2
  ① Range 10 NM, Azimuth 20°, Elelevation 5°
  ② Range 10 NM, Azimuth 20°, Elelevation 7°
  ③ Range 15 NM, Azimuth 25°, Elelevation 5°
  ④ Range 10 NM, Azimuth 25°, Elelevation 7°

7. OM, MM, IM 및 BC Marker beacon 식별음이 잘못 설명된 것은?
  ① OM : − − − − − − −
  ② MM : • − • − • − • −
  ③ IM : • • • • • • • •
  ④ BC : Marker beacon 식별음이 없다.

8. ATIS가 새로 발부되는 조건으로 알맞은 것은?
  ① 활주로 Braking action이 좋아지거나, NOTAM/PIREP 또는 기상의 변화가 있을 때
  ② 기상의 변화와 관계없이 활주로 Braking action이 좋아질 때
  ③ 기상이 변화하거나, 활주로 Braking action이 좋아질 때
  ④ 기상의 변화와 관계없이 새로운 기상이 발부되거나, NOTAM/PIREP 등의 변화가 있을 때

9. ELT(Emergency Locator Transmitter) 점검 내용으로 잘못된 것은?
  ① 공중점검(airborne test)은 허용되지 않는다.
  ② 매 시간 첫 5분에 실시하여야 한다.
  ③ 가청음(audible sweep)은 3회 이상으로 하여야 한다.
  ④ 안테나를 분리할 수 있다면 분리하고 모형 안테나를 대신 사용한다.

10. En-route Chart에서 "PPR ➤"의 의미는?
  ① 이 항로는 화살표 방향으로만 운항할 수 있는 한방향 항로이다.
  ② 이 항로를 이용하기 위해서는 사전 허가가 필요하다.
  ③ 이 항로는 짝수 고도만을 이용할 수 있다.
  ④ 이 항로는 홀수 및 짝수 고도 모두를 이용할 수 있다.

11. 동시접근시 활주로가 교차하는 경우, 동시수렴 계기접근에 필요한 최저 기상 요구치는?
   ① 운고 700 ft, 시정 2 SM
   ② 운고 800 ft, 시정 1 SM
   ③ 운고 800 ft, 시정 1/2 SM
   ④ 운고 1000 ft, 시정 2 SM

12. Wing tip vortex에 대한 설명 중 틀린 것은?
   ① Vortex 강도는 항공기의 무게에 비례하고, 항공기 속도와 날개 길이에 반비례한다.
   ② Vortex 강도는 이착륙 시에 최대가 된다.
   ③ Vortex 강도는 가로세로비에 반비례한다.
   ④ Vortex 강도는 항공기의 무게가 무겁고 속도가 빠르며, 장치가 펼쳐진 경우 최대가 된다.

13. ATC의 속도조절 지시에 대한 내용으로 틀린 것은?
   ① 활주로로부터 5 NM 이내에서는 속도조절 지시가 발부되지 않는다.
   ② Final approach 단계에서는 속도조절 지시가 발부되지 않는다.
   ③ 조종사는 관제사가 지시한 속도의 10%를 벗어나지 않는 범위 내에서 지시대기속도를 유지한다.
   ④ 최저안전속도가 지시받은 속도보다 높을 경우 최저안전속도를 유지해도 된다.

14. Minimum fuel 선포에 대한 설명 중 틀린 것은?
   ① Minimum fuel을 선포한 경우 목적지까지 우선권이 부여된다.
   ② 조종사는 최초교신 시 호출부호 다음에 "minimum fuel"이라고 말한다.
   ③ 항공기가 목적지에 도착하기 전에 중간 지연이 발생 시 비상 상황이 발생할 수 있다는 의미이다.
   ④ 조종사는 남은 연료량을 분 단위로 환산하여 ATC에 보고하여야 한다.

15. 다음 중 트랜스폰더를 SQ 4000으로 set하여야 하는 항공기는?
   ① 군 항공기
   ② 군사작전구역 내에서 작전중인 군 항공기
   ③ 제한공역과 경계공역 내에서 작전중인 군 항공기
   ④ 요격 작전중인 군 항공기

16. 관제소의 호출부호 명칭이 잘못 짝지어진 것은?
   ① ENROUTE : 항로관제
   ② APPROACH: 접근관제
   ③ GROUND: 지상관제
   ④ DEPARTURE: 출발허가발부관제

17. 비행장등화(비행장등대는 제외)의 점등시기로 틀린 것은?
   ① 계기비행 기상상태에서 항공기가 이륙하거나 착륙하는 경우 점등한다.
   ② 야간에 항공기가 착륙한 후 최소한 5분간 점등을 계속한다.
   ③ 야간에 항공기 착륙 예정시간보다 최소한 10분 전에 점등한다.
   ④ 야간에 항공기가 이륙한 후 최소한 5분간 점등을 계속한다.

18. 항공정보업무가 24시간 제공되지 않는 공항에서는 비행시간 최소 몇 시간 전후까지 항공정보를 제공하여야 하는가?
   ① 1시간       ② 2시간
   ③ 2.5시간     ④ 3시간

19. 지상 항공국과 항공기국간, 또는 항공기국들 간의 상호간 항공통신업무는?
   ① 항공이동통신업무
   ② 항공고정통신업무
   ③ 항공방송통신업무
   ④ 항공무선항행통신업무

**20.** 항로(airways)를 연결하는 항법시설이 아닌 것은?
① VOR   ② TACAN
③ VORTAC   ④ ADF

**21.** NOTAM이란 무엇인가?
① 비행에 관련이 있는 일시적인 정보, 사전통고를 요하는 정보 또는 시급히 전달을 요하는 정보를 전달해 주기 위하여 발부된다.
② 항공정보간행물, 지도 등의 수정을 필요로 하는 운영방식에 대한 중요한 변경을 사전에 통보하기 위해 발부된다.
③ 비행안전, 항행 등에 관한 내용으로써 항공정보간행물에 의한 전파의 대상이 되지 않는 정보를 전달해 주기 위하여 발부된다.
④ 항공항행에 필수적이고 영구적인 성격의 항공정보를 전달해 주기 위하여 발부된다.

**22.** AIP 또는 NOTAM에 기재되지 않는 항공정보의 공고를 위하여 발행하는 것은?
① AIP   ② AIRAC
③ AIC   ④ NOTAM

**23.** B747-400 항공기가 인천에서 나리타로 비행하는데 인천에서 이륙시 기상이 착륙기상 최저치 미만이고 나리타는 CAVOK일 경우, 비행계획서에 포함되어야 하는 교체공항으로 맞는 것은?
① 1개의 엔진이 작동하지 않을 때의 순항속도로 출발공항으로부터 1시간 비행거리 이내의 이륙 교체공항 선정
② 1개의 엔진이 작동하지 않을 때의 순항속도로 출발공항으로부터 1시간 비행거리 이내의 목적지 교체공항 선정
③ 모든 엔진이 작동할 때의 순항속도로 출발공항으로부터 2시간 비행거리 이내의 이륙 교체공항 선정
④ 모든 엔진이 작동할 때의 순항속도로 출발공항으로부터 2시간 비행거리 이내의 목적지 교체공항 선정

**24.** 계기비행 관련 일반사항은 AIP의 어디에 수록되어 있는가?
① GEN   ② ENR
③ AD    ④ Approach Chart

**25.** 눈이 활주로의 길이나 폭의 몇 % 이상 쌓였을 때 SNOWTAM을 다시 발행하는가?
① 5%    ② 10%
③ 20%   ④ 25%

### 제15회 정답 및 해설

| 문제 | 1 | 2 | 3 | 4 | 5 |
|---|---|---|---|---|---|
| 정답 | ❷ | ❶ | ❹ | ❸ | ❸ |
| 문제 | 6 | 7 | 8 | 9 | 10 |
| 정답 | ❷ | ❹ | ❹ | ❸ | ❷ |
| 문제 | 11 | 12 | 13 | 14 | 15 |
| 정답 | ❶ | ❹ | ❸ | ❶ | ❸ |
| 문제 | 16 | 17 | 18 | 19 | 20 |
| 정답 | ❹ | ❷ | ❷ | ❶ | ❹ |
| 문제 | 21 | 22 | 23 | 24 | 25 |
| 정답 | ❶ | ❸ | ❸ | ❷ | ❷ |

**1.** ②
Tri-color VASI에서 낮은 활공로(below glide path) 지시는 적색, 높은 활공로(above glide path) 지시는 황색(amber)이며 적정한 활공로(on glide path) 지시는 녹색이다. 항공기가 녹색에서 적색으로 강하할 때, 조종사는 녹색에서 적색으로 변화되는 동안 짙은 황색(dark amber)을 볼 수도 있다.

**2.** ①
주간이라도 보고된 운고(ceiling) 또는 시정치가 시계비행(VFR) 최저치 미만일 때, 즉 지상시정이 3 mile 미만이거나 운고(ceiling)가 1,000 ft 미만인 경우에는 비행장등대(airport beacon)를 점등하여야 한다.

**3.** ④

활주로방향(runway heading)은 연장된 활주로중심선에 해당하는 자방향(magnetic direction)이다. "Fly or maintain runway heading"이라고 허가받은 경우, 조종사는 출발활주로의 연장된 활주로중심선에 해당하는 기수방향으로 비행하거나 기수방향을 유지하여야 한다. 예를 들어 Runway 4 활주로중심선의 실제 자방향이 044인 경우, 044로 비행하여야 한다.

4. ③

ATC가 출발하는 항공기에 속도조절을 지시할 때는 다음의 권고 최저치에 의거하여야 한다.
1. 터보제트 항공기는 230 kt를 최저속도로 한다.
2. 왕복엔진 및 터보프롭 항공기는 150 kt를 최저속도로 한다.

5. ③

주요 트랜스폰드 코드는 다음과 같다.

| 코드(code) | 배 정 |
|---|---|
| 3100 | Physical Emergency |
| 7500 | Hi-Jacking |
| 7600 | Radio Failure |
| 7700 | General Emergency |

6. ②

정밀접근레이더(Precision Approach Radar; PAR)는 항공기 이착륙 순서 및 간격조정을 위한 보조시설 보다는 착륙보조시설로 사용하기 위하여 설계되었다.

PAR은 거리 10 mile, 방위각 20° 그리고 경사각은 7°로 제한되기 때문에 최종접근구역만을 탐지한다.

7. ④

항공기가 Marker beacon 상공을 통과할 때 조종사는 다음과 같은 지시를 수신할 것이다.

| 마커(Marker) | 부호(Code) |
|---|---|
| OM | – – – – |
| MM | ● – ● – |
| IM | ● ● ● ● |
| BC | ● ● ● ● |

8. ④

다음과 같은 경우 ATIS를 새로 녹음한다.
1. 수치의 변동에 관계없이 새로운 공식 기상정보를 접수했을 때
2. 활주로 제동상태(braking action) 보고가 현재 ATIS에 포함된 수치상태보다 좋지 않을 때
3. 사용 활주로, 계기접근절차, NOTAM/PIREP/HIWAS 사항 등의 변동이 있을 때

9. ③

비상위치지시용 무선표지설비(ELT) 시험운영(Testing)
1. ELT는 매시 처음 5분 동안에만 시험운영해야 한다. 실제경보와 시험운영과의 혼동을 방지하기 위하여 시험운영은 3회 신호(audible sweep) 이내로 하여야 한다.
2. 안테나를 제거할 수 있다면 제거하고, 시험절차 동안에는 의사부하(dummy load, 모형 안테나)를 대신 사용해야 한다.
3. 공중시험(airborne test)은 승인되지 않는다.

10. ②

PPR은 Prior Permission Required의 약어이다. En-route Chart에서 부호 "PPR ➤"은 해당 항로 비행시 화살표 방향으로 비행하기 위해서는 ATC로부터 사전 허가를 받아야 한다는 것을 의미한다.

11. ①

ATC는 수렴활주로(converging runway), 즉 15°에서 100°의 사잇각(included angle)을 갖는 활주로에 대하여 동시에 계기접근을 할 수 있는 프로그램이 특별히 인가된 공항에서 동시수렴계기접근을 허가할 수 있다.

이를 위해서 각 수렴활주로에 대하여 전용의 분리된 표준계기접근절차의 개발을 필요로 하며, 교차활주로는 최소한 운고 700 ft와 시정 2 mile의 최저치를 가져야 한다.

12. ④

날개끝 와류(wingtip vortex)의 특성은 다음과 같다.
1. 와류의 강도는 와류를 발생시키는 항공기의 중량, 속도 및 날개의 형상에 좌우된다. 그러나 기본요인은 중량이며, 와류의 강도는 중량에 비례하여 증가한다. 그리고 날개 길이와 속도에 반비례한다. 따라서 무게가 무겁고 속도가 느린 항공기일수록 큰 받음각과 강한 날개끝 와류가 형성된다. 이러한 날개끝 와류는 이착륙 시에 최대가 된다.
2. 날개끝 와류는 가로세로비에 반비례한다. 따라서 동일한 면적의 날개라면 가로세로비가 클수록 날개끝 와류의 강도는 작아진다.
3. 대형 제트기는 heavy, slow, clean(gear와 flap up) 시 가장 큰 강도의 날개끝 와류를 발생하여 심각한 비행위험을 유발한다.

**13.** ③
관제사가 속도조절을 지시할 때는 다음 사항을 고려하여야 한다.
1. 5 노트(KTS) 단위의 지시대기속도(IAS)를 발부하여야 한다. FL240 이상에서 마하 속도로 비행하는 터보 제트항공기에 대해서는 마하 0.01 간격으로 지시할 수 있다. 속도조절 지시를 실행하는 조종사는 지시받은 속도에서 ±10 노트 또는 마하 0.02 이내의 지시대기속도를 유지하여야 한다.
2. 어떤 특정한 운항을 위한 최저안전속도가 지시받은 속도조절보다 더 크다면 조종사는 ATC의 속도조절 지시를 거부할 권한이 있다.
3. 다음 항공기에게는 속도조절을 지시하여서는 안된다.
　가. FL390 이상의 고도에서 조종사 동의가 없는 경우
　나. 발간된 고고도 계기접근절차를 수행중인 항공기
　다. 체공장주에 있는 항공기
　라. 최종접근 진로상의 최종접근픽스 또는 활주로로부터 5마일되는 지점 중 활주로로부터 가까운 지점에 있는 항공기

**14.** ①
최소 연료(Minimum Fuel)
1. 목적지에 도착할 때의 연료공급량이 어떤 과도한 지연도 받아들일 수 없는 상태에 도달한 경우, 최소연료(minimum fuel) 상태를 ATC에 통보한다.
2. 최소 연료상태는 항공교통상의 우선권을 요구하는 사항은 아니다. 이것은 비상상황은 아니며, 단지 어떤 과도한 지연이 발생하면 비상상황이 될 수 있다는 것을 나타내는 조언이라는 점을 인식하여야 한다.
3. 최초교신 시 호출부호(call sign)를 말한 이후에 "minimum fuel" 용어를 사용해야 한다.

**15.** ③
군작전구역 또는 제한구역이나 경고구역 내에서 VFR 또는 IFR로 운항중인 군조종사는 ATC가 별도의 코드를 배정하지 않는 한 트랜스폰더를 code 4000으로 맞추어야 한다.

**16.** ④
항로관제소의 호출부호로는 Enroute, Center 또는 Area가 사용되며, 무선 호출시 조종사가 주로 사용하는 용어는 "Center"이다. Departure는 접근관제레이더 출발(approach control radar departure) 업무를 나타내는 호출부호이다.

**17.** ②
공항·비행장의 등화(비행장등대는 제외)는 야간과 계기비행 기상상태에서 항공기가 이륙하거나 착륙하는 경우 또는 상공을 통과하는 항공기의 항행을 돕기 위하여 필요하다고 인정되는 경우에는 다음의 방법으로 점등하여야 한다.
1. 항공기가 착륙하는 경우에는 해당 착륙 예정시각 1시간 전에 점등준비를 하고 그 착륙 예정시각보다 최소한 10분 전에 점등한다.
2. 항공기가 이륙하는 경우에는 이륙한 후 최소한 5분간 점등을 계속한다.

**18.** ②

항공정보업무를 하루 24시간 동안 계속하여 제공할 수 없을 경우, 항공정보업무 제공책임이 있는 지역에서 항공기가 비행하는 동안 비행시간 최소 2시간 전후까지는 항공정보업무를 제공하여야 한다.

**19.** ①

항공통신업무란 다음의 업무를 말한다.
1. "항공방송업무(Aeronautical broadcasting service)"란 항행과 관련된 정보전송을 위한 방송업무를 말한다.
2. "항공고정업무(Aeronautical fixed service)"란 효율적이고 경제적인 항공서비스의 운영을 위해, 주로 항행안전에 대비하여 명시된 고정지점들 간에 통신 업무를 말한다.
3. "항공이동업무(Aeronautical mobile service)"란 지상통신국들과 항공기국들 또는 항공기국들 간의 이동업무를 말한다.
4. "항공무선항행업무(Aeronautical radio navigation service)"란 항공기의 편의 및 안전운행을 위한 무선항행업무를 말한다.

**20.** ④

항로를 구성하는 항법시설에는 무지향표지시설(NDB), 전방향표지시설(VOR), 지상국 및 이동국에서 운항 중인 비행기에 거리 및 방향을 알려주는 전술항행표지시설(TACAN), 거리측정시설(DME), VOR 및 TACAN(VORTAC) 등이 있다.

유럽과 미국의 경우 VOR을 이용하는 항로를 빅터 항로(victor airway)라고 부른다.

**21.** ①

"항공고시보(Notice to Airman; NOTAM)"라 함은 항공관련시설, 업무, 절차 또는 장애요소, 항공기 운항관련자가 필수적으로 적시에 알아야 할 지식 등의 신설, 상태 또는 변경과 관련된 정보를 포함하는 통신수단을 통해 배포되는 공고문을 말한다.

직접 비행에 관련 있는 항공정보(일시적인 정보, 사전 통고를 요하는 정보, 항공정보간행물에 수록되어야 할 사항으로서 시급한 전달을 요하는 정보)를 전달하고자 할 때 발행한다.

**22.** ③

항공정보간행물(AIP) 또는 항공고시보 발간대상이 아닌 항공정보의 공고를 위하여 필요한 경우 항공정보회람(AIC)을 발행하여야 한다.

**23.** ③

항공운송사업에 사용되는 비행기를 운항 시 출발비행장의 기상상태가 비행장 운영 최저치 이하이거나 그 밖의 다른 이유로 출발비행장으로 되돌아 올 수 없는 경우에는 다음과 같은 요건을 갖춘 이륙교체비행장(take-off alternate aerodrome)을 지정하여야 한다.
1. 2개의 발동기를 가진 비행기의 경우 : 1개의 발동기가 작동하지 아니할 때의 순항속도로 출발비행장으로부터 1시간의 비행거리 이내인 지역에 있을 것
2. 3개 이상의 발동기를 가진 비행기의 경우 : 모든 발동기가 작동할 때의 순항속도로 출발비행장으로부터 2시간의 비행거리 이내인 지역에 있을 것 (참고: B747-400 항공기의 발동기는 4개이다.)

**24.** ②

계기비행 관련 일반사항은 AIP Part 2(ENR)의 ENR 1.3(계기비행규칙)에 수록되어 있다.

**25.** ②

사용할 수 있는 활주로의 길이 또는 폭이 10% 이상 변경되었을 경우 설빙고시보(SNOWTAM)를 다시 발행하여야 한다.

자가용/사업용/운송용 조종사를 위한
## 항공교통·통신·정보업무 필기

| | |
|---|---|
| 1판 1쇄 발행 | 2022년 8월 10일 |
| 2판 1쇄 발행 | 2024년 3월 20일 |
| 2판 2쇄 발행 | 2025년 2월 21일 |

**지은이** | 편집부
**펴낸이** | 김명선
**펴낸곳** | 항공출판사
**등 록** | 2022. 7. 4(제25100-2022-000042호)
**주 소** | 경기도 부천시 경인로 605 103동 2401호
**문 의** | 항공출판사 네이버 카페(Cafe.Naver.net/aerobooks)

**정 가   19,000원**
ISBN 979-11-979475-3-7 93550

※ 항공출판사의 서면 동의 없이 이 책을 무단 복사, 복제, 전재하는 것은 저작권법에 저촉됩니다.
※ 파손된 책은 구입한 곳에서 교환해 드립니다.

Copyright©2022 aviation books. All rights reserved.